U0388868

完全自学手册

新手学 Dreamweaver CS6 网页设计
完全自学手册

文杰书院　编著

机 械 工 业 出 版 社

本书是“完全自学手册”系列的一个分册，以通俗易懂的语言、精挑细选的实用技巧、详实生动的操作案例全面介绍了初学者学习 Dreamweaver CS6 必须掌握的基础知识和操作技巧，具体内容包括创建与管理站点，使用图像与多媒体、表格、CSS 样式、AP Div 元素和框架布局网页，使用模板和库创建网页，以及使用 JavaScript 行为创建动态效果等方面的知识与操作。

本书面向学习该软件的初、中级用户，适合无基础又想快速掌握 Dreamweaver CS6 操作经验的读者，同时对有经验的 Dreamweaver CS6 使用者也有一定的参考价值，还可以作为高等院校相关专业教材和社会培训机构网页设计培训教材。

图书在版编目（CIP）数据

新手学 Dreamweaver CS6 网页设计完全自学手册/文杰书院编著．—北京：机械工业出版社，2016.4

完全自学手册

ISBN 978-7-111-53306-1

Ⅰ.①新…　Ⅱ.①文…　Ⅲ.①网页制作工具－手册　Ⅳ.①TP393.092－62

中国版本图书馆 CIP 数据核字（2016）第 060374 号

机械工业出版社（北京市百万庄大街 22 号　邮政编码 100037）

策划编辑：丁　诚　　责任编辑：丁　诚

责任校对：张艳霞　　责任印制：乔　宇

保定市中画美凯印刷有限公司印刷

2016 年 5 月第 1 版·第 1 次印刷

184mm×260mm·21.5 印张·527 千字

0001－3500 册

标准书号：ISBN 978-7-111-53306-1

定价：65.00 元

凡购本书，如有缺页、倒页、脱页，由本社发行部调换

电话服务	网络服务
服务咨询热线：（010）88361066	机 工 官 网：www.cmpbook.com
读者购书热线：（010）68326294	机 工 官 博：weibo.com/cmp1952
（010）88379203	教育服务网：www.cmpedu.com
封面无防伪标均为盗版	金 书 网：www.golden－book.com

前言

Dreamweaver CS6 是由 Adobe 公司开发的网页设计与制作软件，主要用于 Web 站点、页面和应用程序的设计、编码和开发，使用它可以轻而易举地制作出跨越平台限制、充满动感的网页。为帮助读者快速掌握与应用 Dreamweaver CS6 软件，以便在工作中学以致用，我们编写了《新手学 Dreamweaver CS6 网页设计完全自学手册》一书。

本书在编写过程中根据初学者的学习习惯采用由浅入深、由易到难的方式讲解。全书结构清晰、内容丰富，共分为 17 章，主要包括 5 个方面的内容。

1. 基础入门

第 1、2 章介绍关于 Dreamweaver CS6 的一些基础知识，包括网页的基本要素、网页中的色彩特性以及 Dreamweaver CS6 的工作环境等内容。

2. 网页设计与制作

第 3 ~7 章主要讲解网页设计与制作的内容，全面介绍创建及管理站点、在网页中创建文本、使用图像与多媒体丰富网页内容、网页中超链接的应用和插入表格的操作方法与技巧。

3. CSS 样式布局页面

第 8 ~11 章主要讲解使用样式布局页面，介绍认识 CSS 样式表、创建 CSS 样式、将 CSS 应用到网页、应用 CSS + Div 灵活布局网页、CSS 布局方式和使用 AP Div 元素布局页面、使用框架布局页面等方面的方法与技巧。

4. 动态网页设计

第 12 ~15 章讲解动态网页设计方面的知识，包括使用模板和库创建网页、使用行为创建动态效果、使用 Spry 框架技术、使用 Dreamweaver 内置行为的方法与技巧、使用表单以及站点的发布和推广方面的知识。

5. 站点维护与应用案例

第 16、17 章介绍站点维护与网页设计与制作综合案例。

本书由文杰书院组织编写，参与本书编写工作的有李军、袁帅、王超、文雪、刘国云、李强、蔺丹、贾亮、安国英、冯臣、高桂华、贾丽艳、李统才、李伟、沈书慧、蔺影、宋艳辉、张艳玲、贾亚军、刘义、蔺寿江等。

我们真切地希望读者在阅读本书之后不仅可以开拓视野，同时也可以增长实践操作技能，并从中学习和总结操作的经验和规律，达到灵活运用的水平。鉴于编者水平有限，书中纰漏和考虑不周之处在所难免，热忱欢迎读者予以批评、指正，以便日后我们能编写出更好的图书。

编　者

2016 年 5 月

目录

第14章 Spry框架技术 …… 257

第15章 使用表单创建交互网页 …… 273

第 1 章

网页设计基础

本章内容导读

本章主要介绍了网页制作基础、网页的基本要素、网页中的色彩特性、网页制作常用的软件等方面的知识，为进一步学习 Dreamweaver CS6 的相关知识奠定了基础。

本章知识要点

- 网页的基础知识
- 网页的基本要素
- 网页制作常用软件

Section

1.1 网页的基础知识

本节导读

网页是构成网站的基本元素，也是网站信息发布的一种最常见的表现形式，主要由文字、图片、动画、音频、视频等信息组成。在学习制作网页之前要先了解网页的基础知识。

1.1.1 什么是静态网页

在网站设计中，纯粹 HTML 格式的网页通常被称为静态网页，早期的网站一般都是由静态网页组成的，一般以 . htm、. html、. shtml、. xml 等作为扩展名。在 HTML 格式的网页中可以出现各种动态效果，如 GIF 格式的动画、Flash 动画、滚动字幕等，如图 1-1 所示。

图 1-1

静态网页的特点简要归纳如下：

- 每个静态网页都有一个固定的 URL，且网页 URL 以 . htm、. html、. shtml、. xml 等常见形式作为扩展名，而不含有“?”。
- 网页内容一经发布到网站服务器上，每个网页都是一个独立的文件。
- 静态网页的内容相对稳定，因此容易被搜索引擎检索。
- 静态网页没有数据库的支持，在网站制作和维护方面工作量较大，因此当网站信息量

很大时完全依靠静态网页制作方式比较困难。
- 静态网页的交互性较差，在功能方面有较大的限制。

1.1.2 什么是动态网页

动态网页是指网页文件里包含了程序代码，通过后台数据库与 Web 服务器的信息交互，由后台数据库提供实时数据更新和数据查询服务的网页。

动态网页的 URL 以 . aspx、. asp、. jsp、. php、. perl、. cgi 等形式作为扩展名。动态网页可以是纯文字内容的，也可以是包含各种动画的内容，这些只是网页具体内容的表现形式。无论网页是否具有动态效果，采用动态网站技术生成的网页都称为动态网页。

从网站浏览者的角度来看，无论是动态网页还是静态网页都可以展示基本的文字和图片信息，但从网站开发、管理、维护的角度来看则有很大的差别，如图 1-2 所示。

图 1-2

动态网页的特点简要归纳如下：
- 动态网页一般以数据库为基础，可以大大降低维护网站的工作量。
- 采用动态网页技术制作的网站可以实现更多的功能，如用户注册、用户登录、在线调查、用户管理、订单管理等。
- 动态网页实际上并不是独立存在于服务器上的网页文件，只有请求时服务器才返回一个完整的网页。
- 动态网页中的“?”对搜索引擎检索存在一定的问题，采用动态网页的网站进行搜索引擎推广时，需要做一定的技术处理才能适应搜索引擎的要求。

Section

1.2 网页的基本要素

本节导读

网页是如何构成的呢？不同性质的网站其页面元素是不同的。一般网页的基本元素包括Logo、Banner、导航栏、文本、图像、Flash动画和多媒体。本节将详细介绍构成网页的基本要素。

1.2.1 Logo

Logo是代表企业形象或栏目内容的标志性图片，一般位于网页的左上角，通常有3种尺寸，即88×31像素、120×60像素和120×9像素，它是一个站点的象征，也是一个站点是否正规的标志之一。好的Logo应能体现该网站的特色、内容及其内在的文化内涵和理念，有着独特的形象标识，并在网站推广和宣传中可以起到事半功倍的效果，如图1-3和图1-4所示。

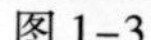

图1-3

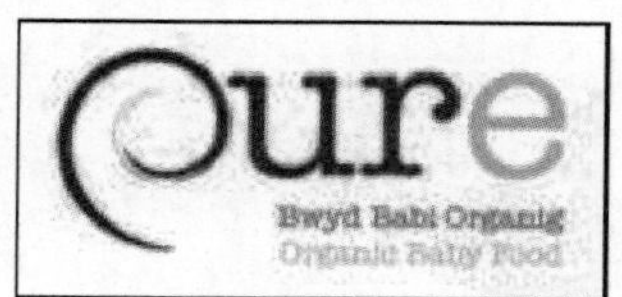

图1-4

1.2.2 Banner

Banner是一种网络广告形式，用于宣传网站内某个栏目或活动的广告，一般要求制作成动画形式，动画能够吸引更多的注意力，在用户浏览网页信息的同时将介绍性的内容简练地加在其中，吸引用户对于广告信息的关注，达到宣传的效果。

Banner一般位于网页的顶部或底部，有一些小型的广告还会被适当地放在网页的两侧。

网站Banner广告有多种规格和形式，其中最常用的是480×60像素或233×30像素的标准广告，这种标准广告有多种不同的称呼，如横幅广告、全幅广告、条幅广告和旗帜广告等。通常使用GIF、JPG等格式的图像文件或Flash文件，既可以使用静态图形，也可以使用动画图像，如图1-5所示。

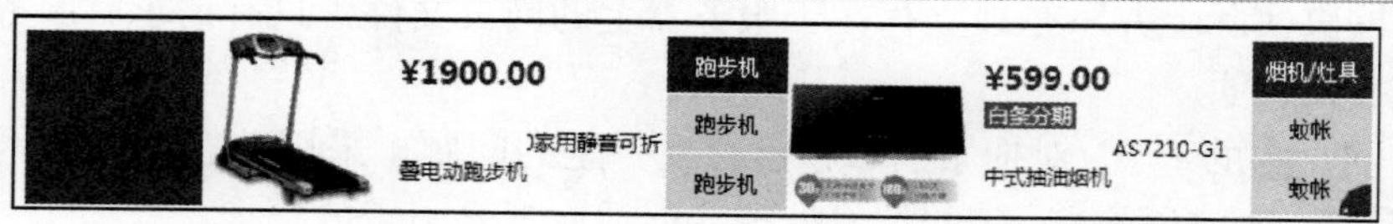

图1-5

1.2.3 导航栏

导航栏就是一组超链接，用来方便地浏览站点。导航栏可以是按钮或者文本超链接，它是网页的重要组成元素，一般用于网站各部分内容之间相互链接的指引。

导航栏的形式多样，可以是简单的文字链接，也可以是设计精美的图片或是丰富多彩的按钮，还可以是下拉菜单导航，如图 1–6 所示。

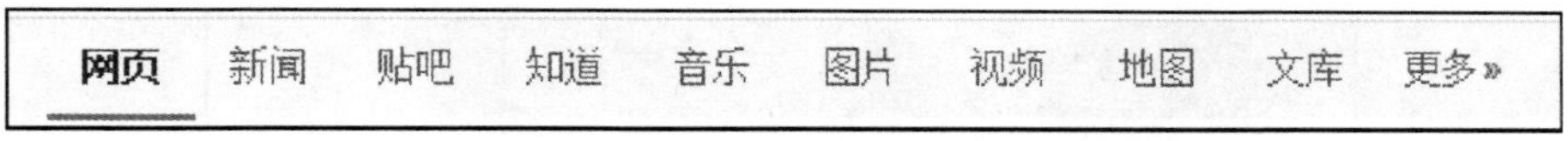

网页　新闻　贴吧　知道　音乐　图片　视频　地图　文库　更多»

图 1–6

导航栏既是网页设计中的重要部分，又是整个网页设计中的一个较独立的部分。一般来说，网站中的导航栏在各个页面中出现的位置是比较固定的，而且风格也较为一致。导航栏的位置对网站的结构与各个页面的整体布局起到举足轻重的作用。导航的位置一般有 4 种，即在页面的左侧、右侧、顶部和底部。

1.2.4 文本

网页中的信息主要是以文本为主的，良好的文本格式可以创建出别具特色的网页，激发用户的兴趣。在网页中可以通过字体、大小、颜色、底纹、边框等来设计文本的属性，通过不同格式的区别突出显示重要的内容，如图 1–7 所示。

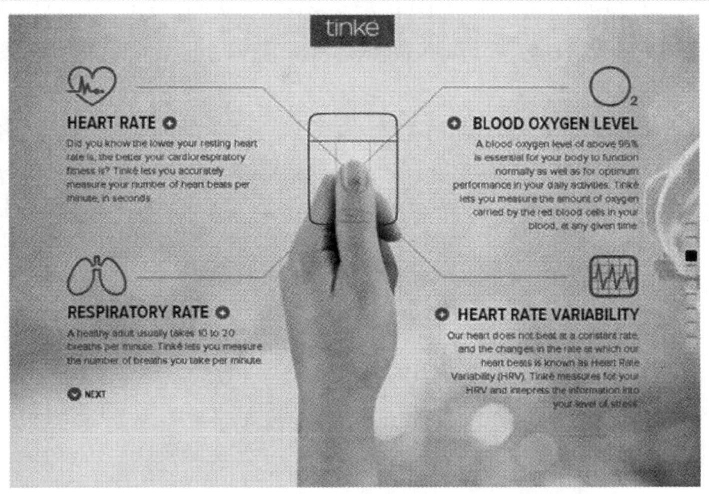

图 1–7

1.2.5 图像

图像在网页中具有提供信息、展示形象、装饰网页、表达个人情趣和风格的作用。图像是对文本的说明和解释，在网页的适当位置放置一些图像不仅可以使文本清晰易读，而且使得网页更加有吸引力。

现在几乎所有的网站都会使用图像来增加网页的吸引力，可以在网页中使用 GIF、JPEG 和 PNG 等多种图像格式，其中使用最广泛的是 GIF 和 JPEG 两种格式，如图 1-8 所示。

图 1-8

1.2.6 Flash 动画

随着网络技术的发展，网页上出现了越来越多的 Flash 动画。Flash 动画已经成为当今网站必不可少的部分，美观的动画能够为网页增色不少，从而吸引更多的用户。

常见的网页动画有 GIF 动画和 Flash 动画。GIF 动画的标准简单，在各种类、各版本的浏览器中都能播放。

制作 Flash 动画不仅需要对动画制作软件非常熟悉，更重要的是设计者独特的创意。随着 ActionScript 动态脚本编程语言的发展，Flash 已经不再局限于简单的交互式动画，通过复杂的动态脚本编程可以制作出各种各样有趣、精彩的 Flash 动画，如图 1-9 所示。

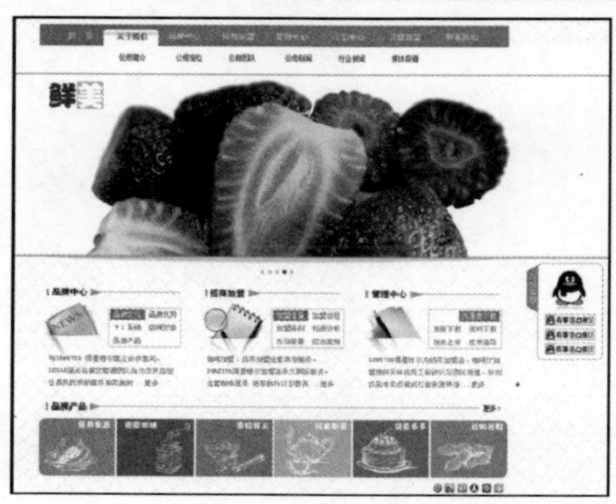

图 1-9

Section

1.3 网页制作常用软件

Flash、Dreamweaver、Photoshop 和 Fireworks 这 4 款软件相辅相成，其中 Dreamweaver 用于排版布局网页，Flash 用于设计精美的网页动画，Photoshop 和 Fireworks 用于处理网页中的图形图像。本节将详细介绍网页制作常用的软件。

1.3.1 网页编辑排版软件 Dreamweaver CS6

Dreamweaver CS6 是 Adobe 公司推出的一款网页设计的专业软件，其强大的功能和易操作性使其成为同类开发软件中的佼佼者。Dreamweaver 是集创建网站和管理网站于一身的专业性网页编辑工具，特点是界面更为友好、人性化和易于操作，可快速生成跨平台及跨浏览器的网页和网站，并且能进行可视化的操作，拥有强大的管理功能，受到广大网页设计师们的青睐，一经推出就好评如潮。Dreamweaver CS6 不仅是专业人士制作网页的首选，而且也普及到了广大网页制作爱好者中。

1.3.2 图像制作软件 Photoshop 和 Fireworks

Photoshop 是 Adobe 公司推出的图像处理软件，目前已被广泛应用于平面设计、网页设计和照片处理等领域。随着计算机技术的发展，Photoshop 已经历数次版本更新，功能越来越强大。

Fireworks 能快速地创建网页图像，随着版本的不断升级，功能的不断增加，Fireworks 受到越来越多网页图像设计者的欢迎。Fireworks CS6 中文版更是以其方便快捷的操作模式以及在位图编辑、矢量图形处理与 GIF 动画制作功能上的优秀整合赢得诸多好评。

Fireworks CS6 在网页图像设计中除了对相应的页面插入图像进行调整处理外，还可以使用图像进行页面的总体布局，然后使用切片导出，也可以使用 Fireworks CS6 创建图像按钮，以便达到更加精彩的效果。

1.3.3 网页动画制作软件 Flash CS6

动画可以吸引用户的注意力，网页中的动画大多是运用 Flash 软件制作出来的。Flash 是 Adobe 公司推出的一款功能强大的动画制作软件，是动画设计中应用较广泛的一款软件，Flash 将动画的设计与处理推向了一个更高、更灵活的艺术水准。

Flash 是一款功能非常强大的交互式矢量多媒体网页制作工具，能够轻松输出各种各样的动画网页。Flash 不需要特别繁杂的操作，比 Java 小巧精悍，而且其动画效果、多媒体效果十分出色。

1.3.4 网页标记语言 HTML

HTML 的英文全称是 Hyper Text Markup Language，它是全球广域网上描述网页内容和外观的标准。

HTML 不是一种编程语言，而是一种描述性的标记语言，用于描述超文本中内容的显示方式。如文字以什么颜色、大小来显示等，这些都是利用 HTML 标记完成的。其最基本的语法就是“<标记符>内容</标记符>”。标记符通常都是成对使用，有一个开头标记和一个结束标记。结束标记只是在开头标记的前面加一个斜杠“/”。当浏览器收到 HTML 文件后就会解释里面的标记符，然后把标记符相应的功能表达出来。

1.3.5 网页脚本语言 JavaScript

使用 HTML 只能制作出静态的网页，无法独立地完成与客户端动态交互的网页任务，虽然也有其他的语言（如 CGI、ASP 和 Java 等）能制作出交互的网页，但其编程方法较为复杂，因此 Netscape 公司开发了 JavaScript 语言，JavaScript 引进了 Java 语言的概念，是内嵌于 HTML 中的脚本语言。Java 和 JavaScript 语言虽然在语法上很相似，但仍然是两种不同的语言。

1.3.6 动态网页编程语言 ASP

ASP 是 Active Server Page 的缩写。ASP 是微软公司开发的代替 CGI 脚本程序的一种应用，可以与数据库和其他程序进行交互，是一种简单、方便的编程工具。ASP 文件的扩展名是 .asp，可以用来创建和运行动态网页或 Web 应用程序。ASP 网页可以包含 HTML 标记、普通文本、脚本命令以及 COM 组件等。

有了 ASP 就不必担心用户的浏览器是否能够运行所有编写代码，因为所有的程序都将在服务器端执行，包括所有嵌在普通 HTML 中的脚本程序。

Section 1.4 实践案例与上机操作

本节导读

在初步认识网页制作基础的知识后，本节将针对以上所学知识制作 5 个案例，下面详细讲解案例的制作过程。

1.4.1 创建和保存网页

在网站中有一个特殊的网页——首页，每个网站必须有一个首页。在标准的 Dreamweaver CS6 环境下建立和保存网页的操作步骤如下。

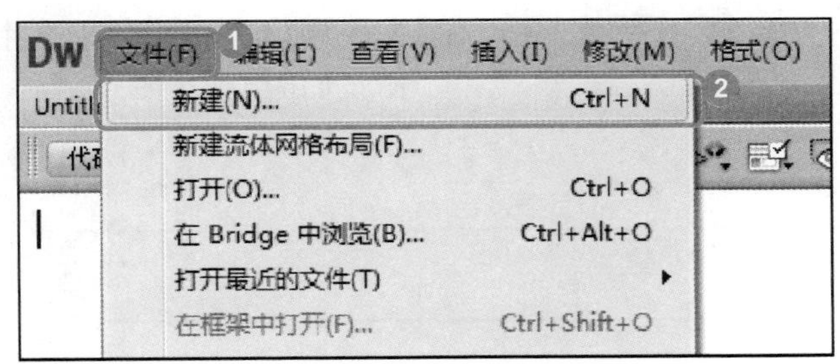

图 1-10

01 选择菜单项

No1 启动 Dreamweaver CS6 程序，单击【文件】菜单。

No2 在弹出的下拉菜单中选择【新建】菜单项，如图 1-10 所示。

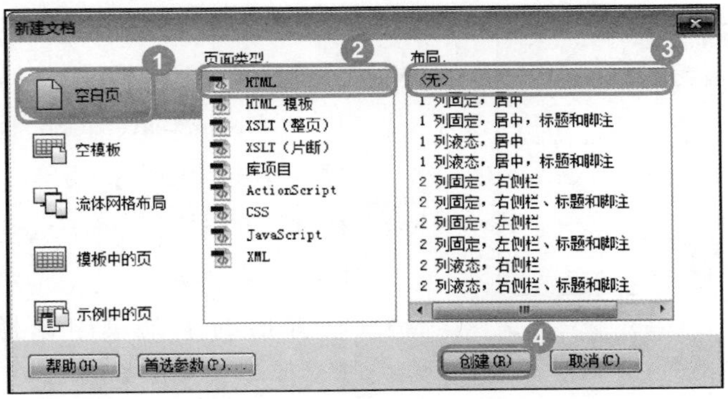

图 1-11

02 完成文档的创建

No1 弹出【新建文档】对话框，选择【空白页】选项。

No2 在【页面类型】区域中选择 HTML 选项。

No3 在【布局】选项区中选择【无】选项。

No4 单击【创建】按钮，如图 1-11所示。

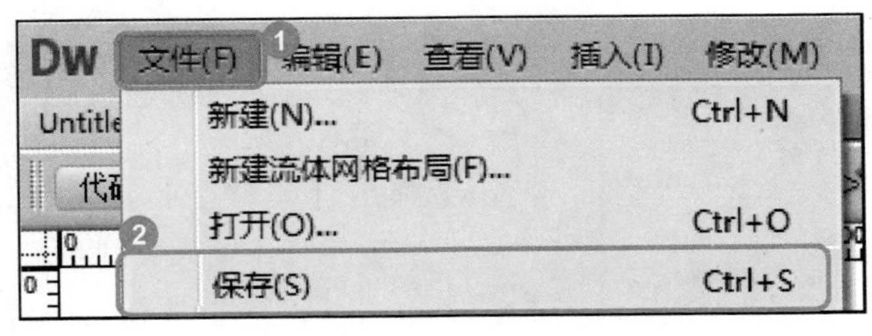

图 1-12

03 保存网页

No1 单击【文件】菜单。

No2 在弹出的下拉菜单中选择【保存】菜单项，如图 1-12 所示。

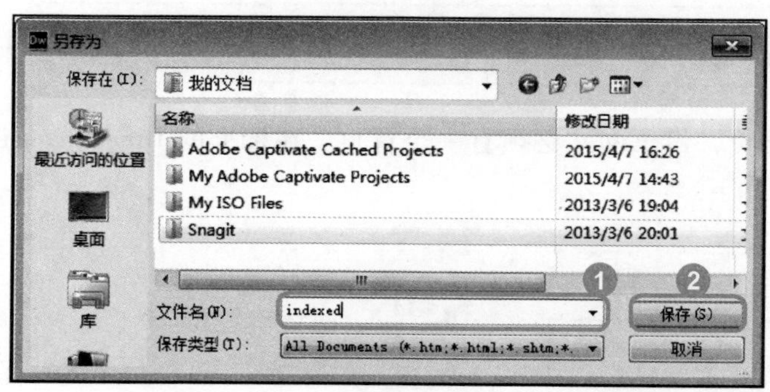

图 1-13

04 完成文档的保存

№1 弹出【另存为】对话框，在【文件名】文本框中输入网页名称。

№2 单击【保存】按钮，即可完成创建并保存网页的操作，如图 1-13 所示。

1.4.2 插入搜索关键字

在万维网上通过搜索引擎查找资料时搜索引擎自动读取网页中 <meta> 标签的内容，所以网页中的搜索关键字非常重要，可以间接地宣传网站，提高访问量。但搜索关键字并不是字数越多越好，最好只使用几个精选的关键字。一般情况下，关键字是对网页的主题、内容、风格或作者等内容的概括。下面详细介绍搜索关键字的具体操作。

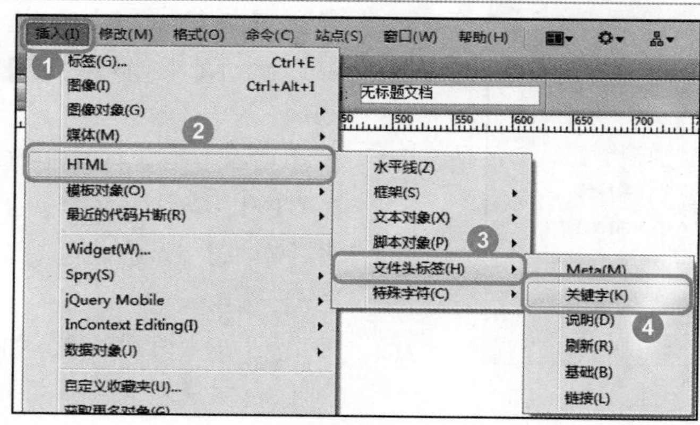

图 1-14

01 选择菜单项

№1 启动 Dreamweaver CS6 程序，单击【插入】菜单。

№2 在弹出的下拉菜单中选择 HTML 菜单项。

№3 在弹出的子菜单中选择【文件头标签】菜单项。

№4 在弹出的子菜单中选择【关键字】菜单项，如图 1-14 所示。

图 1-15

02 输入关键字

№1 弹出【关键字】对话框，在文本框中输入关键字。

№2 单击【确定】按钮，即可完成插入关键字的操作，如图 1-15 所示。

1.4.3　插入作者和版权信息

下面详细介绍通过选择菜单项的方式插入作者和版权信息的步骤。

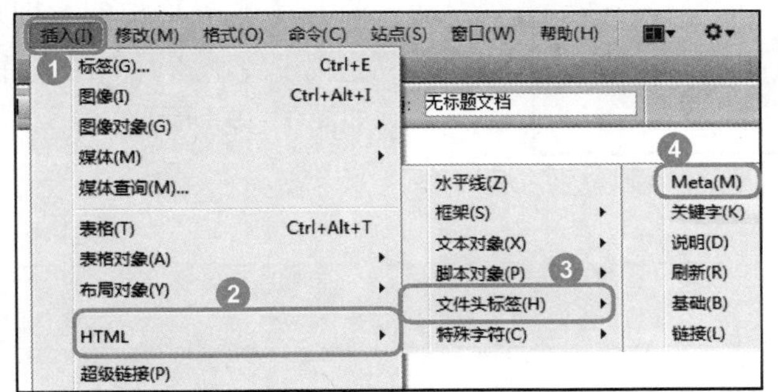

图 1-16

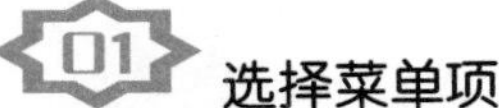

选择菜单项

No1　单击【插入】菜单。

No2　在弹出的下拉菜单中选择HTML菜单项。

No3　在弹出的子菜单中选择【文件头标签】菜单项。

No4　在弹出的子菜单中选择Meta菜单项，如图1-16所示。

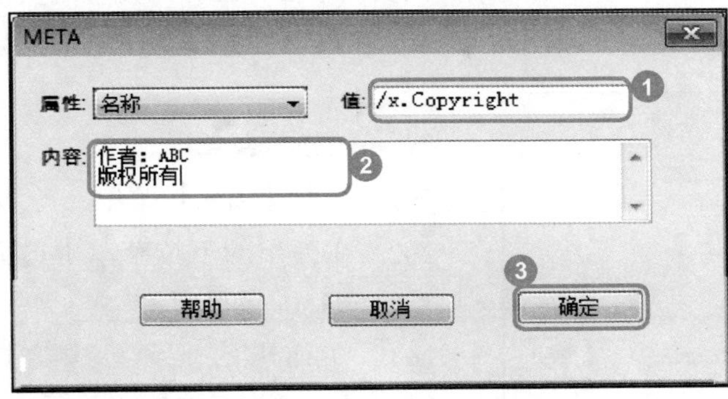

图 1-17

02　输入作者和版权

No1　弹出META对话框，在【值】文本框中输入“/x. Copyright”。

No2　在【内容】文本框中输入作者和版权信息。

No3　单击【确定】按钮，即可完成插入作者和版权信息的操作，如图1-17所示。

1.4.4　设置刷新时间

如果要指定载入页面刷新或转到其他页面的时间，可通过菜单项设置，下面详细介绍设置刷新时间的操作方法。

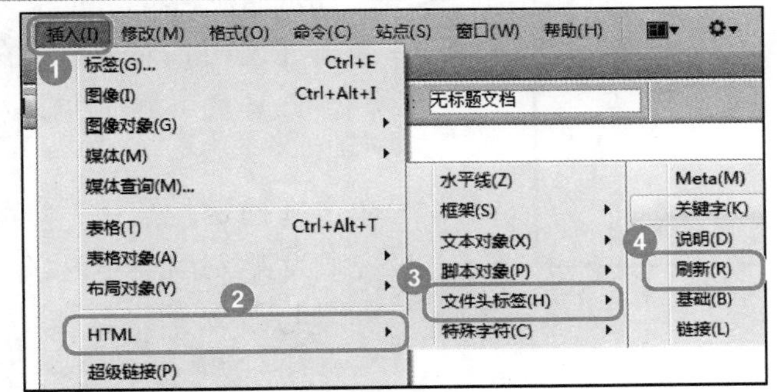

图 1-18

01　选择菜单项

No1　单击【插入】菜单。

No2　在弹出的下拉菜单中选择HTML菜单项。

No3　在弹出的子菜单中选择【文件头标签】菜单项。

No4　在弹出的子菜单中选择【刷新】菜单项，如图1-18所示。

图 1-19

02 输入秒数

No1 弹出【刷新】对话框，在【延迟】文本框中输入60。

No2 单击【确定】按钮，即可完成设置刷新时间的操作，如图1-19所示。

1.4.5 设置描述信息

搜索引擎也可通过读取<meta>标签的说明内容来查找信息，说明信息主要指设计者对网页内容的详细说明，而关键字可以让搜索引擎尽快搜索到网页。下面详细介绍设置网页说明信息的操作方法。

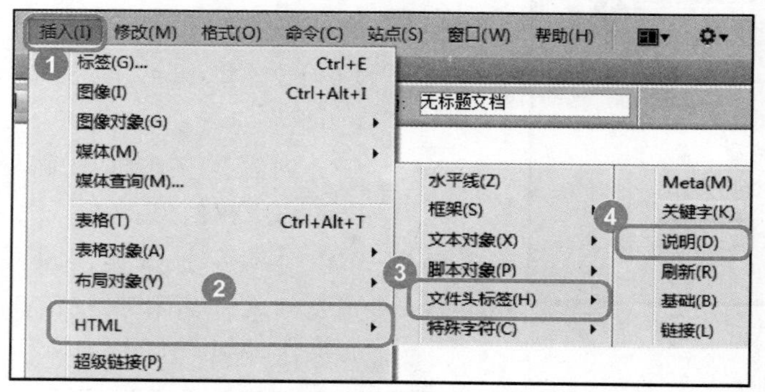

图 1-20

01 选择菜单项

No1 单击【插入】菜单。

No2 在弹出的下拉菜单中选择HTML菜单项。

No3 在弹出的子菜单中选择【文件头标签】菜单项。

No4 在弹出的子菜单中选择【说明】菜单项，如图1-20所示。

图 1-21

02 输入描述信息

No1 弹出【说明】对话框，在【说明】文本框中输入“查询”。

No2 单击【确定】按钮，即可完成设置描述信息的操作，如图1-21所示。

第2章

初步认识 Dreamweaver CS6

本章内容导读

本章主要介绍了 Dreamweaver CS6 的工作环境，包括菜单栏、工具栏、【属性】面板等知识，同时还讲解了使用标尺、网格、辅助线和跟踪图像的基本方法。通过本章的学习，读者可以掌握 Dreamweaver CS6 快速入门方面的知识，为进一步学习 Dreamweaver CS6 的相关知识奠定了基础。

本章知识要点

- **Dreamweaver CS6 工作环境**
- **【插入】面板**
- **使用可视化助理布局**

Section 2.1

Dreamweaver CS6 工作环境

本节导读

Dreamweaver CS6 包含了一个崭新、高效的页面，性能也得到了改进，此外还包含了众多新增功能，改善了软件的操作性，用户无论使用设计视图还是代码视图都可以方便地创建网页。本节主要讲述 Dreamweaver CS6 的工作环境。

启动 Dreamweaver CS6，进入 Dreamweaver CS6 工作界面，其中包括标题栏、菜单栏、工具栏、【插入】面板、编辑窗口、【属性】面板和浮动面板组 7 个部分，如图 2-1 所示。

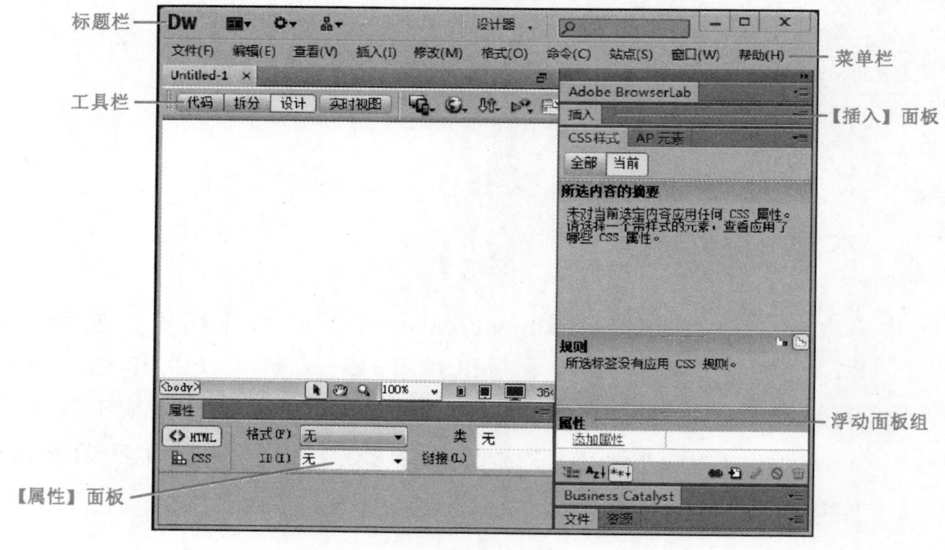

图 2-1

2.1.1 菜单栏

菜单栏中包括多个菜单，如【文件】【编辑】【查看】【插入】【修改】【格式】【站点】【窗口】和【帮助】等。单击任意一个菜单将弹出下拉菜单，从中选择不同的命令可以完成不同的操作，如图 2-2 所示。

文件(F)	编辑(E)	查看(V)	插入(I)	修改(M)	格式(O)	命令(C)	站点(S)	窗口(W)	帮助(H)

图 2-2

- 【文件】菜单：包含【新建】【打开】【保存】【保存全部】命令，还包含各种其他命令，用于查看当前文档或对当前文档执行操作。
- 【编辑】菜单：包含选择和搜索命令，例如【选择父标签】和【查找和替换】命令。
- 【查看】菜单：可以看到文档的各种视图，如【设计】视图和【代码】视图，并且可以显示和隐藏不同类型的页面元素和 DW 工具及工具栏。
- 【插入】菜单：提供【插入】面板的替代项，用于将对象插入到文档中。
- 【修改】菜单：可以更改选定页面元素或项的属性。单击此菜单，可以编辑标签属性，更改表格和表格元素，并且为库项和模板执行不同的操作。
- 【格式】菜单：用来对文本进行操作，包括字体、字形、字号、字体颜色、HTML/CSS 样式、段落格式化、扩展、缩进、列表和文本的对齐方式等。
- 【命令】菜单：提供对各种命令的访问，包括设置代码格式的命令，一个创建相册的命令等。
- 【站点】菜单：提供用于管理站点以及上传和下载文件的命令。
- 【窗口】菜单：提供对 DW 中的所有面板和窗口的访问。
- 【帮助】菜单：提供对 Dreamweaver 文档的访问，包括关于使用 Dreamweaver 以及创建 Dreamweaver 扩展功能的帮助系统，还包括各种语言的参考材料。

2.1.2 工具栏

【文档】工具栏中包含了各种工具按钮，单击左侧的【代码】/【拆分】/【设计】按钮 代码 拆分 设计 可以在文档的不同视图间快速切换，显示【代码】视图、【设计】视图或同时显示【代码】和【设计】视图的拆分视图，该工具栏中还包含一些与查看文档、在本地和远程站点间传输文档有关的常用命令和选项，如图 2-3 所示。

代码 拆分 设计 实时视图 标题: 无标题文档

图 2-3

- 【代码】按钮 代码 ：单击此按钮，可以在文档窗口中显示【代码】视图。
- 【拆分】、【设计】按钮 拆分 设计 ：在文档窗口的一部分显示【代码】视图，而在另一部分中显示【设计】视图。当选择这种组合视图时，【视图选项】菜单中的【在顶部查看设计视图】选项变为可用。
- 【浏览器的兼容性】按钮：可以检查所设计的页面对不同类型浏览器的兼容性。
- 【实时视图】按钮 实时视图 ：显示不可编辑的、交互式的、基于浏览器的文档视图。
- 【多屏幕】按钮：借助【多屏幕预览】面板为智能手机、平板电脑和台式机进行设计。
- 【在浏览器中预览/调试】按钮：单击此按钮可以在浏览器中预览或调试文档，从弹出式菜单中选择一个浏览器。
- 【文件管理】按钮：当有多个人对一个页面进行操作时进行获取、取出、打开文件、导出和设计附注等操作。

- 【W3C 验证】按钮：由 World Wide Web Consortium（W3C）提供的验证服务，可以为用户检查 HTML 文件是否符合 HTML 或 XHTML 标准。
- 【可视化助理】按钮：可以使用不同的可视化助理来设计页面。
- 【刷新设计视图】按钮：在【代码】视图中进行更改后刷新文档的【设计】视图。在执行某些操作之前，在【代码】视图中所做的更改不会自动显示在【设计】视图中。
- 【标题】文本框：可以为文档输入一个标题，将显示在浏览器的标题栏中，如果文档已经有了一个标题，则该标题将显示在该区域中。

2.1.3 【属性】面板

【属性】面板主要用于查看和更改所选择对象的各种属性，其中包含两个选项。即 HTML 选项和 CSS 选项，HTML 选项为默认格式，单击不同的选项可以设置不同的属性，如图 2-4 所示。

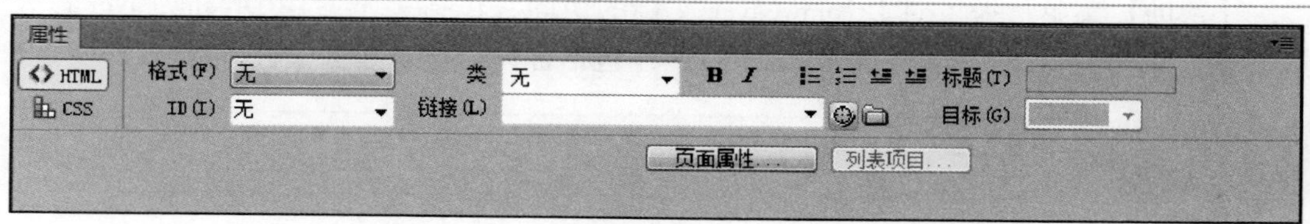

图 2-4

2.1.4 面板组

面板组是一组停靠在某个标题下面相关面板的集合，如果要展开一个面板组，单击该组名称左侧的展开箭头即可，这些面板集中了网页编辑和站点管理过程中的按钮，如图 2-5 和图 2-6 所示。

图 2-5

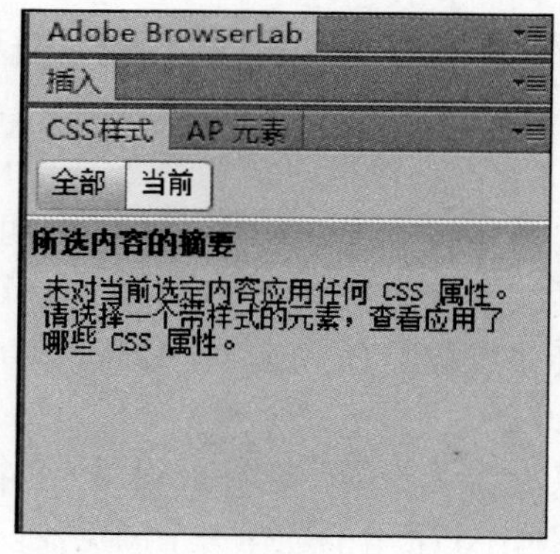

图 2-6

Section
2.2 【插入】面板

本节导读

【插入】面板中提供了多个插入栏，包含用于创建和插入对象（如表格、层和图像）的按钮，当将鼠标指针移动到一个按钮上时会出现一个工具提示，其中含有该按钮的名称。本节将详细介绍【插入】面板中各插入栏的知识。

2.2.1 【常用】插入栏

在【常用】插入栏中可以创建和插入最常用的对象，如图像和表格，如图 2-7 和图 2-8 所示。

图 2-7

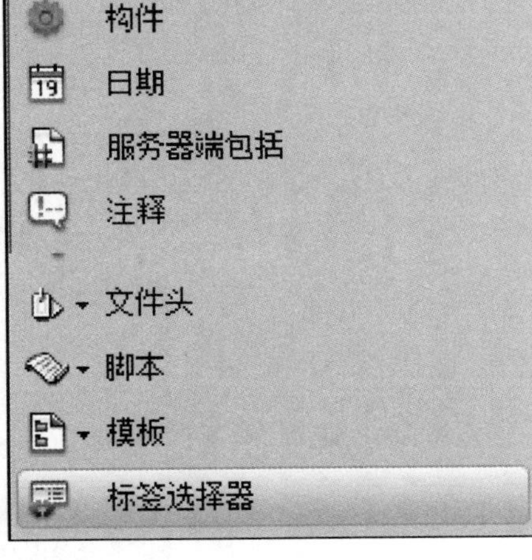

图 2-8

- 【超级链接】：此项工具主要用来制作文本链接。
- 【电子邮件链接】：在【文本】文本框中输入 E - mail 地址或其他文字信息，然后在 E - mail文本框中输入准确的邮件地址，就可以自动插入邮件地址发送链接。
- 【命名锚记】：单击该按钮，可以设置链接到网页文档的特定部位。
- 【水平线】：单击该按钮，可以设置在网页中插入水平线。
- 【表格】：单击该按钮，可以在主页的基础上构成元素。
- 【插入 Div 标签】：单击该按钮，可以使用 Div 标签创建 CSS 布局块，并进行相应的定位。
- 【图像】：单击该按钮，可以在文档中插入图像。

➢【媒体】：单击该按钮，可以插入相关的媒体文件。
➢【构件】：单击该按钮，可以将 widget 添加到 Dreamweaver 中。
➢【日期】：单击该按钮，可以插入当前的时间和日期。
➢【服务器端包括】：单击该按钮，指示 Web 服务器在将页面提供给浏览器时在 Web 页面中包含指定的文件。
➢【注释】：单击该按钮，可以插入注释。
➢【文件头】：单击该按钮，可以按照指定的时间间隔进行刷新。
➢【脚本】：包含几个与脚本有关联的按钮。
➢【模板】：单击该按钮，弹出下拉列表，从中选择与模板相关的按钮。
➢【标签选择器】：可用于查看、指定和编辑标签的属性。

2.2.2 【布局】插入栏

在【布局】插入栏中包含【标准】和【扩展】两个选项卡。下面详细介绍【布局】插入栏中的各选项，如图 2-9 所示。

图 2-9

➢【标准】：默认选项卡，可以插入和编辑图像、表格和 AP 元素。
➢【扩展】：单击该选项卡，可以扩展表格的样式。
➢【插入 Div 标签】：单击该按钮，可以插入 Div 标签。
➢【插入流体网格布局 Div 标签】：单击该按钮，可以插入流体网格布局 Div 标签。
➢【绘制 AP Div】：单击该按钮，在文档窗口中单击并拖动鼠标绘制层。
➢【Spry 菜单栏】：单击该按钮，可以创建横向或纵向的网页下拉菜单。

- 【Spry 选项卡式面板】：单击该按钮，可以实现选项卡式面板的功能。
- 【Spry 折叠式】：单击该按钮，即可添加折叠式菜单。
- 【Spry 可折叠面板】：单击该按钮，即可添加折叠式面板。
- 【表格】：单击该按钮，可以在当前光标的位置插入表格。
- 【在上面插入行】：单击该按钮，在当前行的上方插入一个新的行。
- 【在下面插入行】：单击该按钮，在当前行的下方插入一个新的行。
- 【在左边插入列】：单击该按钮，在当前列的左侧插入一个新的列。
- 【在右边插入列】：单击该按钮，在当前列的右侧插入一个新的列。
- 【框架】：在光标所在位置插入框架。

2.2.3 【表单】插入栏

在 Dreamweaver 中表单输入类型称为表单对象，是动态网页中最重要的元素对象之一，如图 2–10 和图 2–11 所示，其中主要功能的介绍如下。

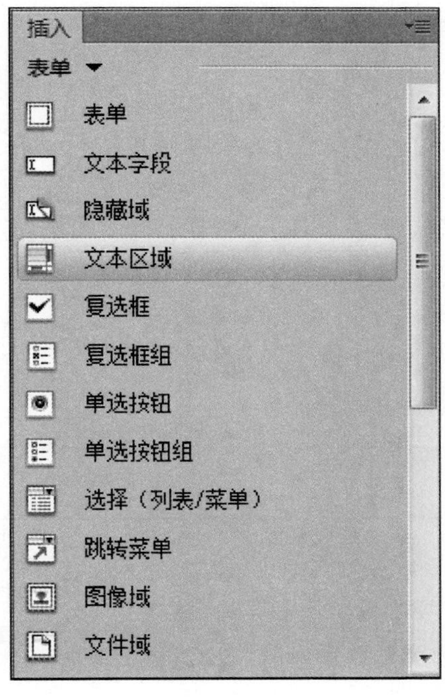

图 2–10

图 2–11

- 【表单】：在文档中插入表单。任何其他表单对象（如文本域、按钮等）都必须插入表单中，这样所有浏览器才能正确地处理这些数据。
- 【文本字段】：插入文本字段，用于输入文字。
- 【隐藏域】：插入用户看不到的隐藏字段。
- 【文本区域】：在表单中插入文本域。文本域可接受任何类型的字母数字项，输入的文本可以显示为单行、多行或者显示为项目符号或星号（用于保护密码）。

- 【复选框】：在表单中插入复选框，可以选择任意多个适用的选项。
- 【单选按钮】：代表互相排斥的选择，选择一组中的某个按钮就会取消选择该组中的所有其他按钮。例如，可以选择“是”或“否”。
- 【单选按钮组】：插入共享同一名称的单选按钮的集合。
- 【选择（列表/菜单）】：可以在列表中创建用户选项。
- 【跳转菜单】：插入可导航的列表或弹出式菜单。跳转菜单允许用户插入一种菜单，在这种菜单中的每个选项都链接到文档或文件。
- 【图像域】：可以在表单中插入图像，可以使用图像域替换“提交”按钮，以生成图形化按钮。
- 【文件域】：插入可在文件中进行检索的文件字段。利用此字段可以添加文件。
- 【按钮】：在表单中插入文本按钮。在单击按钮时执行任务，如提交或重置表单，可以为按钮添加自定义名称或标签，或者使用预定义的“提交”或“重置”标签之一。
- 【标签】：在文档中给表单加上标签，以<label></label>形式开头和结尾。
- 【字段集】：在文本中设置文本标签。
- 【Spry 验证文本域】：单击此按钮，可以验证文本域。
- 【Spry 验证文本区域】：单击此按钮，可以验证文本区域表单对象的有效性。
- 【Spry 验证复选框】：Spry 验证复选框是 HTML 表单中的一个或一组复选框，用于验证复选框的有效性。
- 【Spry 验证选择】：Spry 验证选择构件是一个下拉菜单，该菜单在用户进行选择时会显示构件的状态（有效或无效）。
- 【Spry 验证密码】：用于密码类型文本域，该构件根据用户的输入提供警告或错误消息。
- 【Spry 验证确认】：验证确认构件是一个文本域或密码表单域。当用户输入的值与同一表单中类似的值不匹配时该构件将显示有效或无效状态。
- 【Spry 验证单选按钮组】：Spry 验证单选按钮组是一组独立的单选按钮组。

2.2.4 【数据】插入栏

通过【数据】插入栏可以插入各种数据，如 Spry 数据对象、记录集和插入记录等。单击某个按钮即可完成相应的操作，如图 2-12 和图 2-13 所示。

- 【导入表格式数据】：单击该按钮，可以导入表格式数据。
- 【Spry 数据集】：单击该按钮，可以插入 XML 数据集。
- 【Spry 区域】：单击该按钮，可以插入 Spry 区域。
- 【Spry 重复项】：单击该按钮，可以插入 Spry 重复项。
- 【Spry 重复列表】：单击该按钮，可以插入 Spry 重复列表。
- 【记录集】：利用查询语句从数据库中提取记录集。
- 【预存过程】：该按钮用来创建存储过程。
- 【动态数据】：通过将 HTML 属性绑定到数据可以动态地更改页面的外观。
- 【重复区域】：将当前选定的动态元素值传给记录集，重复输出。

- 【显示区域】：单击该按钮，可以使用一系列其他用于显示控制的按钮。
- 【记录集分页】：插入一个可在记录集内向前、向后、第一页和最后一页移动的导航条。
- 【转到详细页面】：转到详细页面或转到相关页面。
- 【显示记录计数】：插入记录集中重复页的第一页、最后一页和总页数等信息。
- 【主详细页集】：用来创建主/细节页面。
- 【插入记录】：利用记录集自动创建表单文档。
- 【更新记录】：利用表单文档传递过来的数值更新数据库记录。
- 【删除记录】：用于删除记录集中的记录。
- 【用户身份验证】：必须在登录页中添加【登录用户】服务器行为，以确保用户输入的用户名和密码有效。
- 【XSL 转换】：将 XSL 数据转换为 HTML 文件。

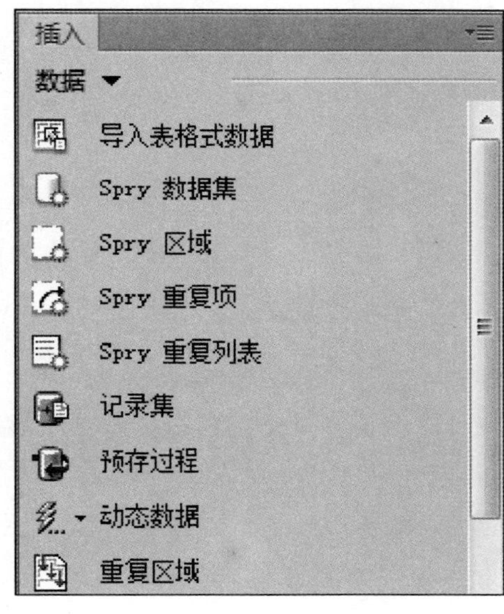

图 2-12

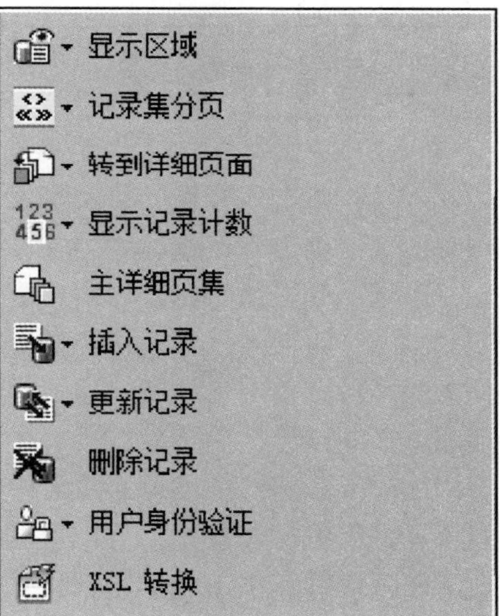

图 2-13

2.2.5 Spry 插入栏

在 Spry 插入栏中包含 Spry 数据对象和构件等按钮，Spry 插入栏与【数据】插入栏和【表单】插入栏的功能一致，这里就不再详细讲述了。

2.2.6 【文本】插入栏

文本是网页中最常见、运用最广泛的元素之一，是网页内容的核心部分。在网页中添加文本与在 Word 等文字处理软件中添加文本一样方便。下面详细介绍【文本】插入栏方面的知识，如图 2-14 和图 2-15 所示。

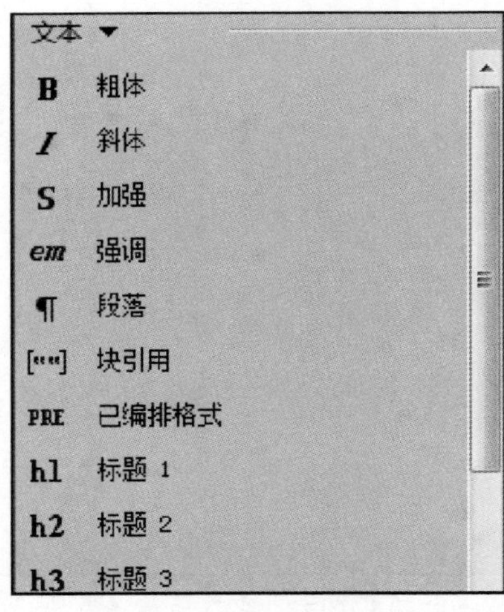

图 2-14

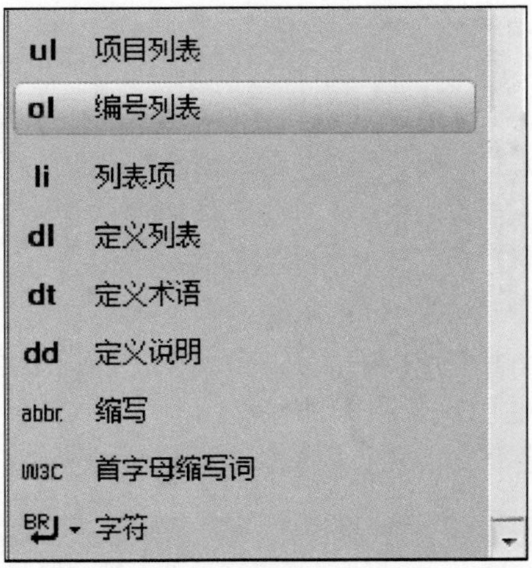

图 2-15

- 【粗体】：单击该按钮，将文字设置为粗体。
- 【斜体】：单击该按钮，将文字设置为斜体。
- 【加强】：单击该按钮，增强文本厚度。
- 【强调】：单击该按钮，以斜体表示文本。
- 【段落】：为文本设置一个新的段落。
- 【块引用】：单击该按钮，将所选文字设置为引用文字，一般采用缩进效果。
- 【已编排格式】：单击该按钮，所选文字区域可以保留多处空白，在浏览器中显示其中的内容时按照原有文本格式显示。
- 【标题】：单击该按钮，可以设置标题。
- 【项目列表】：单击该按钮，可创建无序列表。
- 【编号列表】：单击该按钮，可创建有序列表。
- 【列表项】：单击该按钮，可设置列表项目。
- 【定义列表】：单击该按钮，可创建包含定义术语和定义说明的列表。
- 【定义术语】：单击该按钮，可定义专业术语等。
- 【定义说明】：单击该按钮，在定义术语下方标注说明。
- 【缩写】：单击该按钮，为当前选定的缩写添加说明文字。
- 【首字母缩写词】：指定与 Web 内容有类似含义的同义词，用于音频合成程序。
- 【字符】：单击该按钮，可插入特殊字符。

2.2.7 【收藏夹】插入栏

【收藏夹】插入栏用于将【插入】面板中最常用的按钮分组和组织到某一公共位置。在【收藏夹】插入栏中右击即可自定义收藏对象，如图 2-16 所示。

图 2-16

Section 2.3 使用可视化助理布局

本节导读

使用可视化助理布局（包括使用标尺、网格的设置等）可以更加准确地制作出精美的网页。本节将详细介绍使用可视化助理布局方面的知识。

2.3.1 使用标尺

在制作网页时，从【属性】面板上可以得到层的坐标，还有一个更形象的方法，就是使用标尺。下面详细介绍使用标尺的操作方法。

启动 Dreamweaver CS6 程序，在菜单栏中选择【查看】→【标尺】→【显示】菜单项，即可将标尺显示在 Dreamweaver CS6 窗口的左侧和上部，如图 2-17 所示。

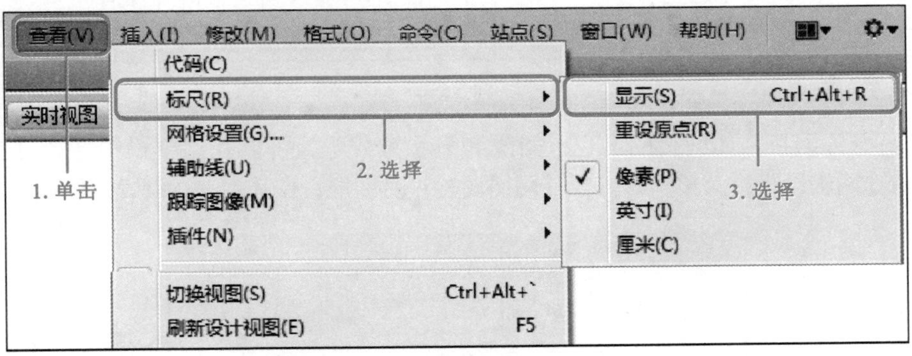

图 2-17

设置标尺的原点，可在标尺的左上角单击，然后拖至设计区中的适当位置，释放鼠标按键后该位置即成为新标尺的原点。

如果要恢复标尺的初始位置，可以在窗口左上角标尺交点处双击，或者在菜单栏中选择【查看】→【标尺】→【重设原点】菜单项。

如果要更改度量单位，可在菜单栏中选择【查看】→【标尺】菜单项，然后在子菜单中选择【像素】、【英寸】或【厘米】等选项，如图 2–18 所示。

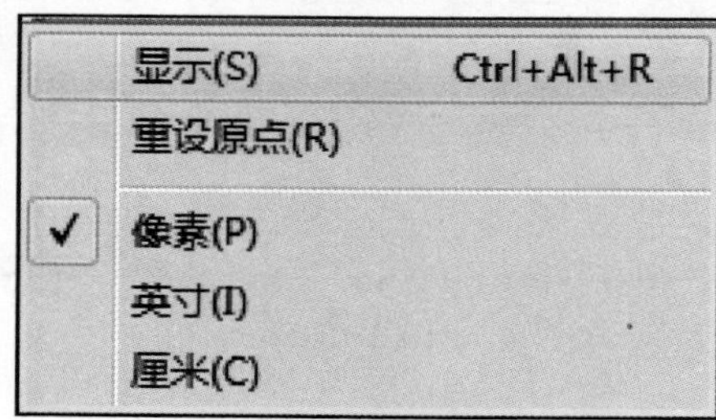

图 2–18

2.3.2 显示网格

使用【网格】菜单项可以在设计视图中对层进行绘制、定位或大小调整做可视化向导，还可以对齐页面中的元素。下面详细介绍设置网格的操作方法。

在菜单栏中选择【查看】→【网格】→【显示网格】菜单项，可以在文档中显示网格；重复操作，可以隐藏网格，如图 2–19 所示。

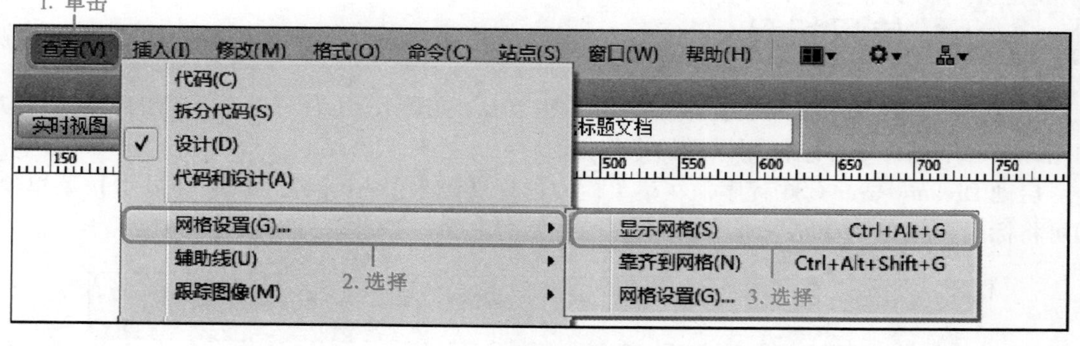

图 2–19

如果要设置网格，如网格的颜色、间隔和显示方式等，可以在菜单栏中选择【查看】→【网格】→【网格设置】菜单项，打开【网格设置】对话框，在其中进行设置，如图 2–20 所示。

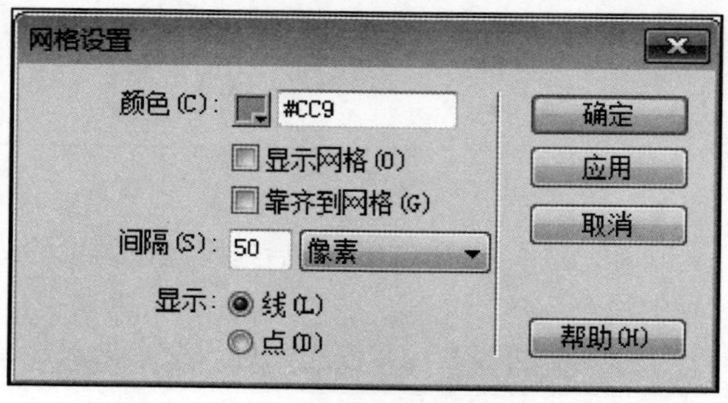

图 2–20

【网格设置】对话框中各参数的具体作用如下。

- 【颜色】：可以在该文本框中输入网格线的颜色，或者单击【颜色框】按钮，打开调色板选择网格线的颜色。
- 【显示网格】：选中该复选框，可以显示网格线。
- 【靠齐到网格】：选中该复选框，可以在移动对象时自动捕捉网格。
- 【间隔】：可以在文本框中输入网格之间的间距，在右边的下拉列表框中选择网格单位，从中可以选择【像素】、【英寸】或【厘米】。
- 【显示】：选中【线】单选按钮，网格线以直线方式显示；选中【点】单选按钮，网格线以点线方式显示。

Section

2.4 实践案例与上机操作

本节导读

通过本章的学习，用户基本上可以对 Dreamweaver CS6 快速入门并掌握一些常见的操作方法。下面进行练习操作，以达到巩固学习、拓展提高的目的。

2.4.1 使用辅助线

在 Dreamweaver CS6 中，辅助线用于在创建网页时辅助定位。

在菜单栏中选择【查看】→【辅助线】→【显示辅助线】菜单项，可以在网页中显示辅助线，然后在左侧和上侧的标尺上单击并拖动鼠标，即可拖曳出辅助线，下面详细介绍使用辅助线的操作方法。

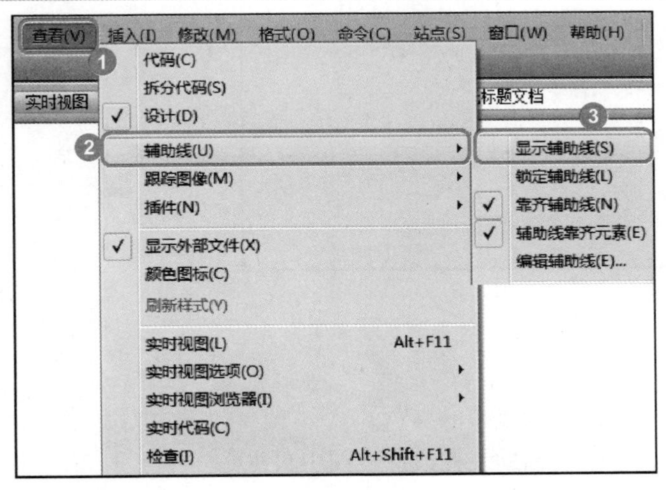

图 2-21

01 选择菜单项

№1 启动 Dreamweaver CS6 程序，单击【查看】菜单。

№2 在弹出的下拉菜单中选择【辅助线】菜单项。

№3 在弹出的子菜单中选择【显示辅助线】菜单项，如图 2-21 所示。

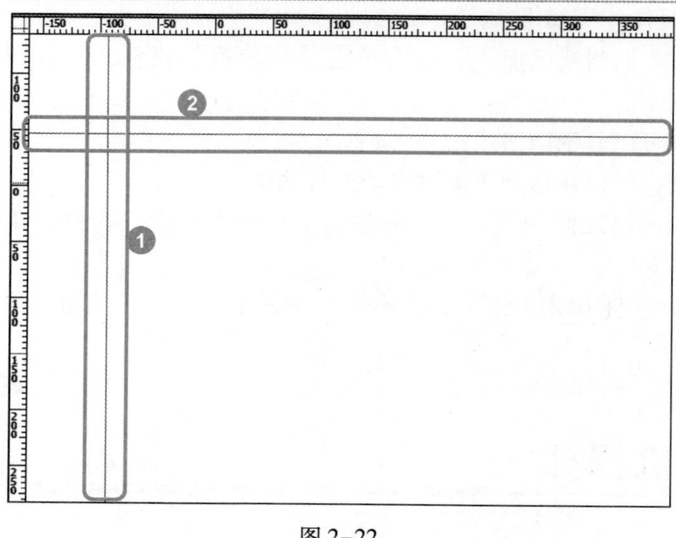
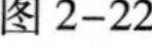

图 2-22

02 拖曳辅助线

№1 在左侧的标尺上单击并拖动鼠标。

№2 在上侧的标尺上单击并拖动鼠标，即可拖曳出辅助线，如图 2-22 所示。

举一反三

如果要使网页中的层自动靠齐到辅助线，可以在菜单栏中选择【查看】→【辅助线】→【靠齐辅助线】菜单项。

在 Dreamweaver CS6 中还可以对辅助线的属性进行设置，只需在菜单栏中选择【查看】→【辅助线】→【编辑辅助线】菜单项，弹出【辅助线】对话框，从中对辅助线的属性进行设置，如图 2-23 所示。

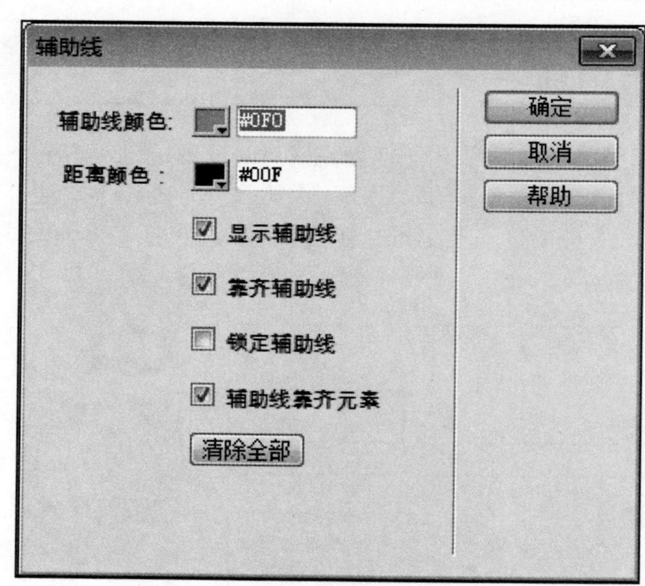

图 2-23

- 【辅助线颜色】：可以设置辅助线的颜色。
- 【距离颜色】：可以作为距离指示器出现的线条的颜色。
- 【显示辅助线】：选中该复选框，可以使辅助线在设计视图中可见。
- 【靠齐辅助线】：使在窗口中移动的对象能够靠齐辅助线。

2.4.2 使用跟踪图像

打开【选择图像源文件】对话框，下面详细介绍使用跟踪图像的操作方法。

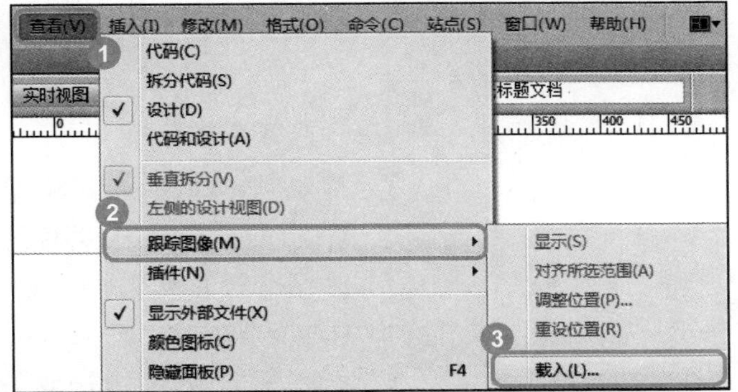

图 2-24

01 选择菜单项

No1 启动 Dreamweaver CS6 程序，单击【查看】菜单。

No2 在弹出的下拉菜单中选择【跟踪图像】菜单项。

No3 在弹出的子菜单中选择【载入】菜单项，如图 2-24 所示。

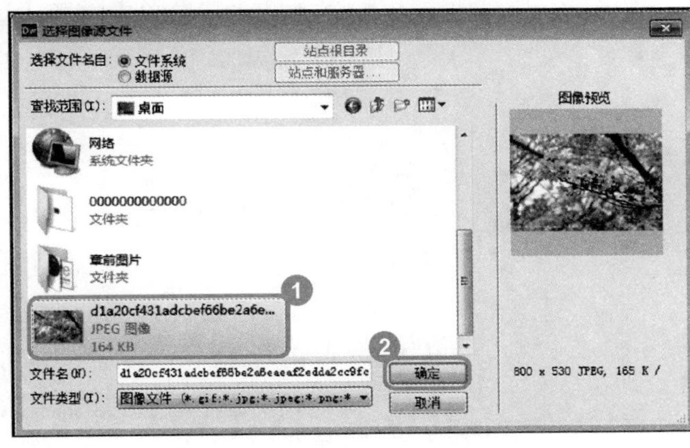

图 2-25

02 完成载入图像的操作

No1 弹出【选择图像源文件】对话框，选择要载入的图片。

No2 单击【确定】按钮，即可载入图像，如图 2-25 所示。

举一反三

单击【确定】按钮后会出现提示框，因此应该首先保存文档。

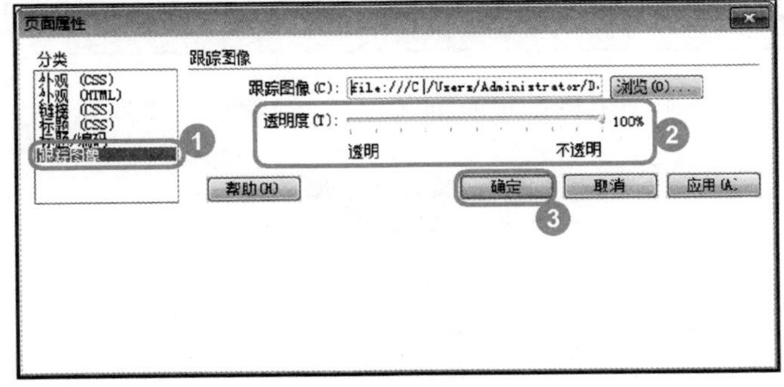

图 2-26

03 设置【透明度】

No1 打开【页面属性】对话框，单击【跟踪图像】选项卡。

No2 设置【透明度】的值。

No3 单击【确定】按钮，即可载入图像，如图 2-26 所示。

2.4.3 设置页面中所有链接的基准链接

基准链接类似于相对路径，若要设置网页文档中的所有链接都以某个链接为基准，可添加一个基本链接，但其他网页的链接与此页的基准链接无关。下面详细介绍设置基准链接的操作方法。

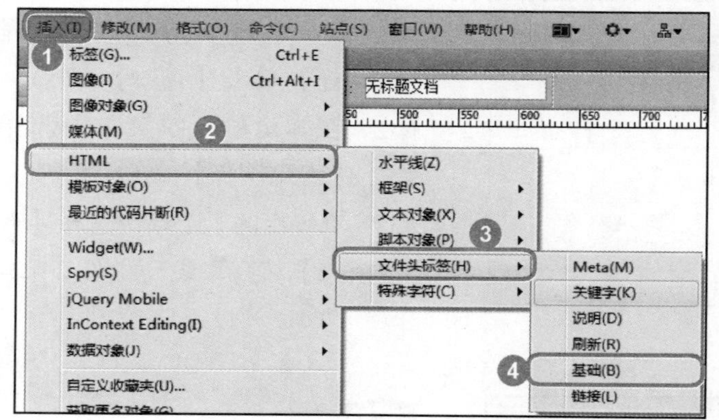

图 2-27

01 选择菜单项

No1 启动 Dreamweaver CS6 程序，单击【插入】菜单。

No2 在弹出的下拉菜单中选择 HTML 菜单项。

No3 在弹出的子菜单中选择【文件头标签】菜单项。

No4 在弹出的子菜单中选择【基础】菜单项，如图 2－27 所示。

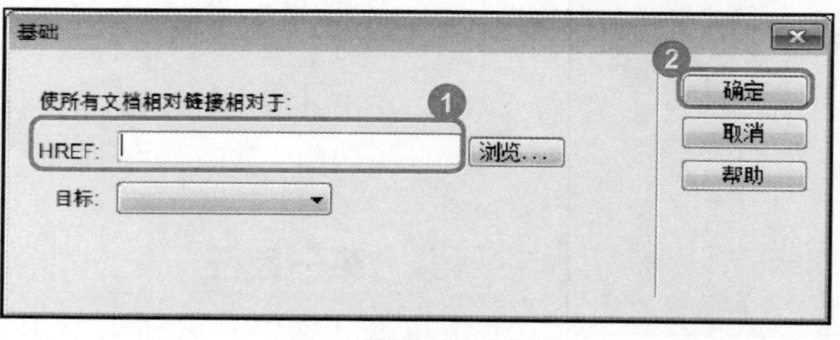

图 2-28

02 输入链接地址

No1 弹出【基础】对话框，在文本框中输入链接地址。

No2 单击【确定】按钮，即可完成设置基准链接的操作，如图 2-28 所示。

2.4.4 设置多屏幕功能

单击【多屏幕】按钮，在弹出的下拉菜单中可以选择页面的尺寸，如图 2-29 所示。

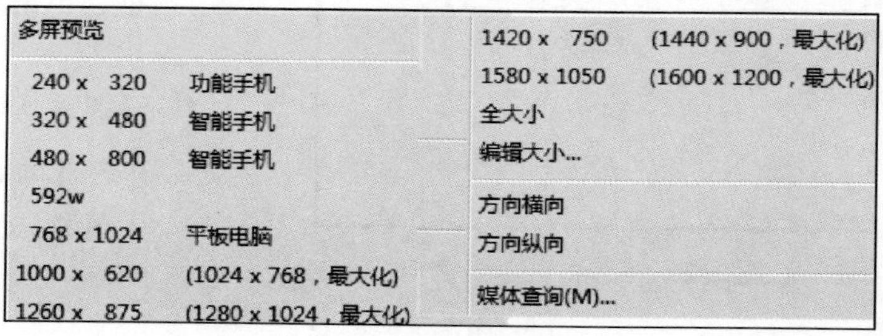

多屏预览
240 x 320 功能手机
320 x 480 智能手机
480 x 800 智能手机
592w
768 x 1024 平板电脑
1000 x 620 (1024 x 768，最大化)
1260 x 875 (1280 x 1024，最大化)
1420 x 750 (1440 x 900，最大化)
1580 x 1050 (1600 x 1200，最大化)
全大小
编辑大小...
方向横向
方向纵向
媒体查询(M)...

图 2-29

选择【480 × 800 智能手机】菜单项，页面大小如图 2-30 所示。

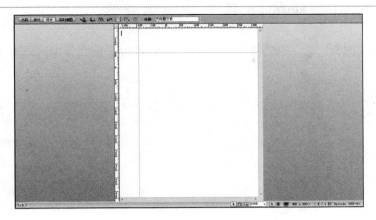

图 2-30

选择【768 × 1024 平板电脑】菜单项，页面大小如图 2-31 所示。

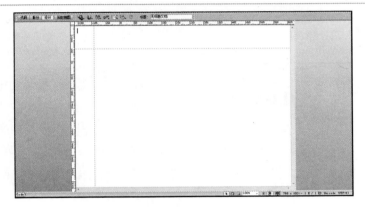

图 2-31

选择【1000 × 620（1024 × 768，最大化）】菜单项，页面大小如图 2-32 所示。

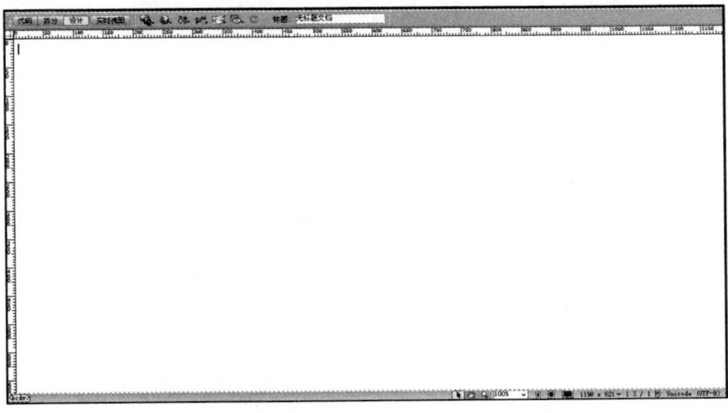

图 2-32

2.4.5 预览制作的网页

对于制作好的网页，为了查看制作的效果，可以进行预览，下面详细介绍预览制作好的网页的操作方法。

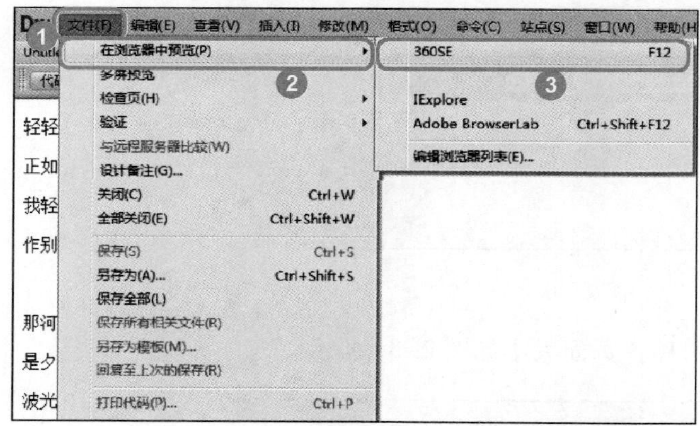

图 2-33

选择菜单项

No1 启动 Dreamweaver CS6 程序，单击【文件】菜单。

No2 在弹出的下拉菜单中选择【在浏览器中预览】菜单项。

No3 在弹出的子菜单中选择360SE菜单项，如图2-33 所示。

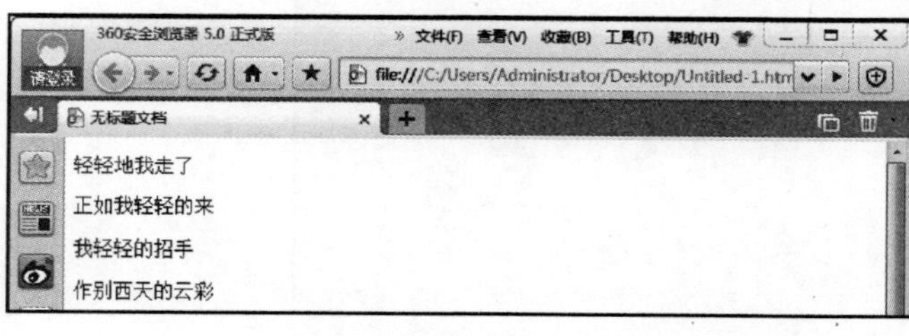

图 2-34

02 预览网页

弹出 360 安全浏览器，在浏览器中即可查看到刚刚制作的网页，如图 2-34 所示。

第 3 章

创建与管理站点

本章内容导读

本章主要介绍了创建本地站点的方法，如使用【管理站点】向导搭建站点、使用【高级】界面创建站点的知识与技巧，同时还讲解了管理站点的操作，如打开站点、编辑站点、删除站点和复制站点等，最后针对实际的工作需要讲解了创建文件夹、移动和复制文件的基本方法。通过本章的学习，读者基本上可以掌握创建与管理站点方面的知识，为深入学习 Dreamweaver CS6 奠定基础。

本章知识要点

- 创建本地站点
- 管理站点
- 管理站点中的文件

Section

3.1 创建本地站点

本节导读

所谓站点，可以看作一系列文档的组合，这些文档之间通过各种链接关联起来，并拥有相似的属性。本节将详细介绍创建本地站点方面的知识。

3.1.1 使用向导搭建站点

在使用 Dreamweaver CS6 制作网页之前最好先定义一个新站点，这是为了更好地利用站点对文件进行管理，也可以尽可能地减少错误，如路径出错、链接出错等。下面详细介绍使用【管理站点】向导搭建站点的操作方法。

图 3-1

01 选择菜单项

No1 启动 Dreamweaver CS6 程序，单击【站点】菜单。

No2 在弹出的下拉菜单中选择【管理站点】菜单项，如图 3-1 所示。

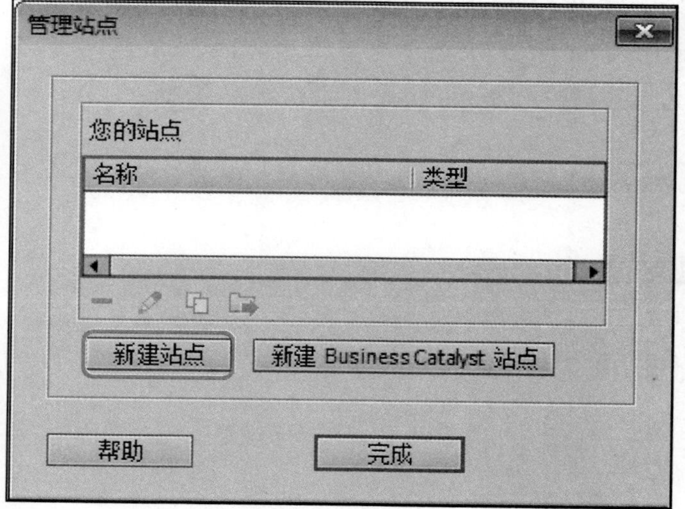

图 3-2

02 单击【新建站点】按钮

弹出【管理站点】对话框，在该对话框中单击【新建站点】按钮，如图 3-2 所示。

举一反三

按下键盘上的【Alt】+【S】组合键可以快速地弹出【站点】菜单的下拉菜单。

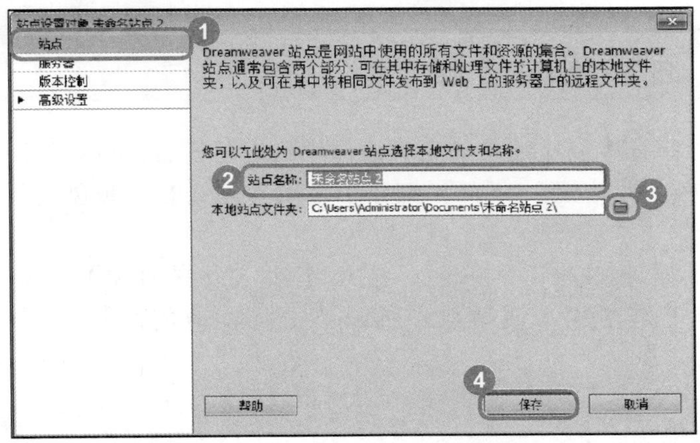

图 3-3

03 设置站点文件夹

No1 弹出【站点设置对象】对话框，选择【站点】选项卡。

No2 在【站点名称】文本框中输入准备使用的名称。

No3 单击【浏览文件夹】按钮，选择准备使用的站点文件夹。

No4 单击【保存】按钮，如图 3-3所示。

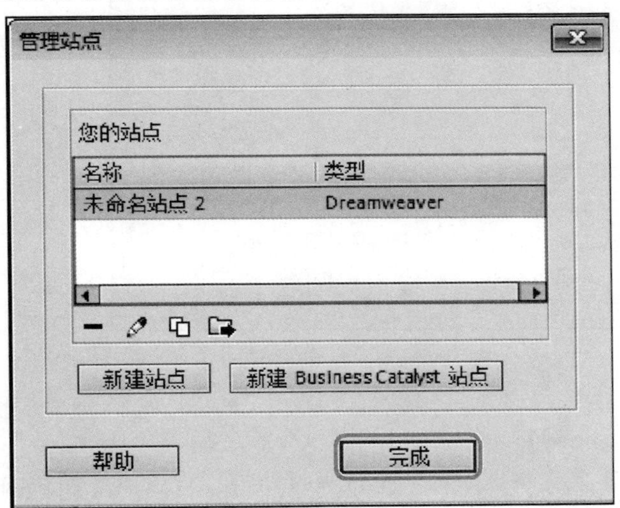

图 3-4

04 单击【完成】按钮

在【管理站点】对话框中显示刚刚新建的站点，单击【完成】按钮，如图 3-4 所示。

举一反三

按下键盘上的【Alt】+【M】组合键可以快速地弹出【修改】菜单的下拉菜单。

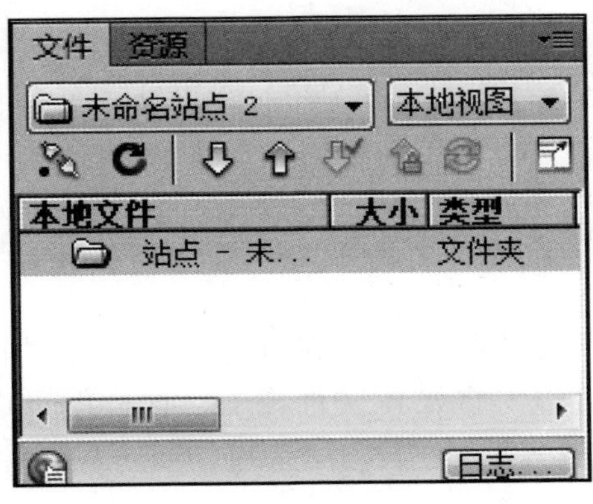

图 3-5

05 完成站点文件的创建

在 Dreamweaver CS6 界面右下角的【文件】面板中即可看到创建的站点文件，如图 3-5 所示。

3.1.2 使用【高级】面板创建站点

使用【高级】面板可以不使用向导直接创建站点信息。通过模式进行设置，可以让网页设计师在创建站点的过程中发挥更强的主控性。下面详细介绍使用【高级】面板创建站点的操作方法。

在菜单栏中选择【站点】→【管理站点】菜单项，打开【站点设置对象】对话框，选择【高级设置】选项卡，由于是创建本地站点，所以单击【本地信息】选项，如图 3-6所示。

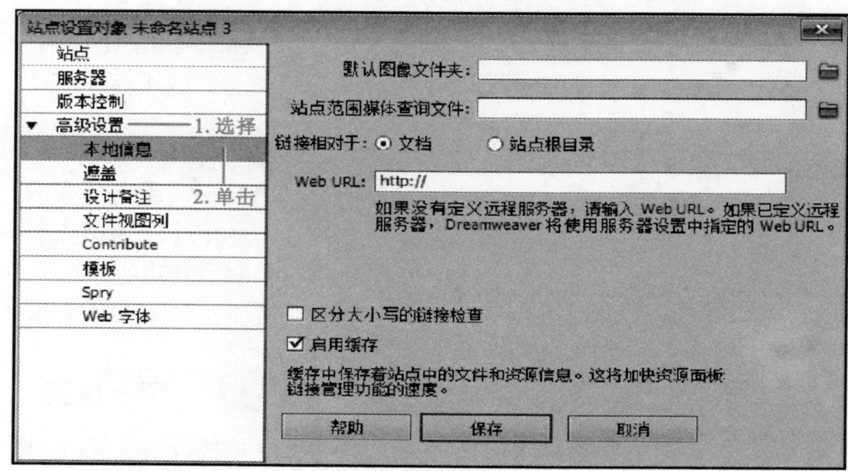

图 3-6

在【本地信息】选项中可以设置以下参数。

- 【默认图像文件夹】文本框：单击该文本框后面的文件夹按钮可以设置本地站点图像的存储路径。
- 【链接相对于】：选中其单选按钮，即可更改所创建的到站点其他页面链接的相对路径。
- Web URL 文本框：Dreamweaver 使用 Web URL 创建站点根目录相对链接。
- 【区分大小写的链接检查】复选框：在 Dreamweaver 检查链接时用于确保链接的大小写与文件名的大小写匹配。
- 【启用缓存】复选框：指定是否创建本地缓存以提高链接和站点管理任务的速度。

单击【遮盖】选项，选中【启用遮盖】复选框，可以在进行站点操作时排除被遮盖的文件，如果不希望上传多媒体文件，可以将多媒体文件覆盖，这样就可以停止上传，如图 3-7 所示。

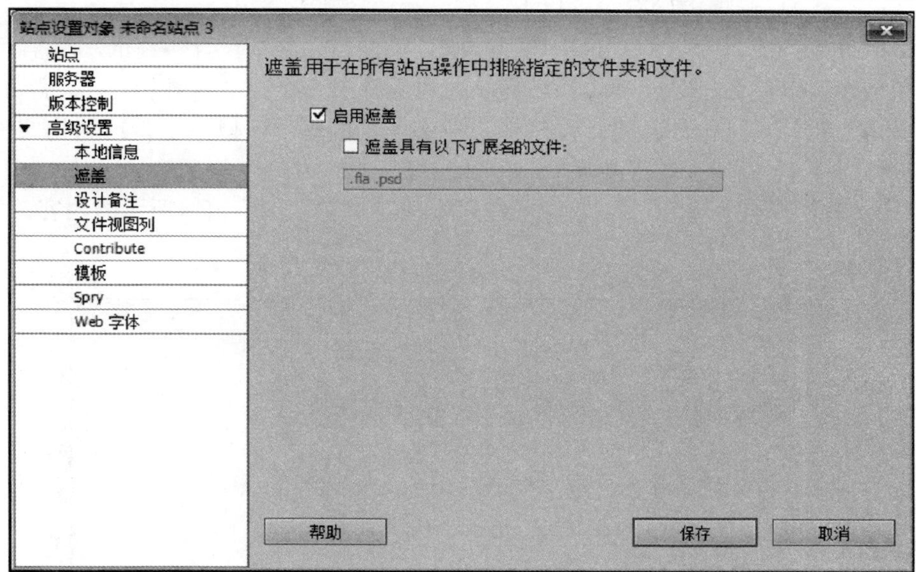

图 3-7

在【遮盖】选项中可以设置以下参数。

➢【启用遮盖】复选框：可以激活 Dreamweaver 中的文件覆盖功能，默认情况下是选中状态。

➢【遮盖具有以下扩展名的文件】：选中该复选框，可以对特定的文件使用遮盖。输入的文件类型不一定是文件扩展名，可以是任何形式的文件名结尾。

单击【设计备注】选项，可以在需要记录的过程中添加信息，留在以后使用。用户可以在【设计备注】选项中设置其各项参数，如图 3-8 所示。

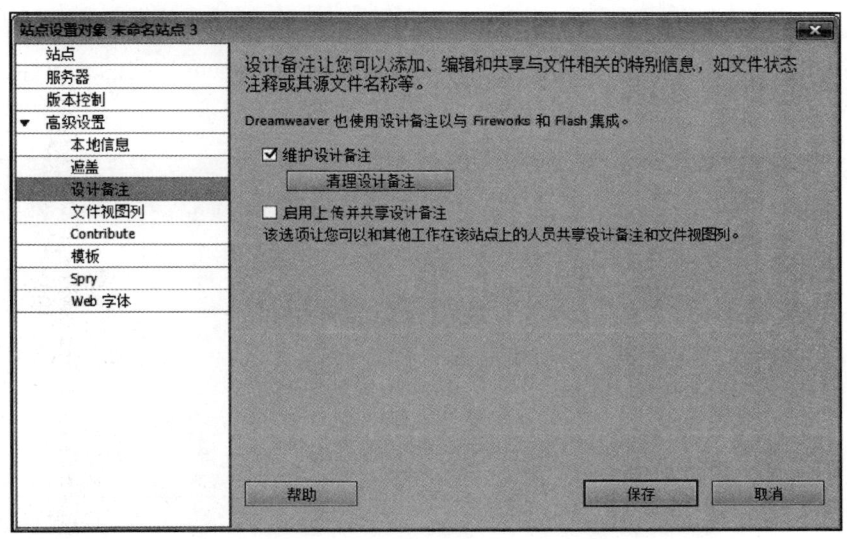

图 3-8

在【设计备注】选项中可以设置以下参数。

➢【维护设计备注】复选框：选中该复选框，可以启用保存设计备注的功能。

➢【清理设计备注】按钮：单击该按钮，可以删除过去保存的设计备注。

➢【启用上传并共享设计备注】复选框：选中该复选框，可以在上传或取出文件的时候将设计备注上传到远端服务器上。

单击【文件视图列】选项，可以设置站点管理器中文件浏览窗口所示的内容，如图3-9所示。

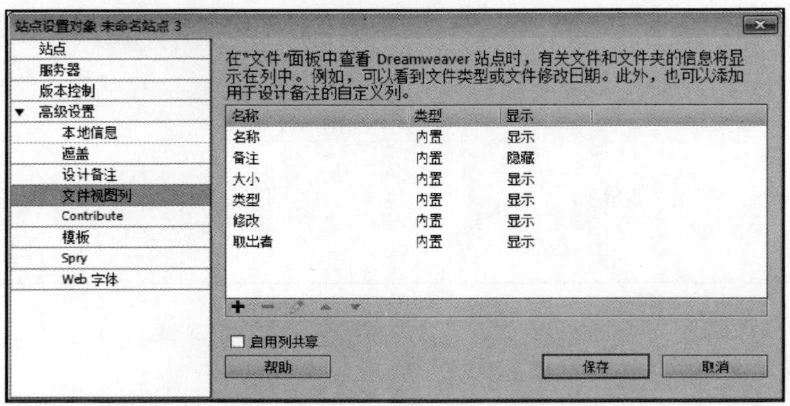

图3-9

➢【名称】：显示文件的名称。

➢【备注】：显示备注信息。

➢【大小】：显示文件的大小状况。

➢【类型】：显示文件的类型。

➢【修改】：显示修改的内容。

➢【取出者】：显示毁损的使用者名称。

在【高级设置】下设置Contribute选项，可以提高与Contribute用户的兼容性，如图3-10所示。

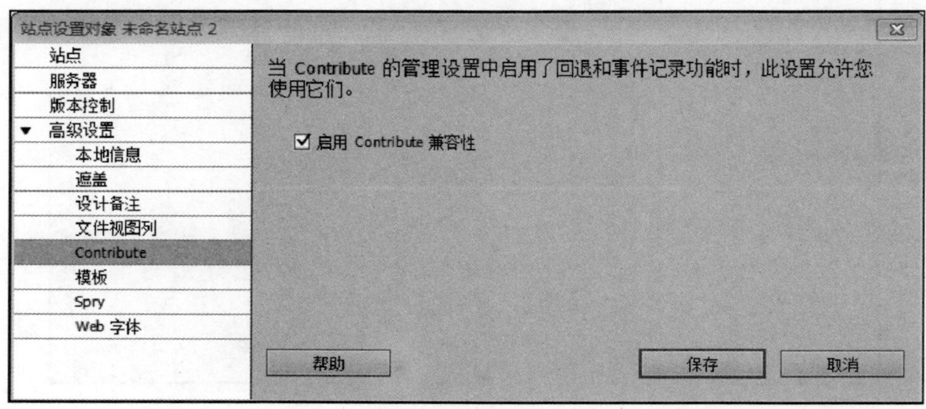

图3-10

在【高级设置】下单击【模板】选项，可以在更新站点中的模板时不改变写入文档的相对路径，如图 3-11 所示。

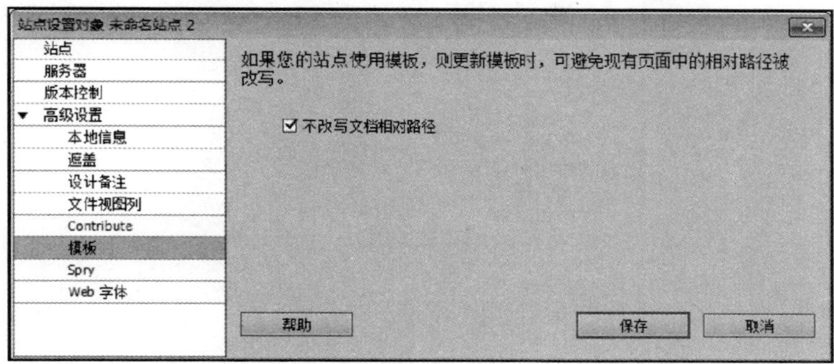

图 3-11

在【高级设置】下单击 Spry 选项，可以设置 Spry 资源文件夹的位置，如图 3-12 所示。

图 3-12

Section 3.2 管理站点

本节导读

Dreamweaver CS6 除了具有强大的网页编辑功能之外还有管理站点的功能，如打开站点、编辑站点、删除站点和复制站点等。本节将详细介绍管理站点方面的知识。

3.2.1 打开站点

启动 Dreamweaver CS6 程序后，可以单击文档窗口右边的【文件】面板中左边的下拉按钮，在弹出的下拉列表中选择准备打开的站点，单击即可打开相应的站点，如图 3-13 所示。

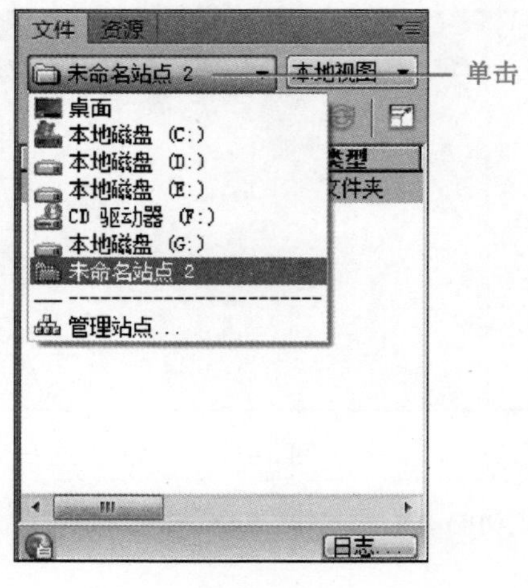

图 3-13

3.2.2 编辑站点

在创建站点之后可以根据需要对站点进行相应的编辑，下面详细介绍编辑站点的操作方法。

图 3-14

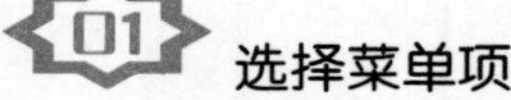

选择菜单项

启动 Dreamweaver CS6 程序，在菜单栏中选择【站点】→【管理站点】菜单项，如图3-14 所示。

图 3-15

02 编辑站点

№1 弹出【管理站点】对话框，选中站点。

№2 单击【编辑当前选定的站点】按钮，如图 3-15 所示。

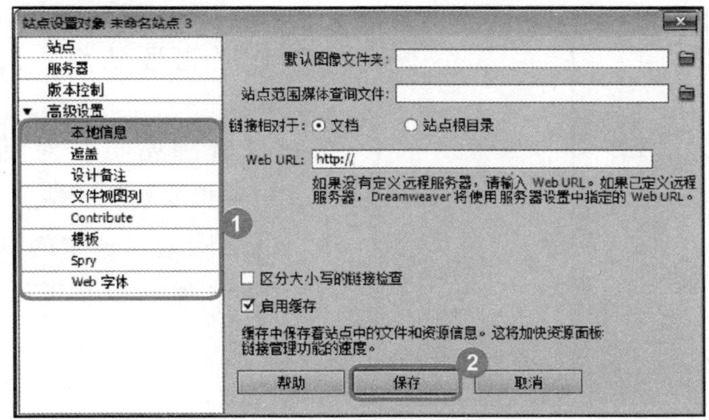

图 3-16

03 打开【高级设置】选项卡

№1 弹出【站点设置对象】对话框，选择【高级设置】选项卡，其中包括编辑站点的相关信息，从中可以进行相关的编辑操作。

№2 单击【保存】按钮，如图 3-16所示。

图 3-17

04 完成站点编辑

返回【管理站点】对话框，单击【完成】按钮，即可完成站点的编辑，如图 3-17 所示。

3.2.3 删除站点

对于多余的站点，可以将其从列表中删除，以便日后操作。下面详细介绍删除站点的操作方法。

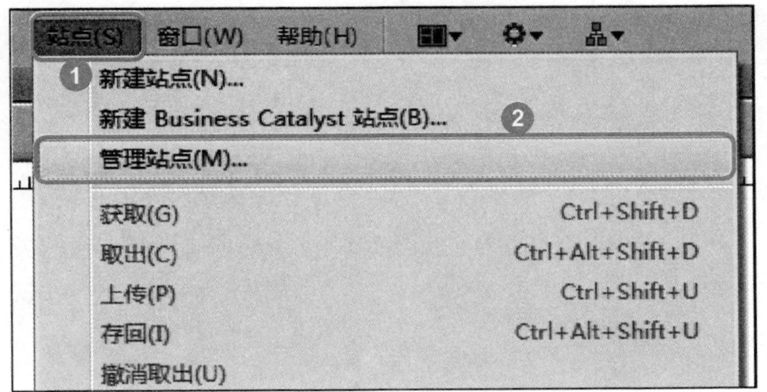

图 3-18

01 选择菜单项

№1 启动 Dreamweaver CS6 程序，单击【站点】菜单。

№2 在弹出的下拉菜单中选择【管理站点】菜单项，如图 3-18 所示。

图 3-19

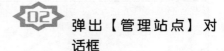

02 弹出【管理站点】对话框

No1 弹出【管理站点】对话框，选中想要删除的站点。

No2 单击【删除当前选定的站点】按钮，如图 3-19 所示。

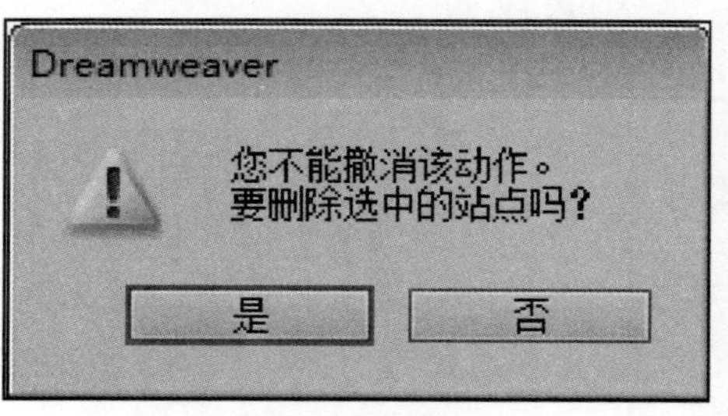

图 3-20

03 完成删除站点的操作

弹出 Dreamweaver 对话框，单击【是】按钮，即可将站点删除，如图 3-20 所示。

3.2.4 复制站点

下面详细介绍复制站点的操作方法。

图 3-21

01 选择菜单项

选择【站点】→【管理站点】菜单项，如图 3-21 所示。

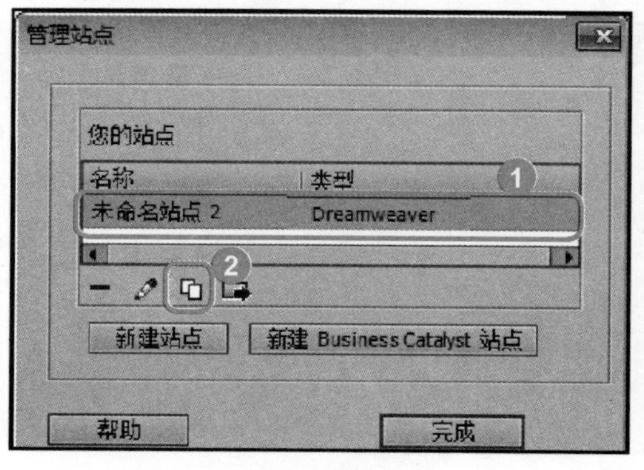

图 3-22

02 弹出【管理站点】对话框

No1 弹出【管理站点】对话框，选中想要删除的站点。

No2 单击【复制当前选定的站点】按钮，如图 3-22 所示。

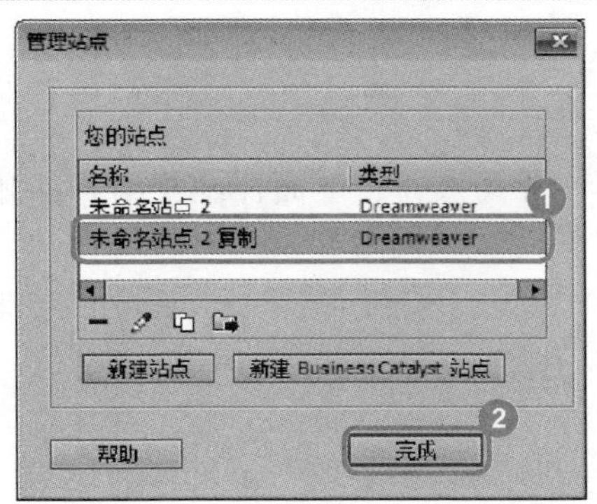

图 3-23

03 完成站点的复制

No1 在列表中显示新建的站点。

No2 单击【完成】按钮，即可完成对站点的复制，如图 3-23 所示。

Section

3.3 管理站点中的文件

本节导读

在 Dreamweaver CS6 中管理站点中文件的操作包括创建文件夹、创建和保存网页以及移动和复制文件。本节将详细介绍管理站点中文件方面的知识。

3.3.1 创建文件夹

通过创建文件夹可以使站点中的文件有规律地放置，方便对站点的设计和修改。在文件夹创建好以后就可以在文件夹中创建相应的文件。下面详细介绍创建文件夹的方法。

启动 Dreamweaver CS6 程序，在【文件】面板中右击准备创建文件夹的父级文件夹，在弹出的快捷菜单中选择【新建文件夹】命令，即可完成创建文件夹的操作，如图 3-24 所示。

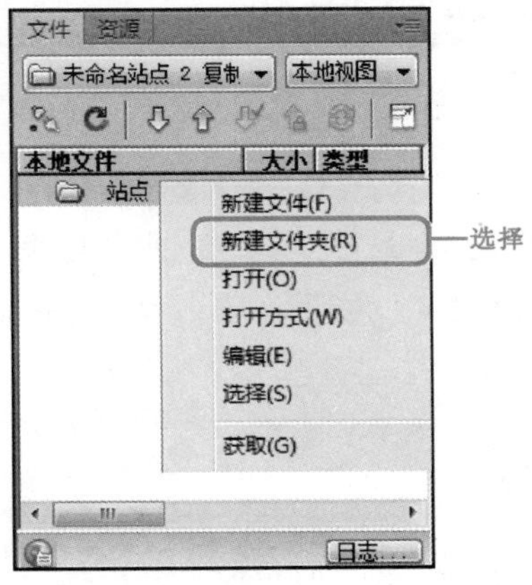

图 3-24

3.3.2 移动和复制文件

在【文件】面板中还可以进行移动和复制文件的操作，下面详细介绍移动和复制文件的操作方法。

启动 Dreamweaver CS6 程序，在【文件】面板中右击准备移动和复制的文件，在弹出的快捷菜单中选择【编辑】命令，然后在子菜单中选择相应的命令进行设置，如图 3-25 所示。

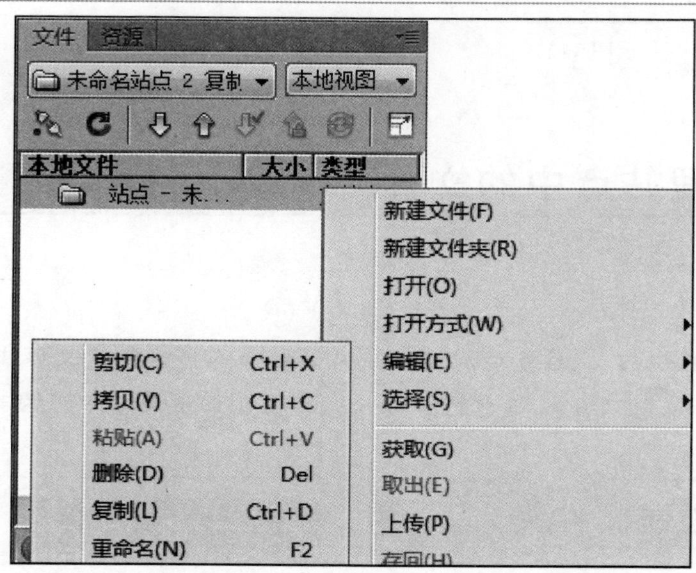

图 3-25

Section

3.4 实践案例与上机操作

本节导读

通过本章的学习，用户基本上可以掌握创建与管理站点以及文件的操作方法。下面通过一些练习操作达到巩固学习、拓展提高的目的。

3.4.1 站点的切换

使用 Dreamweaver CS6 可以编辑网页，但每次只能操作一个站点。在【文件】面板中单击并展开【未命名站点 2 复制】下拉列表框，在弹出的下拉列表中选择准备切换的站点并

进行操作，如图 3-26 所示。

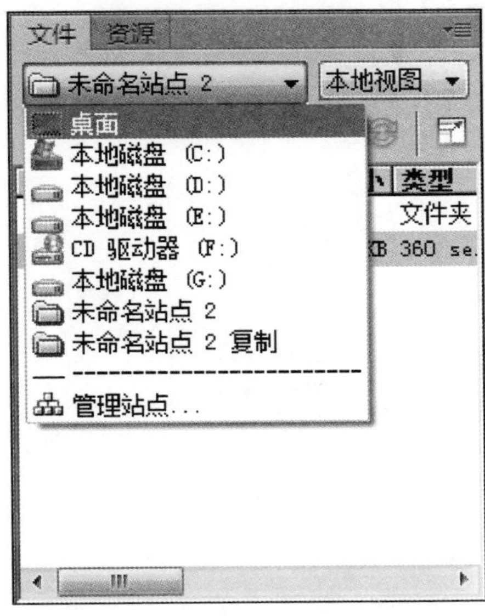

图 3-26

3.4.2 使用站点地图

站点地图以树形结构图方式显示站点中文件的链接关系。在站点地图中可以添加、修改、删除文件之间的链接关系。

使用站点地图可以以图形的方式查看站点结构，构建网页之间的链接。在 Dreamweaver CS6 界面中，单击右侧的【文件】面板中的【扩展/折叠】按钮即可展开【文件】面板。

单击【站点地图】按钮，在弹出的下拉菜单中选择【仅地图】菜单项，则窗口中仅显示文件地图的形式；选择【地图和文件】菜单项，则在窗口的左侧显示站点地图，右侧以列表形式显示站点中的文件，如图 3-27 所示。

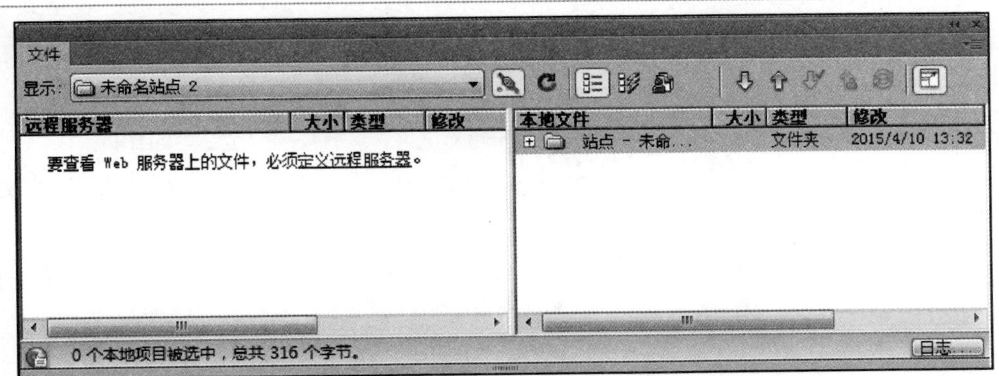

图 3-27

3.4.3 使用多屏预览

使用多屏预览可以同时查看手机模式、平板电脑模式和计算机模式，更方便操作。下面详细介绍打开多屏预览的操作方法。

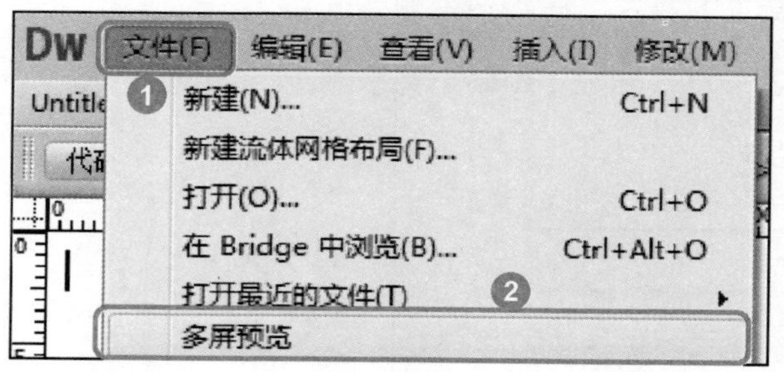

图 3-28

01 选择菜单项

No1 启动 Dreamweaver CS6 程序，在菜单栏中单击【文件】菜单。

No2 在弹出的下拉菜单中选择【多屏预览】菜单项，如图 3-28所示。

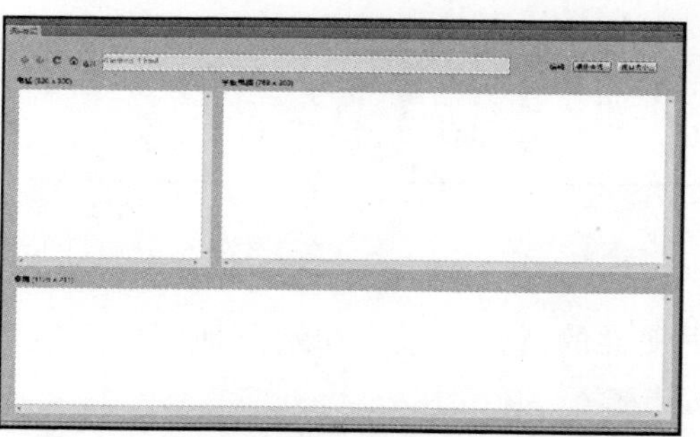

图 3-29

02 进入多屏预览

弹出【多屏预览】界面，即可进入多屏预览模式，在【多屏预览】界面中可以随时查看 3 种不同大小的网页尺寸，如图 3-29 所示。

3.4.4 导入 Word 文档

使用 Dreamweaver CS6 菜单栏中的【导入】菜单项可以导入 XML 到模板、表格式数据、Word 文档以及 Excel 文档等，下面详细介绍导入 Word 的操作方法。

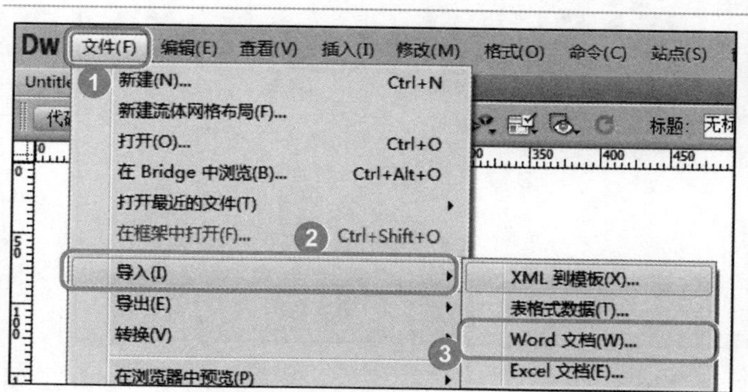

图 3-30

01 选择菜单项

No1 在菜单栏中单击【文件】菜单。

No2 在弹出的下拉菜单中选择【导入】菜单项。

No3 在弹出的子菜单中选择【Word 文档】菜单项，如图 3-30 所示。

图 3-31

02 打开【导入 Word 文档】对话框

No1 弹出【导入 Word 文档】对话框，选择要导入的文档。

No2 单击【打开】按钮，如图 3-31 所示。

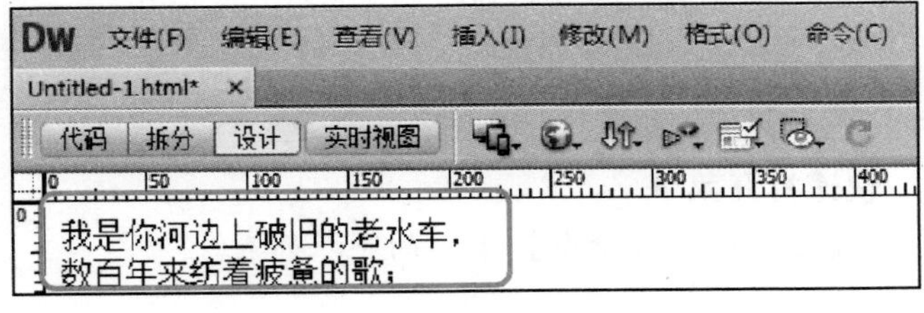

图 3-32

03 导入 Word 文档

此时即可完成导入 Word 文档的操作，如图 3-32 所示。

3.4.5 导入 Excel 文档

使用【导入】菜单项可以导入 Excel 文档，下面介绍导入 Excel 的操作方法。

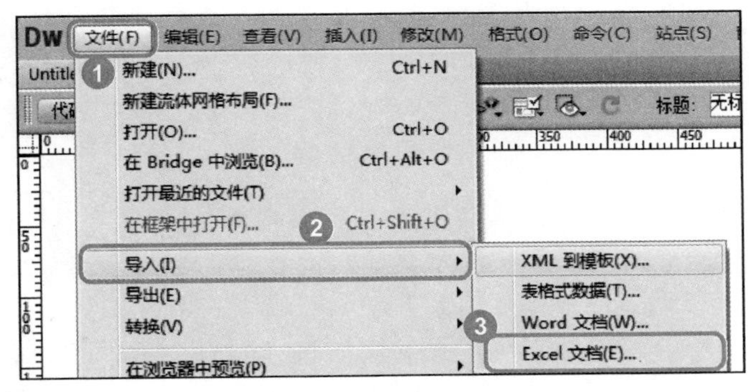

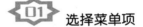

图 3-33

01 选择菜单项

No1 单击【文件】菜单。

No2 在弹出的下拉菜单中选择【导入】菜单项。

No3 在弹出的子菜单中选择【Excel 文档】菜单项，如图 3-33 所示。

图 3-34

02 弹出【导入 Excel 文档】对话框

No1 弹出【导入 Excel 文档】对话框，选择要导入的文档。

No2 单击【打开】按钮，如图 3-34所示。

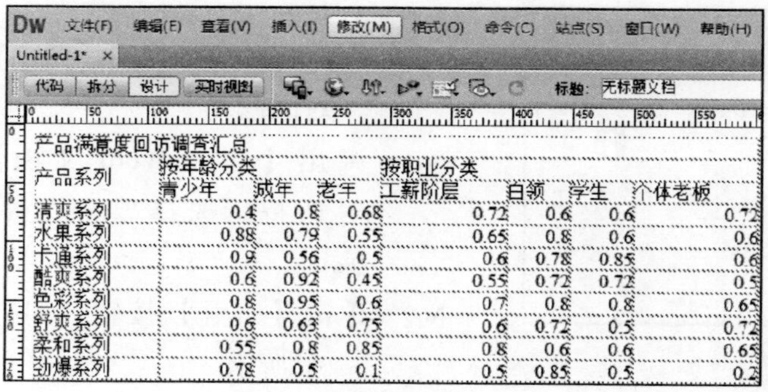

产品满意度回访调查汇总

产品系列	按年龄分类			按职业分类			
	青少年	成年	老年	工薪阶层	白领	学生	个体老板
清爽系列	0.4	0.8	0.68	0.72	0.6	0.6	0.72
水果系列	0.88	0.79	0.55	0.65	0.8	0.6	0.6
卡通系列	0.9	0.56	0.5	0.6	0.78	0.85	0.6
酷爽系列	0.6	0.92	0.45	0.55	0.72	0.72	0.5
色彩系列	0.8	0.95	0.6	0.7	0.8	0.8	0.65
舒爽系列	0.6	0.63	0.75	0.6	0.72	0.5	0.72
柔和系列	0.55	0.8	0.85	0.8	0.6	0.6	0.65
劲爆系列	0.78	0.5	0.1	0.5	0.85	0.5	0.2

图 3-35

03 导入 Excel 文档

此时即可完成导入 Excel 文档的操作，如图 3-35 所示。

举一反三

按下键盘上的【Alt】+【I】组合键可以打开【插入】菜单的下拉列表。

教你一招

快速打开菜单

按下键盘上的【Alt】+【C】组合键可以打开【命令】菜单的下拉列表。

知识精讲

站点分为本地站点和远程站点，本地站点是存放在网页制作者机器里的文件夹；远程站点是上传后存放在服务器里的文件夹。

第 4 章

文本对象的操作

本章内容导读

本章主要介绍了特殊文本对象的知识与技巧，同时讲解了创建项目列表、编号列表等知识。通过本章的学习，读者可以掌握在网页中创建文本的方法，为深入学习 Dreamweaver CS6 的知识奠定基础。

本章知识要点

- 文本的基本操作
- 插入特殊文本对象
- 项目符号与编号列表
- 插入页面的头部内容

Section

4.1 文本的基本操作

本节导读

在 Dreamweaver CS6 中可以对文件进行基本操作，其中包括输入文本，设置字体、字号、字体颜色和字体样式等。本节将详细介绍文本的基本操作方面的知识。

4.1.1 输入文本

在 Dreamweaver CS6 中可以通过复制和粘贴、直接输入的方法添加文本，下面详细介绍在 Dreamweaver CS6 中输入文本的方法。

1. 复制、粘贴文本

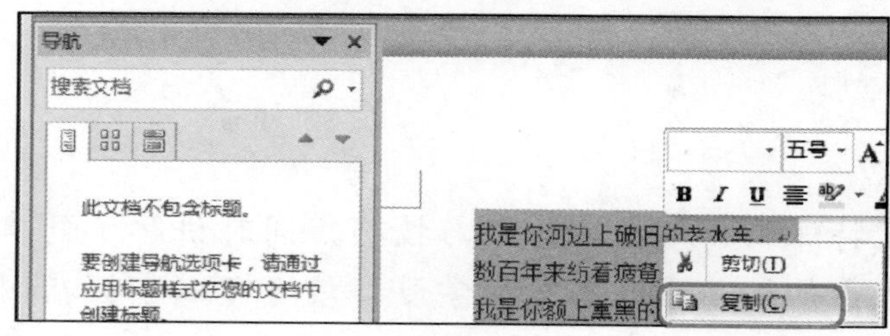

图 4-1

复制文档

打开 Word 文档，将内容全部选中后右击，在弹出的快捷菜单中选择【复制】命令，如图 4-1 所示。

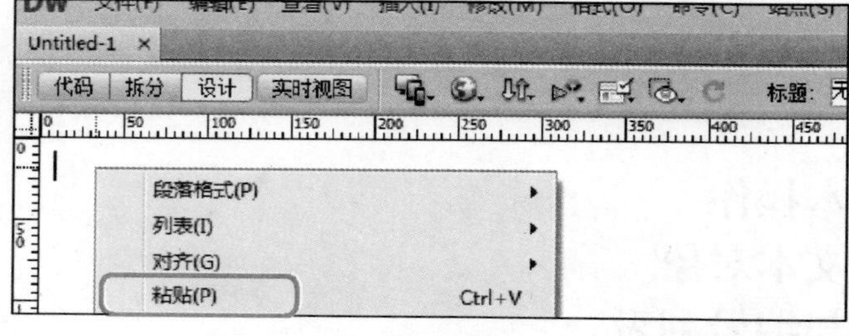

图 4-2

02 **粘贴文档**

切换至 Dreamweaver CS6 中，右键单击鼠标，在弹出的快捷菜单中选择【粘贴】命令，如图 4-2 所示。

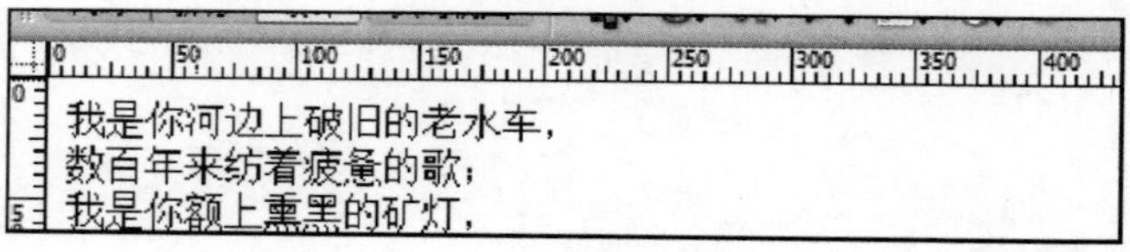

我是你河边上破旧的老水车，
数百年来纺着疲惫的歌；
我是你额上熏黑的矿灯，

图 4-3

03 **完成复制**

在视图中可以看到复制完成的文档，如图 4-3 所示。

2. 直接输入文本

启动 Dreamweaver CS6 程序，选择准备使用的输入法，将光标定位在编辑窗口，即可输入文本，如图 4-4 所示。

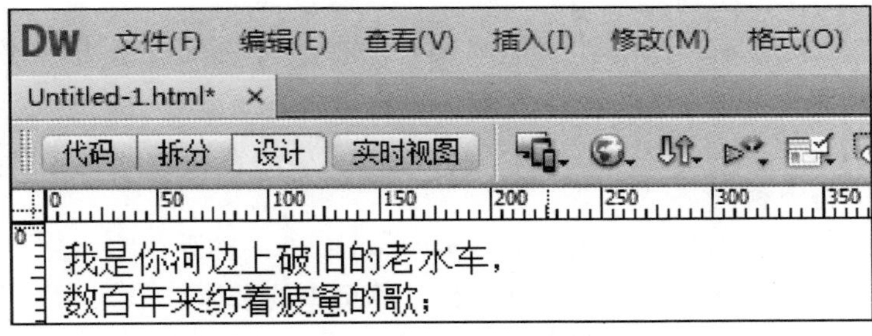

图 4-4

4.1.2 设置字体

在制作网页文件的时候可以根据需要对文字进行设置，下面详细介绍设置字体的操作方法。

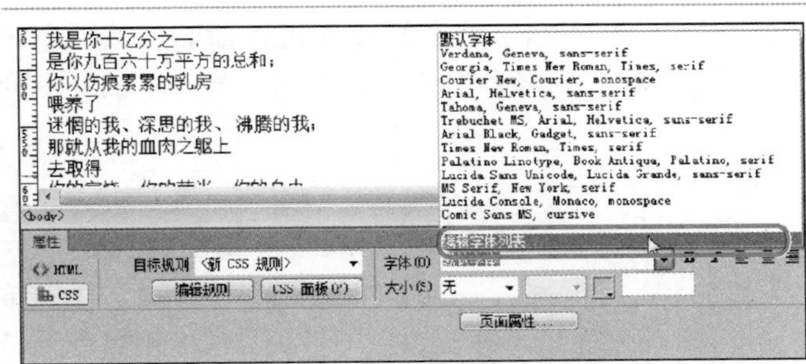

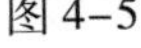

图 4-5

01 展开【属性】面板

启动 Dreamweaver CS6 程序，在【属性】面板中单击【字体】后面的 ▾ 按钮，选择【编辑字体列表】选项，如图 4-5 所示。

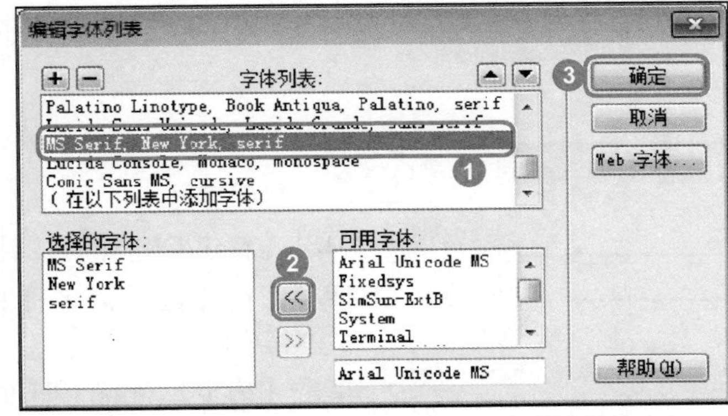

图 4-6

02 添加新字体

No1 弹出【编辑字体列表】对话框，在【字体列表】列表中选择字体。

No2 单击 << 按钮，即可将所选字体添加到左侧的【选择的字体】列表框中。

No3 单击【确定】按钮，即可完成添加字体的操作，如图 4-6 所示。

在【编辑字体列表】对话框中可以对参数进行相应的设置。

- 【添加字体】按钮⊞：单击【添加字体】按钮，在【字体列表】中将添加【在以下列表中添加字体】选项。
- 【删除字体】按钮⊟：单击【删除字体】按钮，将删除在【字体列表】中所添加的【在以下列表中添加字体】选项。
- 【字体上移】按钮▲：选中【字体列表】中的字体选项，单击【字体上移】按钮，被选中的字体将上移。
- 【字体下移】按钮▼：选中【字体列表】中的字体选项，单击【字体下移】按钮，被选中的字体将下移。
- 【字体列表】：在该区域中列出了Dreamweaver CS6中的默认字体。
- 【可用字体】：在该区域中列出了在本地计算机中的字体。
- 【字体转移】：选中【可用字体】中的字体选项，单击【字体转移】按钮，可以将字体在【可用字体】和【选择的字体】区域之间进行转移。
- 【选择的字体】：在该区域中列出了选择的字体，单击【确定】按钮，可以将被选择的字体添加到Dreamweaver CS6的字体列表中。

4.1.3 设置字号

在设置字体的同时还可以对字号进行设置，对于选定的字号要先进行命名，然后单击【字号】下拉列表框右侧的下三角按钮，在弹出的下拉列表中选择命名的字号。下面详细介绍设置字号的操作方法。

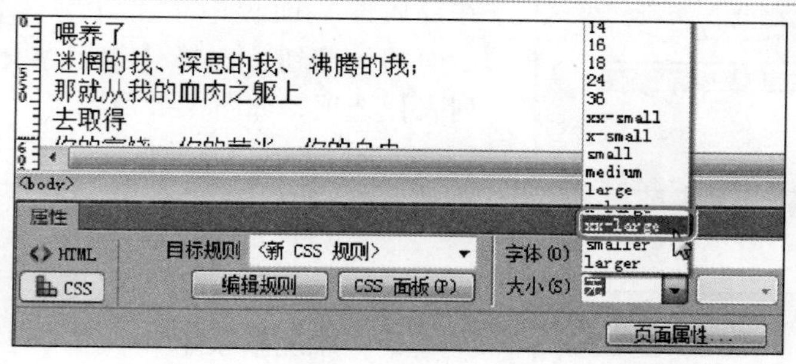

图 4-7

01 展开【属性】面板

选中要设置字号的字体，单击展开【属性】面板中【大小】后面的下拉按钮，选择准备使用的字号，如图 4-7 所示。

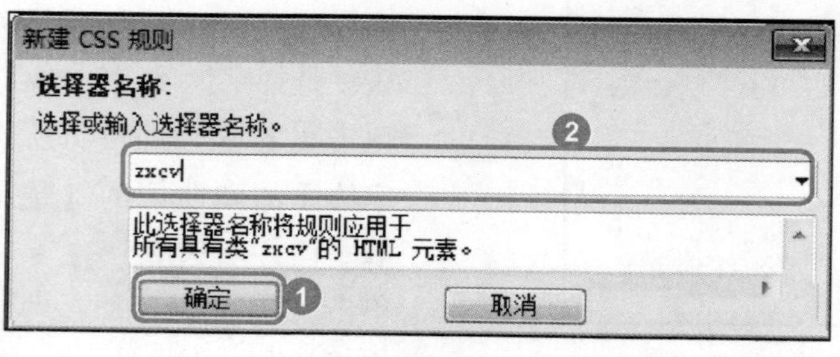

图 4-8

02 添加新字号

No1 弹出【新建 CSS 规则】对话框，在【选择器名称】文本框中输入名称。

No2 单击【确定】按钮，即可完成设置字号的操作，如图 4-8 所示。

4.1.4 设置字体颜色

在设置字体的同时还可以对字体的颜色进行设置，以得到美观的页面。下面详细介绍设置字体颜色的操作方法。

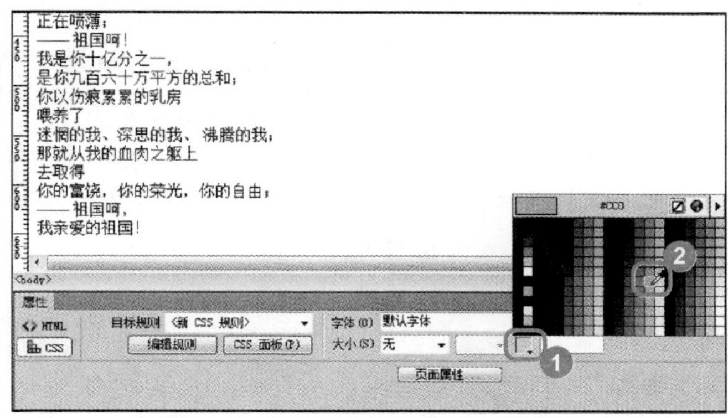

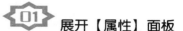

图 4-9

01 展开【属性】面板

No1 启动 Dreamweaver CS6 程序，选中要设置字体颜色的文本，单击【属性】面板中的【文本颜色】按钮，弹出调色板。

No2 选择准备使用的颜色，如图 4-9 所示。

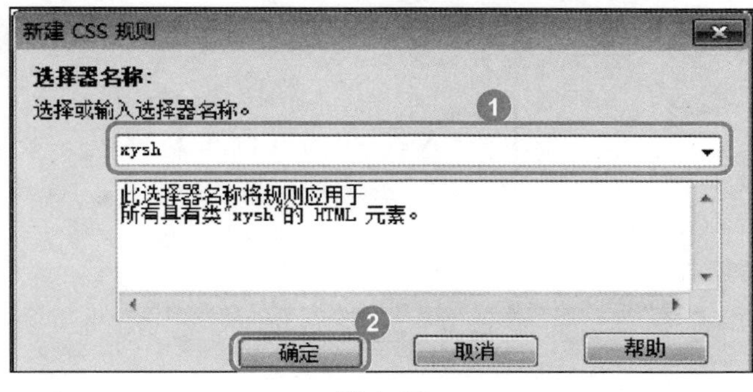

图 4-10

02 添加字体颜色

No1 弹出【新建 CSS 规则】对话框，在【选择器名称】文本框中输入名称。

No2 单击【确定】按钮，即可完成设置字体颜色的操作，如图 4-10 所示。

4.1.5 设置字体样式

在设置字体的同时还可以对字体的样式进行设置。例如可以在【属性】面板中设置粗体和斜体，如图 4-11 所示。

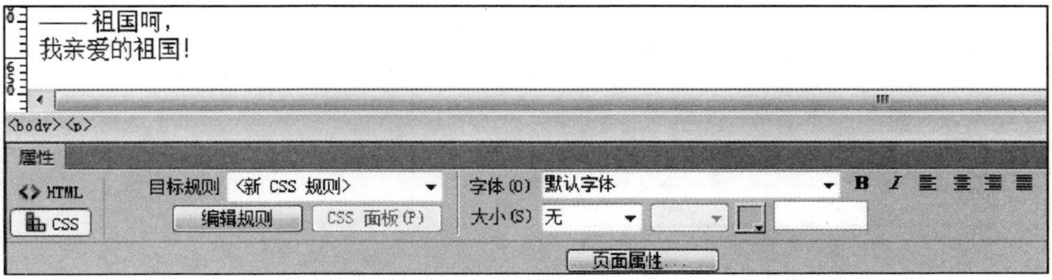

图 4-11

4.1.6 设置段落

设置段落与格式的操作包括【左对齐】【居中对齐】【右对齐】和【两端对齐】等。下面详细介绍设置段落格式的操作方法。

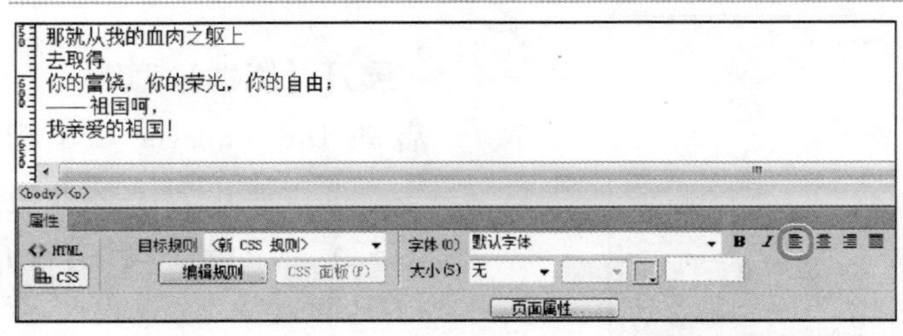

图 4-12

01 展开【属性】面板

启动 Dreamweaver CS6 程序，选中准备设置段落的文本，在【属性】面板中选择左对齐方式，如图 4-12 所示。

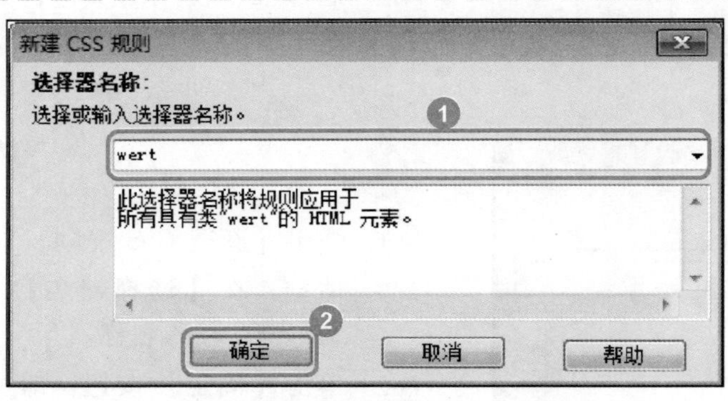

图 4-13

02 添加对齐方式

No1 弹出【新建 CSS 规则】对话框，在【选择器名称】文本框中输入名称。

No2 单击【确定】按钮，即可完成设置段落格式的操作，如图 4-13 所示。

4.1.7 设置是否显示不可见元素

用户还可以设置是否显示不可见元素参数，下面介绍具体操作步骤。

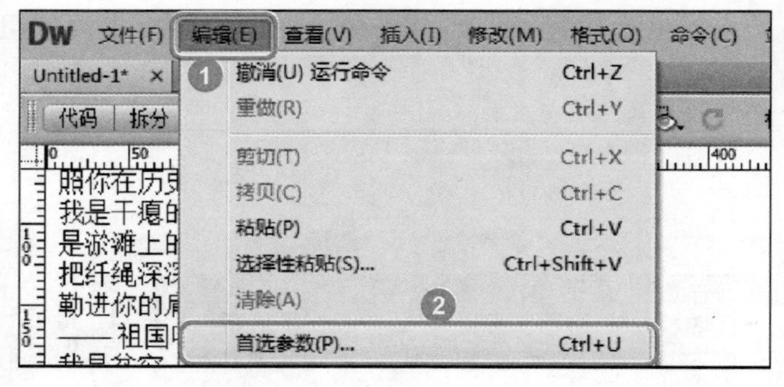

图 4-14

01 单击【编辑】菜单

No1 启动 Dreamweaver CS6 程序，在菜单栏中单击【编辑】菜单。

No2 在弹出的下拉菜单中选择【首选参数】菜单项，如图 4-14 所示。

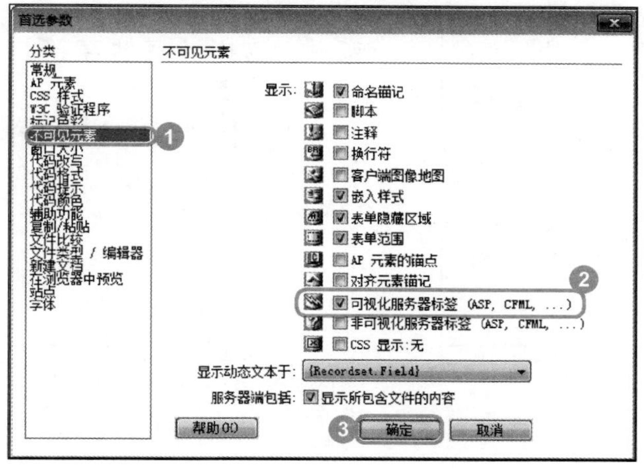

图 4-15

02 弹出【首选参数】对话框

No1 弹出【首选参数】对话框，在【分类】列表框中选择【不可见元素】选项。

No2 在【不可见元素】选项区域中进行设置。

No3 单击【确定】按钮，即可完成是否显示不可见元素的操作，如图 4-15 所示。

Section 4.2 插入特殊文本对象

本节导读

在网页中还可以插入特殊文本对象，具体包括插入特殊字符、水平线、注释和日期。本节将详细介绍插入特殊文本对象的知识。

4.2.1 插入特殊字符

在 Dreamweaver CS6 中不仅可以输入普通文本，还可以输入特殊字符。下面详细介绍插入特殊字符的操作方法。

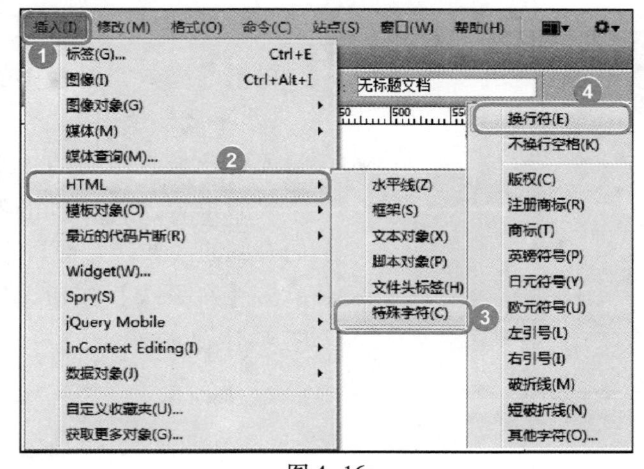

图 4-16

01 选择菜单项

No1 启动 Dreamweaver CS6 程序，单击【插入】菜单。

No2 在弹出的下拉菜单中选择 HTML 菜单项。

No3 在弹出的子菜单中选择【特殊字符】菜单项。

No4 在弹出的子菜单中选择准备使用的特殊字符，如图 4-16所示。

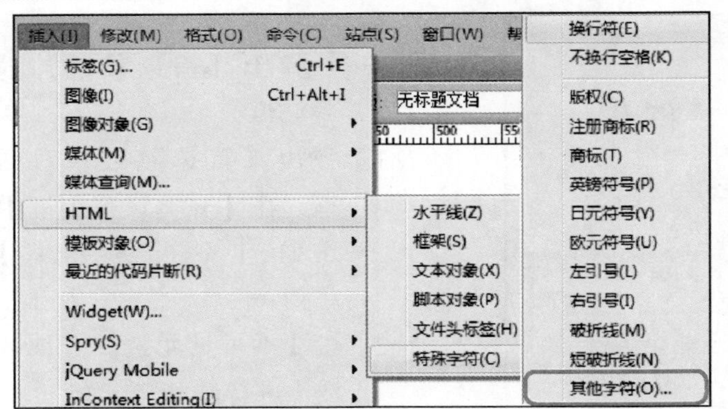

图 4-17

02 选择【其他字符】菜单项

如果在【特殊字符】子菜单中没有需要插入的字符，可以选择【其他字符】菜单项，如图 4-17 所示。

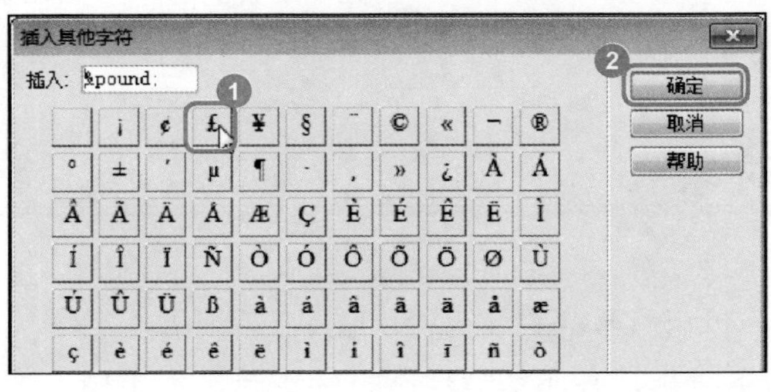

图 4-18

03 弹出【插入其他字符】对话框

No1 弹出【插入其他字符】对话框，选择任意字符。

No2 单击【确定】按钮，即可将特殊字符插入到编辑窗口中，如图 4-18 所示。

4.2.2 插入水平线

在网页文件中插入水平线可以分隔网页中的页面内容。下面详细介绍插入水平线的操作方法。

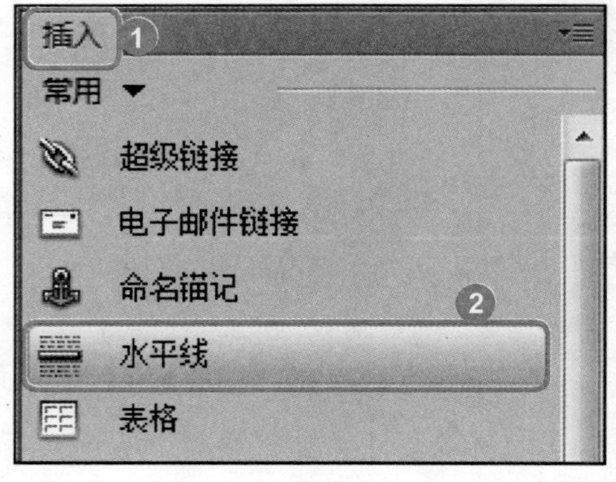

图 4-19

01 单击【插入】面板中的【水平线】按钮

No1 将光标定位在准备插入水平线的位置，然后单击界面右侧的【插入】面板。

No2 单击【水平线】按钮，如图 4-19 所示。

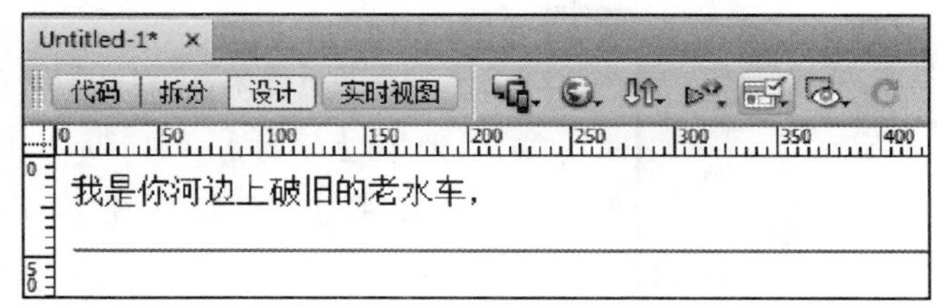

图 4-20

02 完成插入水平线的操作

此时即可完成插入水平线的操作，如图 4-20 所示。

在网页中插入水平线之后可以对其进行相关设置。选中水平线，在【属性】面板中即可对其进行相应的修改，如图 4-21 所示。

图 4-21

该面板中各项的含义如下。

- 【水平线】：在该文本框中可以输入水平线的名称，还可以设置该水平线的 ID 值。
- 【宽】和【高】：该区域用于设定水平线的宽度和高度。
- 【对齐】：单击该下拉列表框右侧的下拉按钮，弹出一个列表，其中包括【默认】、【左对齐】、【居中对齐】和【右对齐】按钮，用于设置水平线在网页中的位置。
- 【类】：在该下拉列表中可以设置水平线的 CSS 对象。

4.2.3 插入注释

对于复杂的代码，通过插入注释可以全部完整、清晰地记住每一行代码的作用以及特定的说明。下面详细介绍插入注释的操作方法。

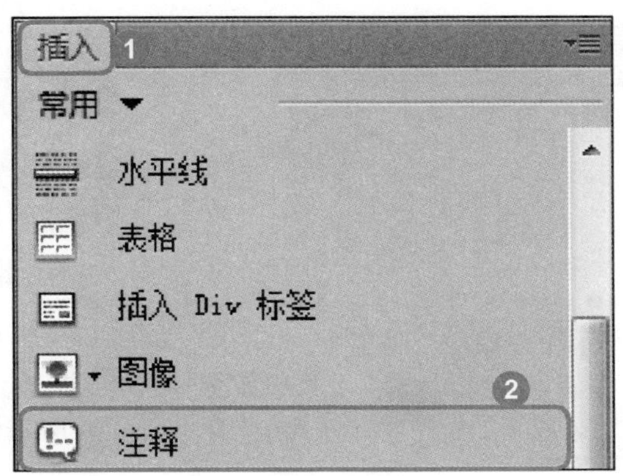

图 4-22

01 单击【插入】面板

No1 启动 Dreamweaver CS6 程序，将光标定位在准备插入注释的位置，单击【插入】面板。

No2 单击【注释】按钮，如图 4-22所示。

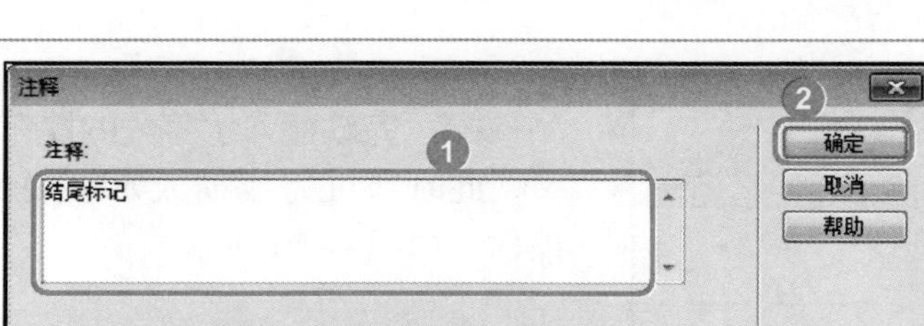

图 4-23

02 弹出【注释】对话框

No1 弹出【注释】对话框，在【注释】文本框中输入文本。

No2 单击【确定】按钮，如图 4-23 所示。

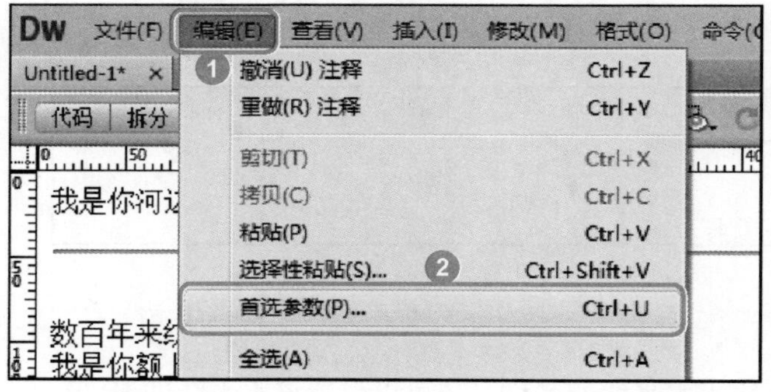

图 4-24

03 单击【编辑】菜单

No1 在菜单栏中单击【编辑】菜单。

No2 在弹出的下拉菜单中选择【首选参数】菜单项，如图 4-24 所示。

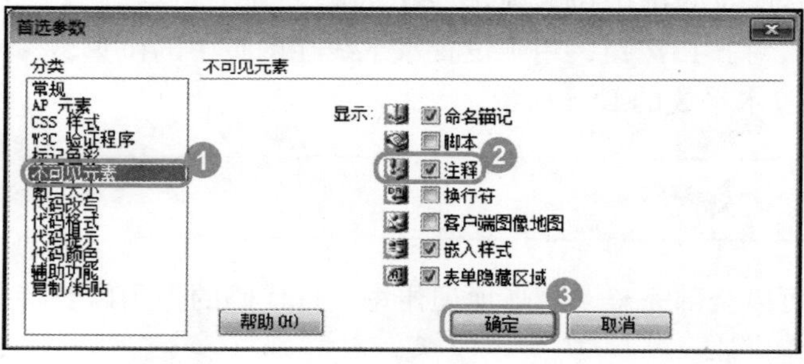

图 4-25

04 弹出【首选参数】对话框

No1 在【分类】列表框中选择【不可见元素】选项。

No2 在右侧区域中选中【注释】复选框。

No3 单击【确定】按钮，如图 4-25所示。

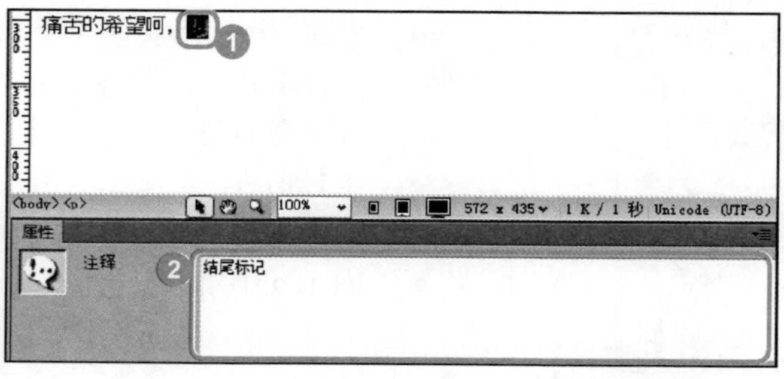

图 4-26

05 完成添加注释的操作

No1 此时在页面中会显示黄色的注释记号，单击此注释。

No2 此时即可在【属性】面板中看到刚刚添加的注释内容，如图 4-26 所示。

4.2.4 插入日期

在网页中插入日期方便以后编辑网页，插入日期的方法很简单，下面详细介绍插入日期的操作方法。

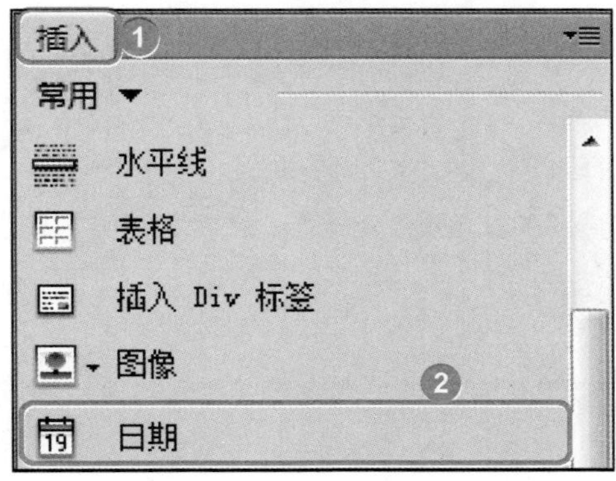

图 4–27

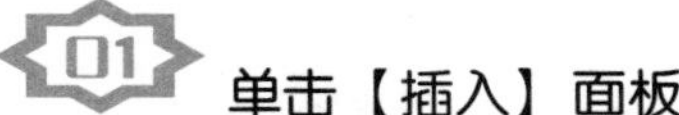

01 单击【插入】面板

No1 启动 Dreamweaver CS6 程序，将光标定位在准备插入日期的位置，单击【插入】面板。

No2 单击【日期】按钮，如图 4–27 所示。

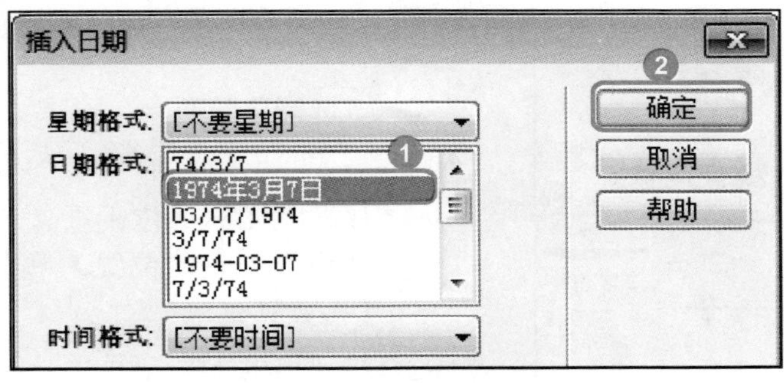

图 4–28

02 弹出【插入日期】对话框

No1 弹出【插入日期】对话框，在【日期格式】列表框中选择准备使用的格式。

No2 单击【确定】按钮，如图 4–28 所示。

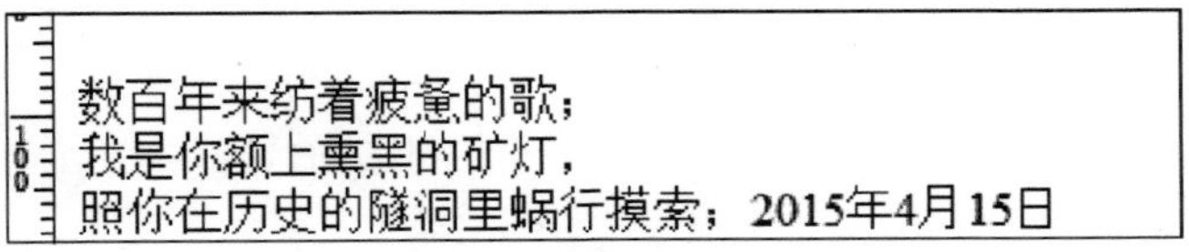

数百年来纺着疲惫的歌；
我是你额上熏黑的矿灯，
照你在历史的隧洞里蜗行摸索；2015年4月15日

图 4–29

03 完成插入日期的操作

通过以上步骤即可完成插入日期的操作，如图 4–29 所示。

【插入日期】对话框中各选项的含义如下。

- 【星期格式】：单击该下拉列表框右侧的下三角按钮，在弹出的列表中选择任意选项可以将星期设置为所选择的格式。
- 【日期格式】：在该列表框中列出了日期的各种格式，可以在列表中选择需要设置的日期格式。
- 【时间格式】：单击该下拉列表框右侧的下拉按钮，弹出的列表中包括时间的所有格式，可以将时间设置为 12 小时制或 24 小时制，也可以不在网页中插入时间。

➢【储存时自动更新】：选中该复选框，可以在每次保存网页时更新插入的日期。

Section 4.3 项目符号与编号列表

本节导读

项目符号和列表编号可以表示不同段落的文本间的关系，因此，在文本上设置编号或项目符号并进行适当的缩进，可以直观地表示文本间的逻辑关系。本节将详细介绍项目符号与编号列表方面的知识。

4.3.1 创建项目列表

当制作的项目之间是并列关系时可以根据需要创建项目列表，下面详细介绍创建项目列表的操作步骤。

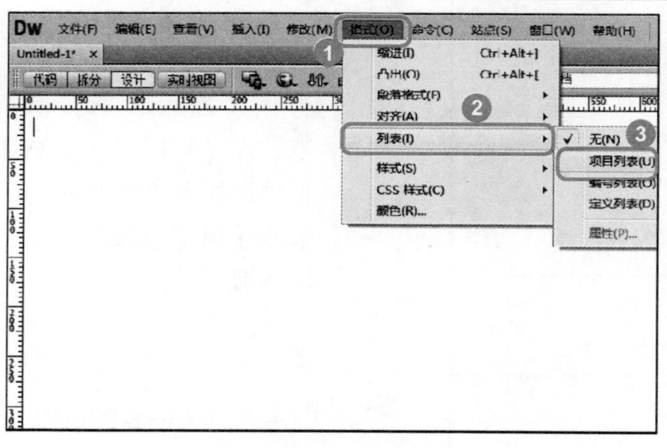

图 4-30

01 选择菜单项

No1 启动 Dreamweaver CS6 程序，将光标定位于准备创建项目列表的位置，单击【格式】菜单。

No2 在弹出的下拉菜单中选择【列表】菜单项。

No3 在弹出的子菜单中选择【项目列表】菜单项，如图 4-30所示。

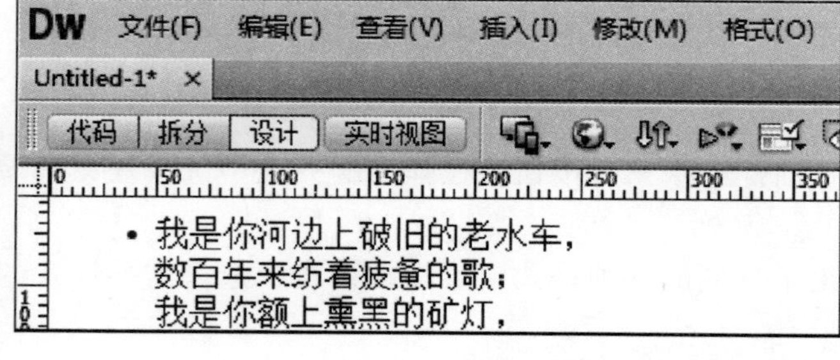

图 4-31

02 完成添加项目列表的操作

通过以上步骤即可完成创建项目列表的操作，在页面中可以看到添加的项目列表，如图 4-31所示。

4.3.2 创建编号列表

在 Dreamweaver CS6 中创建列表非常简单，下面详细介绍创建编号列表的操作方法。

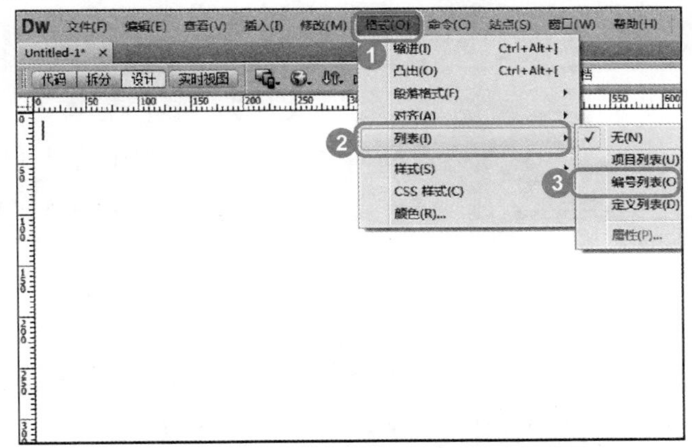

图 4-32

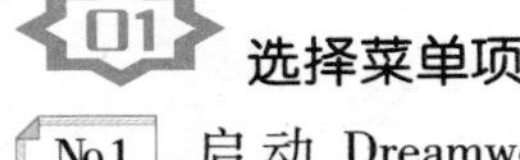

01 选择菜单项

No1 启动 Dreamweaver CS6 程序，将光标定位于准备创建编号列表的位置，单击【格式】菜单。

No2 在弹出的下拉菜单中选择【列表】菜单项。

No3 在弹出的子菜单中选择【编号列表】菜单项，如图4-32所示。

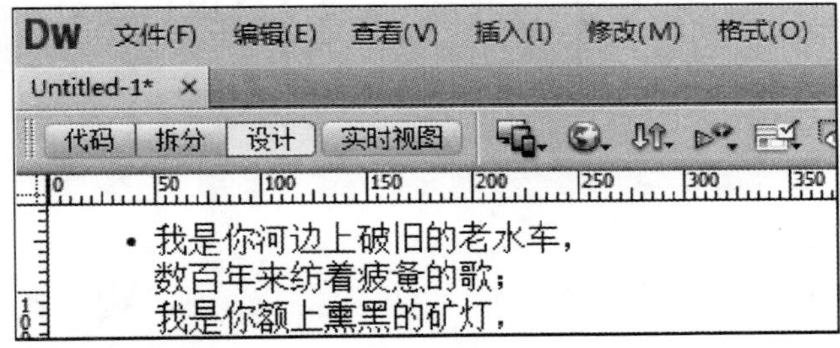

图 4-33

02 完成添加编号列表的操作

通过以上步骤即可完成创建编号列表的操作，在页面中可以看到添加的编号列表，如图 4-33 所示。

Section 4.4 插入页面的头部内容

本节导读

网页的头部内容不会显示在网页的主题里面，但对网页有着至关重要的影响，网页中加载的顺序是从头部开始的。插入页面的内容主要包括设置 Meta、插入关键字、插入说明、插入刷新、设置基础、设置链接和设置标题等。本节介绍插入页面头部内容方面的知识。

4.4.1 设置链接

使用链接可以定义当前文档与其他文件的关系，下面介绍设置链接的操作方法。

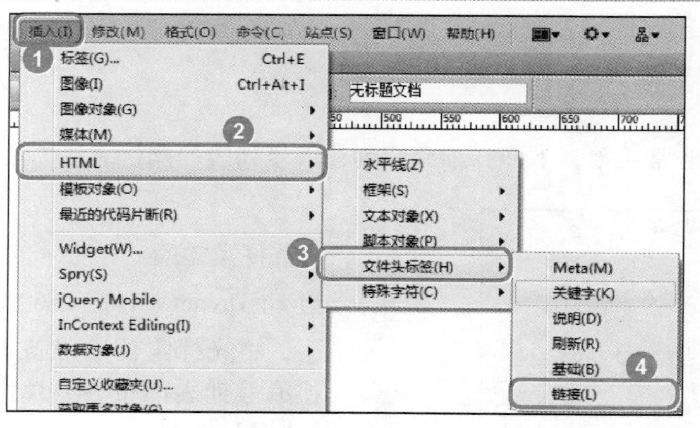
图 4-34

01 选择菜单项

№1 单击【插入】菜单。

№2 在弹出的下拉菜单中选择 HTML 菜单项。

№3 在弹出的子菜单中选择【文件头标签】菜单项。

№4 在弹出的子菜单中选择【链接】菜单项，如图 4-34 所示。

图 4-35

02 弹出【链接】对话框

№1 弹出【链接】对话框，在其中设置各项参数。

№2 单击【确定】按钮，如图 4-35 所示。

【链接】对话框中各选项的含义如下。

➢ HREF：链接资源所在地的 URL 地址。
➢ ID：为链接制定一个唯一标识符。
➢ 标题：描述关系。
➢ Rel：指定当前文档与 HREF 框文档之间的关系。
➢ Rev：指定当前文档与 HREF 框文档之间的反向关系。

4.4.2 设置标题

标题可以设置为多种形式，下面详细介绍设置标题的操作方法。

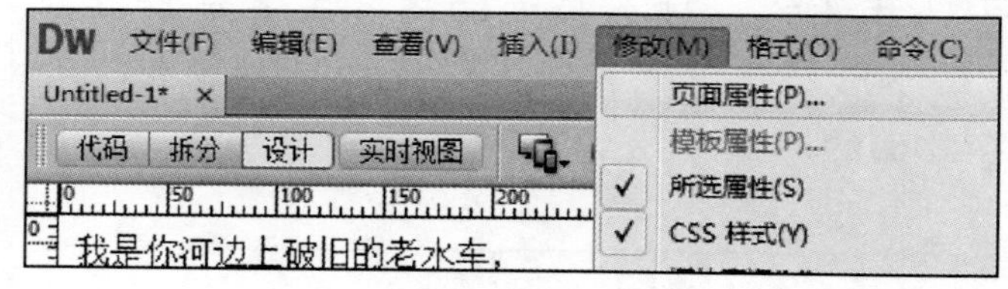
图 4-36

01 选择菜单项

选择【修改】→【页面属性】菜单项，如图 4-36 所示。

图 4-37

02 完成标题的设置

No1 弹出【页面属性】对话框，在【分类】列表框中选择【标题（CSS）】选项，可以在其中设置标题名称。

No2 单击【确定】按钮，即可完成设置标题的操作，如图 4-37 所示。

Section 4.5 实践案例与上机操作

本节导读

通过本章的学习，用户可以掌握在网页上创建文本以及一些常见的操作方法，下面通过几个实践案例进行上机操作，以达到巩固学习、拓展提高的目的。

4.5.1 查找和替换

当用户发现网站中的某些细节需要修改时可以利用查找和替换功能进行修改，下面介绍查找和替换的操作方法。

在菜单栏中选择【编辑】→【查找和替换】菜单项，弹出【查找和替换】对话框，在【查找】文本框中输入需要替换的内容，在【替换】文本框中输入准备替换的内容，即可完成查找和替换的操作，如图 4-38 所示。

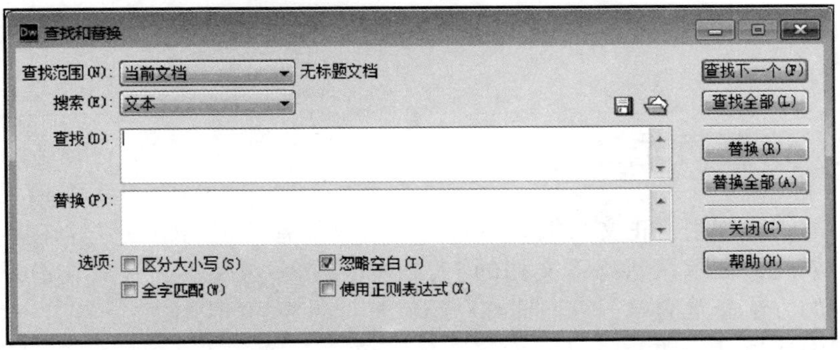

图 4-38

4.5.2 输入连续的空格

在默认状态下，Dreamweaver CS6 只允许网站设计者输入一个空格，如果要连续输入多个空格，则需要进行设置或通过特定操作才能实现。下面详细介绍连续输入空格的操作。

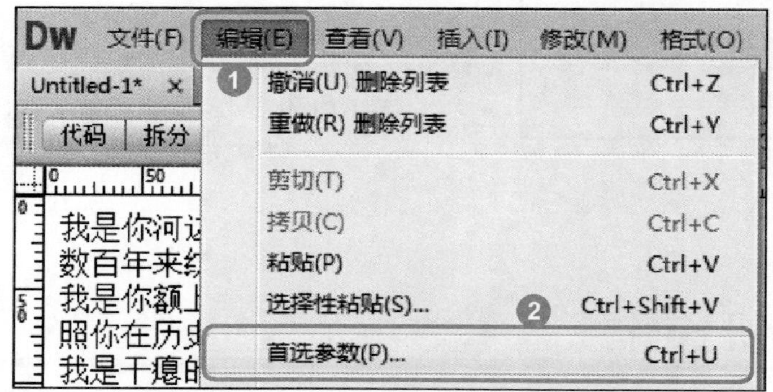

图 4-39

01 选择菜单项

No1 启动 Dreamweaver CS6 程序，在菜单栏中单击【编辑】菜单。

No2 在弹出的下拉菜单中选择【首选参数】菜单项，如图 4-39 所示。

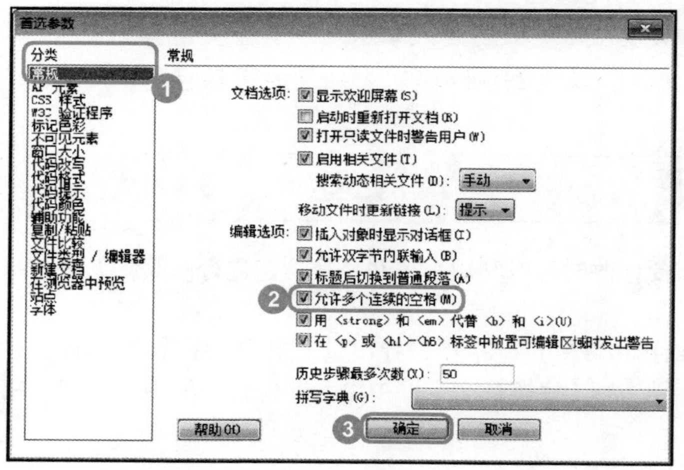

图 4-40

02 弹出【首选参数】对话框

No1 弹出【首选参数】对话框，在【分类】列表中选择【常规】选项。

No2 在【编辑选项】选项组中选中【允许多个连续的空格】复选框。

No3 单击【确定】按钮，即可完成设置输入连续空格的操作，如图 4-40 所示。

4.5.3 设置页边距

按照文章的书写规则，正文与纸的四周之间需要留有一定的距离，这个距离叫页边距。网页设计也是如此，在默认状态下文档的上、下、左、右边距不为零。在 Dreamweaver CS6 中设置页边距的方法非常简单，下面详细介绍设置页边距的操作方法。

在菜单栏中选择【修改】→【页面属性】菜单项，弹出【页面属性】对话框，根据需要在对话框的【左边距】【右边距】【上边距】【下边距】选项的数值框中输入相应的数值，

如图 4–41 所示。

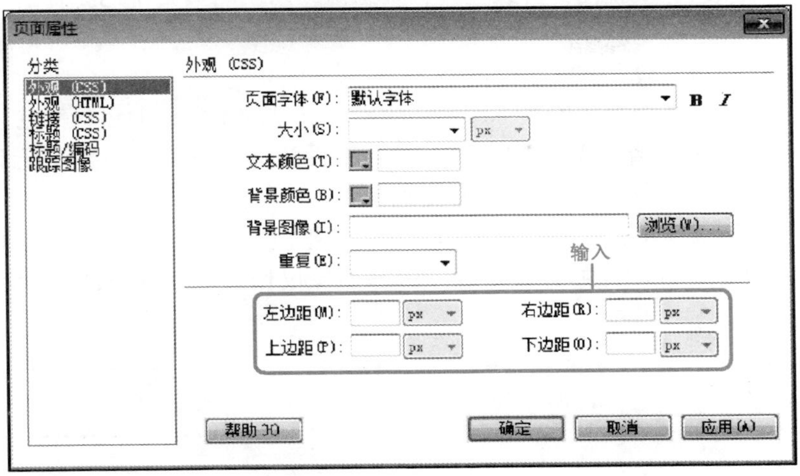

图 4–41

这些选项的含义如下。

➢【左边距】【右边距】：指定网页内容在浏览器左、右边的大小。

➢【上边距】【下边距】：指定网页内容在浏览器上、下边的大小。

4.5.4 设置网页的默认格式

在制作新网页时，页面都有一些默认的属性，例如网页的标题、网页边界、文字编码、文字颜色和超链接的颜色等。下面介绍修改网页的页面属性的操作方法。

在菜单栏中选择【修改】→【页面属性】菜单项，弹出【页面属性】对话框，可以在对话框中设置相应的属性，如图 4–42 所示。

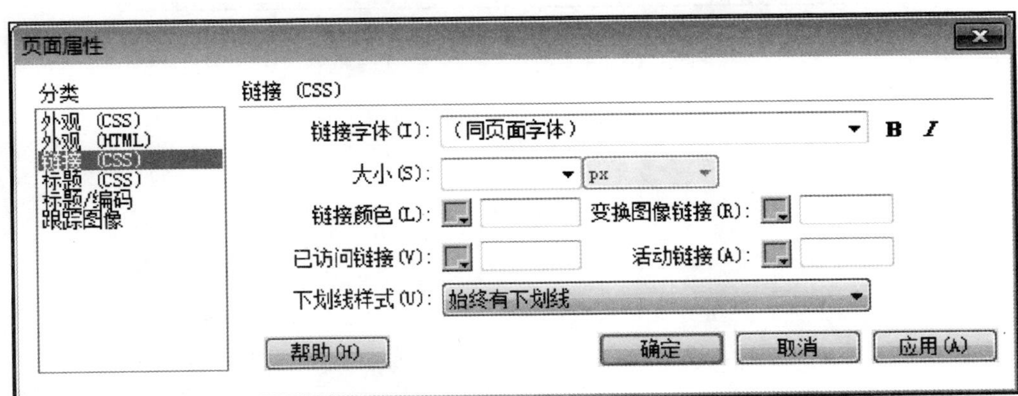

图 4–42

该对话框的【分类】列表中各选项的含义如下。

- 【外观】选项组：设置网页背景色、背景图像，以及网页文字的字体、字号、颜色和网页边界。
- 【链接】选项组：设置链接字体的格式。
- 【标题】选项组：为标题1至标题6指定标题标签的字体、大小和颜色。
- 【标题/编码】选项组：设置网页的标题和网页的文字编码。一般情况下将网页的文字编码设定为简体中文GB2312编码。
- 【跟踪图像】选项组：一般在复制网页时，若想使原网页的图像作为复制网页的参考图像，可使用跟踪图像的方式实现。跟踪图像仅作为复制网页的设计参考图像，在浏览器中并不显示出来。

4.5.5 设置文本缩进格式

在 Dreamweaver CS6 中设置文本缩进的方法非常简单，下面详细介绍设置文本缩进的方法。

在编辑窗口中输入文本，在菜单栏中选择【格式】→【缩进】菜单项，即可使段落向右移动；若想恢复原来格式，在菜单栏中选择【格式】→【凸出】菜单项，即可使段落向左移动，如图4-43所示。

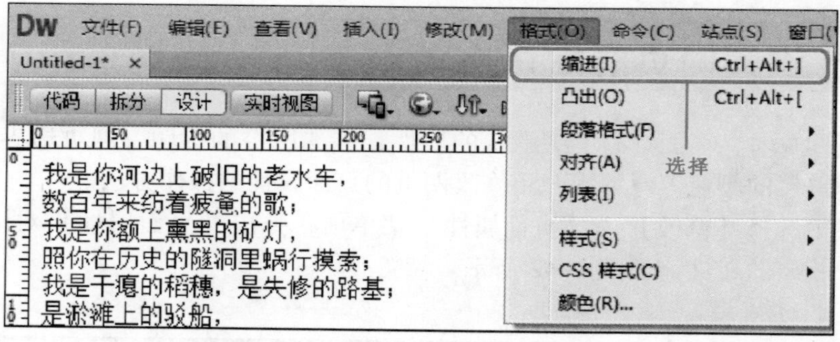

图4-43

第 5 章

使用图像与多媒体

本章内容导读

本章主要介绍网页中常见的图像格式、插入与设置图像的知识与技巧，同时还讲解了插入其他设置图像、插入图像占位符、插入 Flash 动画、在网页中插入 FLV 视频和给网页添加背景音乐的方法。通过本章的学习，读者可以掌握使用图像与多媒体丰富网页内容方面的知识，为进一步学习 Dreamweaver CS6 知识奠定基础。

本章知识要点

- 常用图像格式
- 插入与设置图像
- 插入其他图像元素
- 多媒体在网页中的应用

Section

5.1 常用图像格式

本节导读

网页中图像的常用格式通常有3种，即GIF格式图像、JPGE格式图像和PNG格式图像，其中使用最广泛的是GIF和JPEG格式的图像。本节将详细介绍网页中常见的图像格式方面的知识。

5.1.1 JPEG格式图像

JPG/JPEG（Joint Photographic Experts Group）可译为“联合图像专家组”，它是一种压缩格式的图像。通过压缩JPEG文件使其在图像品质和文件大小之间达到较好的平衡，损失了原图像中不易被人眼察觉的内容，从而获得较小的文件尺寸，使图像下载快速。

JPG/JPEG支持24位真彩色，是用于显示摄影图片和其他连续色调图像的高级格式。若对图像的颜色要求较高，应采用这种类型的图像。目前各类浏览器均支持JPEG这种图像格式，因为JPEG格式的文件尺寸较小，下载速度快。

5.1.2 GIF格式图像

GIF（Graphics Interchange Format）格式图像可译为“图像交换格式”，它是一种无损压缩格式的图像，可以使文件大小最小化，支持动画格式，能在一个图像文件中包含多帧图像，在浏览器中浏览时可看到动感图像效果。网上小一点的动画一般都是GIF格式的图像。

GIF只支持8位颜色（256种色），不能用于存储真彩色的图像文件，适合显示色调不连续或有大面积单一颜色的图像，如导航条、按钮、图标等。通常情况下，GIF图像的压缩算法是有版权的。

5.1.3 PNG格式图像

PNG（Portable Network Graphic）可译为“便携网络图像”，它是一种格式非常灵活的图像，用于在WWW上无损压缩和显示图像。使用Fireworks制作的图像默认为PNG格式，生成的文件比较小。

PNG图像支持多种颜色数目，从8位、16位、24位到32位，可替代GIF格式，具有对所用色、灰度、真彩色图像及透明背景的支持。

在商业网站中使用PNG格式的图像会比较安全，因为没有版权问题。

PNG文件格式保留了GIF文件格式的以下特性。

- 使用彩色查找表：可支持256种颜色的彩色图像。
- 流式读/写性能（Streamability）：图像文件格式允许连续读出和写入图像数据，这个特性适合于在通信过程中生成和显示图像。
- 逐次逼近显示（Progressive Display）：可在通信链路上传输图像文件的同时在终端上显示图像，把整个轮廓显示出来之后逐步显示图像的细节，也就是先用低分辨率显示图像，然后逐步提高其分辨率。
- 透明性（Transparency）：可使图像中的某些部分不显示，用来创建一些有特色的图像。
- 辅助信息（Ancillary Information）：可用来在图像文件中存储一些文本注释信息。

Section 5.2 插入与设置图像

本节导读

图像是网页中不可缺少的元素之一，为了使图像内容更加丰富，方便浏览者浏览，可以将图像插入到网页中，并进行相应的设置等操作。本节将介绍插入与设置图像方面的知识。

5.2.1 在网页中插入图像文件

如果要在Dreamweaver CS6文档中插入图像，图像必须位于当前站点文件夹内或远程站点文件夹内，否则图像不能正确显示，所以在建立站点时设计者常先创建一个名叫“image”的文件夹，并将需要的文件复制到其中。下面详细介绍在网页中插入图像的操作方法。

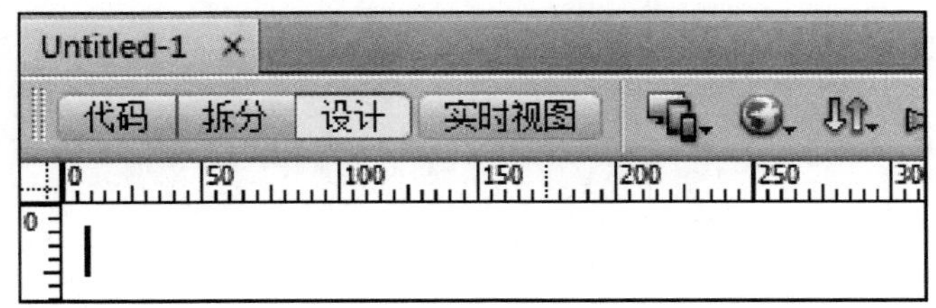

图5-1

01 定位光标

启动Dreamweaver CS6程序，将光标置于准备插入图像的位置，如图5-1所示。

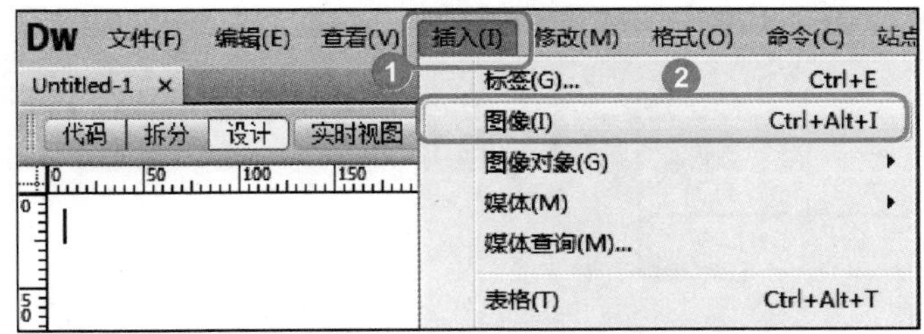

图5-2

02 选择菜单项

No1 在菜单栏中单击【插入】菜单。

No2 在弹出的下拉菜单中选择【图像】菜单项，如图5-2所示。

图 5-3

03 弹出【选择图像源文件】对话框

№1 弹出【选择图像源文件】对话框，选择准备插入的图像。

№2 单击【确定】按钮，如图5-3 所示。

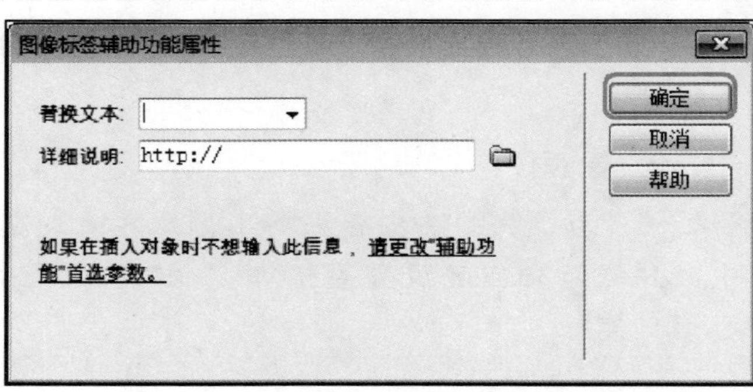

图 5-4

04 弹出【图像标签辅助功能属性】对话框

弹出【图像标签辅助功能属性】对话框，单击【确定】按钮，完成图像标签辅助功能属性的设置，如图 5-4 所示。

图 5-5

05 调整图像的大小

此时，图像已经插入到网页中，在网页中可以调整图像的大小，如图 5-5 所示。

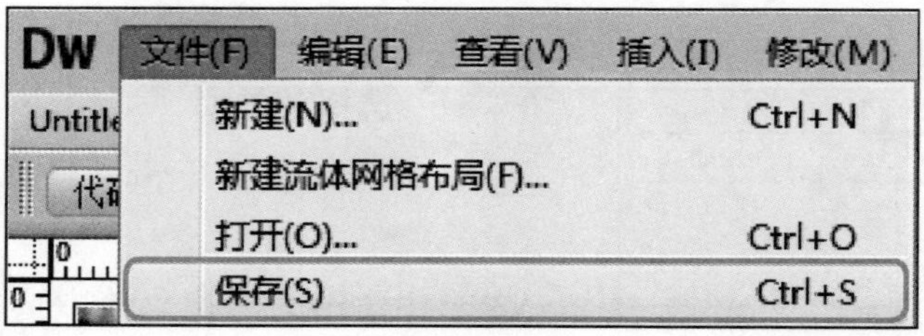

图 5-6

06 保存页面

在菜单栏中选择【文件】→【保存】菜单项保存页面，如图 5-6所示。

图 5-7

预览页面效果

在工具栏中单击【在浏览器中预览】按钮预览效果，如图 5-7 所示。

举一反三

在【图像标签辅助功能属性】对话框中可以在【替换文本】下拉列表框中输入简短的文本内容，若对图像的说明较多，可以在【详细说明】文本框中输入该图像。

5.2.2 图像对齐的常见方式

当网页文件中包括图像文件和文本时需要对图像进行对齐设置，包括【左对齐】【居中对齐】【右对齐】【两端对齐】4 种，下面详细介绍图像对齐方式的知识。

选择菜单栏中的【格式】→【对齐】菜单项就可以设置图像的对齐方式，如图 5-8 所示。

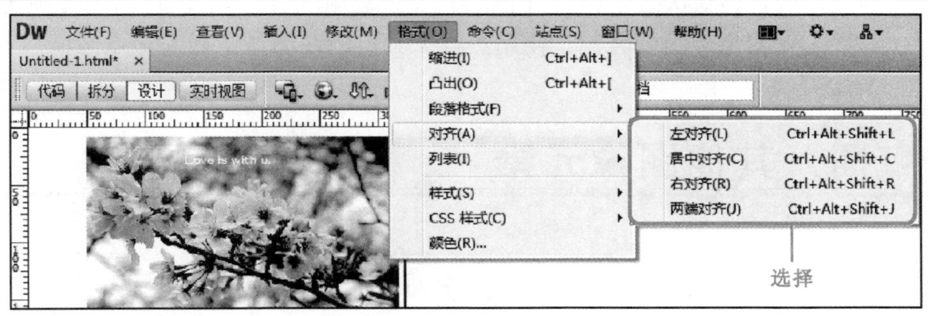

图 5-8

5.2.3 设置图像属性

在 Dreamweaver CS6 中插入图像文件之后可以对其进行设置，下面详细介绍图像属性的操作方法，设置图像属性可以使用【属性】面板，如图 5-9 所示。

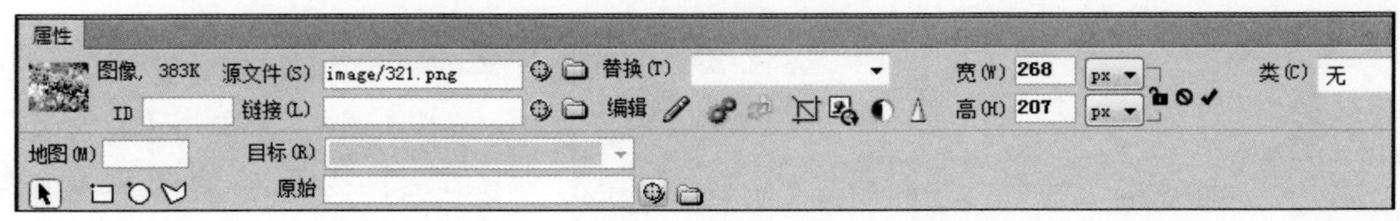

图 5-9

在图像【属性】面板中可以对图像进行以下设置。

- 【图像】：在该文本框中可以输入图像的名称，以便在以后可以调用该图像文件。
- 【宽】和【高】：在【宽】和【高】文本框中可以输入数值，以便于设置图像文件的宽度和高度。
- 【源文件】：在该文本框中显示了当前图像文件的地址，单击文本框后面的文件夹按钮可以重新设置当前图像文件的地址。
- 【链接】：在该文本框中可以设置当前图像文件的链接地址。
- 【替换】：在该文本框中可以输入文本，用于设置当前图像文件的描述。在浏览网页文件时，将鼠标指针移动到当前图像上即可显示图像的描述信息。
- 【编辑】区域：在该区域中列出了编辑当前图像文件可以使用的工具。
- 【边框】：在该文本框中可以设置图像的边框宽度，边框宽度以像素为单位。
- 【对齐】：单击该下拉列表框右侧的下拉按钮，在弹出的菜单中可以设置图像的对齐方式。当文档中包含多个图像文件和文本时可以使用【对齐】下拉列表框设置图文的对齐方式。
- 【低解析度源】：用于指定在载入图像之前应载入的图像。
- 边距区域：在该区域中包含【垂直边距】和【水平边距】文本框，用于设置图像周围的边距，以像素为单位。
- 图像地图区域：在该区域中包含【地图】文本框和【热点工具】。在【地图】文本框中可以输入图像地图的名称，使用热点工具可以在图像中插入热点区域。

Section

5.3 插入其他图像元素

本节导读

在 Dreamweaver CS6 中不仅可以插入图像元素，还可以插入其他元素，其中包含插入图像占位符和插入鼠标经过图像。本节将详细介绍插入其他图像元素的操作方法。

5.3.1 插入图像占位符

图像占位符是在将图像添加到 Web 页面之前使用的图像，在对 Web 页面进行布局时图

像占位符有很重要的作用，通过使用图像占位符可以在创建图像之前确定图像在页面中的位置，有时要在网页中插入一幅图片，可以使用占位符代替图片位置。下面详细介绍插入图像占位符的操作方法。

图 5-10

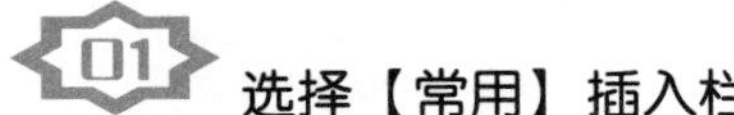

01 选择【常用】插入栏

No1 启动 Dreamweaver CS6 程序，将光标定位于网页文档中，在【插入】面板的【常用】插入栏中单击【图像】下拉按钮。

No2 选择【图像占位符】选项，如图 5-10 所示。

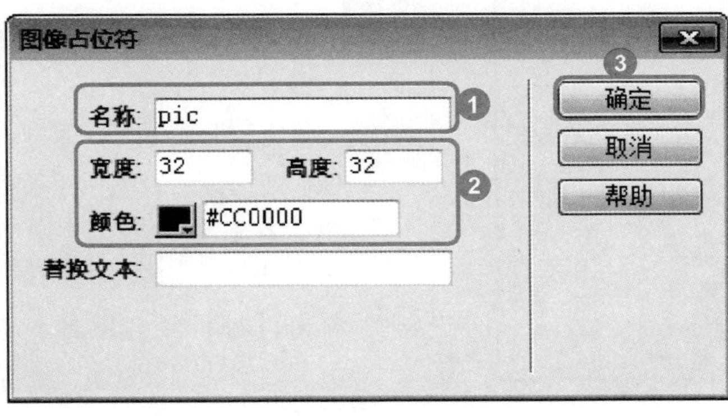

图 5-11

02 弹出【图像占位符】对话框

No1 弹出【图像占位符】对话框，在【名称】文本框中输入名称 pic。

No2 设置占位符的高度和宽度均为 32，设置占位符的颜色为红色。

No3 单击【确定】按钮，如图 5-11 所示。

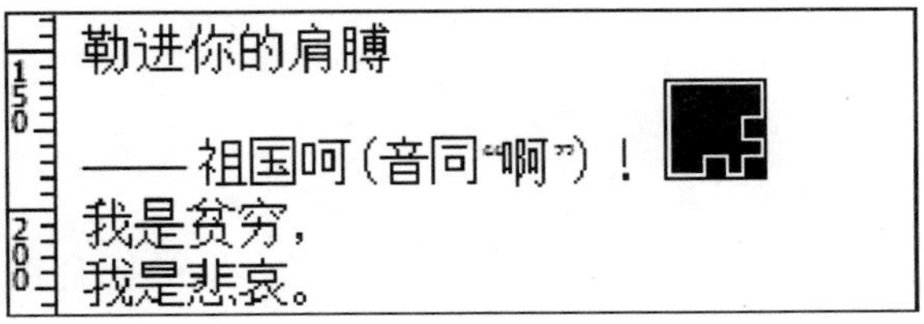

勒进你的肩膊
——祖国呵（音同"啊"）！
我是贫穷，
我是悲哀。

图 5-12

03 完成插入占位符的操作

此时，在网页中可以看到刚刚插入的占位符，如图 5-12 所示。

5.3.2 插入鼠标经过图像

在网页中鼠标经过图像经常被用来制作动态效果，当将鼠标指针移动到图像上时，该图像就会变为另一幅图像。插入鼠标经过图像的方法非常简单，下面详细介绍插入鼠标经过图像的操作方法。

图 5-13

01 选择【常用】插入栏

№1 启动 Dreamweaver CS6 程序，将光标定位于网页文档中，在【插入】面板的【常用】插入栏中单击【图像】下拉按钮。

№2 选择【鼠标经过图像】选项，如图 5-13 所示。

图 5-14

02 弹出【插入鼠标经过图像】对话框

№1 弹出【插入鼠标经过图像】对话框，单击【原始图像】右边的【浏览】按钮，选择原始图像。

№2 单击【鼠标经过图像】右边的【浏览】按钮，添加图像。

№3 单击【确定】按钮，如图 5-14 所示。

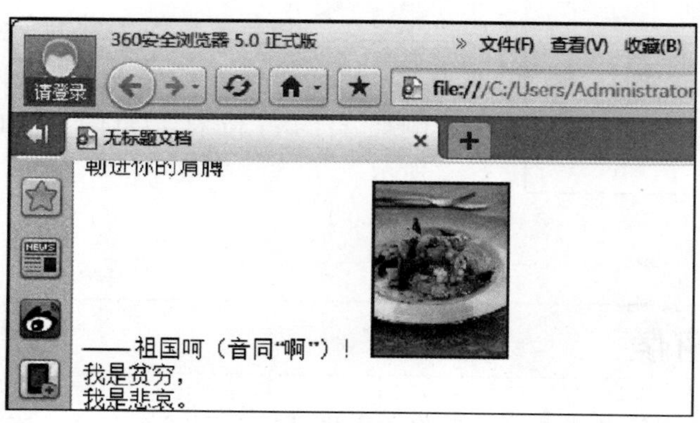

图 5-15

03 完成插入鼠标经过图像的操作

按下【Ctrl】+【S】组合键保存网页文档，然后按下键盘上的【F12】键，即可在浏览器中查看刚刚添加的图像，当鼠标指针经过时图像有所变化，如图 5-15 所示。

Section

5.4 多媒体在网页中的应用

本节导读

在 Dreamweaver CS6 中不仅可以插入图片，还可以插入 Flash 动画和视频文件等，这更增加了网页的视觉冲击力。本节将详细介绍多媒体在网页中的应用。

5.4.1 插入 Flash 动画

在 Dreamweaver CS6 中可以插入 Flash 动画，Flash 动画一般是在 Flash 软件中完成的。下面详细介绍插入 Flash 动画的操作方法。

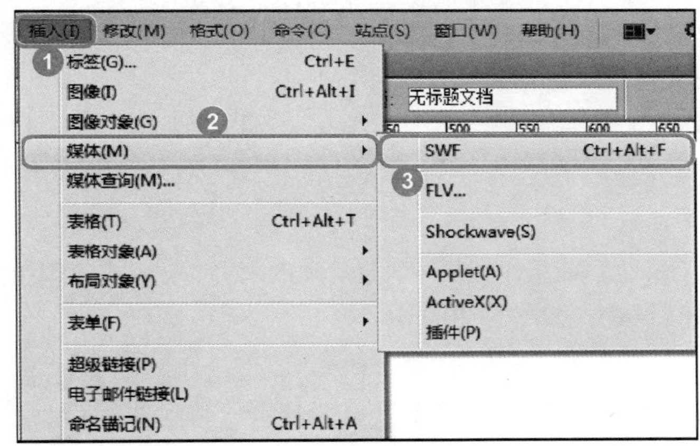

图 5-16

01 选择菜单项

No1 启动 Dreamweaver CS6 程序，在菜单栏中单击【插入】菜单。

No2 在弹出的下拉菜单中选择【媒体】菜单项。

No3 在弹出的子菜单中选择【SWF】菜单项，如图 5-16 所示。

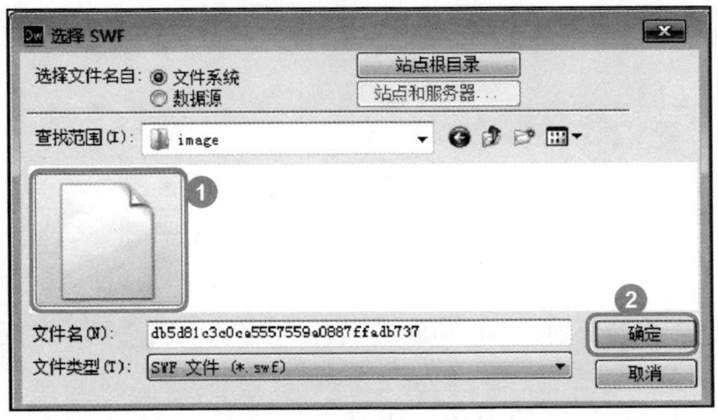

图 5-17

02 弹出【选择 SWF】对话框

No1 弹出【选择 SWF】对话框，选择准备插入的文件。

No2 单击【确定】按钮，如图 5-17 所示。

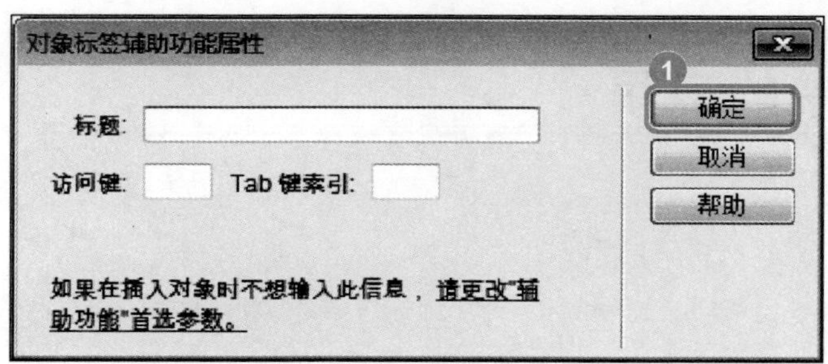

图 5-18

03 完成辅助功能属性的设置

弹出【对象标签辅助功能属性】对话框，单击【确定】按钮，完成辅助功能属性的设置，如图 5-18 所示。

图 5-19

04 完成 Flash 动画的插入

按下键盘上的【Ctrl】+【S】组合键保存文档，再按下键盘上的【F12】键，即可在浏览器中预览添加的 Flash 效果，如图 5-19 所示。

在文档中插入动画之后，可以在【属性】面板中设置 Flash 动画的属性，选中文档中的 Flash 动画，可以在【属性】面板中进行设置，如图 5-20 所示。

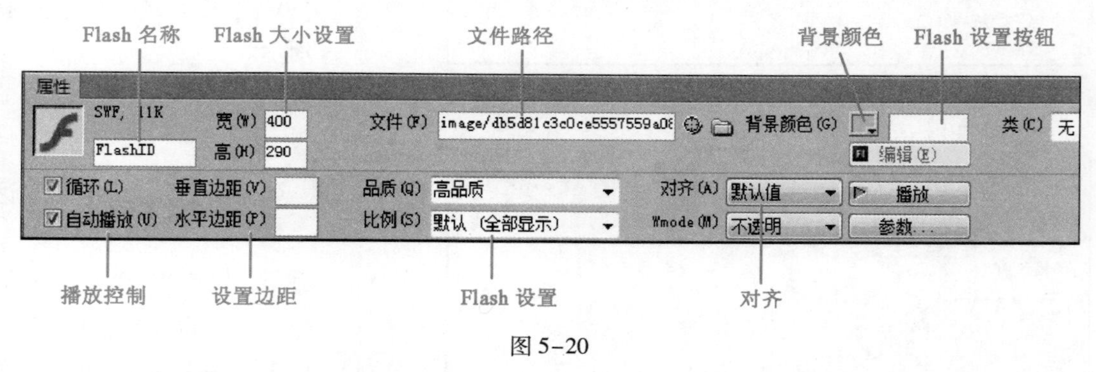

图 5-20

- 【Flash 名称】：在该文本框中可以输入当前 Flash 动画的名称，此名称用来标识影片的脚本。
- 【高】：在该文本框中可以输入 Flash 高度的数值，用来设置文档中 Flash 动画的高度。

- 【宽】：在该文本框中可以输入 Flash 宽度的数值，用来设置文档中 Flash 动画的宽度。
- 【文件】：在该文本框中显示当前 Flash 动画的路径地址。单击文本框右侧的文件夹按钮，在弹出的文本框中显示当前 Flash 动画文件。
- 【源文件】：在该文本框中显示当前 Flash 动画的源文件地址。源文件是 Flash 动画发布之前的文件，即 FLA 文件。单击【源文件】文本框右侧的文件夹按钮，在弹出的对话框中可以选择 Flash 动画源文件的地址。
- 【循环】：可以设置当前 Flash 动画的播放方式。选中此复选框，Flash 动画将循环播放。
- 【自动播放】：可以设置当前 Flash 动画的播放方式。选中此复选框，Flash 动画将在浏览网页时便开始播放。
- 【垂直边距】：在该文本框中输入数值可以设置当前 Flash 动画距文档垂直方向的距离。
- 【水平边距】：在该文本框中输入数值可以设置当前 Flash 动画距文档水平方向的距离。
- 【品质】：单击该下拉列表框右侧的下拉按钮，在弹出的菜单中包含【高品质】【低品质】【自动高品质】和【自动低品质】菜单项，用于设置 Flash 动画显示在浏览器中的效果。
- 【比例】：单击该下拉列表框右侧的下拉按钮，在弹出的菜单中包含【默认】【无边框】和【严格匹配】菜单项，用于设置当前 Flash 动画的显示方式。通常情况下，选择【默认】选项。
- 【对齐】：单击该下拉列表框右侧的下拉按钮，在弹出的菜单中包含【默认值】【基线和底部】【顶端】【居中】【文本上方】【绝对居中】【绝对底部】【左对齐】和【右对齐】菜单项，用于设置 Flash 动画与文档中文本的对齐方式。
- 【背景颜色】：单击该下拉列表框右侧的下拉按钮，在弹出的颜色调板中选择任意色块应用于当前 Flash 动画的背景颜色。
- 【编辑】：单击该按钮将弹出 Flash 编辑器，用来编辑当前 Flash 动画。
- 【播放】：单击该按钮将在文档中播放当前 Flash 动画。当播放 Flash 动画时，播放按钮将变成【停止】按钮。
- 【参数】：单击该按钮将弹出【参数】对话框，在该对话框中可以设置当前 Flash 动画，设置完成后单击【确定】按钮，返回到当前网页文档。

5.4.2 插入 FLV 视频

FLV 是 Flash Video 的简称，是随着 Flash 系列产品推出的一种流媒体格式。由于其形成的文件极小、加载速度极快，使得在网络上观看视频文件成为可能，FLV 的出现有效地解决了视频文件导入 Flash 后导出的 SWF 文件体积庞大，不能在网络上很好地使用等问题。下面详细介绍插入 FLV 视频的操作方法。

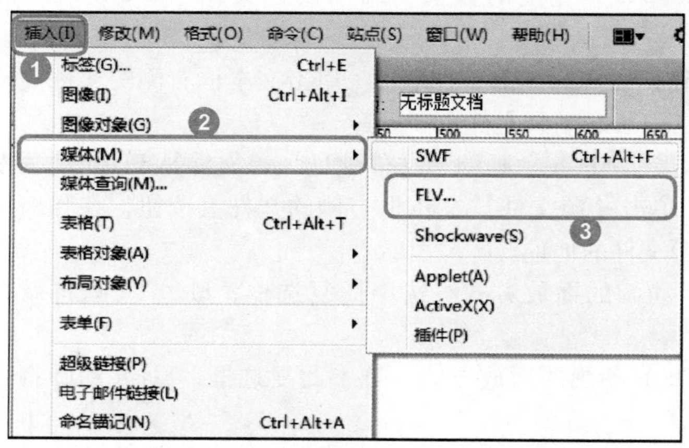

图 5-21

01 选择菜单项

No1 启动 Dreamweaver CS6 程序，在菜单栏中单击【插入】菜单。

No2 在弹出的下拉菜单中选择【媒体】菜单项。

No3 在弹出的子菜单中选择 FLV 菜单项，如图 5-21 所示。

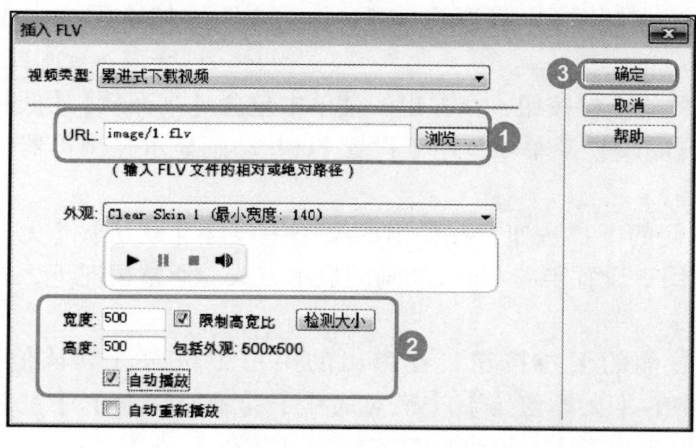

图 5-22

02 弹出【插入 FLV】对话框

No1 弹出【插入 FLV】对话框，单击【浏览】按钮，选择视频文件。

No2 进行高度和宽度参数设置，并选择【自动播放】复选框。

No3 单击【确定】按钮，如图 5-22所示。

图 5-23

03 完成 FLV 视频的插入

按下键盘上的【Ctrl】+【S】组合键保存文档，再按下键盘上的【F12】键，即可在浏览器中预览到添加的 FLV 效果，如图 5-23 所示。

5.4.3 插入音乐

在制作网站时除了要尽量提高页面的视觉效果、互动功能以外，更要提高网页的听觉效果，为网页添加背景音乐可以在【代码】视图中完成。下面详细介绍为网页添加背景音乐的操作方法。

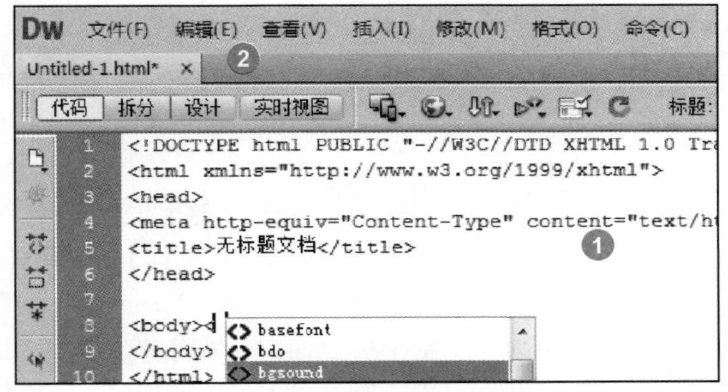

图 5-24

01 单击【代码】按钮

No1 单击工具栏中的【代码】按钮，转换至【代码】视图，在【代码】视图中的 <body> 后面输入“<”以显示标签列表。

No2 选择 bgsound 选项，如图 5-24 所示。

图 5-25

02 按下键盘上的【Enter】键

按下键盘上的【Enter】键，在弹出的列表中选择 src 选项后双击。将光标定位于引号中间，右键单击鼠标，在弹出的快捷菜单中选择【编辑标签】菜单项，如图 5-25 所示。

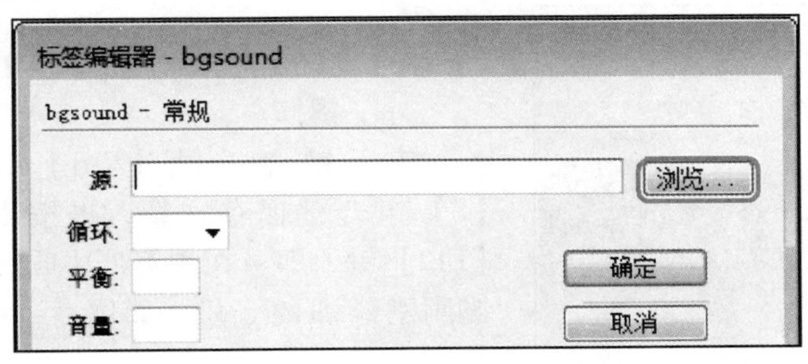

图 5-26

03 弹出【标签编辑器 - bgsound】对话框

弹出【标签编辑器 - bgsound】对话框，单击【源】文本框右侧的【浏览】按钮，如图 5-26 所示。

图 5-27

04 弹出【选择文件】对话框

№1 选择准备插入的音乐文件。

№2 单击【确定】按钮，如图 5-27 所示。

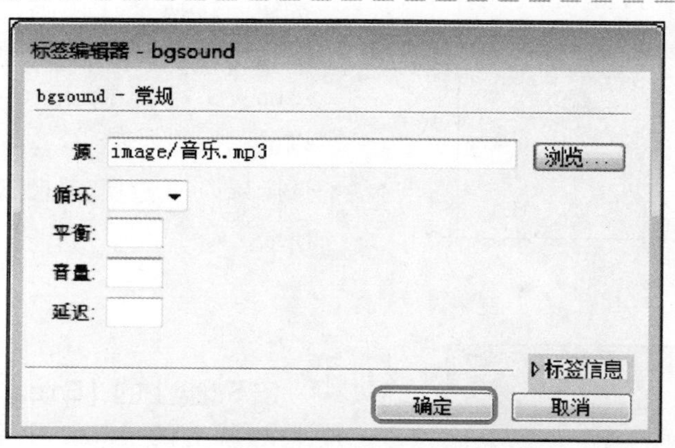

图 5-28

05 单击【确定】按钮

关闭【选择文件】对话框，在【标签编辑器 - bgsound】对话框中可以看到【源】文本框中出现了刚刚选择的音乐文件，单击【确定】按钮，如图 5-28 所示。

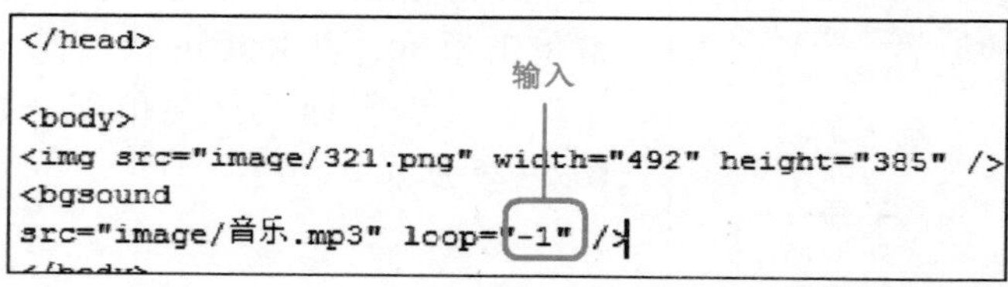

图 5-29

06 在引号中间输入数值" -1"

在引号中间输入" -1"，如图 5-29 所示。

图 5-30

07 完成插入背景音乐的操作

按下键盘上的【Ctrl】+【S】组合键保存文档，再按下【F12】键，即可在浏览器中收听到刚刚添加的音乐，如图 5-30 所示。

Section
5.5 实践案例与上机操作

学习导读

通过本章的学习，用户基本上可以掌握使用图像与多媒体丰富网页内容的方法以及一些常见的操作。下面通过几个实践案例进行上机操作，以达到巩固学习、拓展提高的目的。

5.5.1 创建图文混排网页

图文混排是创建文本最常见的手法，既可表达思想，又增加了网页的美感。下面详细介绍创建图文混排网页的操作方法。

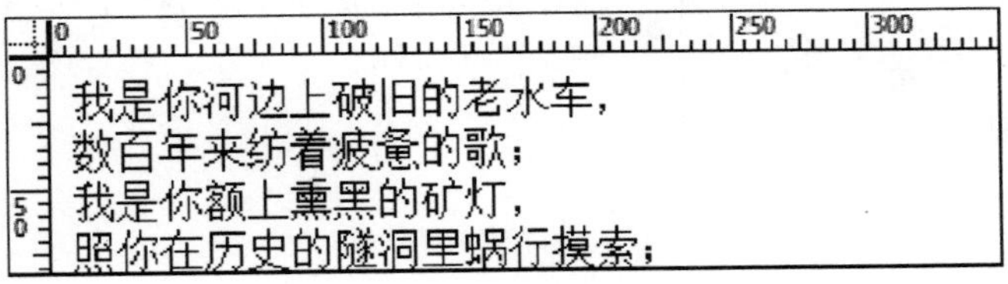

我是你河边上破旧的老水车，
数百年来纺着疲惫的歌；
我是你额上熏黑的矿灯，
照你在历史的隧洞里蜗行摸索；

图 5-31

输入文本

启动 Dreamweaver CS6 程序，在设计视图中定位光标，输入文本，如图 5-31 所示。

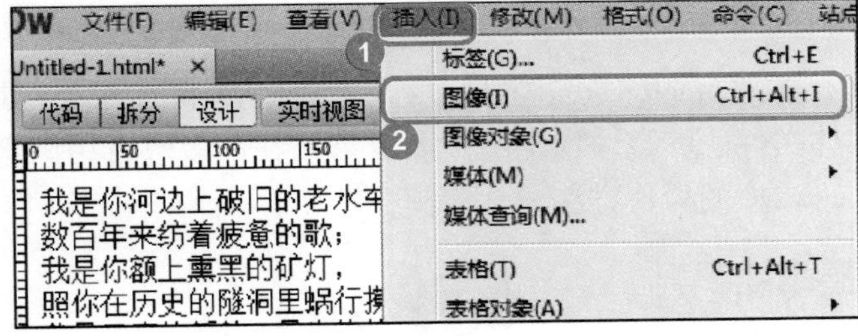

图 5-32

选择菜单项

No1 在菜单栏中单击【插入】菜单。

No2 在弹出的下拉菜单中选择【图像】菜单项，如图 5-32 所示。

图 5-33

弹出【选择图像源文件】对话框

No1 弹出【选择图像源文件】对话框，选择准备插入的图像。

No2 单击【确定】按钮，如图 5-33 所示。

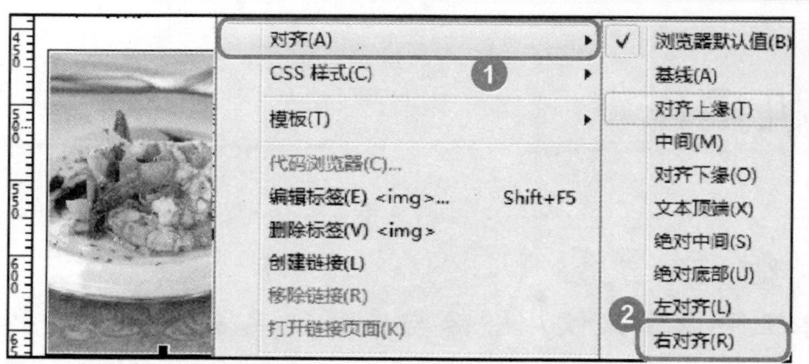

图 5-34

设置对齐方式

№1 选中图像，右键单击鼠标，在弹出的快捷菜单中选择【对齐】菜单项。

№2 在弹出的子菜单中选择【右对齐】菜单项，如图 5-34 所示。

图 5-35

05 完成图文混排网页并预览网页效果

按下键盘上的【Ctrl】+【S】组合键保存文档，再按下键盘上的【F12】键，即可在浏览器中预览网页效果，如图 5-35 所示。

5.5.2 插入 Shockwave 影片

Shockwave 是 Web 上用于交互式多媒体的 Macromedia 标准，是一种经过压缩的格式，使得在 Macromedia Director 中创建的多媒体文件能够被快速下载，而且可以在大多数常用浏览器中进行播放。下面详细介绍插入 Shockwave 的操作方法。

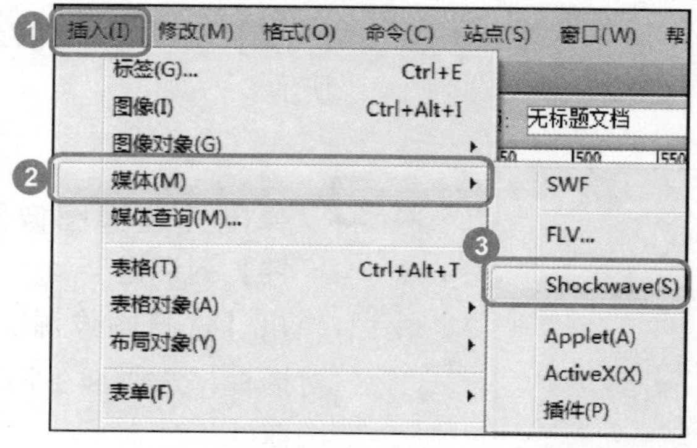

图 5-36

01 选择菜单项

№1 启动 Dreamweaver CS6 程序，在菜单栏中选择【插入】菜单。

№2 在弹出的下拉菜单中选择【媒体】菜单项。

№3 在弹出的子菜单中选择 Shockwave 菜单项，如图 5-36 所示。

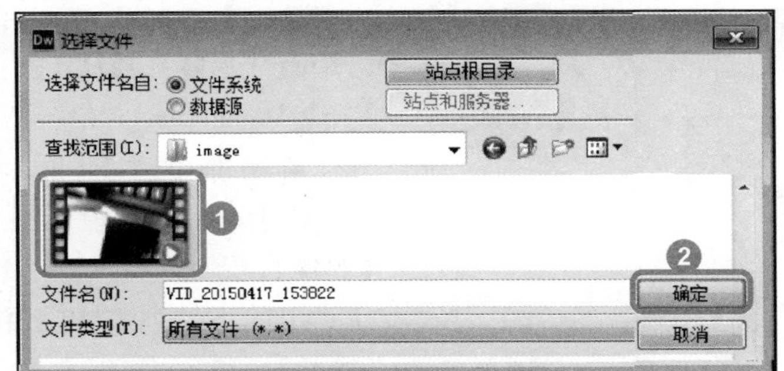

图 5-37

02 弹出【选择文件】对话框

№1 弹出【选择文件】对话框，选择准备插入的影片文件。

№2 单击【确定】按钮，如图 5-37 所示。

图 5-38

03 完成插入 Shockwave 影片的操作并预览

按下键盘上的【Ctrl】+【S】组合键保存文档，再按下键盘上的【F12】键，即可在浏览器中预览插入 Shockwave 影片的效果，如图 5-38 所示。

5.5.3 插入 Applet 程序

Applet 是用 Java 编程语言开发的、可嵌入 Web 页中的小型应用程序。Dreamweaver CS6 提供了将 Java Applet 插入 HTML 文档中的功能，下面详细介绍在网页中插入 Java Applet 程序的具体操作步骤。

启动 Dreamweaver CS6 程序，在菜单栏中选择【插入】→【媒体】→Applet 菜单项，弹出【选择文件】对话框，选择一个 Java Applet 程序文件，单击【确定】按钮即可完成在网页中插入 Java Applet 程序的操作。

5.5.4 插入参数

在 Dreamweaver CS6 中可以通过定义特殊参数来控制 Shockwave、SWF 文件、Active 控件、插件以及 Applet，这些参数可以与 object、embed 和 Applet 标签一起使用。下面详细介绍在网页中插入参数的具体操作步骤。

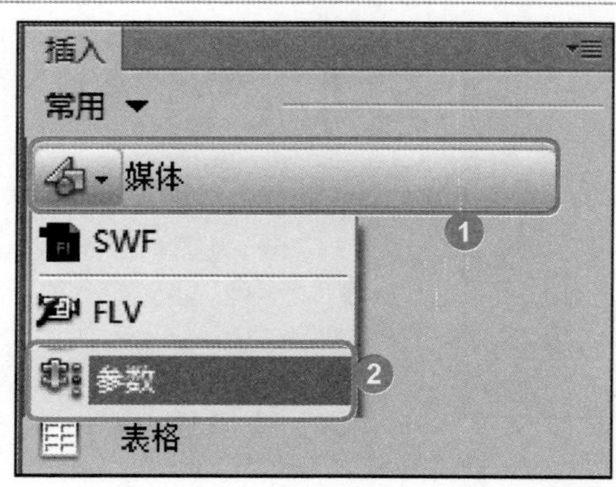

图 5-39

01 单击【媒体】按钮

No1 启动 Dreamweaver CS6 程序，在【插入】面板的【常用】选项卡中单击【媒体】按钮。

No2 在弹出的下拉列表中选择【参数】选项，如图 5-39 所示。

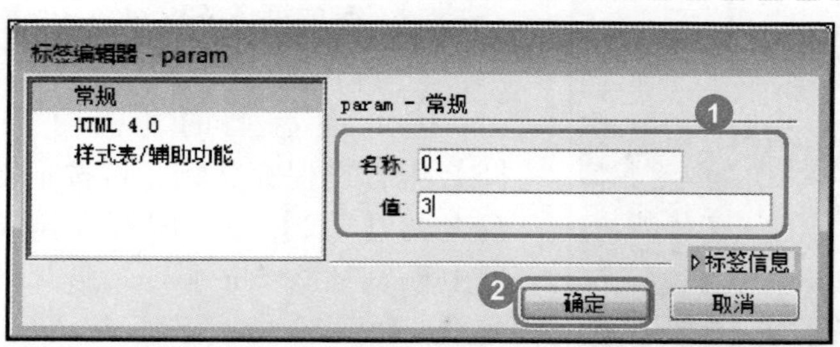

图 5-40

02 弹出对话框

No1 弹出【标签编辑器 - param】对话框，输入参数的名称和值。

No2 单击【确定】按钮即可完成插入参数的设置，如图 5-40 所示。

5.5.5 插入插件

用户可以创建用于插件的 Quick Time 影片等内容，然后使用 Dreamweaver 将该内容插入到 HTML 文档中，典型的插件有 RealPlayer 和 Quick Time 等。下面详细介绍在网页中插入插件的具体步骤。

启动 Dreamweaver CS6 程序，在菜单栏中选择【插入】→【媒体】→【插件】菜单项，在弹出的【选择文件】对话框中选择准备插入的插件，即可完成在网页中插入插件的操作。

第 6 章

网页中的超链接

本章内容导读

本章主要介绍认识超链接、关于链接路径和创建超链接的方法等知识与技巧，同时讲解了创建文字链接、图像热点链接、空链接等，最后还针对实际的工作需求讲解了管理超链接、自动更新链接、在站点范围内更改链接和检查站点中的链接错误的方法。通过本章的学习，读者可以掌握在网页中应用超链接的方面的知识，为进一步学习 Dreamweaver CS6 奠定了基础。

本章知识要点

- 超链接
- 链接路径
- 创建超链接
- 创建不同种类的超链接
- 管理与设置超链接

Section

6.1 超链接

本节导读

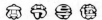

超链接是构成网站最为重要的部分之一，单击网页中的超链接，即可跳转到相应的网页；在网页上创建超链接，即可将网站上的网页联系起来。本节将详细介绍超链接方面的知识。

6.1.1 超链接的定义

网络中的一个个网页是通过超链接的形式关联在一起的，可以说超链接是网页中最重要、最根本的元素之一。超链接的作用是在 Internet 上建立从一个位置到另一个位置的链接。

超链接由源端点和目标端点两部分组成，其中设置了链接的一端称为源端点，跳转到的页面或对象称为链接的目标端点。当访问者单击超链接时，浏览器会从相应的目标地址检索网页并显示在浏览器中。

网页中的链接按照路径的不同可以分为 3 种形式，即绝对路径、相对路径和基于根目录路径。

超链接与 URL 及网页文件的存放路径是紧密相关的。URL 可以简单地称为网址，顾名思义，就是 Internet 文件在网上的地址，定义超链接其实就是制定一个 URL 地址来访问指向的 Internet 资源。同时，认识从作为链接起点的文档到作为链接目标的文档之间的文件路径对于创建链接至关重要。

6.1.2 内部、外部与脚本链接

常规超链接包括内部超链接、外部超链接和脚本链接，下面详细介绍其操作方法。

1. 内部超链接

选中准备设置超链接的文本或图像，然后在【属性】面板的【链接】文本框中输入要链接对象的相对路径，一般使用【指向文件】和【浏览文件】的方法创建，如图 6-1 所示。

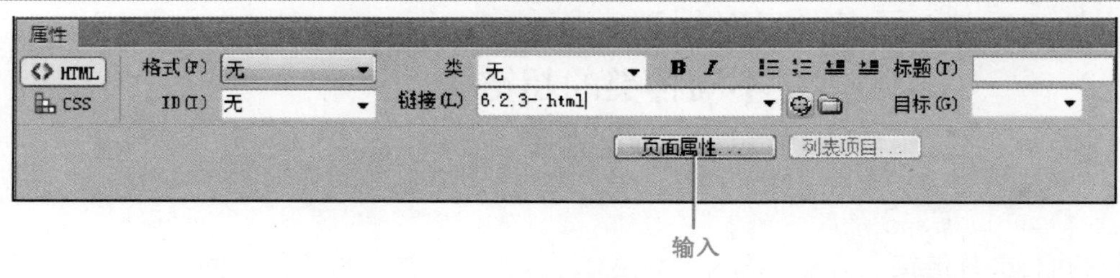

图 6-1

2. 外部超链接

外部超链接是指目标端点位于其他网站中，通过其可跳转到其他网站的超链接。外部超链接只能采用一种方法设置，下面详细介绍其操作方法。

选中准备设置超链接的文本或图像，然后在【属性】面板的【链接】文本框中输入准备链接网页的网址即可完成，如图 6-2 所示。

图 6-2

3. 脚本链接

脚本链接就是通过脚本控制链接。一般而言，脚本链接可以用来执行计算、表单验证和其他处理。下面详细介绍其操作方法。

选择文档窗口中的文本或图像，在【属性】面板的【链接】文本框中输入“JavaScript：window. close{}”，即可完成脚本链接，如图 6-3 所示。

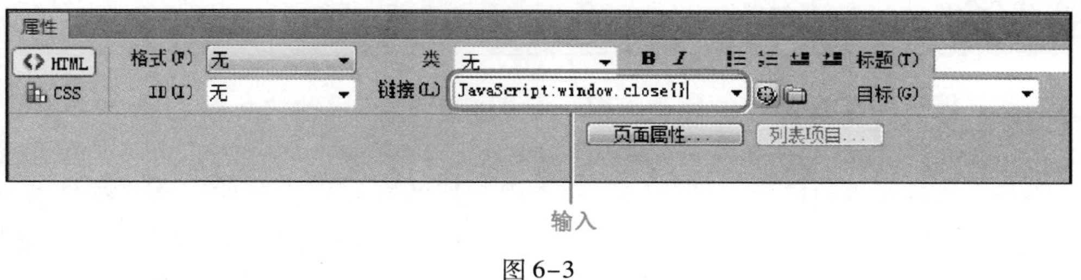

图 6-3

6.1.3 超链接的类型

根据超链接的链接路径，通常将超链接分为 3 种：

- 第 1 种是绝对 URL 超链接，也称为绝对路径。
- 第 2 种是相对 URL 超链接，又称为相对路径。
- 第 3 种超链接为同一网页内的超链接。

根据超链接的目标位置的不同，还可以将超链接分为以下几类。

- 内部链接：指在同一站点内部不同页面之间的超链接。
- 锚记链接：网页内部的链接。通常情况下，锚记链接用于连接到网页内部某个特定位置。
- 外部链接：站点外部的链接，它是网页与因特网中某个目标网页的链接。
- E-mail 链接：指连接到电子邮箱的链接，单击该链接可以发送电子邮件。
- 可执行文件链接：通常又称为下载链接，单击该链接可以运行可执行文件，用于下载文件或在线运行可执行文件。

Section
6.2 链接路径

本节导读

了解从作为链接起点的文档到作为链接目标的文档之间的文件路径，对于创建链接至关重要。每个网页都有一个唯一的地址，称为统一资源定位器（URL）。不过，在创建本地连接时通常不指定要链接到的文档的完整URL，而是指定一个始于当前文档或站点根文件夹的相对路径。

通常有3种类型的链接路径。

➢ 绝对路径：例如“http://www. macromedia. com/support/dreamweaver/contents. html”。

➢ 文档相对路径：例如“dreamweaver/contents. html”。

➢ 站点根目录相对路径：例如“/support/dreamweaver/contents. html”。

使用Dreamweaver CS6可以方便地选择要为链接创建的文档路径的类型。本节将详细介绍关于链接路径方面的知识。

6.2.1 绝对路径

绝对路径提供所连接文档的完整URL，而且包括所使用的协议（对于Web页，使用http://），例如“http:///www. macromedia. com/support/dreamweaver/contents. html”就是一个绝对路径。尽管对本地连接（即到同一站点内文档的链接）也可使用绝对路径链接，但不建议采用这种方式，因为一旦将此站点移动到其他域，所有本地绝对路径链接都将断开。对本地连接使用相对路径还能为需要在站点内移动文件时提供更大的灵活性。

绝对路径也会出现在尚未保存的网页上，在没有保存的网页上插入图像或添加链接Dreamweaver会暂时使用绝对路径。

知识精讲

在插入图像（非链接）时，如果使用图像的绝对路径，图像又驻留在远程服务器而不在本地硬盘驱动器上，将无法在文档窗口中查看该图像，此时必须在浏览器中预览该文档才能看到。只要情况允许，对于图像，请使用文档或站点根目录相对路径。

6.2.2 相对路径

文档相对路径对于大多数Web站点的本地连接是最实用的路径。在当前文档与所连接文档处于同一文件夹内，而且可能保持这种状态的情况下，文档相对路径特别有用。

文档相对路径还可用来连接到其他文件夹中的文档，方法是利用文件夹层次结构指定从当前文档到所连接文档的路径。

文档相对路径是省略掉对于当前文档和所连接文档都相同的绝对 URL 部分，而只提供不同的路径部分。

知识精讲

若成组地移动一组文件，例如移动整个文件夹，该文件夹内所有的文件保持彼此间的相对路径不变，此时不需要更新这些文件间的文档相对链接。但是，当移动含有文档相对链接的单个文件或者移动文档相对链接所连接到的单个文件时，则必须更新这些链接。

6.2.3 站点根目录相对路径

站点根目录相对路径提供从站点的根文件夹到文档的路径，如果在处理使用多个服务器的大型 Web 站点，或者在使用承载有多个不同站点的服务器，则可能需要使用这些类型的路径；如果用户不熟悉此类型的路径，最好坚持使用文档相对路径。

站点根目录相对路径以一个正斜杠开始，该正斜杠表示站点根文件夹。例如，/support/tips. html 是文件（tips. html）的站点根目录相对路径，该文件位于站点根文件夹的 support 子文件夹中。

在某些 Web 站点中需要经常在不同文件夹之间移动 HTML 文件，在这种情况下，站点根目录相对路径通常是制定链接的最佳方法。

如果移动或重命名根目录相对链接所连接的文档，既使文档彼此之间的相对路径没有改变，仍必须更新这些链接。例如，如果移动某个文件夹，则指向该文件夹中文件的所有根目录相对链接都必须更新。

Section 6.3 创建超链接

本节导读

创建超链接的方法很简单，其中包括使用【属性】面板创建超链接、使用指向文件图标创建超链接和使用菜单创建链接，本节将详细介绍创建超链接方面的知识。

6.3.1 使用菜单创建超链接

在 Dreamweaver CS6 中可以使用菜单创建超链接。使用菜单创建超链接的方法非常简单，下面详细介绍使用菜单创建超链接的具体操作步骤。

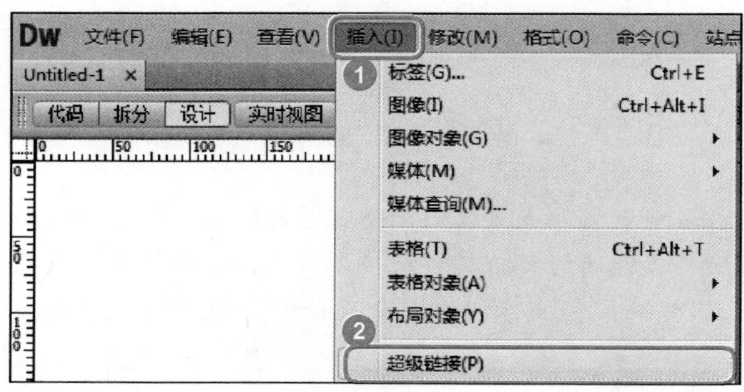

图 6-4

01 选择菜单项

No1 启动 Dreamweaver CS6 程序，在菜单栏中单击【插入】菜单。

No2 在弹出的下拉菜单中选择【超级链接】菜单项，如图 6-4 所示。

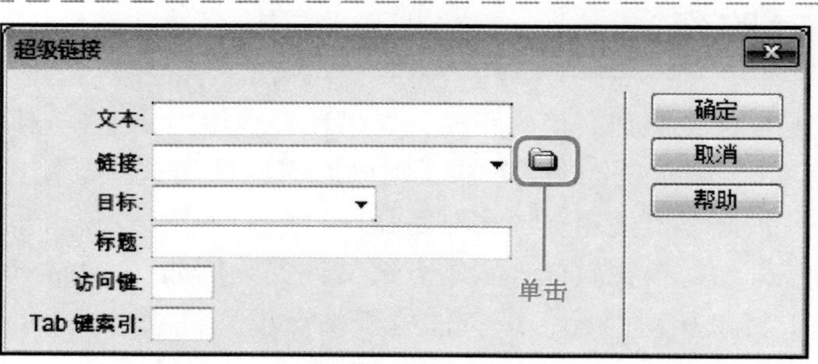

图 6-5

02 弹出【超级链接】对话框

弹出【超级链接】对话框，单击【链接】文本框右侧的【浏览】按钮，如图 6-5 所示。

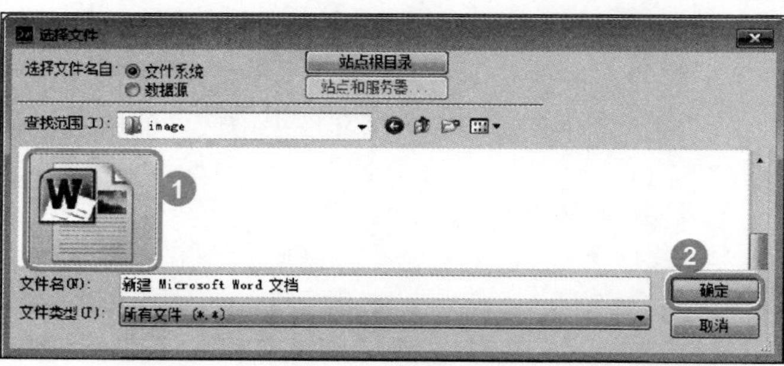

图 6-6

03 弹出【选择文件】对话框

No1 弹出【选择文件】对话框，选择准备链接的文档。

No2 单击【确定】按钮，如图 6-6 所示。

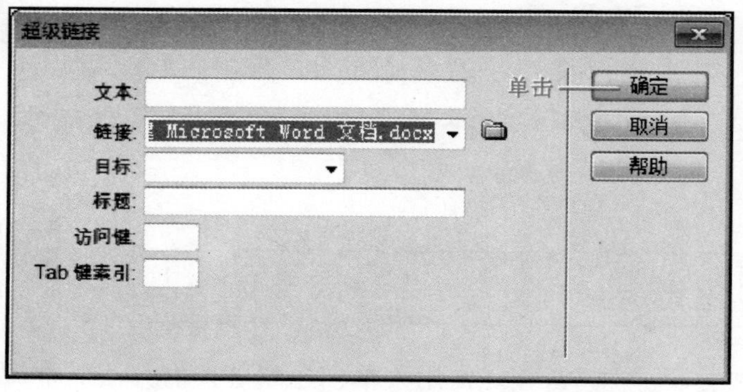

图 6-7

04 单击【确定】按钮

用户可以在【链接】文本框中看到准备链接的文档，单击【确定】按钮，即可完成使用菜单创建超链接的操作，如图 6-7 所示。

6.3.2 使用【属性】面板创建超链接

使用【属性】面板中的【链接】文本框可创建图像、对象或文本到其他文档或文件的链接。下面详细介绍使用【属性】面板创建超链接的操作方法。

在 Dreamweaver CS6 界面下方的【属性】面板中，在【链接】后面的文本框中输入准备链接的路径，即可完成使用【属性】面板创建超链接的操作，如图 6-8 所示。

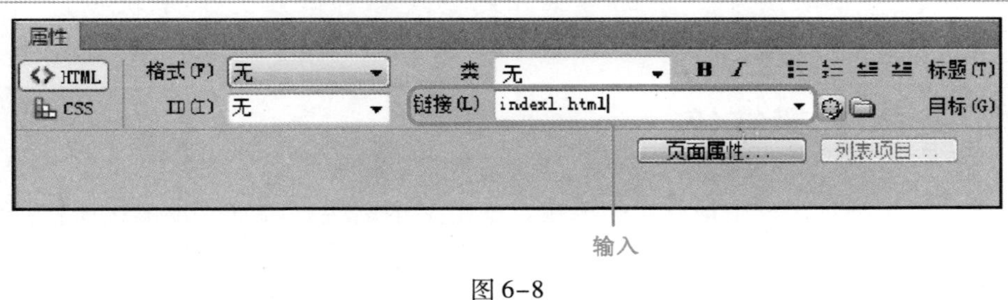

图 6-8

6.3.3 使用指向文件图标创建超链接

在 Dreamweaver CS6 中还可以使用指向文件图标创建超链接。下面详细介绍使用指向文件图标创建超链接的操作方法。

在 Dreamweaver CS6 界面下方的【属性】面板中单击【指向文件】按钮，按住并拖动到站点窗口的目标文件上，然后释放鼠标左键，即可完成使用指向文件图标创建超链接的操作，如图 6-9 所示。

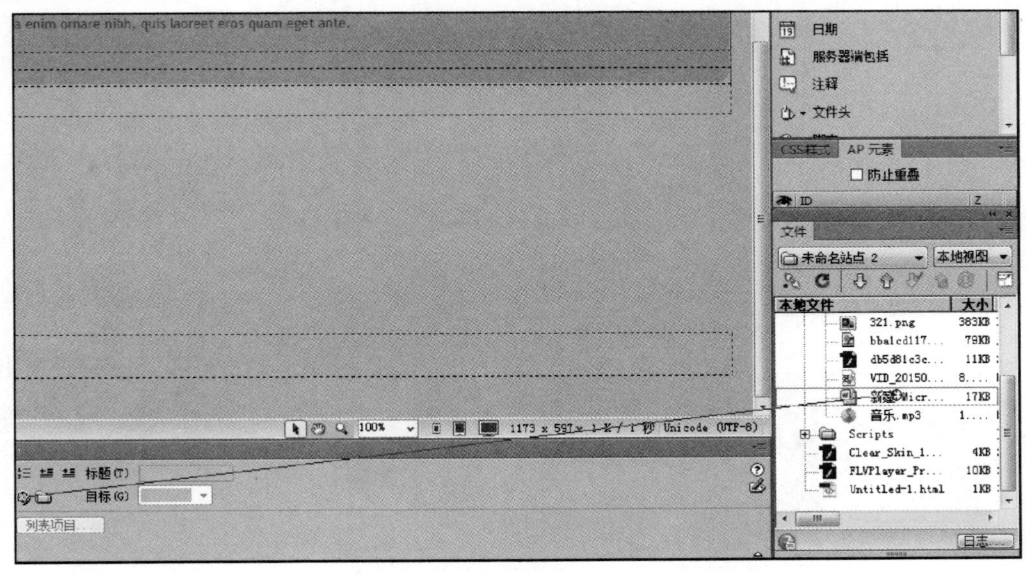

图 6-9

Section

6.4 创建不同种类的超链接

本节导读

常见的超链接一般包括文本超链接、图像超链接、E-mail链接、锚记链接、空链接、脚本链接等。下面详细介绍创建各种链接的操作方法。

6.4.1 文本超链接

文本超链接是网页文件中最常用的链接，单击文本链接将触发文本链接所连接的文件，使用文本链接创建链接的文件对象可以是网页、图像等。下面详细介绍创建文本超链接的操作方法。

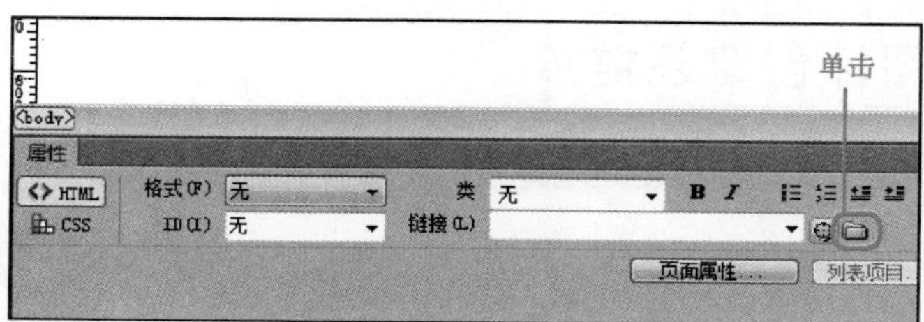

图6-10

01 单击【浏览文件】按钮

在【属性】面板中单击【链接】文本框右侧的【浏览文件】按钮，如图6-10所示。

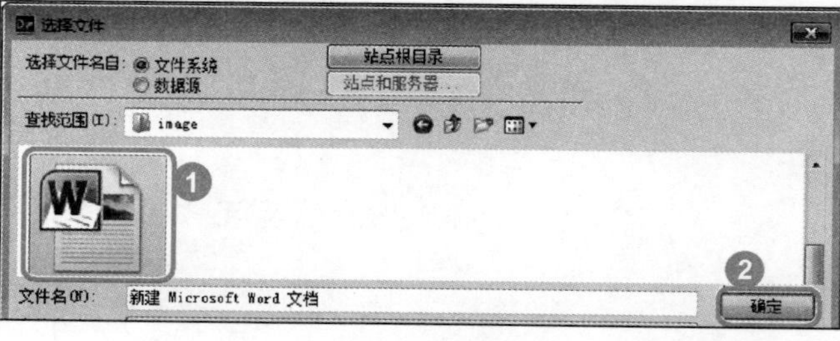

图6-11

02 弹出【选择文件】对话框

No1 弹出【选择文件】对话框，选择准备插入的文件。

No2 单击【确定】按钮，如图6-11所示。

图6-12

03 完成文本超链接的创建

保存文档，按【F12】键即可在浏览器中预览网页效果，如图6-12所示。

6.4.2 图像热点链接

创建图像热点链接的方法和创建文本超链接的方法基本一致，下面详细介绍创建图像热点链接的操作方法。

图 6-13

01 单击【浏览文件】按钮

在【属性】面板中单击【链接】文本框右侧的【浏览文件】按钮，如图 6-13 所示。

图 6-14

02 弹出【选择文件】对话框

No1 弹出【选择文件】对话框，选择准备插入的图像。

No2 单击【确定】按钮，如图 6-14 所示。

图 6-15

03 完成图像热点超链接的创建

按下键盘上的【Ctrl】+【S】组合键保存文档，再按下键盘上的【F12】键，即可在浏览器中预览图像热点链接的网页效果，如图 6-15 所示。

6.4.3 空链接

空链接是未指派对象的链接，用于向页面中的对象或文本附加行为，可以设置空链接的对象包括文本对象、图像对象、热点对象等。下面详细介绍创建空链接的操作方法。

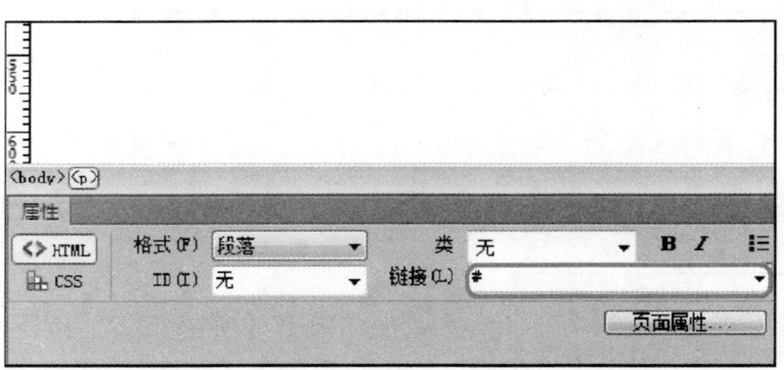
图 6-16

01 在【链接】文本框中输入“#”

启动 Dreamweaver CS6 程序，在【属性】面板的【链接】文本框中输入半角状态下的“#”，如图 6-16 所示。

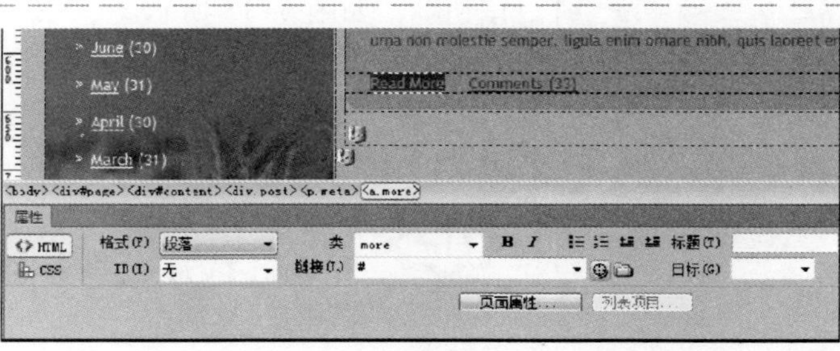
图 6-17

02 按下【Enter】键

按下键盘上的【Enter】键，即可完成文本空链接的创建，如图 6-17 所示。

知识精讲

用户还可以在【链接】文本框中输入英文“javascript:;”，然后按下【Enter】键创建空链接。

6.4.4 E-mail 链接

创建 E-mail 链接能够方便网页浏览者发送电子邮件，访问者只需要单击该链接即可启动操作系统本身自带的收发邮件程序。下面详细介绍创建 E-mail 链接的操作方法。

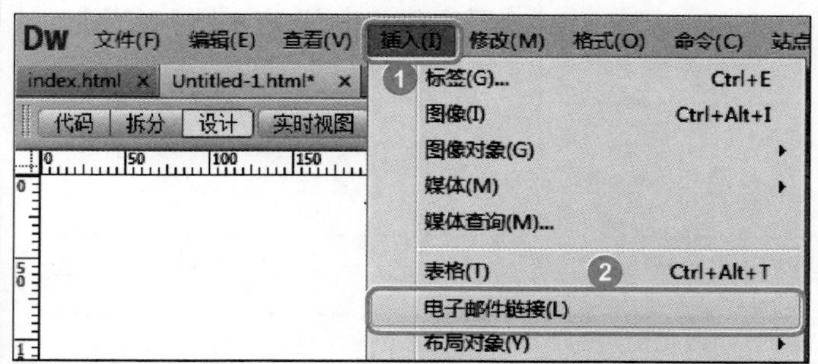
图 6-18

01 选择菜单项

No1 在菜单栏中单击【插入】菜单。

No2 在弹出的下拉菜单中选择【电子邮件链接】菜单项，如图 6-18 所示。

图 6-19

02 弹出【电子邮件链接】对话框

No1 弹出【电子邮件链接】对话框，在【文本】文本框中输入文本，在【电子邮件】文本框中输入电子邮件。

No2 单击【确定】按钮，如图 6-19 所示。

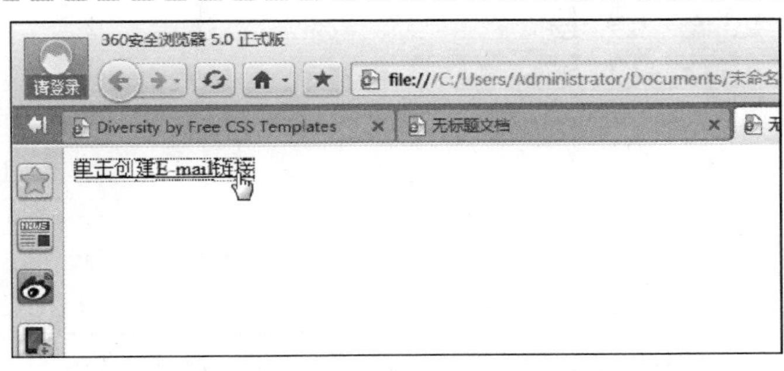

图 6-20

03 完成电子邮件链接的插入

按下键盘上的【Ctrl】+【S】组合键保存文档，再按下键盘上的【F12】键，即可在浏览器中预览到网页的效果，如图 6-20 所示。

6.4.5 脚本链接

脚本是使用一种特定的描述性语言依据一定的格式编写的可执行文件，又称为宏或批处理文件。脚本链接执行 JavaScript 代码或调用 JavaScript 函数，脚本链接非常有用，能够在不离开当前网页文档的情况下为访问者提供有关某项的附加信息。脚本链接还可以用于在访问者单击特定项时执行计算、表单验证和其他处理。下面详细介绍创建脚本链接的操作方法。

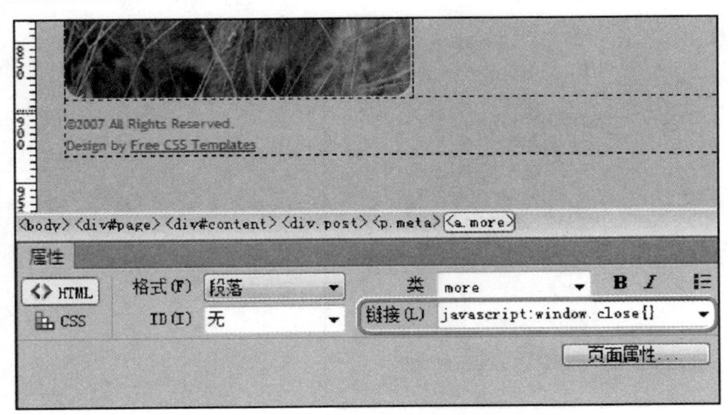

图 6-21

01 在文本框中输入文本

启动 Dreamweaver CS6 程序，在【属性】面板的【链接】文本框中输入“javascript:window.close”，如图 6-21 所示。

图 6-22

完成脚本链接的创建

保存文档，在浏览器中预览网页的效果，如图 6-22 所示。

Section

6.5 管理与设置超链接

在 Dreamweaver CS6 中可以对超链接进行管理，检查或自动更新链接，通过管理网页中的超链接也可以对网页进行相应的管理。本节将详细介绍管理超链接方面的知识。

6.5.1 自动更新链接

每当在本地站点内移动或重命名文档时，Dreamweaver 可自动更新指向该文档的所有链接，在将整个站点（或其中完全独立的一个部分）存储在本地磁盘上时此项功能最实用。Dreamweaver 不更改远程文件夹中的文件，除非将这些文件放在或者存回到远程服务器上。

为了加快更新过程，Dreamweaver 可创建一个缓存文件，用于存储有关本地文件夹中所有链接的信息，在添加、更改或删除本地站点上的链接时，该缓存文件以不可见的方式进行更新。下面详细介绍自动更新链接的操作方法。

启动 Dreamweaver CS6 程序，在菜单栏中选择【编辑】→【首选参数】菜单项，弹出【首选参数】对话框，在【分类】列表框中选择【常规】选项，在【文档选项】区域中单击展开【移动文件时更新链接】下拉按钮，选择不同的选项，即进入不同的设置，如图 6-23 所示。

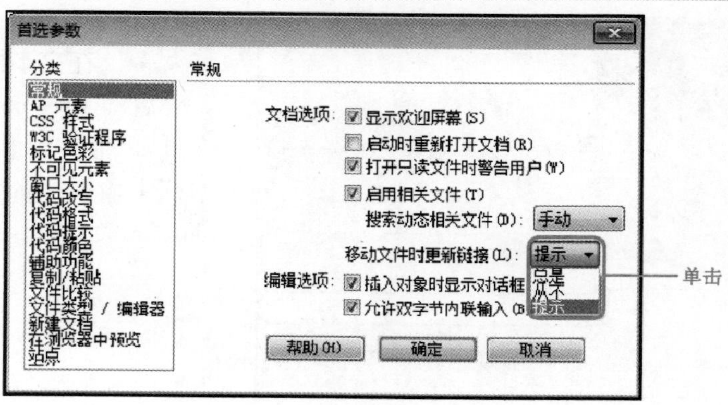

图 6-23

6.5.2 在站点范围内更改链接

除每次移动或重命名文件时让 Dreamweaver 自动更新链接外，用户还可以手动更改所有链接（包括电子邮件、FTP 链接、空链接和脚本链接），使其指向其他位置。下面详细介绍在站点范围内更改链接的操作方法。

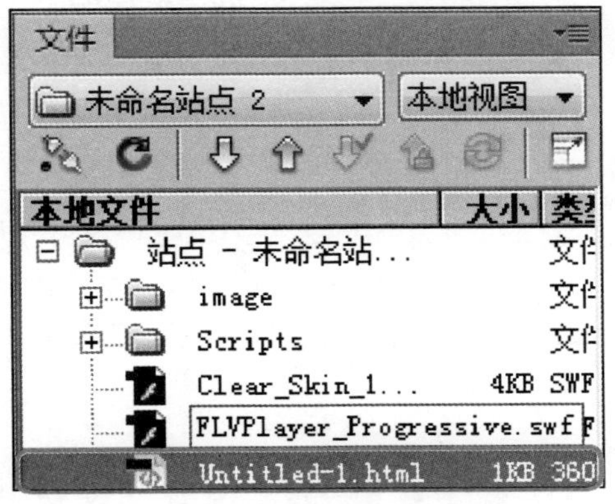

图 6-24

01 在【文件】面板中选择文件

启动 Dreamweaver CS6 程序，在【文件】面板的【本地文件】区域中选择一个文件，如图 6-24 所示。

图 6-25

02 选择菜单项

No1 在菜单栏中单击【站点】菜单。

No2 在弹出的下拉菜单中选择【改变站点范围的链接】菜单项，如图 6-25 所示。

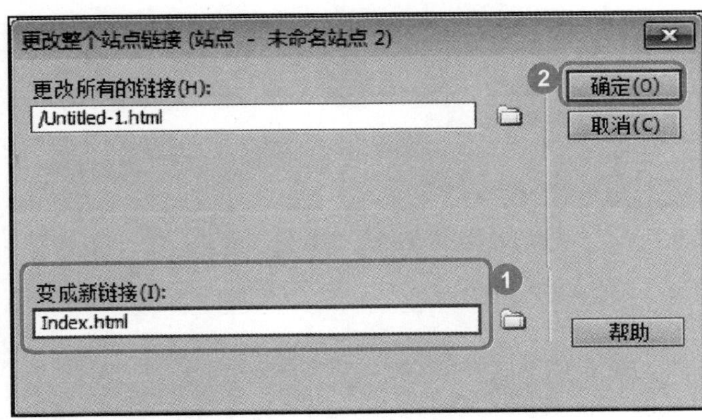

图 6-26

03 弹出对话框

No1 弹出【更改整个站点链接】对话框，在【变成新链接】文本框中输入准备链接的文件。

No2 单击【确定】按钮，即可完成在站点范围内更改链接的操作，如图 6-26 所示。

6.5.3 检查站点中的链接错误

在 Dreamweaver CS6 中还可以检查站点中的链接错误，下面详细介绍检查站点中的链接错误的操作方法。

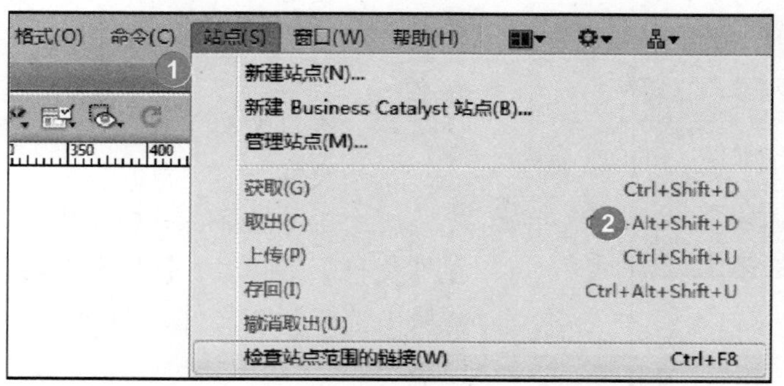

图 6-27

选择菜单项

№1 启动 Dreamweaver CS6 程序，在菜单栏中单击【站点】菜单。

№2 在弹出的下拉菜单中选择【检查站点范围的链接】菜单项，如图 6-27 所示。

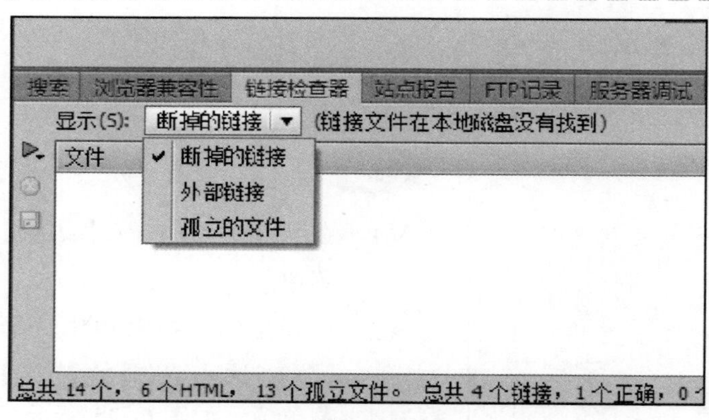

图 6-28

02 展开【链接检查器】面板

展开【链接检查器】面板，在【显示】选项中包含断掉的链接、外部链接和孤立的文件 3 个选项，选择任何一项即可检查相应的信息，如图 6-28 所示。

Section

6.6 实践案例与上机操作

本节导读

通过本章的学习，用户基本上可以掌握网页中超链接的应用以及一些常见的操作方法。下面进行练习操作，以达到巩固学习、拓展提高的目的。

6.6.1 创建锚记链接

通过本实例的学习，读者可以掌握在网页中创建锚记链接的方法。通过创建锚记链接能

够将锚记链接应用到其他网页制作中，下面详细介绍其操作方法。

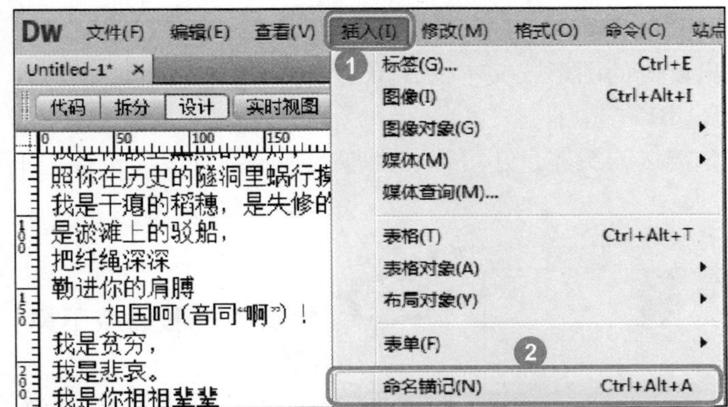

图 6-29

01 选择菜单项

No1 启动 Dreamweaver CS6 程序，将光标定位于准备添加锚记的位置，在菜单栏中单击【插入】菜单。

No2 在弹出的下拉菜单中选择【命名锚记】菜单项，如图 6-29 所示。

图 6-30

02 弹出【命名锚记】对话框

No1 弹出【命名锚记】对话框，在【锚记名称】文本框中输入名称。

No2 单击【确定】按钮，如图 6-30 所示。

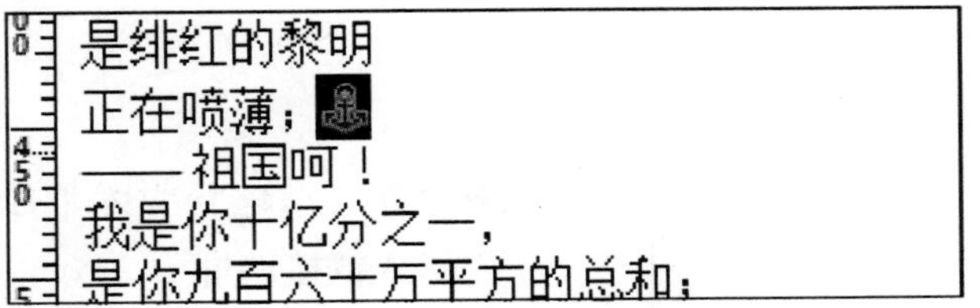

图 6-31

03 出现锚记标志

此时在网页中出现锚记标志，如图 6-31 所示。

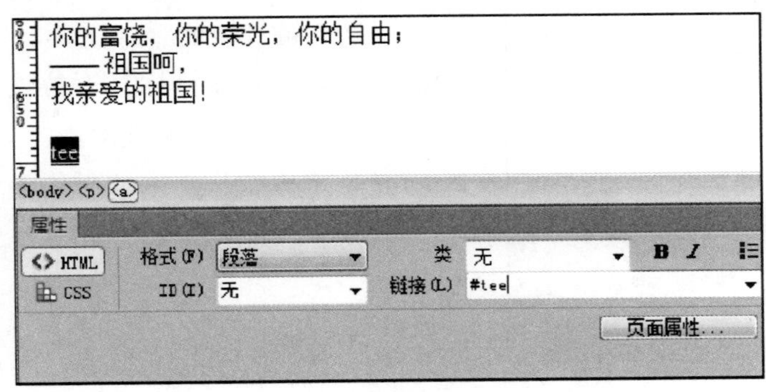

图 6-32

04 输入文本

在网页底部输入文本“tee”并选中，在【属性】面板的【链接】文本框中输入“#tee”，然后按【Enter】键，即可完成锚记链接的创建，如图 6-32 所示。

6.6.2 图像映射

图像映射是一个能对链接指示作出反应的图形或文本框，单击该图形或文本框中的已定义区域可转到与该区域相链接的目标（URL）。

图像映射不仅可以将整张图像作为链接的载体，还可以将图像的某一部分设为链接，下面详细介绍图像映射的操作方法。

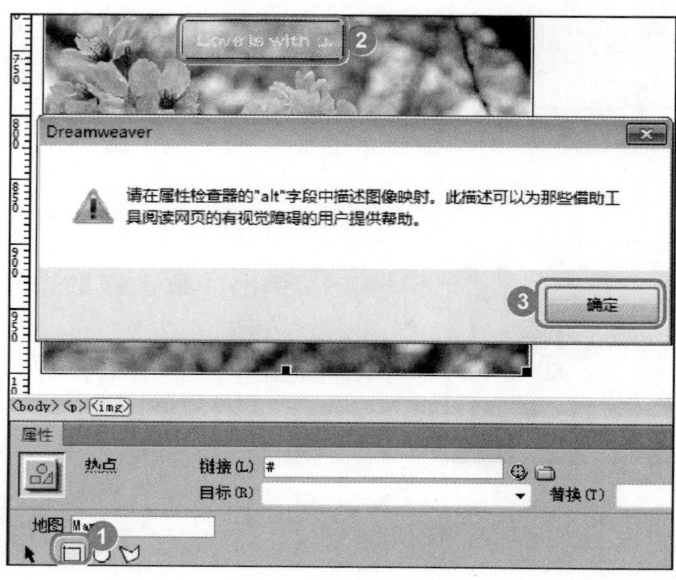

图 6-33

01 单击【矩形热点工具】按钮

No1 在网页中插入一幅图像，然后选中图像，单击【属性】面板底部的【矩形热点工具】按钮。

No2 在图像上合适的位置单击并拖动鼠标，绘制一个多边形热点区域。

No3 弹出提示对话框，单击【确定】按钮，如图 6-33 所示。

图 6-34

02 在【链接】文本框中输入链接地址

No1 在【属性】面板的【链接】文本框中输入热点指向的链接地址。

No2 单击展开【目标】下拉按钮，选择_blank 选项。

No3 在【替换】文本框中输入文本，如图 6-34 所示。

图 6-35

03 保存文档，在浏览器中预览，完成图像映射

按下键盘上的【Ctrl】+【S】组合键保存文档，再按下键盘上的【F12】键，即可在浏览器中通过单击图像中的热点区域打开链接的页面，如图 6-35 所示。

6.6.3 设置文本链接的状态

超文本链接（hyper link）是指文本中的词、短语、符号、图像、声音剪辑或影视剪辑之间的链接，或者与其他文件、超文本文件之间的链接，也称为热链接（hot link）。

在 CSS 中设置文本链接的状态主要分为 4 种，即 link（一般状态）、visited（已访问状态）、hover（鼠标悬停状态）、active（鼠标点击状态）。

一个未被访问过的链接文字与一个被访问过的链接文字在形式上是有所区别的，以提示浏览者链接文字所指示的网页是否被看过。下面详细讲解设置文本链接状态的具体操作方法。

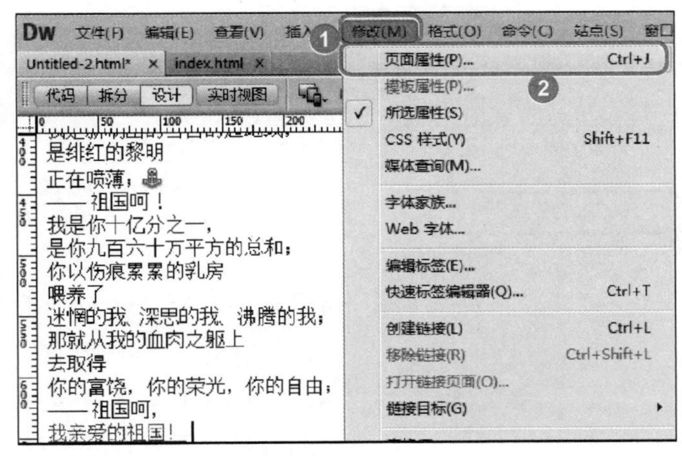

图 6-36

01 选择菜单项

No1 启动 Dreamweaver CS6 程序，在菜单栏中单击【修改】菜单。

No2 在弹出的下拉菜单中选择【页面属性】菜单项，如图 6-36 所示。

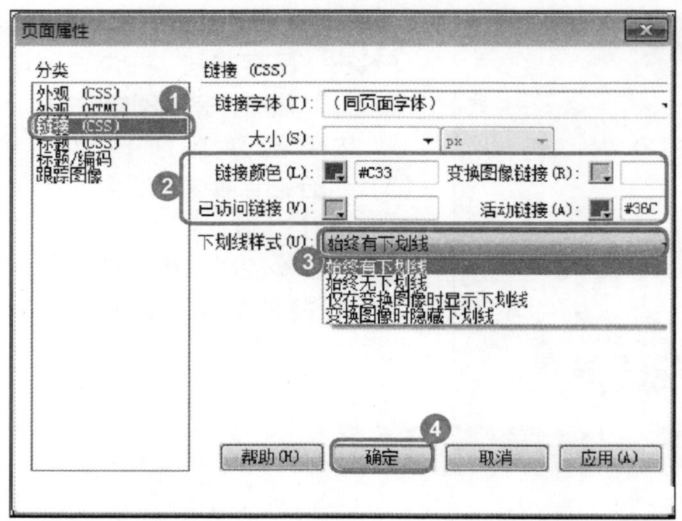

图 6-37

02 弹出【页面属性】对话框

No1 弹出【页面属性】对话框，在【分类】列表中选择【链接】选项。

No2 单击【链接颜色】选项右侧的颜色块设置颜色，然后用同样方法设置【活动链接】的颜色。

No3 设置【下划线样式】为【始终有下划线】。

No4 单击【确定】按钮，即可完成文本链接状态的设置，如图 6-37 所示。

6.6.4 鼠标经过图像链接

鼠标经过图像链接是一种常用的互动技术，当鼠标指针经过图像时图像会随之发生变化。一般情况下，鼠标经过图像效果由两张大小相同的图像组成，如果图像的大小不同，Dreamweaver 会自动调整第二幅图像的大小，使之与第一幅图像匹配。其中一张称为主图像，另一张称为次图像。主图像是首次载入网页时显示的图像，次图像是当鼠标指针经过时更换的另一张图像。鼠标经过图像经常应用于网页中的按钮上。下面详细介绍设置鼠标经过图像的具体操作方法。

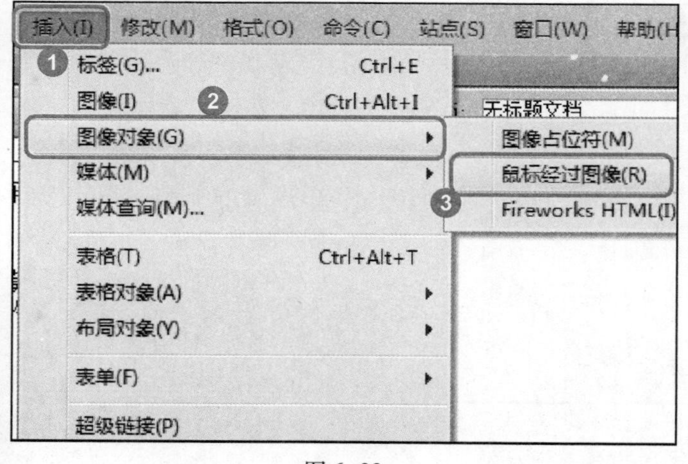

图 6-38

01 选择菜单项

No1 启动 Dreamweaver CS6 程序，将光标放置在需要添加图像的位置，在菜单栏中单击【插入】菜单。

No2 在弹出的下拉菜单中选择【图像对象】菜单项。

No3 在弹出的子菜单中选择【鼠标经过图像】菜单项，如图 6-38 所示。

图 6-39

02 弹出对话框

№1 弹出【插入鼠标经过图像】对话框，单击【原始图像】和【鼠标经过图像】文本框右侧的【浏览】按钮，选择要添加的图像。

№2 单击【确定】按钮，即可完成设置，如图 6-39 所示。

6.6.5 下载文件链接

建立下载文件的方法如同创建文字链接，区别在于所连接的文件不是网页文件而是其他文件，如 . exe、. zip 等文件。下面详细介绍创建下载文件链接的操作方法。

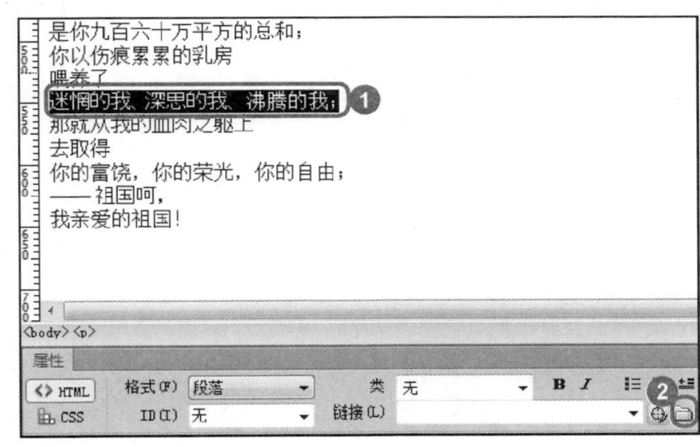

图 6-40

01 单击【浏览文件】按钮

№1 启动 Dreamweaver CS6 程序，在编辑窗口中输入文本，选中准备添加链接的文本。

№2 单击【属性】面板中【链接】文本框右侧的【浏览文件】按钮，如图 6-40 所示。

图 6-41

02 弹出【选择文件】对话框

№1 弹出【选择文件】对话框，选择准备链接的文档。

№2 单击【确定】按钮，如图 6-41 所示。

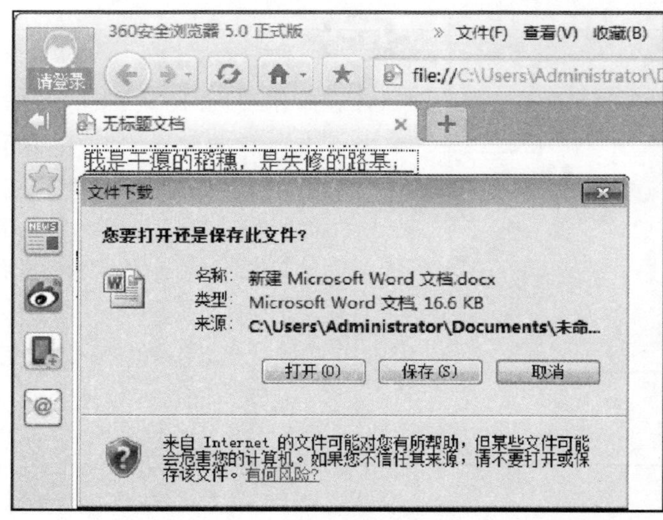

图 6-42

03 保存文档，在浏览器中预览完成的下载文件链接

按下键盘上的【Ctrl】+【S】组合键保存文档，按下键盘上的【F12】键，单击已经添加链接的文本，弹出【文件下载】对话框，即可在浏览器中预览创建完成的下载文件链接，如图 6-42 所示。

知识精讲

创建锚记链接还可以将【插入】面板切换到【常用】插入栏，单击【命名锚记】按钮，弹出【命名锚记】对话框，在【锚记名称】文本框中输入锚记名称，然后单击【确定】按钮。

第 1 章

在网页中使用表格

本章内容导读

本章主要介绍创建表格、设置表格及单元格属性等知识与技巧，同时讲解了编辑与调整表格结构、表格数据的处理、排序表格、导入/导出表格数据等，最后还针对实际的工作需要讲解了使用样式控制数据表格、表格模型、表格标题和设计列的样式的方法。通过本章的学习，读者可以掌握使用表格布局页面方面的知识，为深入学习 Dreamweaver CS6 奠定基础。

本章知识要点

- 创建与应用表格
- 设置表格
- 调整表格结构
- 处理表格数据
- 应用数据表格样式

Section

7.1 创建与应用表格

本节导读

表格是网页设计中最有用、最常用的工具，除了排列数据和图像外，在网页布局中表格更多地用于定位网页对象。本节将详细介绍创建表格方面的知识。

7.1.1 表格的定义

表格是由一些粗细不同的横线和竖线构成的，由横线和竖线相交形成的一个个方格称为单元格。单元格是表格的基本单位，每一个单元格都是一个独立的文本输入区域，可以输入文字和图形，并可单独进行排版和编辑，如图 7-1 所示。

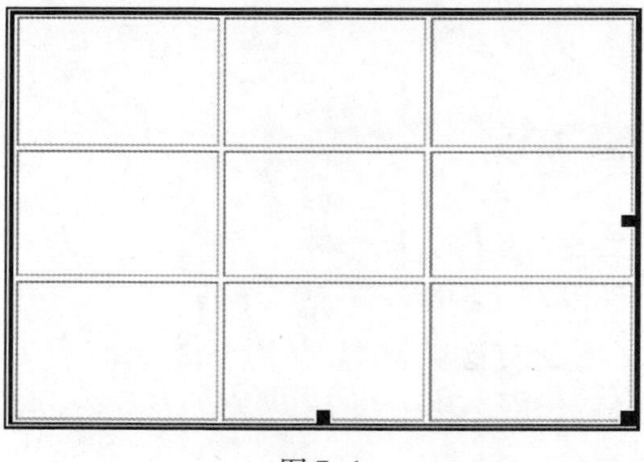

图 7-1

7.1.2 创建表格

表格是设计制作网页时不可缺少的元素，其以简洁明了和高效快捷的方式将图片、文本、数据和表单的元素有序地显示在页面上。下面详细介绍插入表格的方法。

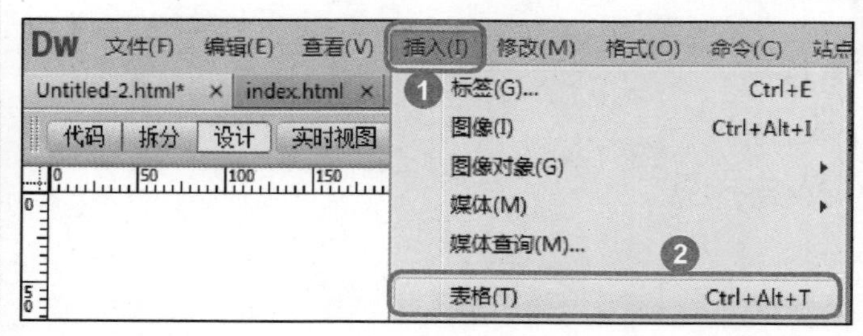

图 7-2

01 选择菜单项

No1 单击【插入】菜单。

No2 在弹出的下拉菜单中选择【表格】菜单项，如图 7-2 所示。

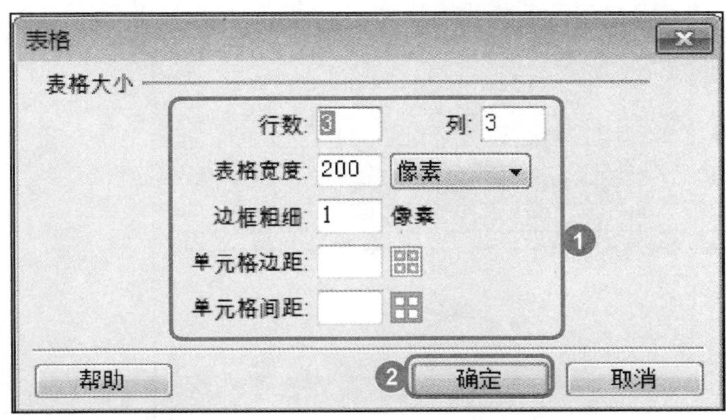

图 7-3

02 弹出【表格】对话框

No1 弹出【表格】对话框，在该对话框中设置表格的行数、列数、表格宽度、单元格间距、单元格边距和边框粗细等选项。

No2 单击【确定】按钮，如图 7-3 所示。

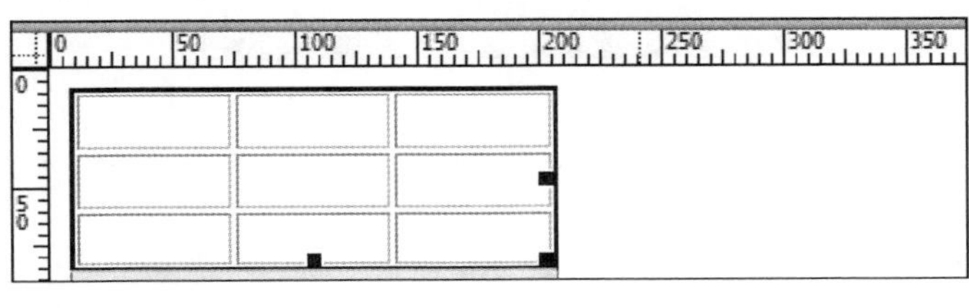

图 7-4

03 添加表格

在编辑窗口中即可查看添加的表格，如图 7-4 所示。

在【表格】对话框中可以进行以下设置。

- 【行数】：该文本框用来设置表格的行数。
- 【列】：该文本框用来设置表格的列数。
- 【表格宽度】：该文本框用来设置表格的宽度，可以填入数值。紧随其后的下拉列表框用来设置宽度的单位，有两个选项，百分比和像素。当宽度的单位选择百分比时，表格的宽度会随浏览器窗口的大小而改变。
- 【边框粗细】：用来设置表格边框的宽度。
- 【单元格边距】：该文本框用来设置单元格内部空白的大小。
- 【单元格间距】：该文本框用来设置单元格与单元格之间的距离。

7.1.3 在表格中输入内容

表格创建完成后可以向其中添加内容，在表格中添加的内容可以是文本、图像或数据。下面详细介绍在表格中输入内容的操作方法。

1. 输入文本

在表格中输入文本与在网页文档中输入文本的方法相同，首先需要将光标定位在准备输入文本的单元格中，选择需要的输入法，输入相关文本。

如果文本超出了单元格的大小，单元格会自动扩展，如图 7-5 所示。

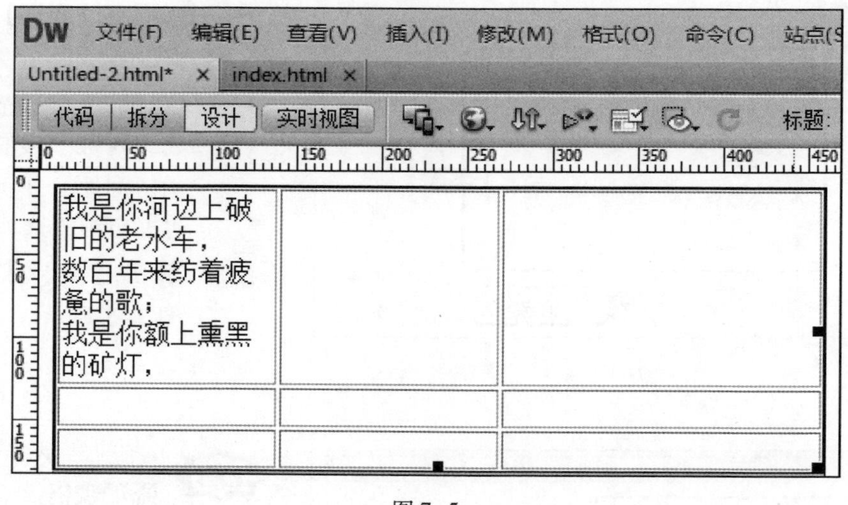

图 7-5

2. 导入图像

在表格中导入图像的方法与在网页文档中导入图像的方法相同，首先将光标定位在准备导入图像的单元格中，然后导入图像文件。

如果图像超出了单元格大小，单元格会自动扩展，如图 7-6 所示。

图 7-6

3. 导入数据

在 Dreamweaver CS6 中支持表格中数据的导入与导出。新建 Dreamweaver CS6 文档，在菜单栏中选择【文件】→【导入】→【表格式数据】菜单项，弹出【导入表格式数据】对话框，在该对话框中可以对表格的【数据文件】【表格宽度】【单元格边距】【单元格间距】

等选项进行设置，如图 7-7 所示。

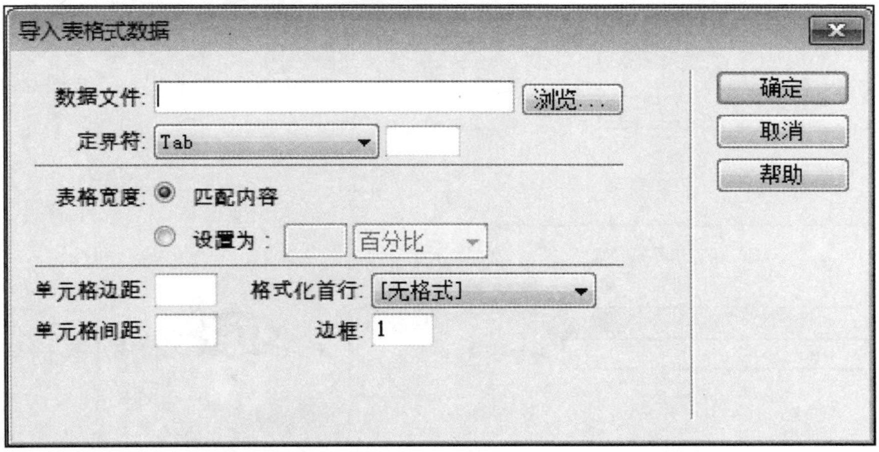

图 7-7

【导入表格式数据】对话框中各选项的含义如下。

- 【数据文件】：显示要导入的文件的名称。单击【浏览】按钮可以选择一个文件。
- 【定界符】：导入的文件中所使用的分隔符。
- 【表格宽度】：将创建的表格的宽度。
- 【匹配内容】：使每个列足够宽以适应该列中最长的文本字符串。本例选中该复选框。
- 【设置为】：可以以像素为单位指定固定的表格宽度，或按占浏览器窗口宽度的百分比指定表格宽度。本例选中该复选框。
- 【单元格边距】：单元格内容和单元格之间的像素数。
- 【单元格间距】：确定应用于表格首行的格式设置，有 4 个格式设置选项，即无格式、粗体、斜体和加粗斜体。本例选择“加粗斜体”。
- 【边框】：表格边框的宽度。

4. 导出数据

在 Dreamweaver 中还可以将文档中的数据导出，下面介绍导出数据的方法。

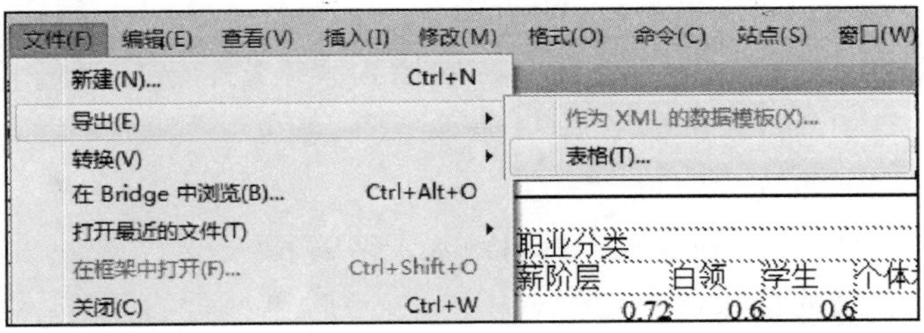

图 7-8

01 选择菜单项

打开包含数据的 Dreamweaver 文档，在菜单栏中选择【文件】→【导出】→【表格】菜单项，如图 7-8 所示。

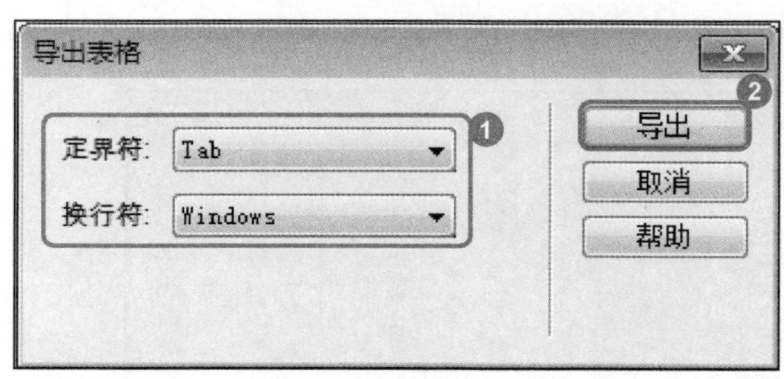

图 7-9

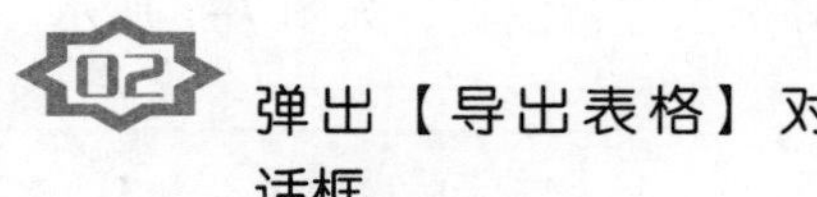

弹出【导出表格】对话框

No1 弹出【导出表格】对话框，设置【定界符】和【换行符】。

No2 单击【导出】按钮，如图 7-9 所示。

图 7-10

03 弹出【表格导出为】对话框

No1 弹出【表格导出为】对话框，选择准备保存的位置。

No2 单击【保存】按钮，即可完成导出表格数据的操作，如图 7-10 所示。

Section

7.2 设置表格

本节导读

对于插入的表格可以进行一定的设置，通过设置表格和单元格属性能够满足网页设置的需要。本节将详细介绍设置表格以及单元格属性方面的知识。

7.2.1 设置表格属性

设置表格属性可以使用网页文档的【属性】面板，在文档中插入表格之后选中当前表格，在【属性】面板中可以对表格进行相关设置，如图 7-11 所示。

在表格【属性】面板中可以设置以下参数。

- 表格 ID：表格 ID 即表格名称，在该下拉列表框中可以输入表格的名称。
- 【行】：在该文本框中可以设置表格的行数。
- 【列】：在该文本框中可以设置表格的列数。
- 【宽】：在该文本框中可以设置表格的宽度。单击文本框右侧下拉列表框的下拉按钮，

在弹出的列表中可以选择表格宽度的单位。

图 7-11

- 【填充】：在该文本框中可以输入单元格内容与单元格边框之间的像素值。
- 【间距】：在该文本框中可以输入相邻单元格之间的像素值。
- 【对齐】：在该下拉列表框中可以设置表格相对于同一段落中其他元素的显示位置。单击下拉列表框右侧的下拉按钮，在弹出的列表中可以选择【默认】、【左对齐】、【右对齐】或【居中对齐】选项。
- 【类】：在该下拉列表框中可以将 CSS 规则应用于对象。
- 【边框】：在该文本框中可以设置表格边框宽度的数值。
- 表格设置区域：其中包括【清除列宽】按钮，用于清除表格中设置的列宽；【将表格宽度设置成像素】按钮用于将当前表格的宽度单位转换为像素；【将表格当前宽度转换成百分比】按钮用于将当前表格的宽度单位转换为文档窗口的百分比单位；【清除行高】按钮用于清除表格中设置的行高。

7.2.2 设置单元格属性

在 Dreamweaver CS6 中不仅可以设置行或列的属性，还可以设置单元格的属性，将光标定位在任一单元格内，即可切换至单元格【属性】面板。下面详细介绍单元格【属性】面板的作用，如图 7-12 所示。

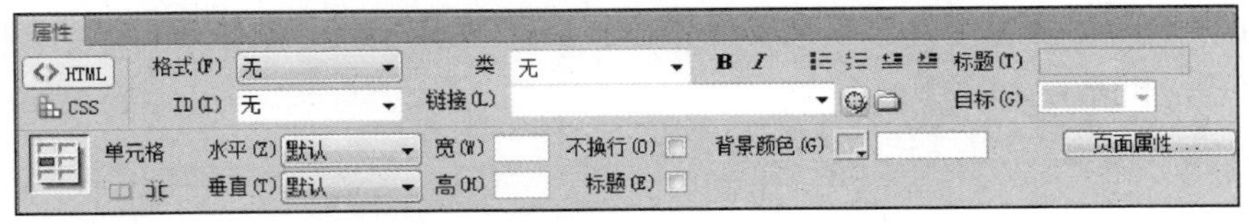

图 7-12

在单元格【属性】面板中可以设置以下参数。

- 【不换行】：选中【不换行】复选框，可以将单元格中所输入的文本显示在同一行，防止文本换行。
- 【标题】：选中【标题】复选框，可以将单元格中的文本设置为表格的标题。默认情况下，表格标题显示为粗体。
- 【合并】：选中表格中的连续多个单元格，单击【合并】按钮，将所选的单元格进行合并。
- 【拆分】：选中表格中的单个单元格，单击【拆分】按钮，弹出【拆分单元格】对话框，在设置【拆分单元格】对话框之后单击【确定】按钮。

- 【水平】：单击【水平】下拉列表框右侧的下拉按钮，在弹出的列表中选择任意选项设置单元格内容的水平对齐方式。
- 【垂直】：单击【水平】下拉列表框右侧的下拉按钮，在弹出的列表中选择任意选项设置单元格内容的垂直对齐方式。
- 【宽】和【高】：在【宽】和【高】文本框中输入表格宽度和高度的数值。
- 【背景颜色】：单击该下拉按钮，在弹出的颜色调板中选择相应的色块。
- 【页面属性】：单击【页面属性】按钮，可以弹出【页面属性】对话框，用于设置网页文档的属性。

Section 7.3 调整表格结构

本节导读

表格是由若干行和列组成的，行列交叉的区域为单元格。一般以单元格为单位来插入网页元素，也可以行和列为单位来修改性质相同的单元格。在网页中可以对表格进行编辑与调整，从而美化表格。下面详细介绍编辑与调整表格结构的操作方法。

7.3.1 选择单元格和表格

在 Dreamweaver CS6 中编辑表格之前需要先将其选中，下面详细介绍几种选择表格及单元格的操作方法。

1. 选择表格

启动 Dreamweaver CS6 程序，单击表格上的任意一个边线框，可以选择整个表格；或者将光标置于表格内的任意位置，在菜单栏中选择【修改】→【表格】→【选择表格】菜单项，如图 7-13 和图 7-14 所示。

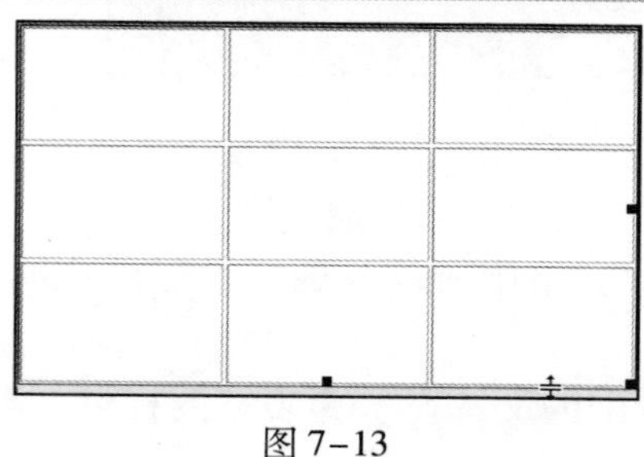

图 7-13

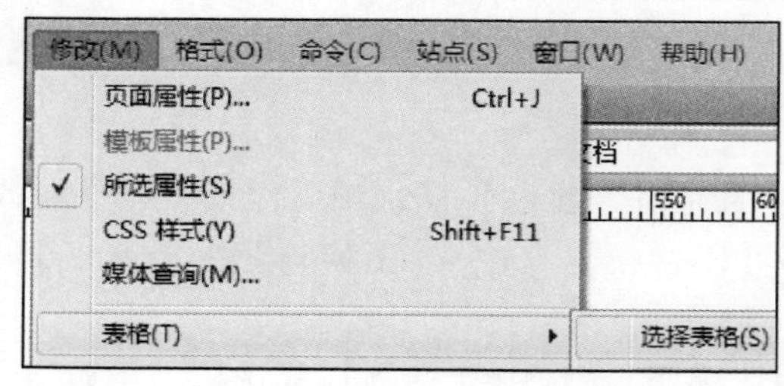

图 7-14

将鼠标指针移动到表格的上边框或下边框，当鼠标指针变成▭形状时单击即可选中全部表格；将鼠标指针移动到表格上右击，在弹出的快捷菜单中选择【表格】→【选择表格】菜单项，也可选择全部表格。

2. 选择单元格

在 Dreamweaver CS6 中还可以选择一个或几个单元格，下面详细介绍几种选择单元格的方法。

选择单个单元格：将鼠标指针移动到表格区域，按住【Ctrl】键，当鼠标指针变成□形状时单击即可选中所需要的单元格，如图 7–15 所示。

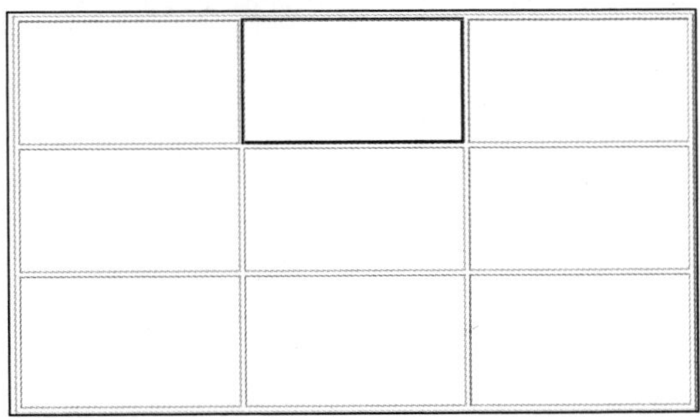

图 7–15

选择不连续的单元格：将鼠标指针移动到表格区域，按住【Ctrl】键，当鼠标指针变成□形状时单击即可选择多个不连续的单元格，如图 7–16 所示。

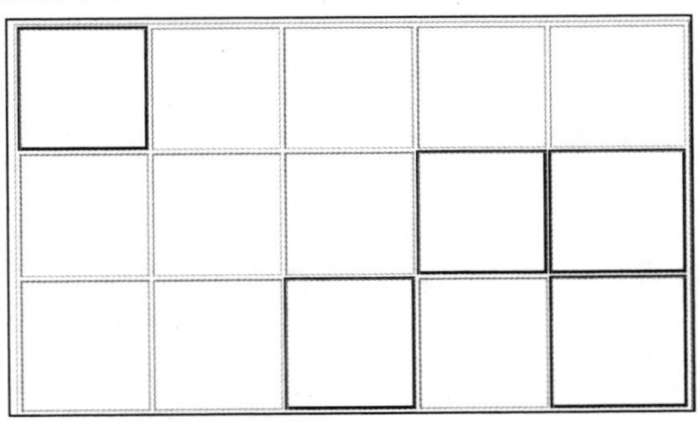

图 7–16

选择连续单元格：将光标定位于单元格内，单击并拖动鼠标指针，即可选择连续的单元格，如图 7–17 所示。

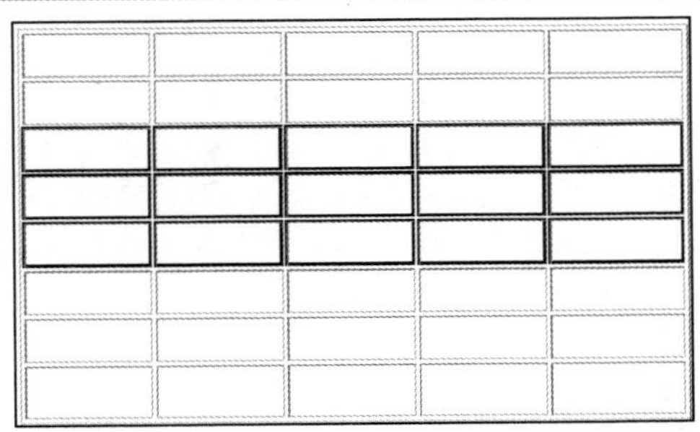

图 7–17

7.3.2 调整表格和单元格的大小

所谓调整表格大小指的是更改表格的整体高度和宽度。当调整整个表格的大小时，表格中的所有单元格按比例更改大小。下面详细介绍调整表格和单元格大小的操作方法。

在文档中插入表格以后可以改变单元格的宽度和高度。将鼠标指针移动到表格内部，当鼠标指针变成双箭头形状⊞时单击并拖动鼠标左键，即可调整表格的大小，如图 7-18 和图 7-19 所示。

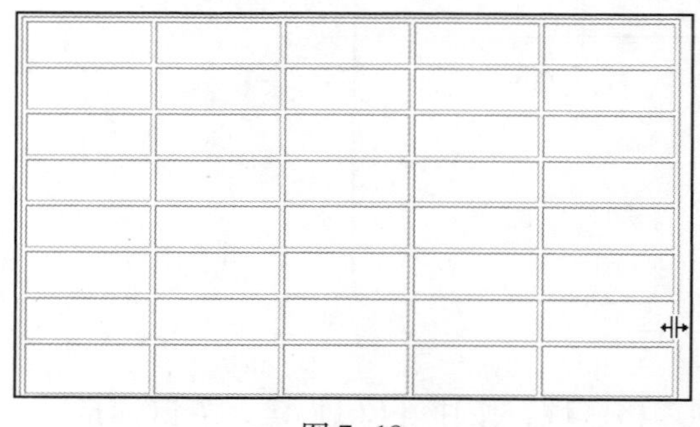

图 7-18

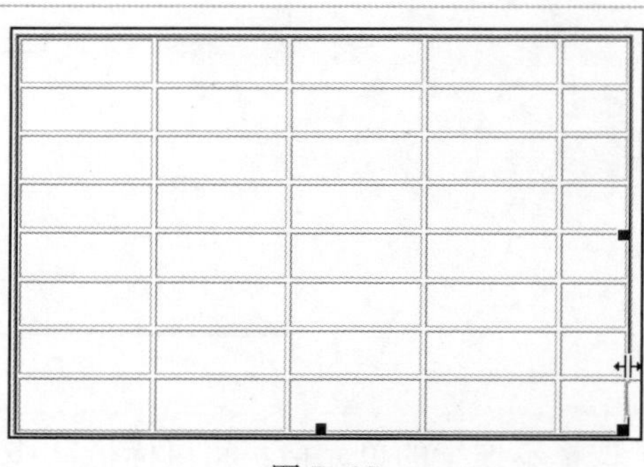

图 7-19

知识精讲

表格对象不仅可以改变宽度，还可以改变高度，将鼠标指针移动到表格的边角处，即可同时更改表格的宽度和高度。

7.3.3 插入与删除表格的行和列

如果表格对象的单元格区域不足或多余，可以对表格对象进行增加或删除行或列的操作。下面详细介绍其操作方法。

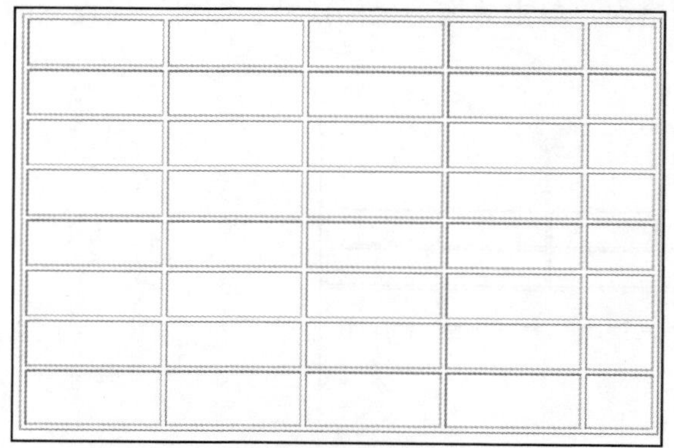

图 7-20

01 使用【插入】菜单绘制表格

启动 Dreamweaver CS6 程序，在菜单栏中选择【插入】→【表格】菜单项，绘制一个 8 行 5 列的表格，如图 7-20 所示。

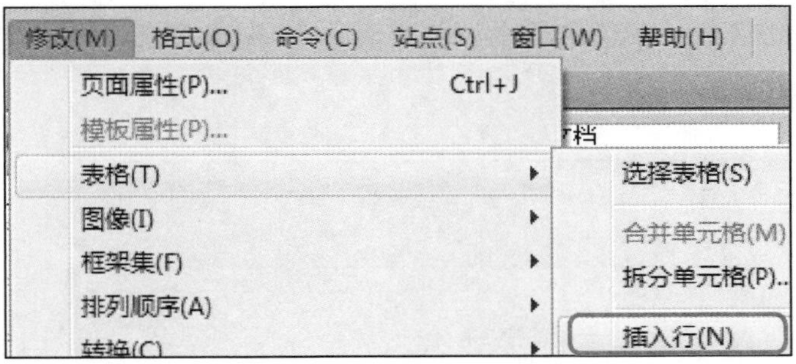

图 7-21

02 插入行

将光标放置在第 1 行的单元格中，在菜单栏中选择【修改】→【表格】→【插入行】菜单项，即可插入行，如图 7－21 所示。

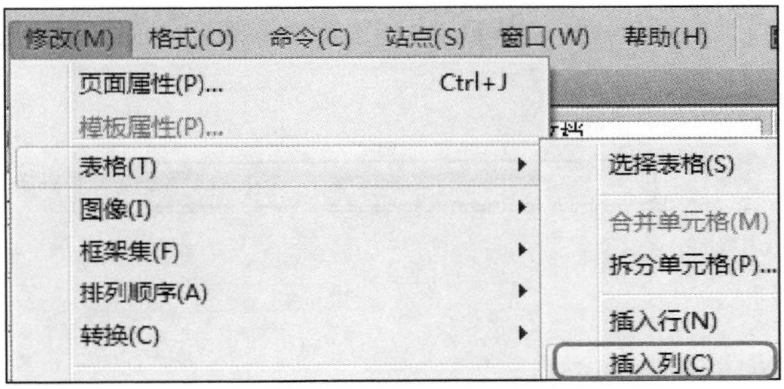

图 7-22

03 插入列

将光标放置在第 1 行的单元格中，在菜单栏中选择【修改】→【表格】→【插入列】菜单项，即可插入列，如图 7－22 所示。

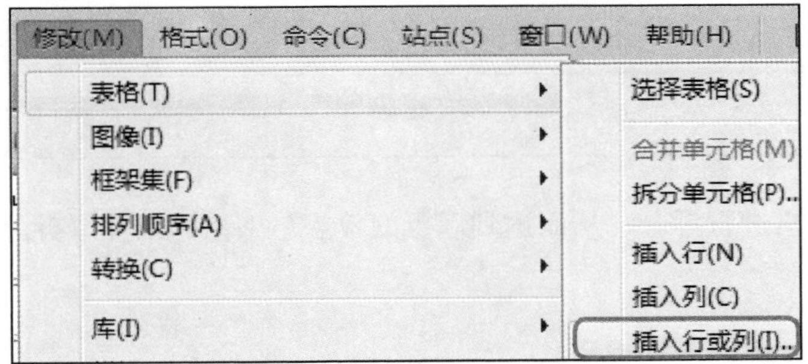

图 7-23

04 插入行或列

将光标放置在第 2 行第 1 列的单元格中，在菜单栏中选择【修改】→【表格】→【插入行或列】菜单项，如图 7-23 所示。

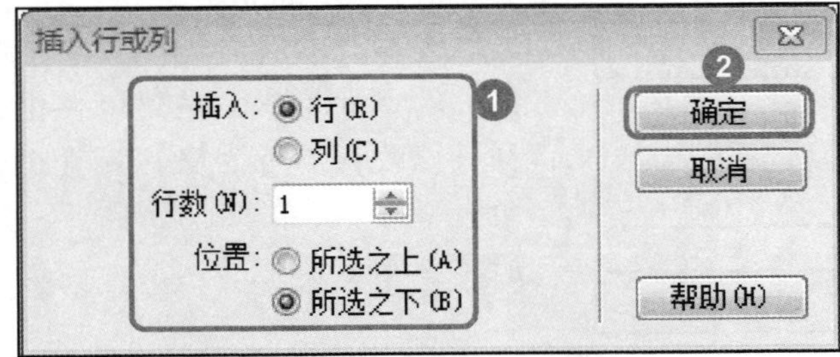

图 7-24

05 弹出【插入行或列】对话框

No1 弹出【插入行或列】对话框，在其中设置参数。

No2 单击【确定】按钮，即可插入列，如图 7-24 所示。

下面详细介绍在网页中删除行或列的操作方法。

将光标置于准备删除行的任意单元格中，在菜单栏中选择【修改】→【表格】→【删除行】菜单项，即可完成删除行的操作，如图 7-25 所示。

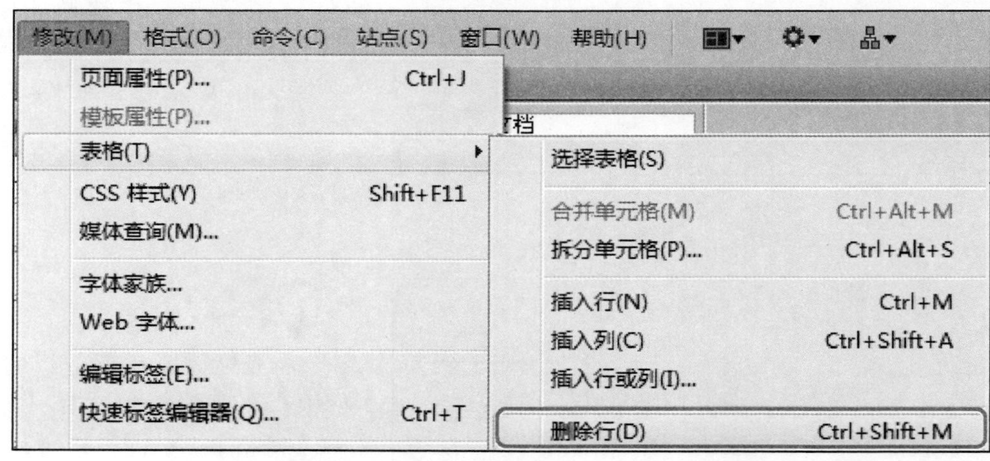

图 7-25

知识精讲

将光标置于要删除列的任意单元格中，在菜单栏中选择【修改】→【表格】→【删除列】菜单项，即可完成删除列的操作。

7.3.4 拆分单元格

在制作表格的过程中可以对单元格进行拆分，从而达到理想的效果。下面详细介绍拆分单元格的操作。

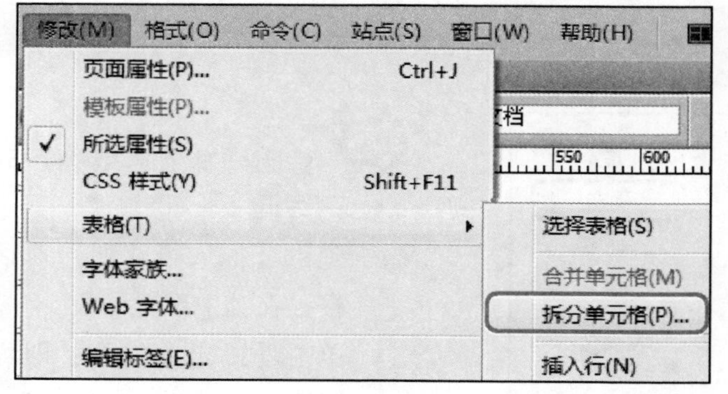

图 7-26

01 选择菜单项

启动 Dreamweaver CS6 程序，绘制表格，然后将光标置于准备拆分的单元格中，在菜单栏中选择【修改】→【表格】→【拆分单元格】菜单项，如图 7-26 所示。

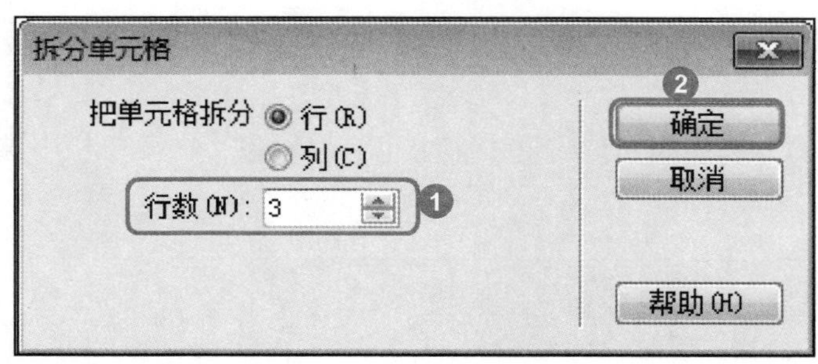

图 7-27

02 弹出【拆分单元格】对话框

No1 弹出【拆分单元格】对话框，设置参数。

No2 单击【确定】按钮，如图 7-27 所示。

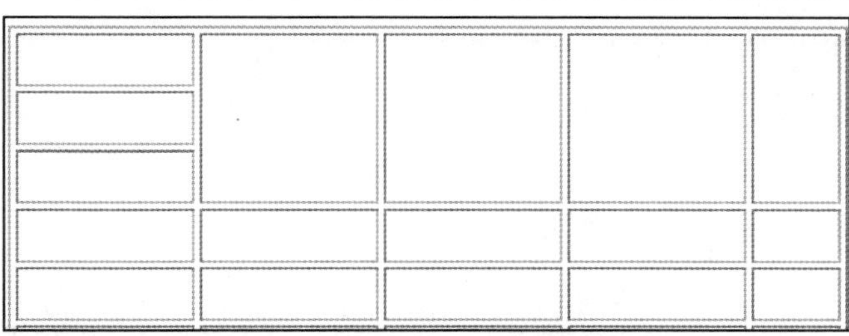

图 7-28

03 完成单元格的拆分

通过以上步骤即可完成单元格的拆分，如图 7-28 所示。

7.3.5 合并单元格

合并单元格就是将多个单元格合并成一个单元格，在合并单元格时需要先将其选中，下面详细介绍操作方法。

启动 Dreamweaver CS6 程序，绘制一个表格，然后选中准备合并的单元格，在菜单栏中选择【修改】→【表格】→【合并单元格】菜单项，即可将多个单元格合并成一个单元格，如图 7-29 所示。

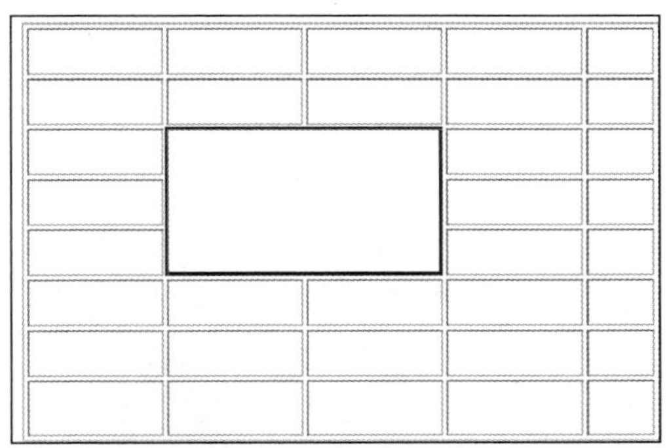

图 7-29

7.3.6 复制、剪切和粘贴表格

在对表格进行编辑时还可以进行剪切、复制和粘贴表格的操作，下面详细介绍其操作方法。

1. 复制和粘贴表格

复制表格的方法与复制文本对象的方法相同，首先选中多个单元格对象，在菜单栏中选择【编辑】→【拷贝】菜单项，即可复制表格，如图 7-30 所示。

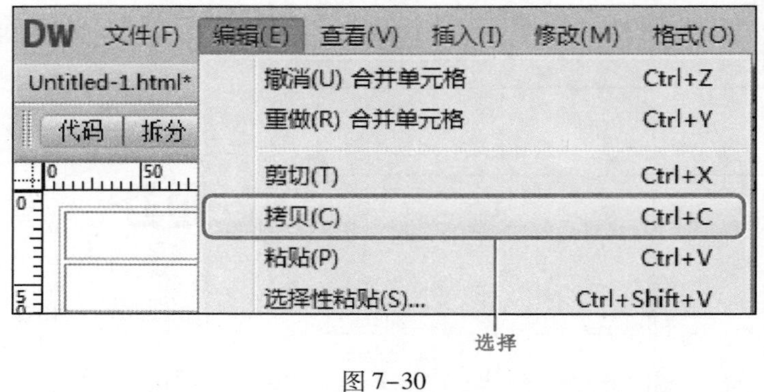

图 7-30

将光标定位于准备粘贴单元格的位置，在菜单栏中选择【编辑】→【粘贴】菜单项，即可将复制的多个对象粘贴到当前表格中，如图 7-31 所示。

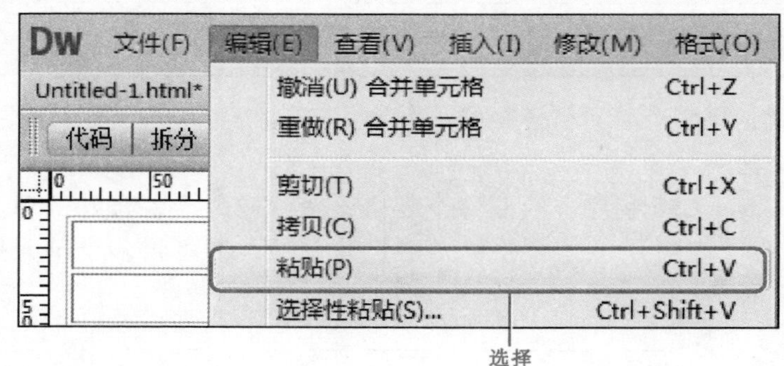

图 7-31

2. 剪切表格

剪切表格的方法与剪切文本对象的方法相同，首先选中准备剪切的多个单元格对象，在菜单栏中选择【编辑】→【剪切】菜单项，即可剪切表格，如图 7-32 所示。

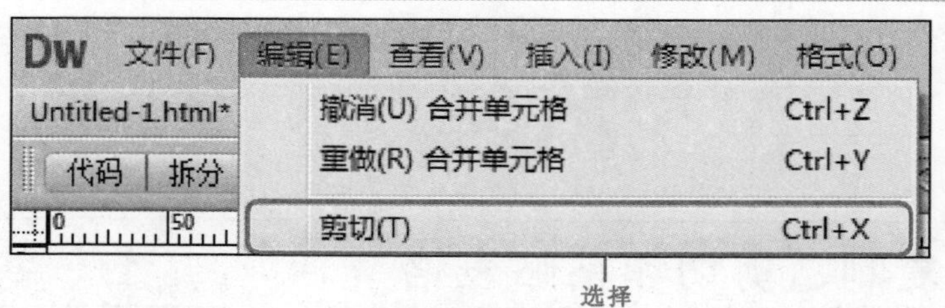

图 7-32

将光标定位于准备粘贴单元格的位置，在菜单栏中选择【编辑】→【粘贴】菜单项，即可将剪切的多个单元格对象粘贴到当前表格中，如图 7–33 所示。

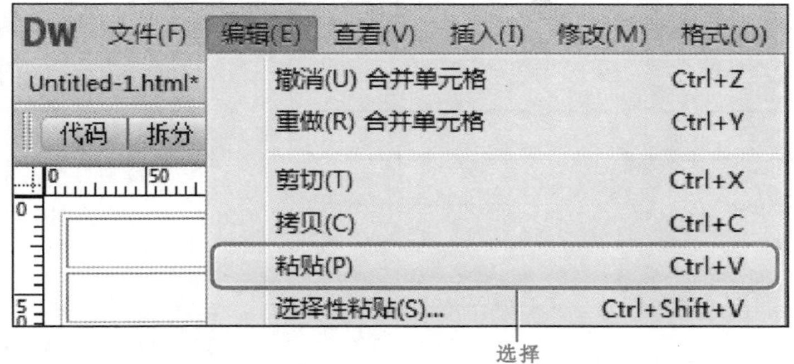

图 7–33

知识精讲

选中准备剪切的多个单元格对象，在菜单栏中选择【编辑】→【剪切】菜单项，在准备粘贴的表格中右击，在弹出的快捷菜单中选择【粘贴】菜单项，同样可以实现操作。

Section 7.4 处理表格数据

本节导读

在 Dreamweaver CS6 中还提供了对表格数据的处理功能，包括排序表格和导入/导出表格数据。本节将详细介绍处理表格数据方面的知识。

7.4.1 排序表格

排序表格一般针对具有格式数据的表格而言，在 Dreamweaver CS6 中可以方便地将表格内的数据排序，下面详细讲解其操作方法。

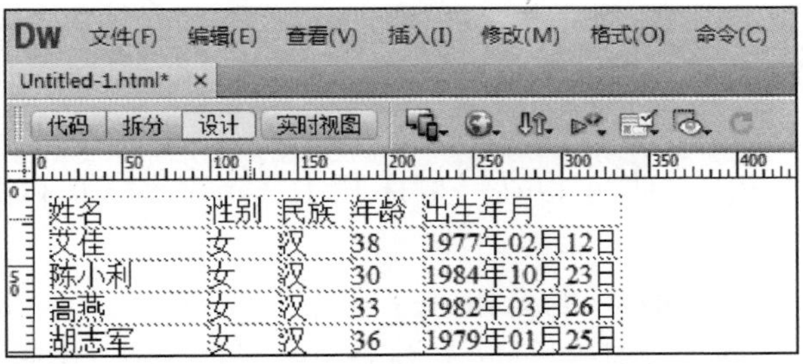

姓名	性别	民族	年龄	出生年月
艾佳	女	汉	38	1977年02月12日
陈小利	女	汉	30	1984年10月23日
高燕	女	汉	33	1982年03月26日
胡志军	女	汉	36	1979年01月25日

图 7–34

01 导入表格

启动 Dreamweaver CS6 程序，在编辑窗口中导入表格，如图 7–34 所示。

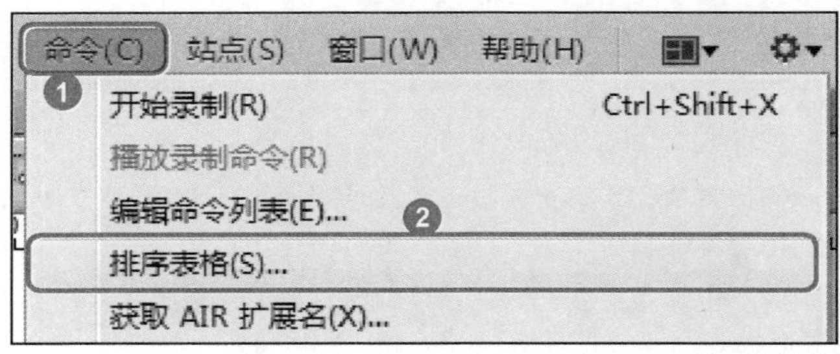

图 7-35

02 选择菜单项

№1 选中表格，在菜单栏中单击【命令】菜单。

№2 在弹出的下拉菜单中选择【排序表格】菜单项，如图 7-35 所示。

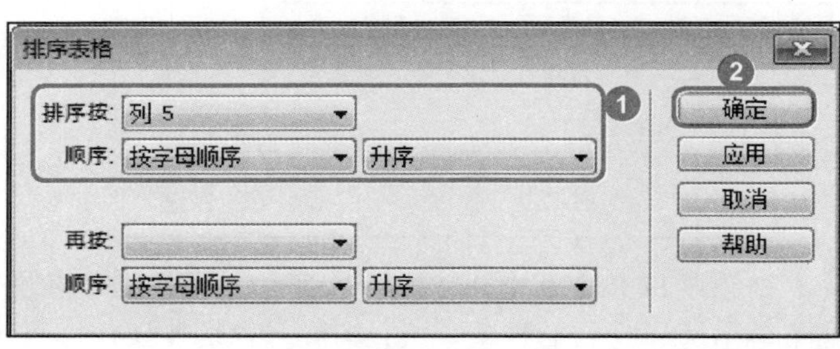

图 7-36

03 弹出【排序表格】对话框

№1 弹出【排序表格】对话框，在【排序按】下拉列表中选择【列 5】。

№2 单击【确定】按钮，如图 7-36 所示。

姓名	性别	民族	年龄	出生年月
艾佳	女	汉	38	1977年02月12日
欧阳明	男	汉	36	1978年12月22日
胡志军	女	汉	36	1979年01月25日
刘远明	男	汉	35	1980年02月19日
李海峰	男	汉	34	1981年03月17日
蒋成军	男	汉	33	1981年05月21日
周鹏	男	汉	33	1981年07月22日
郑舒	女	汉	33	1981年09月18日
高燕	女	汉	33	1982年03月26日
汪恒	男	汉	32	1982年09月15日

图 7-37

04 完成表格的排序

此时在窗口中已经将表格进行了排序，如图 7-37 所示。

举一反三

如果表格中含有合并或拆分的单元格，那么表格将无法使用表格的排序功能进行排序。

在【排序表格】对话框中可以设置以下参数。

- 【排序按】：选择排序需要最先依据的列。
- 【顺序】：确定哪个列的值将用于对表格的行进行排序。
- 【再按】：可以选择作为其次依据的列，同样可以在【顺序】中选择排序方式和排序方向。
- 【排序包含第一行】：可以选择是否从表格第 1 行开始进行排序。
- 【排序标题行】：使用与 body 行相同的条件对表格 thead 部分中的所有行进行排序。
- 【排序脚注行】：使用与 body 行相同的条件对表格 tfoot 部分中的所有行进行排序。

➢【完成排序后所有行颜色保持不变】：排序时不仅移动行中的数据，行的属性也会随之移动。

7.4.2 导入/导出表格数据

用户可以将在另一个应用程序（如 Microsoft Excel）中创建并以分隔文本的格式（其中的项以制表符、逗号、冒号、分号隔开）保存的表格式数据导入 Dreamweaver 中，并设置为表格格式。下面详细介绍导入/导出表格数据的操作方法。

首先将光标移至准备导出的表格中的任意单元格中，在菜单栏中选择【文件】→【导出】→【表格】菜单项，弹出【导出表格】对话框，然后设置相应参数，单击【导出】按钮，即可完成导出表格数据的操作，如图 7-38 和图 7-39 所示。

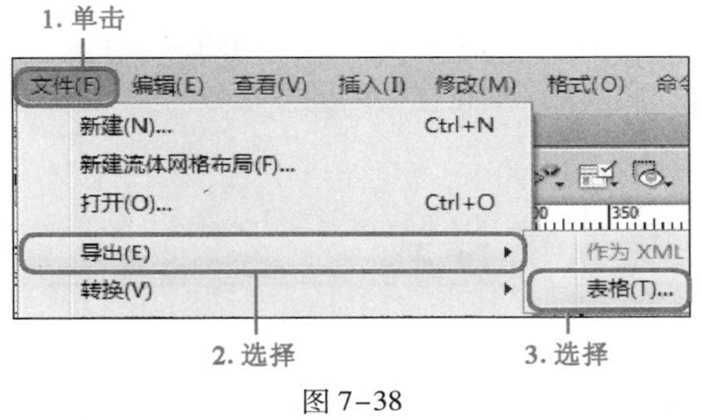

图 7-38

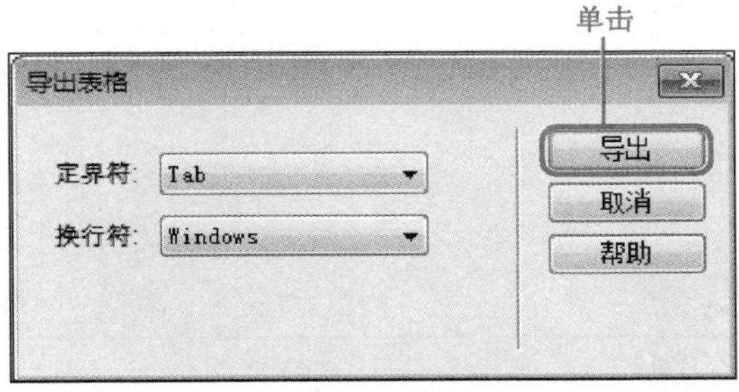

图 7-39

在【导出表格】对话框中可以设置以下参数。

➢【定界符】：指定应该使用哪种定界符在导出的文件中隔开各项。

➢【换行符】：指定将在哪种操作系统中打开导出的文件，是 Windows、Macintosh 还是 UNIX（不同的操作系统具有不同的指示文本行结尾的方式。）

在导入表格数据时也会弹出对话框，如图 7-40 所示，在【导入表格式数据】对话框中可以设置以下参数。

➢【数据文件】：单击【浏览】按钮选择一个文件。

➢【定界符】：要导入的文件中所使用的分隔符。

➢【表格宽度】：表格的宽度。如果选中【匹配内容】单选按钮，则可以使每个列足够宽以适应该列中最长的文本字符串；如果选中【设置为】单选按钮，则以像素为单位指定固定的表格宽度，或按占浏览器窗口宽度的百分比指定表格宽度。

图 7-40

- 【边框】：指定表格边框的宽度（以像素为单位）。
- 【单元格边距】：单元格内容与单元格边框之间的像素数。
- 【单元格间距】：相邻的表格单元格之间的像素数。

Section 7.5 应用数据表格样式

本节导读

使用 CSS 可以用 HTML 无法提供的方式来设置文本格式和定位文本，从而能更加灵活、自如地控制页面的外观。本节将详细介绍使用样式控制数据表格方面的知识。

7.5.1 表格模型

在网页设计中页面布局是一个重要的部分，Dreamweaver CS6 提供了多种方法来创建和控制页面布局，最普通的方法就是使用表格，使用表格可以简化页面布局设计过程，导入表格化数据、设计页面分栏以及定位页面上的文本和图像等。

通过使用 <thead> <tbody> <tfoot> 元素将表格行聚集为组，可以构建更复杂的表格。<thead> 标签用于指定表格标题行；<tfoot> 是表格标题行的补充，是一组作为脚注的行；<tbody> 标签标记表格的正文部分，表格可以有一个或者多个 <tbody> 部分。

下面是一个包含表格行组的数据表格，代码如下：

```
<table width="570" height="217" border="1">
 <tr>
  <tr>
    <td colspan="5" scope="col">本周安排</th>
  </tr>
```

```
    <tr>
      <td>星期一</td>
      <td>星期二</td>
      <td>星期三</td>
      <td>星期四</td>
      <td>星期五</td>
    </tr>
    <tr>
      <td>学习</td>
      <td>美术</td>
      <td>休息</td>
      <td>音乐</td>
      <td>美术</td>
    </tr>
    <tr>
      <td>上课</td>
      <td>书法</td>
      <td>上课</td>
      <td>休息</td>
      <td>学习</td>
    </tr>
  </table>
  </body>
```

按下键盘上的【F12】键即可在浏览器中浏览表格，如图 7-41 所示。

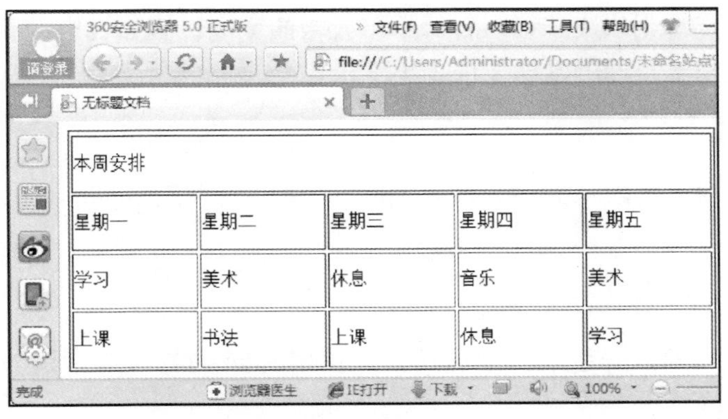

图 7-41

7.5.2 表格标题

caption 元素可定义一个表格标题，caption 标签必须紧随 table 标签之后，且只能对每个表格定义一个标题，通常这个标题在表格上方居中显示。

在一般情况下可以使用 caption－side 标签，caption－side 用来定义网页中的表格标题显示位置，caption－side 属性的值如表 7-1 所示。

表 7-1　caption－side 属性的值

值	效　果
bottom	标题出现在表格之后
top	标题出现在表格之前
inherit	设置 caption－side 值

知识精讲

IE 浏览器不支持 caption－side 属性。在 IE 浏览器中，表格标题总是出现在表格行之前。

7.5.3　表格样式控制

在 Dreamweaver CS6 中，通过表格样式控制可以对表格进行相应的设置。下面详细介绍表格样式控制方面的知识。

1.　<table－layout>标签

其表示设置或检索表格的布局算法，其中包括<auto>和<fixed>。

➢ auto：默认值，默认的自动算法，布局将基于各单元格的内容，表格在每个单元格内的所有内容都读取计算之后才会显示出来。
➢ fixed：固定布局的算法，在这种算法中表格和列的宽度决取于 col 对象的宽度总和。假如没有指定，则取决于第一行每个单元格的宽度；假如表格没有指定宽度（width）属性，则表格被呈递的默认宽度为 100%。

2.　<col>标签

其指定基于列的表格默认属性，使用 span 属性可以指定 colgroup 定义的表格列数，该属性的默认值为 1。

3.　<colgroup>标签

其指定表格中一列或一组列的默认属性，使用 span 属性可以指定 colgroup 定义的表格列数，该属性的默认值为 1。

4.　<border－collapse>标签

其设置或检索表格的行和单元格的边是合并在一起还是按照标准的 HTML 样式分开，语法包括<seperate>和<collapse>，其中前者是默认值。

5.　<border－spacing>标签

其设置或检索当表格边框独立（例如当 border－spacing 属性等于 seperate）时行和单元

格的边在横向和纵向上的间距，其中 < length > 是由浮点数字和单位标识组成的长度值，不可为负值。

6. < empty – cells > 标签

其设置或检索当表格的单元格无内容时是否显示该单元格的边框，只有当表格行和列的边框独立（例如当 border – spacing 属性等于 seperate）时此属性才起作用。

Section 7.6 实践案例与上机操作

本节导读

通过本章的学习，用户可以掌握使用表格布局页面以及一些常见的操作方法。下面通过几个实践案例进行上机操作，以达到巩固学习、拓展提高的目的。

7.6.1 使用表格布局模式设计网页

在 Web 标准推出之前所有的网站都是使用表格布局的，使用表格布局既方便又快捷，下面详细介绍使用表格布局页面的操作方法。

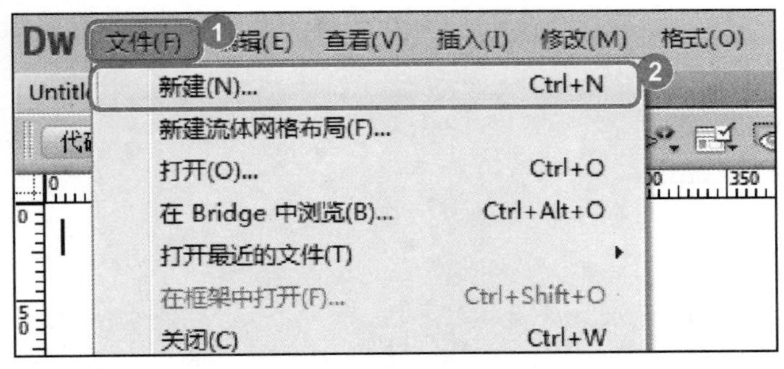

图 7–42

选择菜单项

№1 在菜单栏中单击【文件】菜单。

№2 在弹出的下拉菜单中选择【新建】菜单项，如图 7–42 所示。

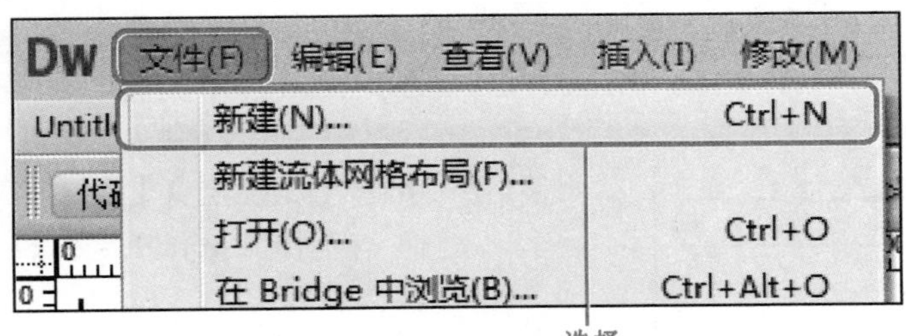

图 7–43

02 新建 CSS 文件

使用相同的方法新建一个 CSS 文件并保存，如图 7 – 43 所示。

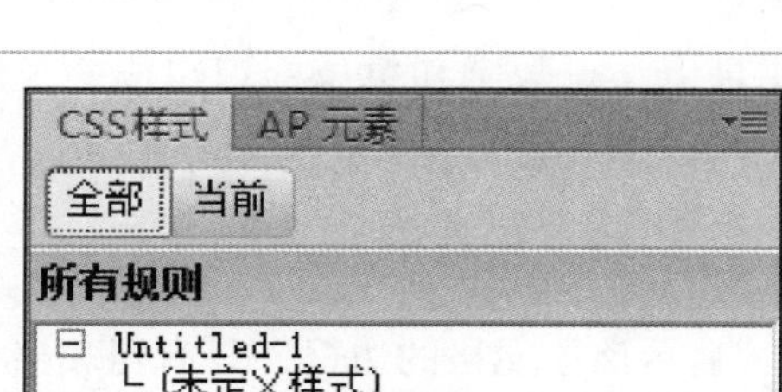

图 7-44

03 单击【附加样式表】按钮

在【CSS 样式】面板中单击【附加样式表】按钮，如图 7-44 所示。

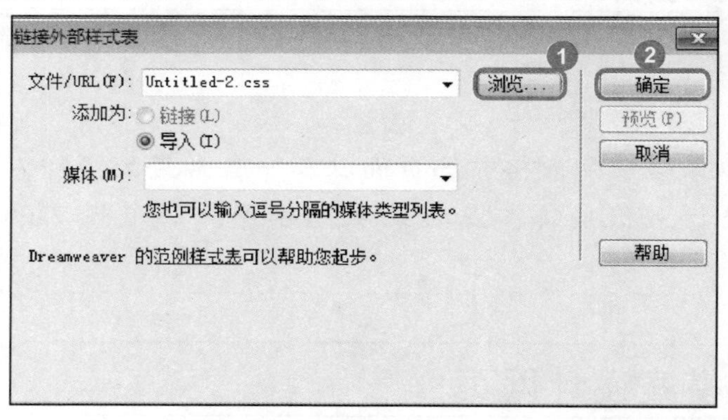

图 7-45

04 弹出【链接外部样式表】对话框

No1 弹出【链接外部样式表】对话框，单击【文件/URL】下拉列表框右边的【浏览】按钮，添加刚刚创建的外部样式表文件。

No2 单击【确定】按钮，如图 7-45 所示。

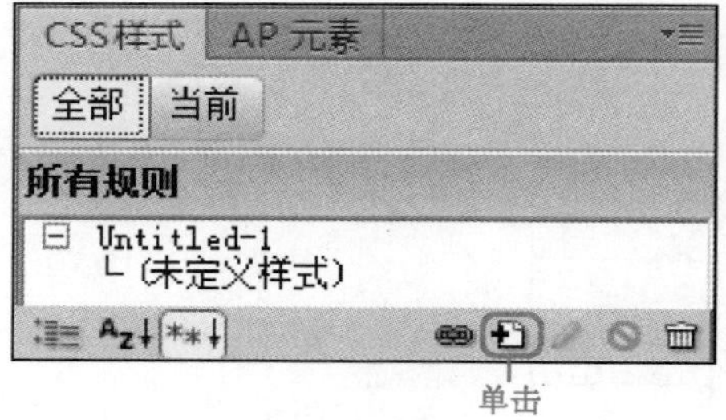

图 7-46

05 单击【新建 CSS】按钮

在【CSS 样式】面板中单击【新建 CSS】按钮，如图 7-46 所示。

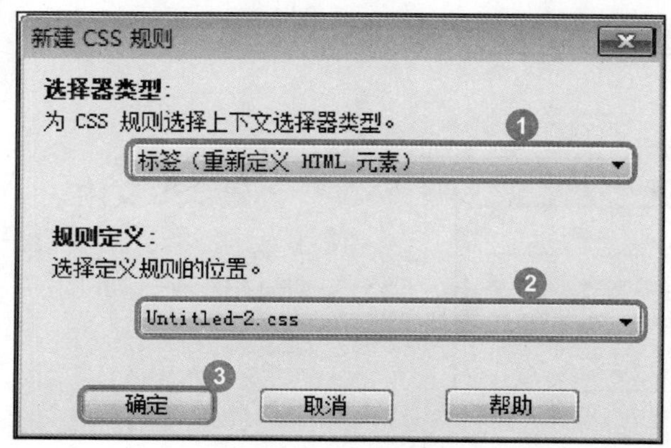

图 7-47

06 弹出对话框

No1 弹出【新建 CSS 规则】对话框，单击【选择器类型】区域的下拉按钮，选择【标签】选项。

No2 单击【规则定义】下拉按钮，选择 Untitled-2.css 选项。

No3 单击【确定】按钮，如图 7-47 所示。

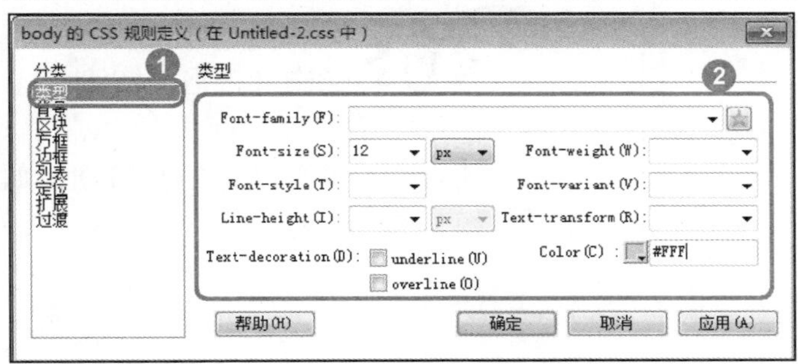

图 7-48

07 选择【类型】选项

№1 在【分类】列表框中选择【类型】选项。

№2 在 Font - size 文本框中输入 12，在 Color 文本框中输入 # FFF，如图 7 - 48 所示。

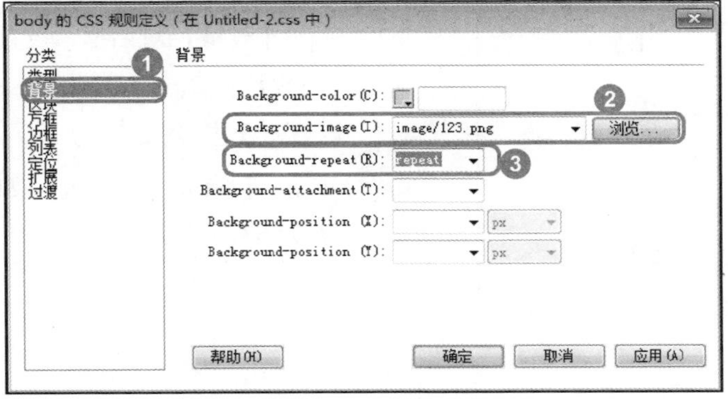

图 7-49

08 选择【背景】选项

№1 在【分类】列表框中选择【背景】选项。

№2 单击【浏览】按钮，选择一幅图片。

№3 在 Background - repeat 下拉列表框中选择 repeat，如图 7-49 所示。

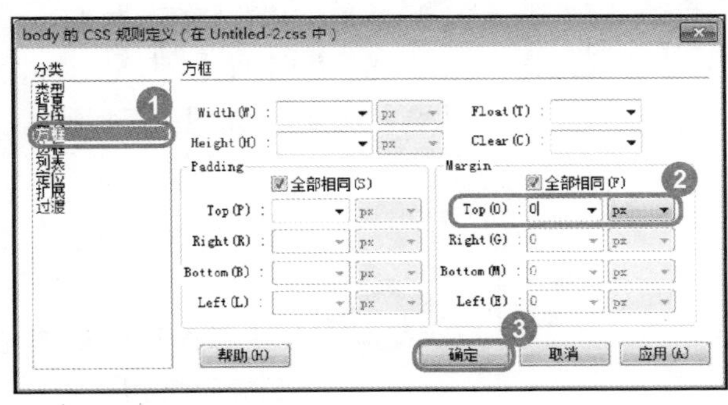

图 7-50

09 选择【方框】选项

№1 在【分类】列表框中选择【方框】选项。

№2 在 Top 文本框中输入 0。

№3 单击【确定】按钮，如图 7-50 所示。

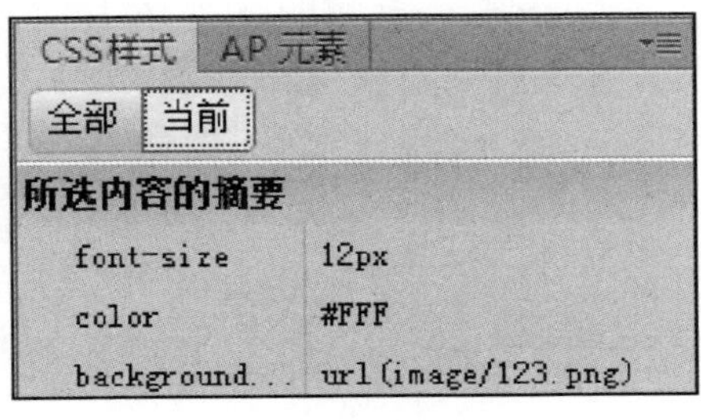

图 7-51

10 查看效果

在【当前】选项卡中可以查看到相应的各项参数，如图 7-51 所示。

图 7-52

11 单击【表格】按钮

在【插入】面板的【常用】插入栏中单击【表格】按钮，如图 7-52 所示。

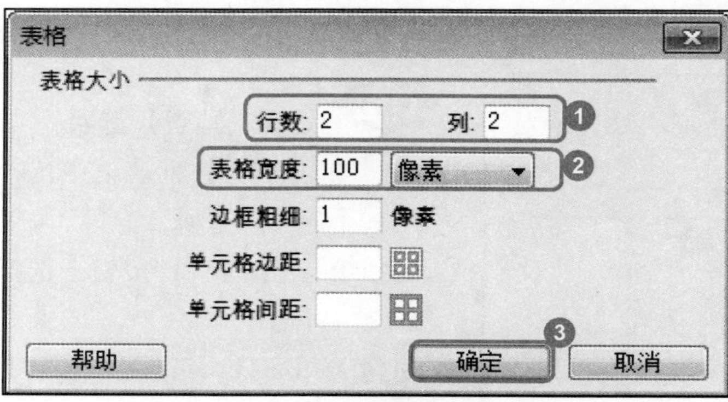

图 7-53

12 弹出【表格】对话框

No1 弹出【表格】对话框，设置【行数】为2、【列】为2。

No2 设置【表格宽度】为100。

No3 单击【确定】按钮，如图 7-53 所示。

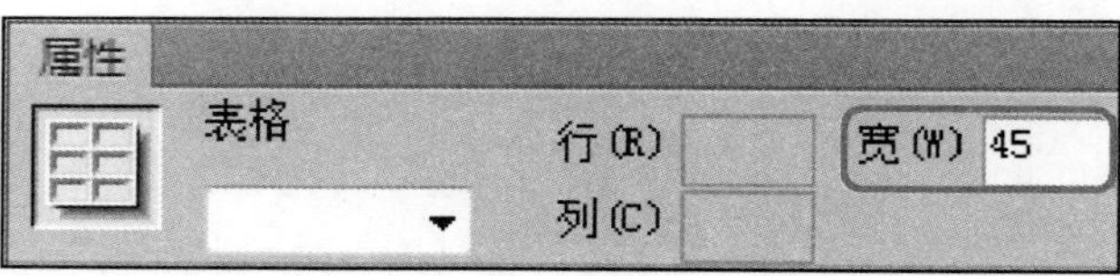

图 7-54

13 设置【宽】为45

在【属性】面板中设置【宽】为45，如图 7-54 所示。

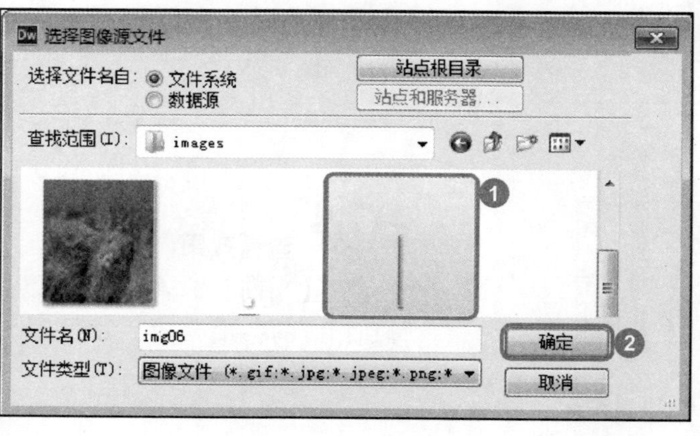

图 7-55

14 在【插入】面板中单击【图像】按钮

No1 在 Dreamweaver 界面右侧的【插入】面板中单击【图像】按钮，弹出【选择图像源文件】对话框，选择一幅图像。

No2 单击【确定】按钮，如图 7-55 所示。

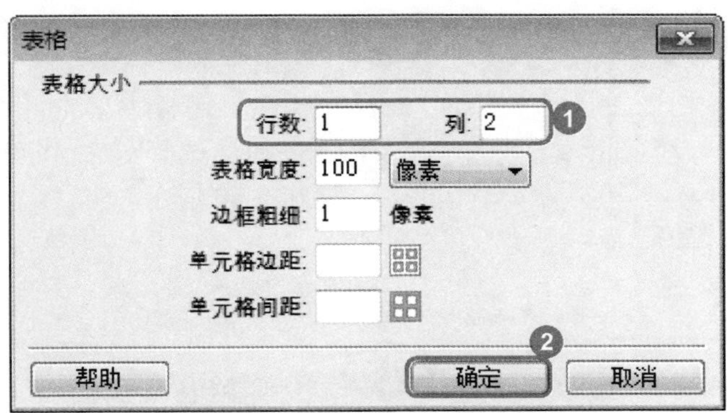

图 7-56

15 插入表格

No1 将光标移至第 1 行第 2 列的位置，右键单击插入表格，在弹出的【表格】对话框中设置参数。

No2 单击【确定】按钮，如图 7-56 所示。

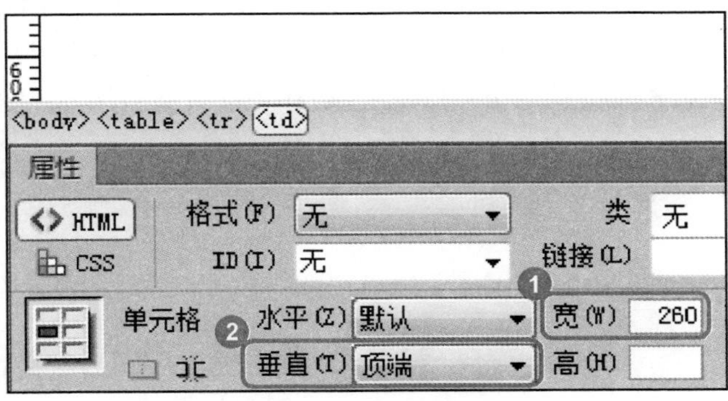

图 7-57

16 在【属性】面板中设置参数

No1 在【属性】面板中设置【宽】为 260。

No2 单击【垂直】下拉按钮，选择【顶端】选项，并在单元格中插入图像，如图 7-57 所示。

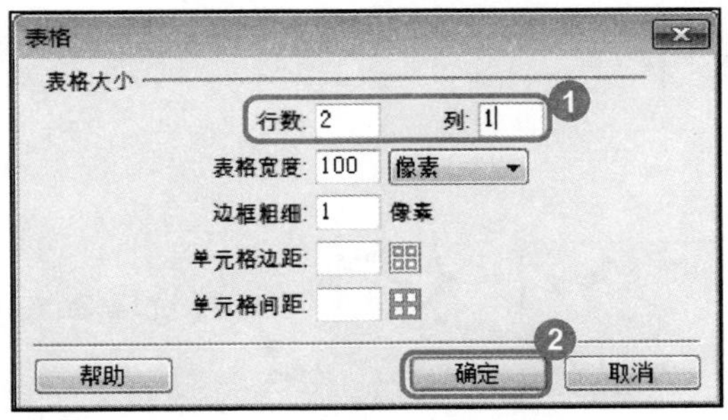

图 7-58

17 插入表格

No1 在第 2 列中右键单击继续插入表格，弹出【表格】对话框，设置参数。

No2 单击【确定】按钮，如图 7-58 所示。

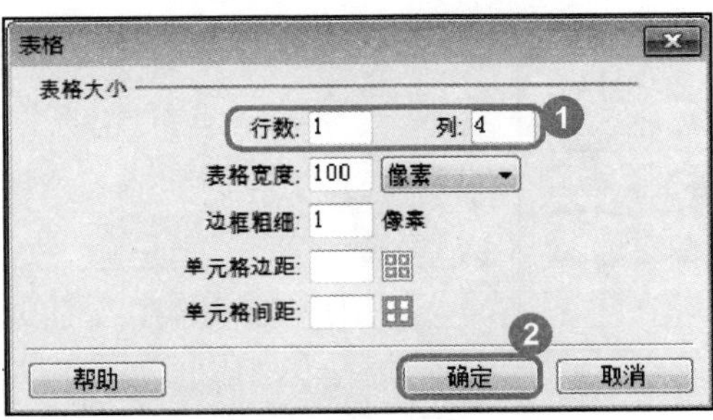

图 7-59

18 插入表格

No1 在刚刚插入的表格的第 1 列单元格中继续插入表格，弹出【表格】对话框，设置参数。

No2 单击【确定】按钮，如图 7-59 所示。

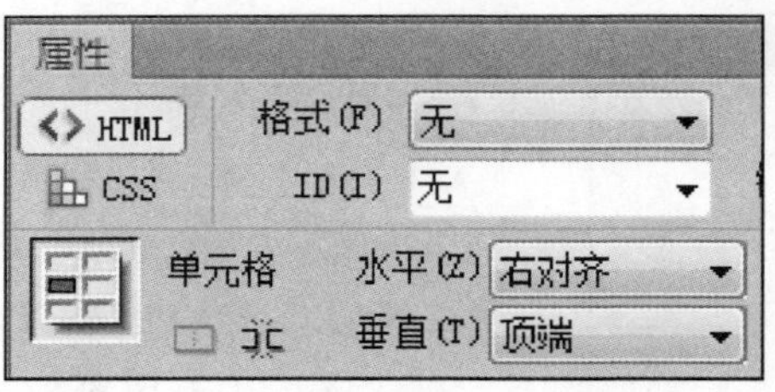
图 7-60

19 设置参数

在【属性】面板中单击【水平】下拉按钮，选择【右对齐】选项，如图 7-60 所示。

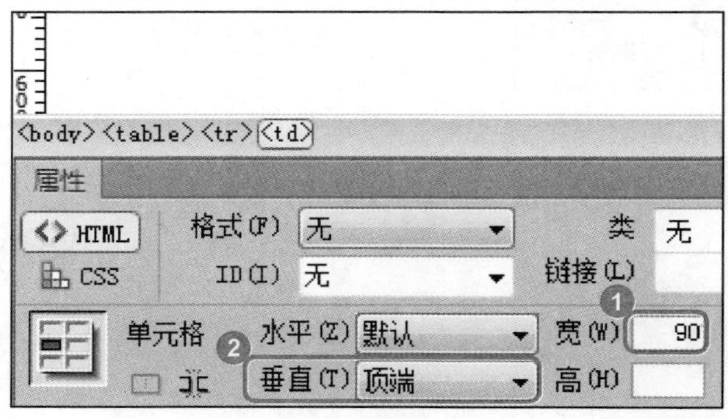
图 7-61

20 设置参数

No1 将光标移至上一级表格的第 2 行中，并在【属性】面板中设置【宽】为 90。

No2 设置【垂直】属性为【顶端】选项，如图 7－61 所示。

图 7-62

21 在【插入】面板中单击【媒体】按钮

在【插入】面板中单击【媒体】按钮，如图 7-62 所示。

图 7-63

22 弹出【选择 SWF】对话框

No1 弹出【选择 SWF】对话框，选择素材。

No2 单击【确定】按钮，如图 7-63 所示。

举一反三

用户也可以在【插入】菜单中选择【媒体】菜单项进行插入媒体的设置。

图 7-64

23 在【插入】面板中单击【图像】按钮

№1 将光标置于文本末端，在【插入】面板中单击【图像】按钮，弹出【选择图像源文件】对话框，选择图像。

№2 单击【确定】按钮，如图 7-64 所示。

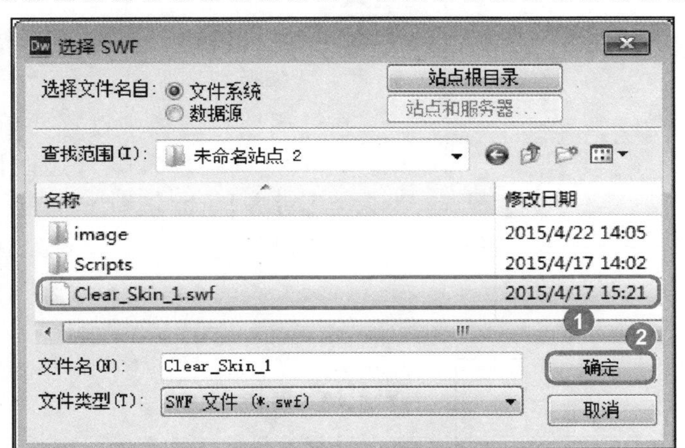

图 7-65

24 单击【媒体】按钮

№1 将光标置于视图中左上角第 2 个单元格中，在【插入】面板中单击【媒体】按钮，弹出【选择 SWF】对话框，选择素材。

№2 单击【确定】按钮，如图 7-65 所示。

7.6.2 制作网页细线表格

在网页中可以绘制表格，并对表格进行编辑，下面详细介绍制作网页细线表格的操作方法。

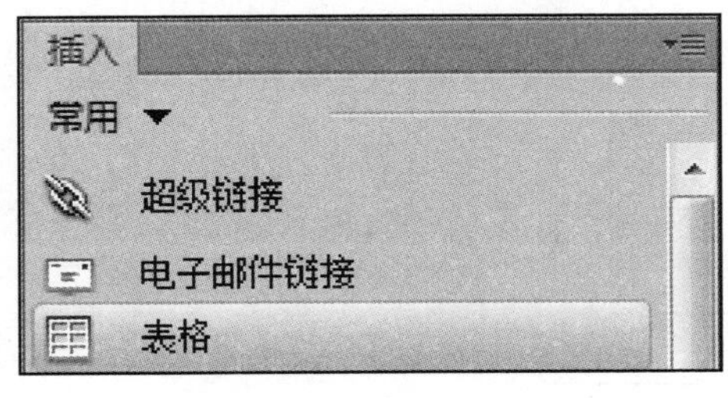

图 7-66

01 单击【表格】按钮

将光标放置在准备插入表格的位置，在【插入】面板中单击【表格】按钮，如图 7-66 所示。

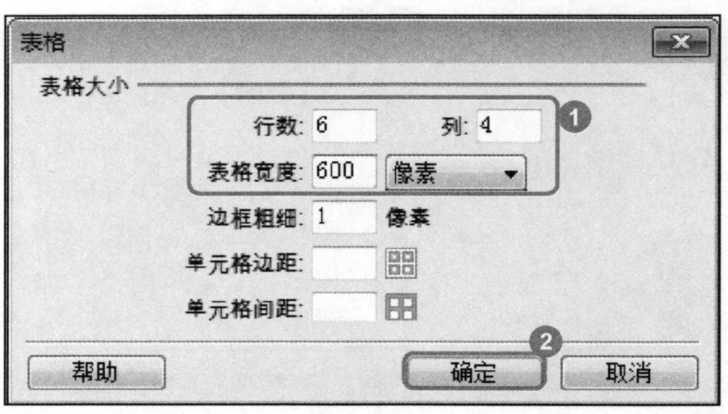

图 7-67

02 弹出【表格】对话框

No1 弹出【表格】对话框，设置【行数】为 6、【列】为 4、【表格宽度】为 600 像素。

No2 单击【确定】按钮，如图 7-67 所示。

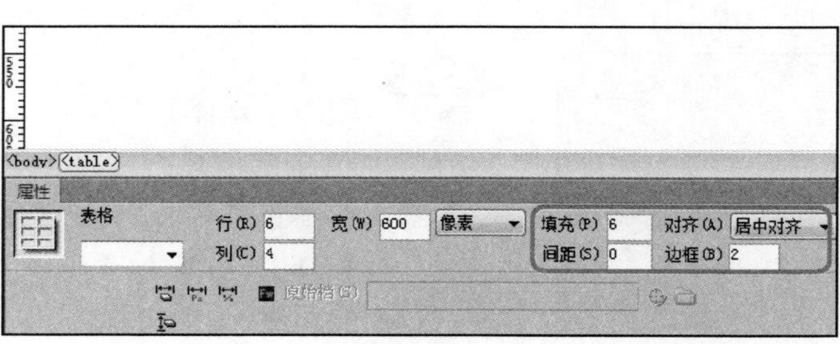

图 7-68

03 在【属性】面板中设置参数

在【属性】面板中设置【填充】为 6、【间距】为 0、【边框】为 2、【对齐】为【居中对齐】，如图 7-68 所示。

市面价钱	会员价	优惠价	特价
358	301	287	256
784	700	650	600
855	800	744	721
577	510	450	352
761	651	552	458

图 7-69

04 选择字体

选择准备使用的字体，在单元格中输入相应的文本，如图 7-69 所示。

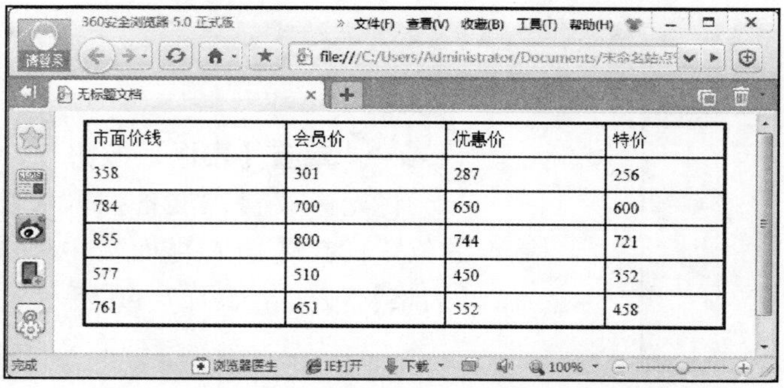

360安全浏览器 5.0 正式版

file:///C:/Users/Administrator/Documents/

无标题文档

市面价钱	会员价	优惠价	特价
358	301	287	256
784	700	650	600
855	800	744	721
577	510	450	352
761	651	552	458

图 7-70

05 预览网页效果

按下键盘上的【Ctrl】+【S】组合键保存文档，再按下键盘上的【F12】键，即可在浏览器中预览到网页中的效果，如图 7-70 所示。

7.6.3 在表格中插入图像

建立表格后，可以在表格中添加各种网页元素，如文本、图像和表格等。在表格中添加元素的操作非常简单，只需要根据设计要求选定单元格，然后插入网页元素即可。一般在表格中插入内容后，表格的尺寸会随内容的尺寸自动调整。下面详细介绍在表格中插入图像的操作方法。

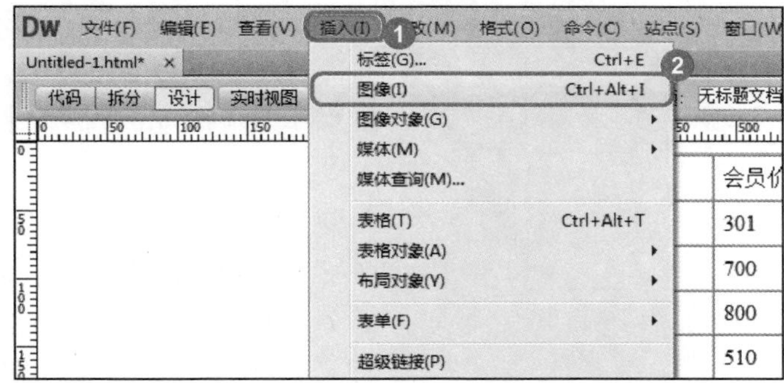

图 7-71

01 选择菜单项

No1 创建表格，将光标定位在准备插入图像的单元格中，在菜单栏中单击【插入】菜单。

No2 在弹出的下拉菜单中选择【图像】菜单项，如图 7-71 所示。

图 7-72

02 弹出【选择图像源文件】对话框

No1 弹出【选择图像源文件】对话框，选择准备插入的图像。

No2 单击【确定】按钮，如图 7-72 所示。

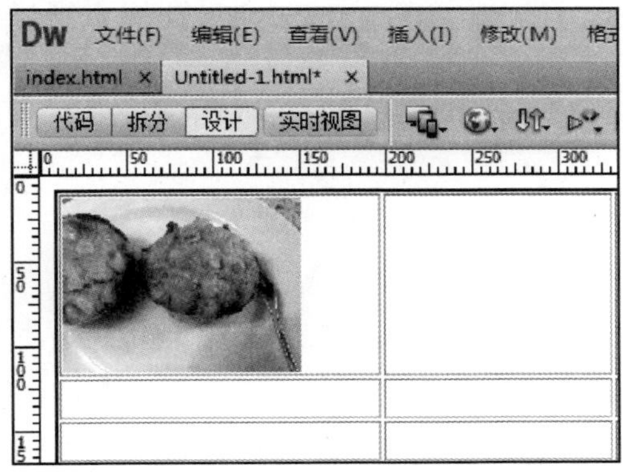

图 7-73

03 完成图像的插入

此时即可在编辑窗口中查看刚刚插入的图像，如图 7-73 所示。

举一反三

用户还可以通过【插入】面板的【常用】插入栏中的【图像】按钮来插入图像。

7.6.4 在表格中插入表格

在表格中添加表格的操作非常简单，只需要根据设计要求选定单元格，然后插入表格即可。下面详细介绍在表格中插入表格的操作方法。

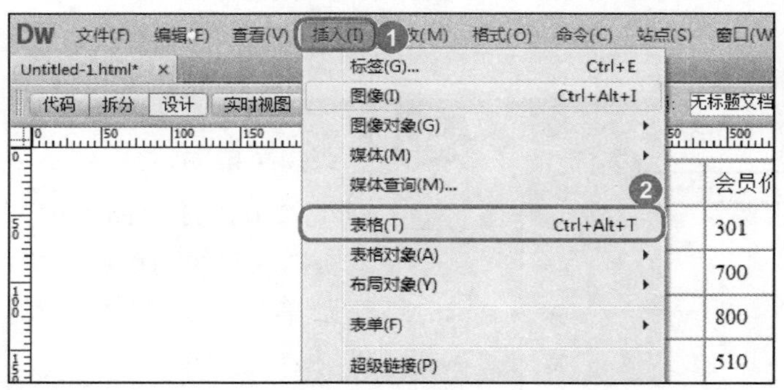

图 7-74

01 选择菜单项

No1 创建表格，将光标定位在准备插入图像的单元格中，在菜单栏中单击【插入】菜单。

No2 在弹出的下拉菜单中选择【表格】菜单项，如图 7-74 所示。

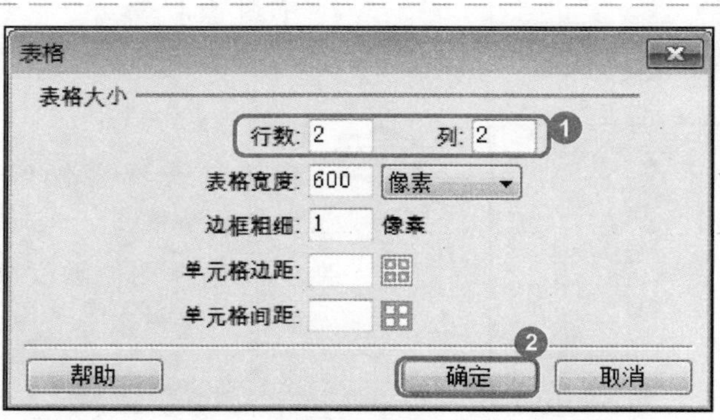

图 7-75

02 弹出【表格】对话框

No1 弹出【表格】对话框，在【行数】文本框中输入 2、在【列】文本框中输入 2。

No2 单击【确定】按钮，如图 7-75 所示。

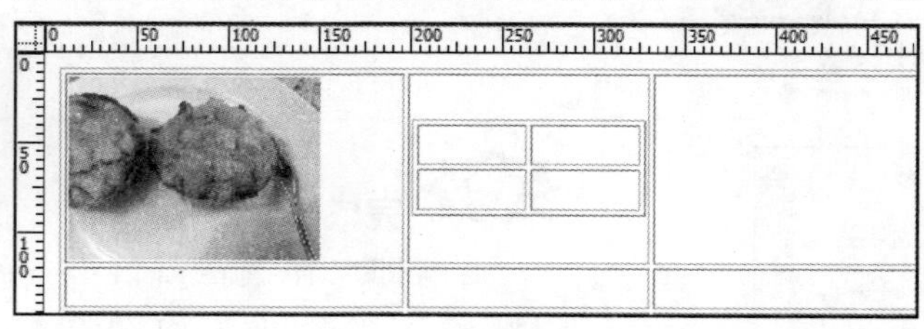

图 7-76

03 完成表格的插入

此时即可在编辑窗口中查看刚刚插入的表格，如图 7-76 所示。

第 8 章

使用CSS样式

本章内容导读

本章主要介绍CSS样式表、CSS的基本概念、CSS样式的类型和CSS样式的基本语法等知识与技巧，同时讲解了创建CSS样式、建立标签样式、建立类样式、建立复合内容样式等，最后还针对实际的工作需要讲解了将CSS应用到网页、设置CSS样式、设置文本样式和设置背景样式的方法。通过本章的学习，读者可以掌握使用CSS样式美化网页的知识，为进一步学习Dreamweaver CS6奠定基础。

本章知识要点

- **CSS样式表**
- **创建CSS样式**
- **应用CSS样式**
- **设置CSS样式**

Section

8.1 CSS 样式表

本节导读

使用 CSS 样式可以依次对若干个网页的所有样式进行控制，CSS 是一种制作网页的主流技术，已经被大多数浏览器所支持。本节将详细介绍 CSS 样式表方面的知识。

8.1.1 认识 CSS

CSS（Cascading Style Sheet）中文译为“层叠样式表”或“级联样式表”，它是用于控制网页样式并允许将样式信息与网页内容分离的一种标记性语言。CSS 是于 1996 年由 W3C 审核通过并且推荐使用的。

CSS 是一系列格式设置规则，控制 Web 网页内容的显示方式。使用 CSS 设置页面格式时可将内容与表现形式分开，用于定义代码表现形式的 CSS 规则通常保存在另一个文件（外部样式表）或 HTML 文档的文件头部分。

简单地说，CSS 的引入使得 HTML 能够更好地适应页面的美工设计，以 HTML 为基础，提供了丰富的格式化功能，并且网页设计者可以针对各种可视化浏览器设置不同的样式风格等。

CSS 的引入随即引发了网页设计的一个又一个新高潮，使用 CSS 设计的优秀页面层出不穷。

CSS 样式表有以下特点：

- 可以将网页的显示控制与显示内容分离。
- 能更有效地控制页面的布局。
- 可以制作出体积更小、下载更快的网页。
- 可以更快、更方便地维护及更新大量的网页。

8.1.2 CSS 样式的类型

CSS 样式的类型包括自定义 CSS（类样式）、重定义标签的 CSS 和 CSS 选择器样式（高级样式），下面详细介绍其各种类型。

1. 自定义 CSS（类样式）

自定义 CSS 最大的特点就是具有可选择性，用户可以自由决定将该样式应用于哪些元素，就文本操作而言，可以选择一个字、一行、一段乃至整个页面中的文本添加自定义的样式。选择样式应用范围实际上是在要使用样式的标签之间（如选择范围中没有标签，则 Dreamweaver 会自动添加一个名为 span 的标签）添加一个“class = " classname" ”语句（classname 是引用的样式名称）。

2. 重定义标签的 CSS

重定义标签的 CSS 实际上重新定义了现有 HTML 标签的默认属性，具有“全局性”。一旦对某个标签重新定义样式，页面中的所有该标签都会按 CSS 的定义显示。值得注意的是，只有成对出现的 HTML 标签（<td> </td>）才能进行重定义，单个标签（如<hr>）不能进行重定义。

3. CSS 选择器样式（高级样式）

CSS 选择器样式可以用来控制标签属性，通常用来设置链接文字的样式。对链接文字的控制有以下 4 种类型。

➢ “a:link”（链接的初始状态）：用于定义链接的常规状态。
➢ “a:hover”（鼠标指向的状态）：如果定义了这种状态，当将鼠标指针移到链接上时即按该定义显示，用于增强链接的视觉效果。
➢ “a:visited”（访问过的链接）：对于已经访问过的链接，按此定义显示，为了能正确区分已经访问过的链接，“a:visited”的显示方式要不同于普通文本及链接的其他状态。
➢ “a:active”（在链接上按下鼠标时的状态）：用于表现鼠标按下时的链接状态，在实际中应用较少。如果没有特别需要，可以定义成与“a:link”或“a:hover”状态相同。

8.1.3 CSS 样式基本语法

CSS 的基本语法由三部分构成，即选择器（Selector）、属性（Property）和属性值（Value）。例如：

```
selector {property:value}
p {color:blue}
```

HTML 中所有的标签都可以作为选择器。

如果需要添加多个属性，在两个属性之间要使用分号进行分隔。下面的样式包含两个属性，一个是对齐方式居中，一个是字体颜色为红，两个样式需要使用分号进行分隔。例如：

```
p {text-align:center;color:red}
```

为了提高样式代码的可读性，可以将代码分行书写：

```
p {
text-align:center;
color:black;
font-family:arial
}
```

1. 选择器组

如果需要将相同的属性和属性值赋予多个选择器，选择器之间需要使用逗号进行分隔。

```
H2,h3,h4,h5,h6,h7
```

```
{
color:red
}
```

上面的例子是将所有正文标题（<h2>到<h7>）的字体颜色变成红色。

2. 类选择器

使用类选择器可以用同样的 HTML 标签创建不同的样式。

如段落“<p>”有两种样式，一种是左对齐，一种是右对齐。可以书写如下：

```
p.right {text-align:right}
p.center{text-align:center}
```

其中 right 和 center 是两个类。然后可以引用这两个类，代码如下：

```
<p class="center">左对齐显示</p>
<p class="right">右对齐显示</p>
```

当然也可以不用 HTML 标签，直接用“.”加上不同的标签，例如：

```
.center{text-align:center}
```

通用的类选择没有标签的局限性，可以用于不同的标签，例如：

```
<h1 class="center">标题居中显示</h1>
<p class="center">段落居中显示</p>
```

3. CSS 注释

为了方便以后更好地阅读 CSS 代码，可以为 CSS 添加注释。

CSS 注释以“/*”开头、以“*/”结束，例如：

```
/*段落样式*/
p
{
text/align:center;
/*居中显示*/
color:black;
font-family:arial
```

知识精讲

CSS 的定义代码由一系列的格式定义组成，可以应用到使用标准 HTML 标记格式的文本上，也可以应用到通过 Class（类）属性所设定范围的文本上。

考考您

请根据本节学习的 CSS 样式表方面的知识，应用 CSS 样式基本语法测试一下学习效果。

Section

8.2 创建 CSS 样式

本节导读

在熟悉了 CSS 和 CSS 基本语法之后便可以创建 CSS 样式，其中包括建立标签样式、建立类样式、建立复合内容样式、建立 ID 样式和链接外部样式表。本节将详细介绍创建 CSS 样式方面的知识。

8.2.1 建立标签样式

标签样式是网页中最为常见的一种样式，下面介绍建立标签样式的操作方法。

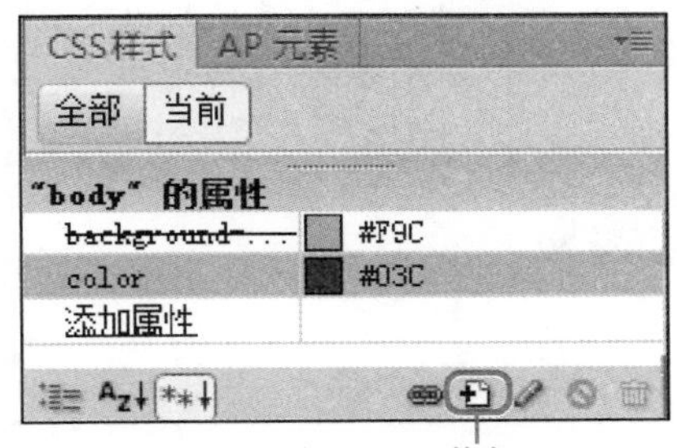

图 8-1

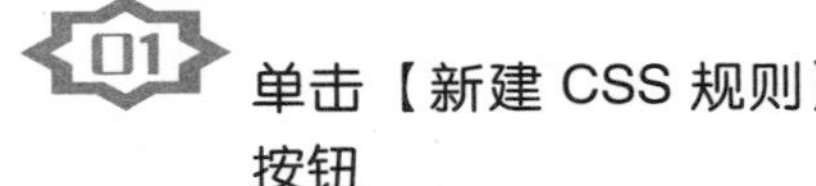

01 单击【新建 CSS 规则】按钮

在【CSS 样式】面板上单击【新建 CSS 规则】按钮，如图 8-1 所示。

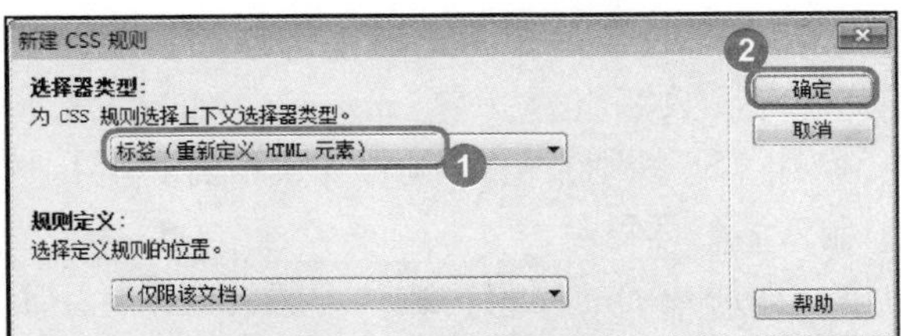

图 8-2

02 弹出对话框

No1 弹出【新建 CSS 规则】对话框，单击【选择器类型】下拉按钮，选择【标签】选项。

No2 单击【确定】按钮，如图 8-2 所示。

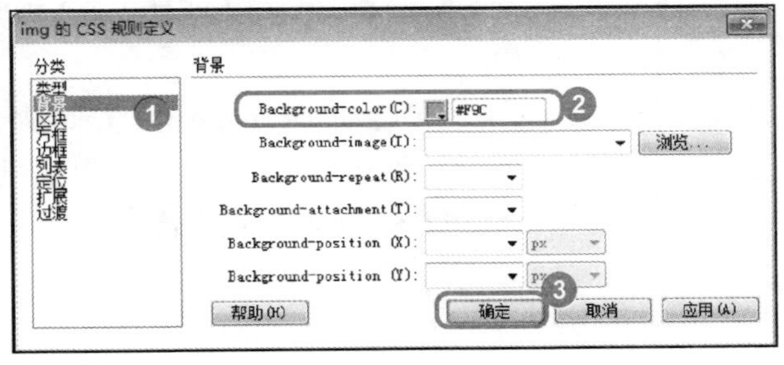

图 8-3

03 弹出对话框

No1 弹出【CSS 规则定义】对话框，选择【背景】选项。

No2 在 Background - color 文本框中输入“#F9C”。

No3 单击【确定】按钮，如图 8-3 所示。

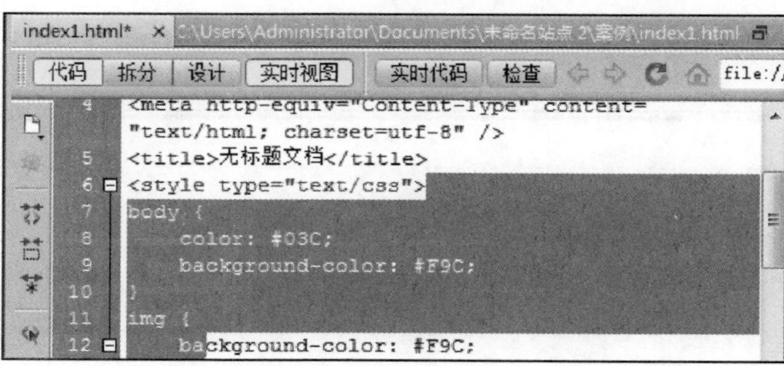

图 8-4

04 切换至【代码】视图

切换至【代码】视图，可以看到在代码中添加了相应的代码，如图 8-4 所示。

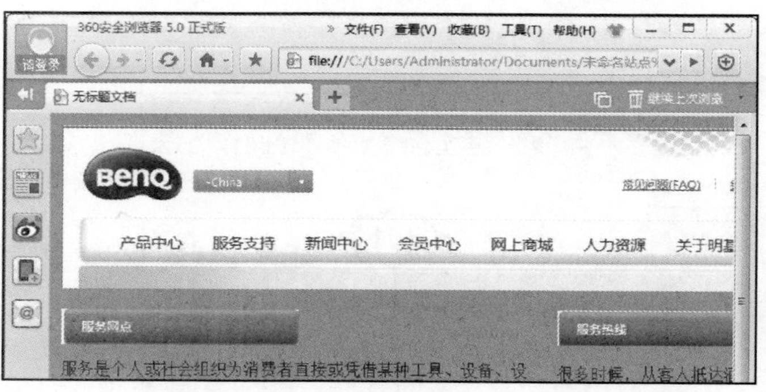

图 8-5

05 预览网页效果

按下键盘上的【Ctrl】+【S】组合键保存文档，再按下【F12】键，即可在浏览器中预览到网页的视觉效果，如图 8-5 所示。

8.2.2 建立类样式

类定义了一种通用的方式，所有应用了该方式的元素在浏览器中都遵循该类定义的规则。类名称必须以句点开头，可以包含任何字母和数字组合（如 . mycss）。如果没有输入开头的句点，Dreamweaver 将自动输入。在【新建 CSS 规则】对话框的【选择器类型】选项组中选择【类】选项，在【选择器名称】中输入名称即可。

通过使用类样式可以对网页中的元素进行更加精确的控制，达到理想的效果。下面详细介绍建立类样式的操作方法。

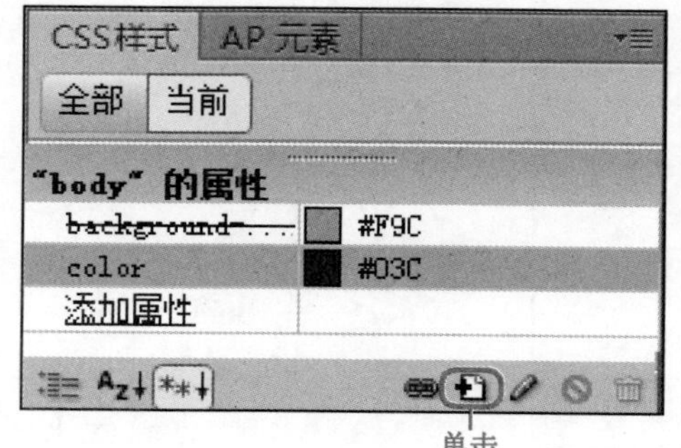

图 8-6

01 单击【新建 CSS 规则】按钮

启动 Dreamweaver CS6 程序，在【CSS 样式】面板上单击【新建 CSS 规则】按钮，如图 8-6 所示。

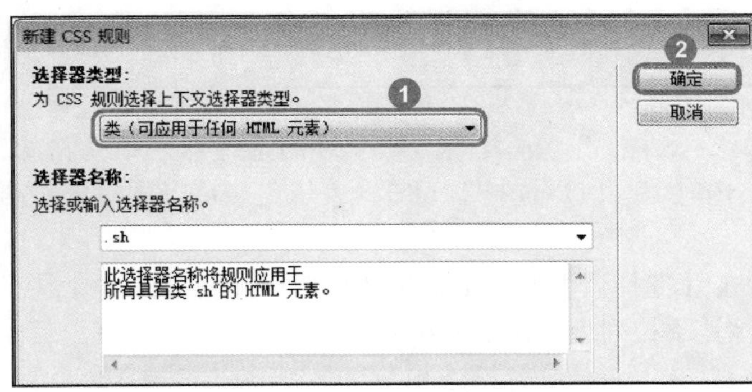

图 8-7

02 弹出【新建 CSS 规则】对话框

No1 弹出【新建 CSS 规则】对话框，单击【选择器类型】下拉按钮，选择【类（可应用于任何 HTML 元素）】选项。

No2 单击【确定】按钮，如图 8-7 所示。

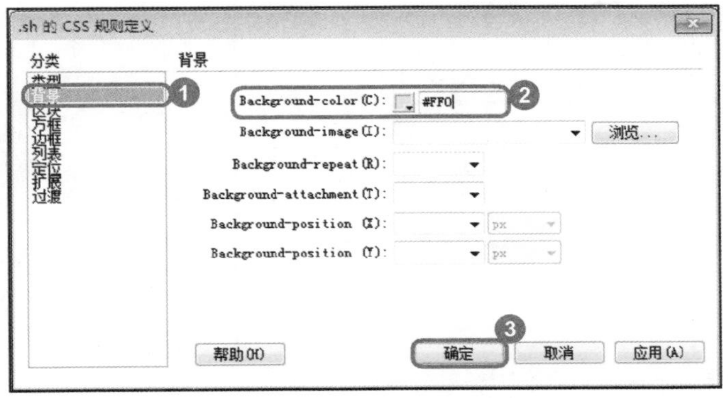

图 8-8

03 弹出对话框

No1 弹出【CSS 规则定义】对话框，在【分类】列表框中选择【背景】选项。

No2 在 Background - color 文本框中输入“#FFO”。

No3 单击【确定】按钮，如图 8-8 所示。

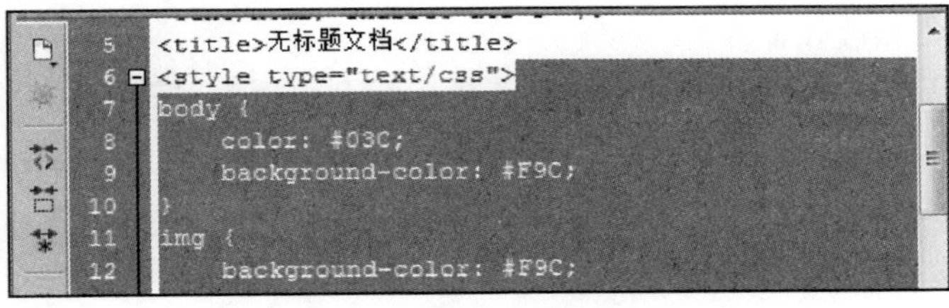

图 8-9

04 切换至【代码】视图

切换至【代码】视图，可以看到添加了相应的代码，如图 8-9 所示。

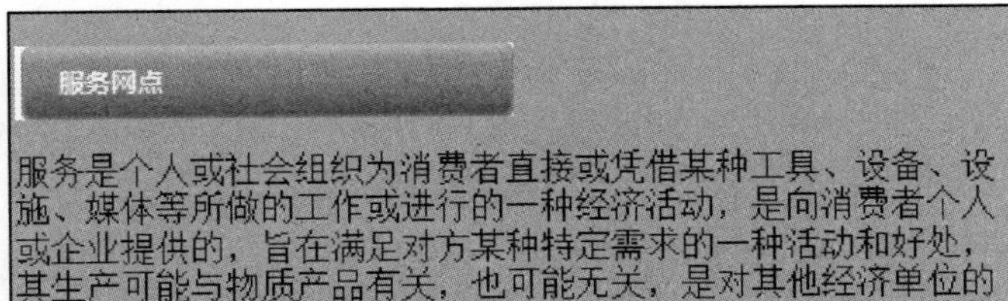

图 8-10

05 预览网页效果

保存文档，按下【F12】键，即可在浏览器中浏览到网页的效果，如图 8-10 所示。

8.2.3 建立复合内容样式

复合内容样式重新定义特定元素组合的格式，或其他 CSS 允许的选择器表单的格式，例如，每当 h3 标题出现在表格单元格内时就会应用选择器 tdh3，表示定义可以同时影响两个或多个标签。

在【新建 CSS 规则】对话框中单击【选择器类型】下拉按钮，选择【复合内容（基于选择的内容）】选项，在【选择器名称】下拉列表中包含了 4 个选项，如图 8-11 所示。

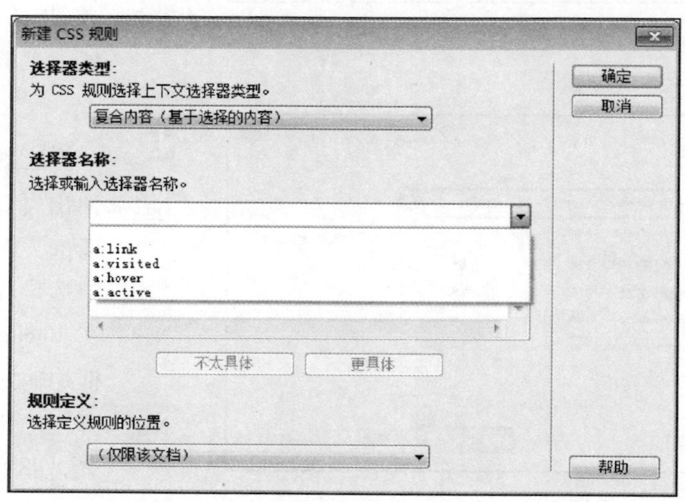

图 8-11

【选择器名称】下拉列表中的各项参数如下。

- 【a:active】：定义了链接被激活时的样式，即已经单击链接，但页面还没跳转的样式。
- 【a:hover】：定义了鼠标指针停留在链接的文字上时的样式，一般定义文字、颜色等。
- 【a:link】：定义了设置有链接的文字的样式。
- 【a:visited】：定义了浏览者已经访问过的链接样式。

8.2.4 链接外部样式表

CSS 样式不仅可以直接嵌入到页面中，而且可以保存为独立的样式文件（扩展名为 .css），当需要引用样式文件中的 CSS 样式时可以将其链接到网页文档中。下面详细介绍链接外部样式表的操作方法。

单击【CSS 样式】面板下方的【附加样式表】按钮，弹出【链接外部样式表】对话框，单击【文件/URL】右边的【浏览】按钮，插入文件。选中【链接】单选按钮，单击【确定】按钮，即可完成添加外部链接样式表的操作，如图 8-12 和图 8-13 所示。

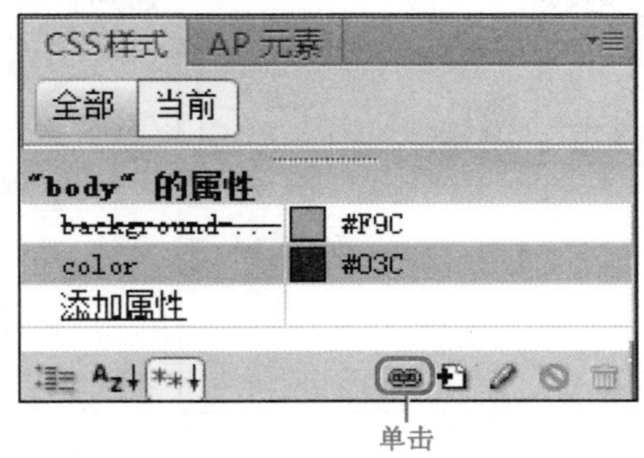

图 8-12

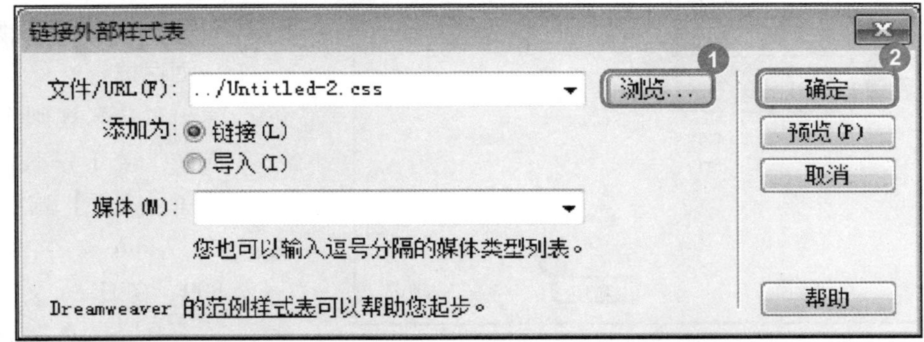

图 8-13

8.2.5 建立 ID 样式

ID 样式主要用于定义包含特定 ID 属性的标签格式，下面详细介绍建立 ID 样式的操作方法。

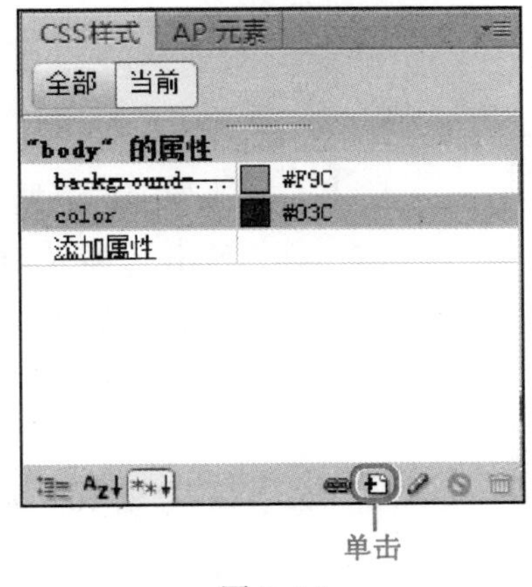

图 8-14

在【CSS 样式】面板中单击【新建 CSS 规则】按钮

启动 Dreamweaver CS6 程序，在【CSS 样式】面板上单击【新建 CSS 规则】按钮 ，如图 8-14 所示。

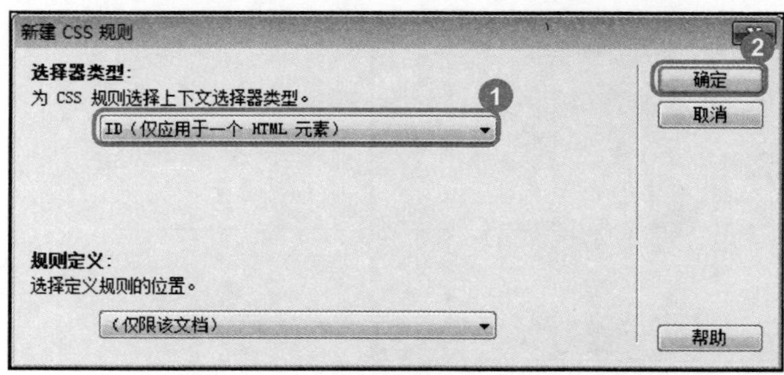

图 8-15

02 弹出【新建 CSS 规则】对话框

No1 弹出【新建 CSS 规则】对话框，单击【选择器类型】下拉按钮，选择 ID 选项。

No2 单击【确定】按钮，如图 8-15 所示。

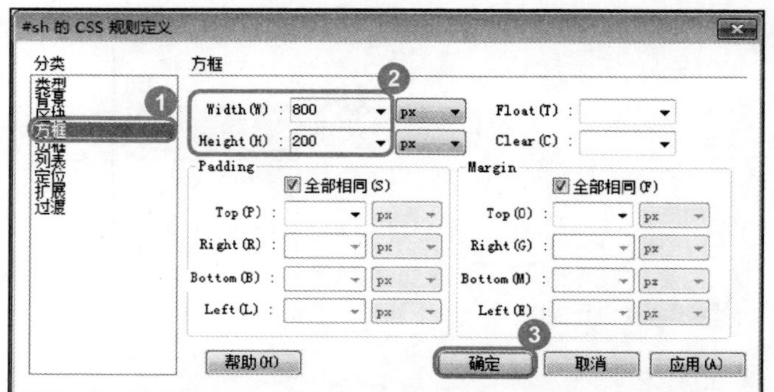

图 8-16

03 弹出【CSS 规则定义】对话框

No1 弹出【CSS 规则定义】对话框，在【分类】列表中选择【方框】选项。

No2 在 Width 文本框中输入 800、在 Hight 文本框中输入 200。

No3 单击【确定】按钮，如图 8-16 所示。

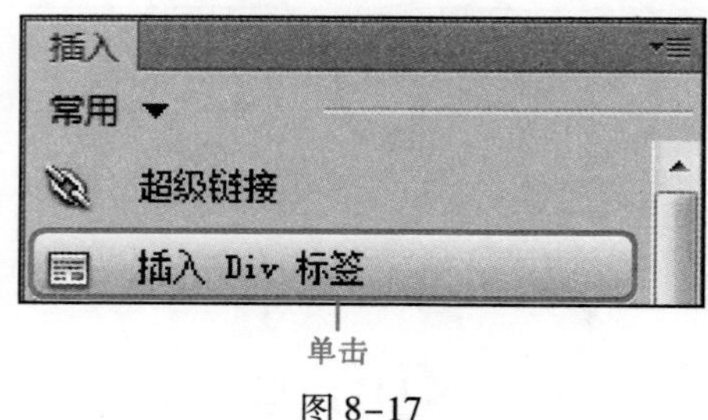

图 8-17

04 单击【插入 Div 标签】按钮

在【插入】面板中单击【插入 Div 标签】按钮，如图 8-17 所示。

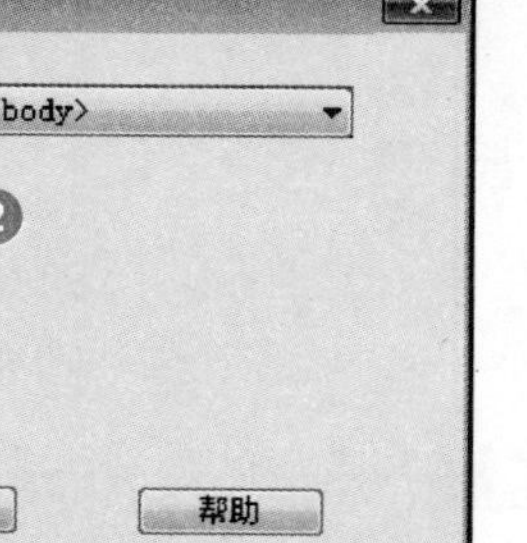

图 8-18

05 弹出对话框

No1 弹出【插入 Div 标签】对话框，在【插入】列表中选择【在结束标签之前】选项。

No2 在 ID 列表中选择 top。

No3 单击【确定】按钮，如图 8-18 所示。

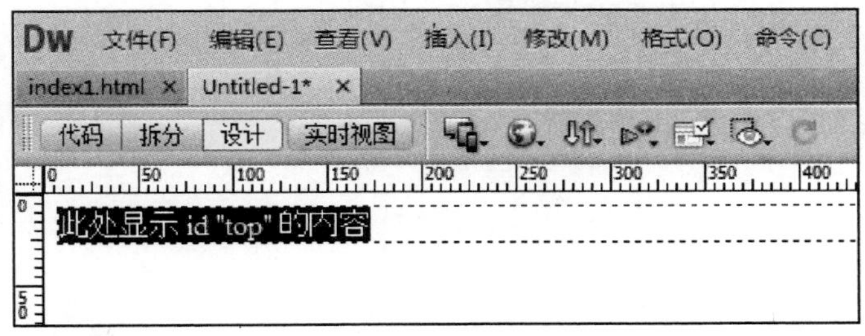

图 8-19

06 完成 Div 标签的插入

此时已经插入 ID 名称为 top 的 Div、在页面中可以看到刚刚创建#top 的 CSS 样式表，如图 8-19 所示。

Section 8.3 应用 CSS 样式

本节导读

层叠样式表是 HTML 格式的代码，浏览器处理起来速度比较快。另外，Dreamweaver CS6 提供了功能复杂、使用方便的层叠样式表，方便网站设计师制作个性化网页。在 Dreamweaver CS6 中还可以将 CSS 应用到网页中，以使网页更加独特。本节将详细介绍将 CSS 应用到网页的知识。

8.3.1 内联样式表

内联样式表是在现有 HTML 元素的基础上用 style 属性把特殊的样式直接加入到那些控制信息的标记中，比如下面的例子：

```
<p style="color:#ff0000">内联样式表</p>
```

这种样式表只会对元素起作用，而不会影响 HTML 文档中的其他元素。也正因为如此，内联样式表通常用在需要特殊格式的某个网页对象上，在这个实例中，各段文字都定义了自己的内联式样式表：

```
<p style="color:#ff0000">这段文字将显示为红色</p>
<p style="color:#000000;background-color:yellow;">这段文字的背景色为<I>黄色</I>
</p>
<p style="font-family:'华文彩云';font-size:24px">这段文字将以黑体显示</p>
```

这段代码中的第一个 p 元素中的样式表将文字用华文彩云显示，还有一个特殊的地方是第二个 p 元素中还嵌套了 <I> 元素，这种性质通常称为继承性，也就是说子元素会继承父元素的样式。

8.3.2 数据透视表的排序

内部样式表是把样式表放到页面的 <head> 区中，这些定义的样式就应用到页面中。样

式表是用 <style> 标记插入的，从下例中可以看出 <style> 标记的用法：

```
<head>
<style type="text/css">
<!--
hr {color:sienna}
p {margin-left:20px}
body {background-image:url("images/back40.gif")}
-->
</style>
</head>
```

知识精讲

有些低版本的浏览器不能识别 style 标记，意味着低版本的浏览器会忽略 style 标记中的内容，并把 style 标记中的内容以文本直接显示到页面上，为了避免这样的情况发生，一般以加 HTML 注释的方式（<!-- 注释 -->）隐藏内容而不让其显示。

8.3.3 外部样式表

外部样式表是指将样式表作为一个独立的文件保存在计算机上，这个文件以“.css”作为扩展名。样式在样式表文件中的定义和在嵌入式样式表中的定义是一样的，只是不再需要 style 元素。比如下面例子中就是将嵌入式样式定义到一个样式表文件 mystyle.css 中，这个样式表文件的内容应该为嵌入式样式表中的所有样式。

```
h1{
    font-size:36px;
    font-family:"隶书";
    font-weight:bold;
    color:#993366;
}
```

CSS 样式表在页面中应用的主要目的在于实现良好的网站文件管理，即样式管理，分离式结构有助于合理划分表现和内容。

层叠样式表是一系列格式规则，其控制网页中各元素的定位和外观，实现 HTML 无法实现的效果。对样式表的功能归纳如下：

- 灵活地控制网页中文字的字体、颜色、大小、位置和间距等。
- 方便地为网页中的元素设置不同的背景颜色和背景图片。
- 精确地控制网页中各元素的位置。
- 为文字或图片设置滤镜效果。
- 与脚本语言结合制作动态效果。

Section

8.4 设置 CSS 样式

本节导读

控制网页元素外观的 CSS 样式用来定义字体、颜色、边距和字间距等属性，可以使用 Dreamweaver 对所有的 CSS 属性进行设置。在 Dreamweaver CS6 中可以对 CSS 样式格式进行精确设置。本节将详细介绍设置 CSS 样式方面的知识。

8.4.1 设置文本类型

在网页中设置文本样式和在 Word 中设置文本样式相同，下面详细介绍设置文本样式的操作方法。

在【CSS 规则定义】对话框的【分类】列表框中选择【类型】选项即可对文本的样式进行设置，如图 8-20 所示。

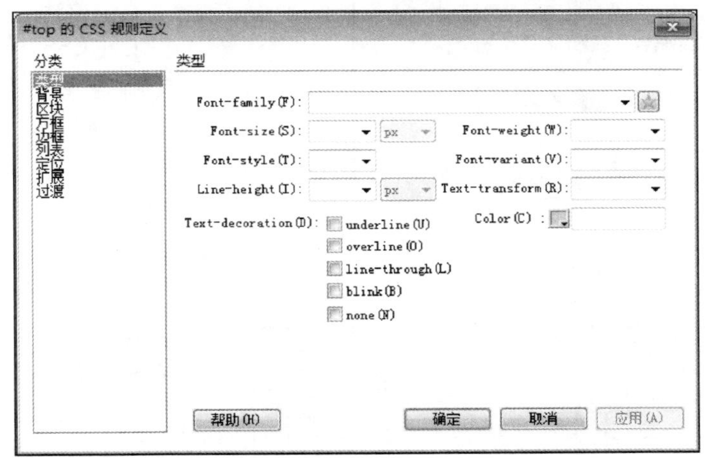

图 8-20

在【类型】区域中可以对各个选项进行设置。

➢ Font－family（F）（字体）下拉列表框：为样式设置字体。

➢ Font－size（S）（大小）下拉列表框：定义字体大小，可设置相对大小或者绝对大小，设置绝对大小时还可以在其右边的下拉列表中选择单位，常使用【点数（pt）】为单位，一般把正文字体大小设置为 9 pt 或 10.5 pt。

➢ Font－style（T）（样式）下拉列表框：设置字体的特殊格式，包括【正常】、【斜体】和【偏斜体】3 个选项。

➢ Font－height（I）（行高）下拉列表框：设置文本所在行的高度。选择【正常】选项，则由系统自动计算行高和字体大小；也可以直接在其中输入具体的行高数值，然后在右边的下拉列表中选择单位。注意，行高的单位应该和文字的单位一致，行高应等于或略大于文字大小。

➢ Font－weight（W）（粗细）下拉列表框：设置文字的笔画粗细。选择粗细数值，可以指定文字的绝对粗细程度，选择【粗体】【特粗】和【细体】则可以指定字体相对的粗细程度。

➢ Font－variant（V）（变体）下拉列表框：设置文本的小型大写字母变体，即将小写字母改写为大写，但显示尺寸仍按小写字母的尺寸显示。该设置只有在浏览器中才能看到效果。

➢ Text－transform（R）（大小写）下拉列表框：将英文单词的首字母大写或全部大写、全部小写。

➢ Text－decoration（D）（修饰）选项区域：向文本中添加下划线、上划线或删除线，或使文本闪烁，常规文本的默认设置是【无】，链接的默认设置是【下划线】。

➢ Color（C）（颜色）：设置文本颜色，可以通过颜色选择器选取，也可以直接在文本框中输入颜色值。

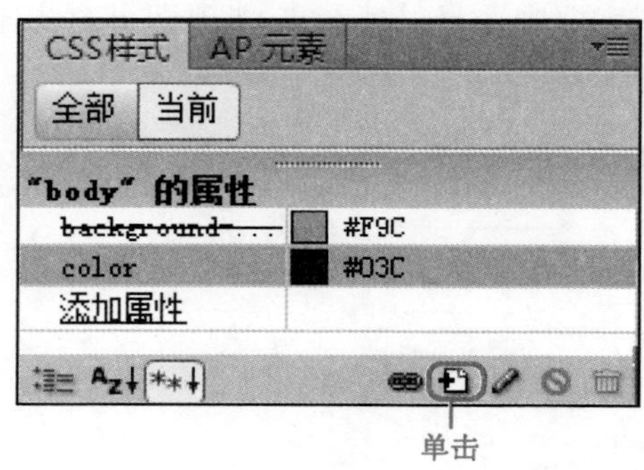

图 8-21

01 单击【新建 CSS 规则】按钮

在【CSS 样式】面板上单击【新建 CSS 规则】按钮，如图 8-21 所示。

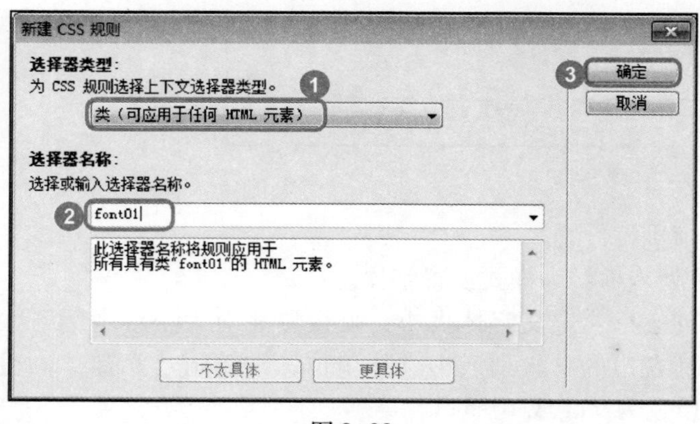

图 8-22

02 弹出【新建 CSS 规则】对话框

№1 弹出【新建 CSS 规则】对话框，单击【选择器类型】下拉按钮，选择【类（可应用于任何 HTML 元素）】选项。

№2 在【选择器名称】下拉列表框中输入文本。

№3 单击【确定】按钮，如图 8-22 所示。

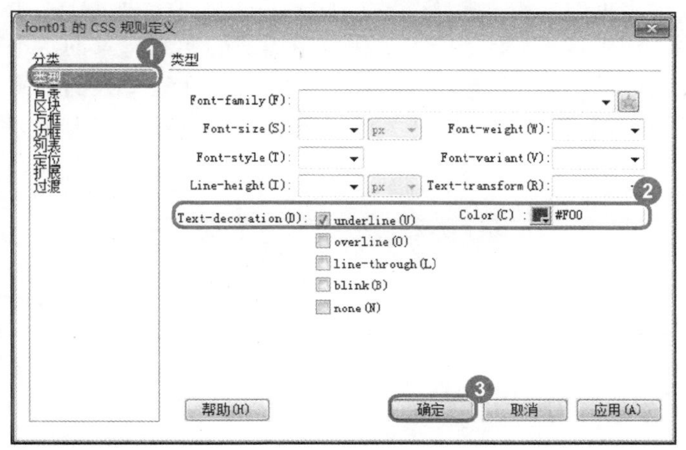

图 8-23

03 弹出【CSS 规则定义】对话框

№1 弹出【CSS 规则定义】对话框，在【分类】列表中选择【类型】选项。

№2 在 Color 文本框中输入# F00，选择 underline 复选框。

№3 单击【确定】按钮，如图 8-23 所示。

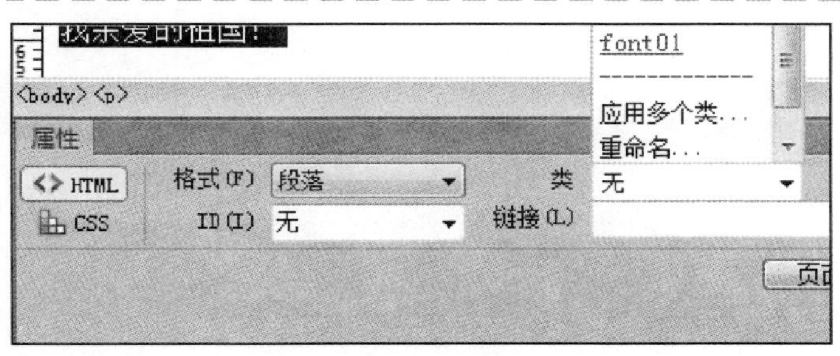

图 8-24

04 单击【类】下拉按钮

选中需要应用 CSS 样式的文字内容，在【属性】面板中单击【类】下拉按钮，选择刚刚定义的 CSS 样式，如图 8-24 所示。

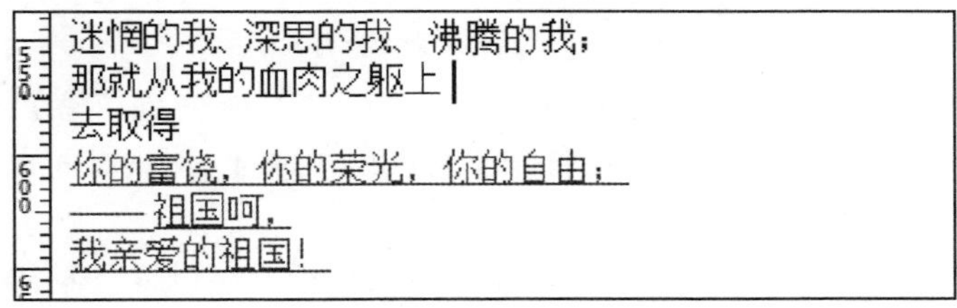

图 8-25

05 查看文本效果

此时在页面中即可看到刚刚定义的文本样式效果，如图 8-25 所示。

8.4.2 设置背景样式

在不使用 CSS 样式的情况下，利用页面属性只能够使用单一颜色或用图像水平、垂直平铺来设置背景。使用【CSS 规则定义】对话框中的【背景】选项能够更加灵活地设置背景，可以对页面中的任何元素应用背景属性，如图 8-26 所示。

在【背景】区域中可以对各个选项进行设置。

➢ Background - color（C）（背景颜色）项：设置元素的背景颜色。

➢ Background - image（I）（背景图像）项：设置元素的背景图像。

➢ Background - repeat（R）（重复）下拉列表框：设置当使用图像作为背景时是否需要

重复显示，一般用于图像尺寸小于页面元素面积的情况，包括以下 4 个选项。【不重复】表示只在元素开始处显示一次图像；【重复】表示在应用样式的元素背景的水平方向和垂直方向上重复显示该图像；【横向重复】表示在应用样式的元素背景的水平方向上重复显示该图像；【纵向重复】表示在应用样式的元素背景的垂直方向上重复显示该图像。

图 8-26

➢ Background - attachment（T）（附件）下拉列表框：其中有两个选项，即【固定】和【滚动】，分别决定背景图像是固定在原始位置还是随内容一起滚动。
➢ Background - position（X）（水平位置）和 Background - position（Y）（垂直位置）：指定背景图像相对于元素的对齐方式，可以用于将背景图像与页面中心水平和垂直对齐。

根据上面所讲的知识，读者熟悉了背景样式的各项参数功能，下面详细介绍设置背景样式的操作方法。

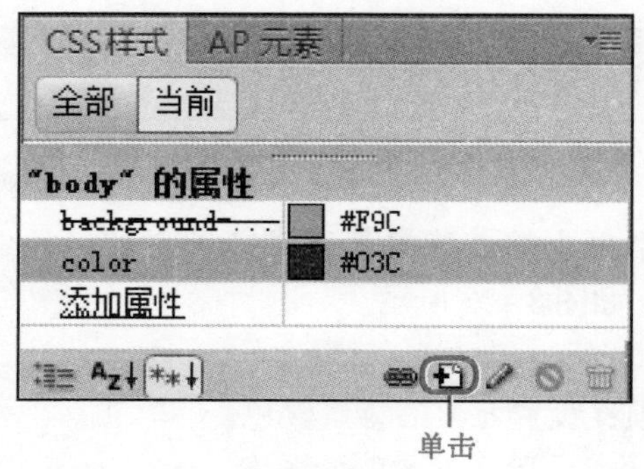

图 8-27

01 单击【新建 CSS 规则】按钮

启动 Dreamweaver CS6 程序，在【CSS 样式】面板上单击【新建 CSS 规则】按钮，如图 8-27 所示。

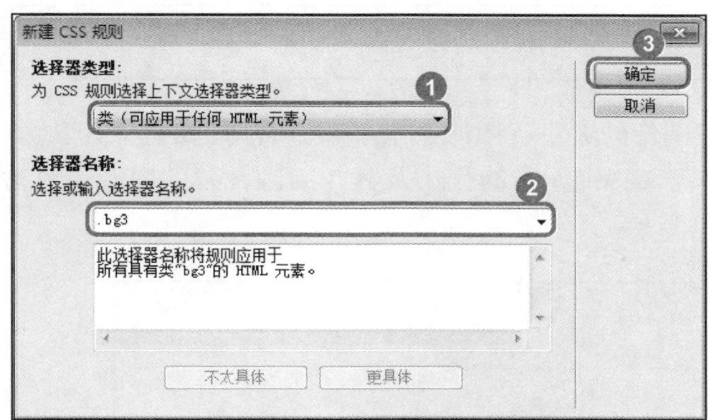

图 8-28

02 弹出对话框

№1 弹出【新建 CSS 规则】对话框，单击【选择器类型】下拉按钮，选择【类（可应用于任何 HTML 元素）】选项。

№2 在【选择器名称】下拉列表框中输入文本。

№3 单击【确定】按钮，如图 8-28 所示。

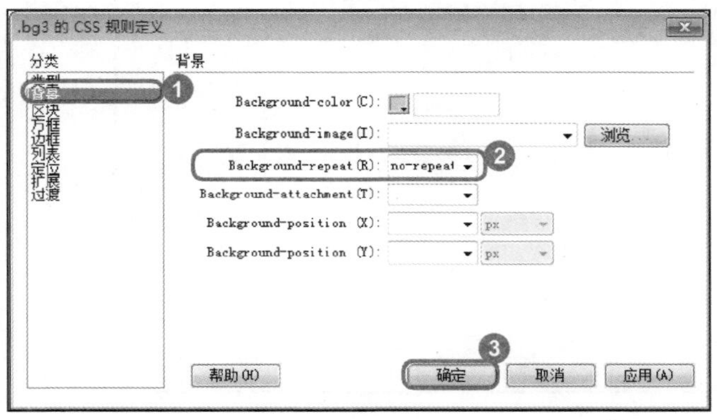

图 8-29

03 弹出【CSS 规则定义】对话框

№1 弹出【CSS 规则定义】对话框，在【分类】列表中选择【背景】选项。

№2 在 Background - repeat 中选择 no - repeat 选项。

№3 单击【确定】按钮，如图 8-29 所示。

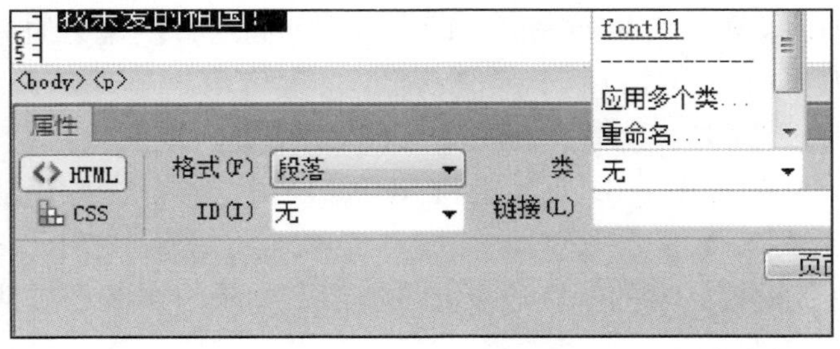

图 8-30

04 单击【类】按钮

选中需要应用 CSS 样式的文字内容，在【属性】面板中单击【类】下拉按钮，选择刚刚定义的 CSS 样式，如图 8-30 所示。

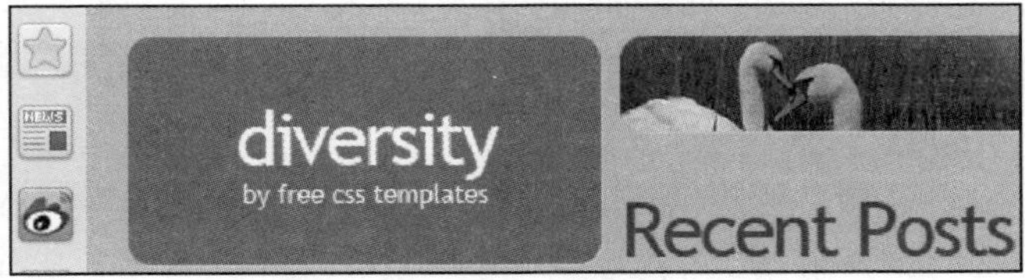

图 8-31

05 查看背景效果

此时在页面中即可看到刚刚定义的背景样式效果，如图 8-31 所示。

8.4.3 设置方框样式

在图像的【属性】面板上可以设置图像的大小、图像在水平和垂直向上的空白区域等，方框样式完善并丰富了这些属性设置，定义特定元素的大小及其与周围元素的间距等属性，如图 8-32 所示。

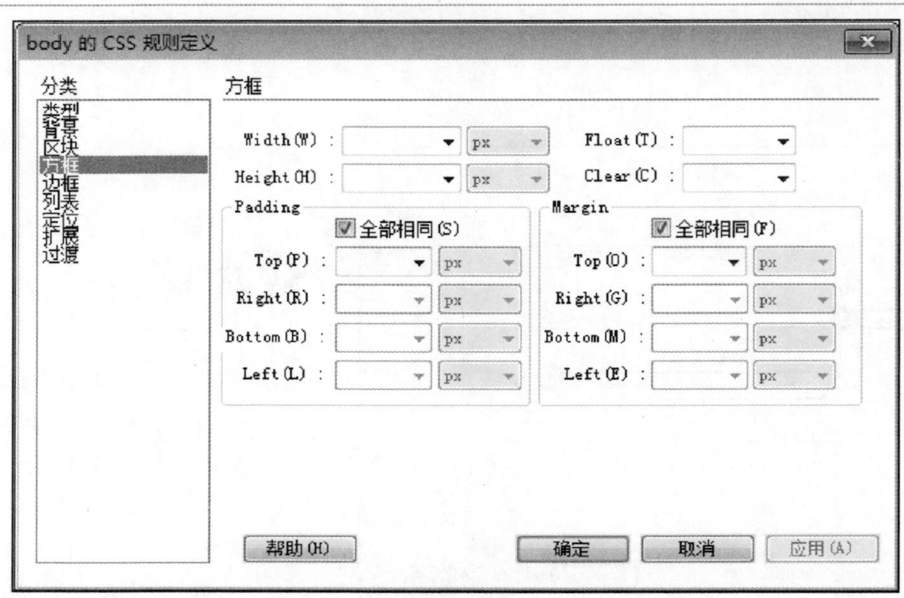

图 8-32

在【方框】区域中可以对各个选项进行设置。

- Width（W）（宽）和 Height（H）（高）下拉列表框：设定宽度和高度，使盒子的宽度不受其所包含内容的影响，其只有在样式应用于图像或层时才起作用。
- Float（T）（浮动）下拉列表框：设置文本、层、表格等元素在哪个边围绕元素浮动，元素按设置的方式环绕在浮动元素的周围。IE 浏览器和 Netscape 浏览器都支持浮动选项的设置。
- Clear（C）（清除）下拉列表框：设置元素的哪一边不允许有层，如果层出现在被清除的那一边，则元素将被移动到层的下面。
- Padding（填充）选项区域：指定元素内容与元素边框之间的间距（如果没有边框，则为边距）。【全部相同（S）】复选框为应用此属性元素的“上”“下”“左”和“右”侧设置相同的填充属性，若取消选中【全部相同（S）】复选框，可分别设置元素各个边的填充。
- Margin（边界）选项区域：指定一个元素的边框与其他元素之间的间距，只有当样式应用于文本块一类的元素（如段落、标题、列表等）时才起作用。【全部相同（F）】复选框为应用此属性元素的“上”“下”“左”和“右”侧设置相同的边距属性，若取消选中【全部相同（F）】复选框，可分别设置元素各个边的边距。

【方框】分类用于控制网页中块元素的内容与边框的距离、区块的大小、区块间的间隔等，块元素可以是文本、图像和层等。根据上面所讲的知识，读者了解了各个参数的属性，下面详细介绍设置方框样式的操作方法。

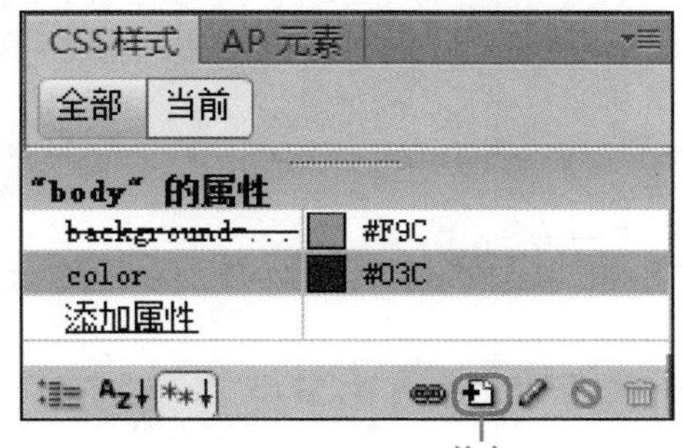

图 8-33

01 单击【新建 CSS 规则】按钮

启动 Dreamweaver CS6 程序，在【CSS 样式】面板上单击【新建 CSS 规则】按钮，如图 8-33 所示。

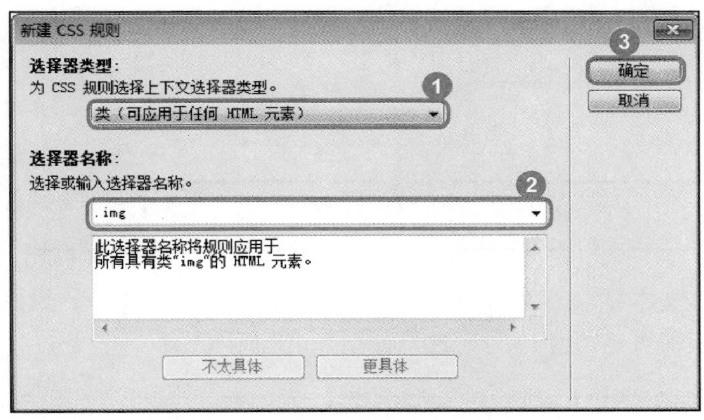

图 8-34

02 弹出对话框

No1 弹出【新建 CSS 规则】对话框，单击【选择器类型】下拉按钮，选择【类（可应用于任何 HTML 元素）】选项。

No2 在【选择器名称】下拉列表框中输入文本。

No3 单击【确定】按钮，如图 8-34 所示。

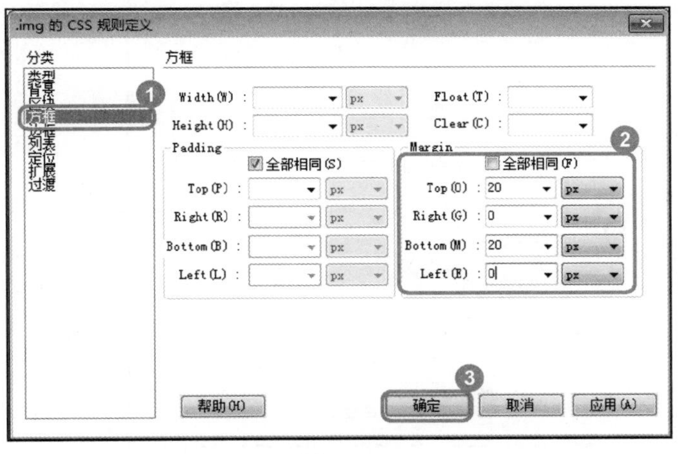

图 8-35

03 弹出【CSS 规则定义】对话框

No1 弹出【CSS 规则定义】对话框，在【分类】列表中选择【方框】选项。

No2 在 Top、Bottom 下拉列表框中分别输入 20。

No3 单击【确定】按钮，如图 8-35 所示。

<body>
属性
HTML
格式(F)
无
类
无
CSS
ID(I)
无
链接(L)
无
img
应用多个类

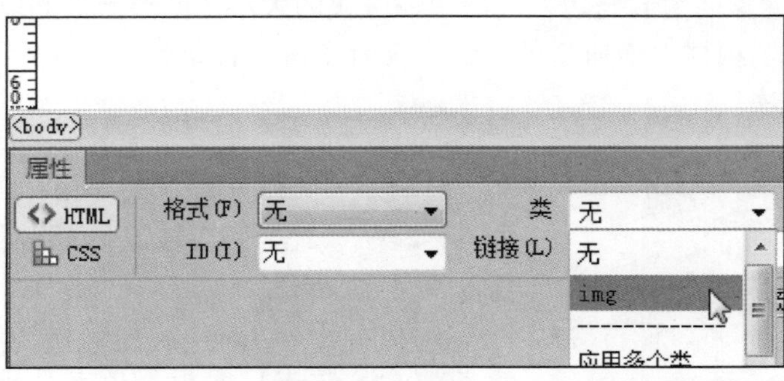

图 8-36

04 单击【类】按钮

选中需要应用方框样式的图像，在【属性】面板中单击【类】下拉按钮，选择刚刚定义的CSS样式，如图8-36所示。

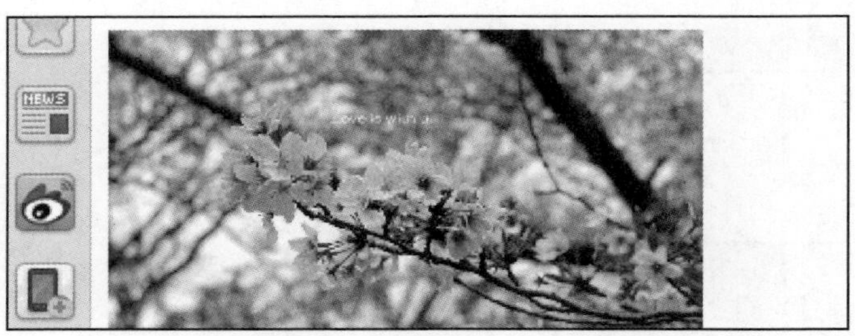

图 8-37

05 查看方框效果

此时在页面中即可看到刚刚定义的方框样式效果，如图 8 - 37 所示。

8.4.4 设置区块样式

使用【区块】类别可以定义段落文本中文字的字距、对齐方式等格式。在【CSS 规则定义】对话框左侧选择【区块】选项即可进行相应的设置，如图 8-38 所示。

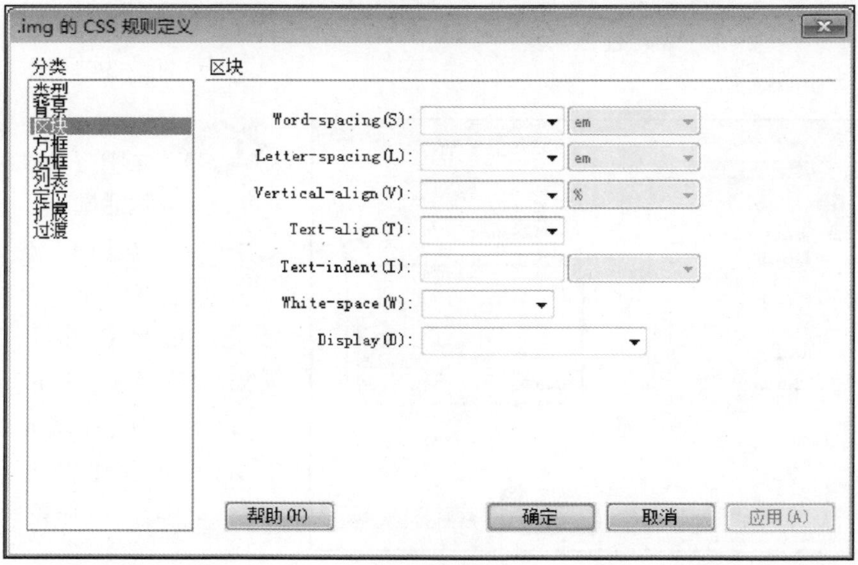

.img 的 CSS 规则定义
分类
类型
背景
区块
方框
边框
列表
定位
扩展
过渡
区块
Word-spacing(S):
em
Letter-spacing(L):
em
Vertical-align(V):
%
Text-align(T):
Text-indent(I):
White-space(W):
Display(D):
帮助(H)
确定
取消
应用(A)

图 8-38

在【区块】区域中可以对各选项进行设置。

- Word－spacing（S）（单词间距）下拉列表框：设置英文单词之间的距离。
- Letter－spacing（L）（字母间距）下拉列表框：增加或减小文字之间的距离，若要减小字符间距，可以指定一个负值。
- Vertical－align（V）（垂直对齐）下拉列表框：设置应用元素的垂直对齐方式。
- Text－align（T）（水平对齐）下拉列表框：设置应用元素的水平对齐方式，包括【居左】【居右】【居中】和【两端对齐】4个选项。
- Text－indent（I）（文字缩进）文本框：指定每段中的第1行文本缩进的距离，可以使用负值创建文本凸出效果，但显示方式取决于浏览器。
- White－space（W）（空格）下拉列表框：确定如何处理元素中的空格，其中包括3个选项。【正常】指按正常的方法处理其中的空格，即将多个空格处理为一个；【保留】指将所有的空格都作为文本用<pre>标记进行标识，保留应用样式元素的原始状态；【不换行】表示文本只有在遇到
标记时才换行。
- Display（D）（显示）下拉列表框：设置是否以及如何显示元素，如果选择【无】将会关闭应用此属性的元素的显示。

根据上面所讲的知识，读者了解了各个参数的属性，下面详细介绍设置区块样式的操作方法。

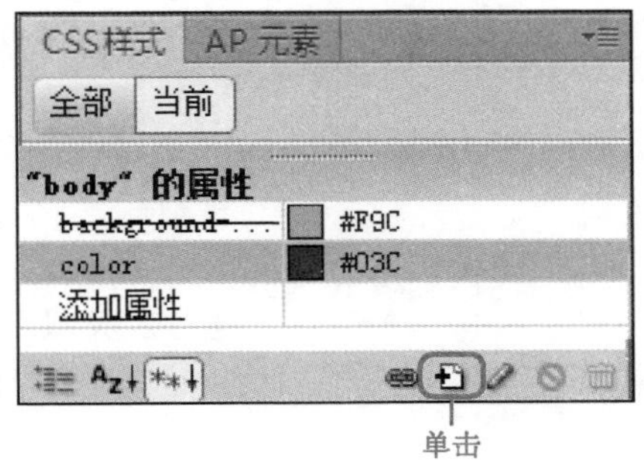

图 8-39

01 单击【新建 CSS 规则】按钮

启动 Dreamweaver CS6 程序，在【CSS 样式】面板上单击【新建 CSS 规则】按钮，如图 8－39 所示。

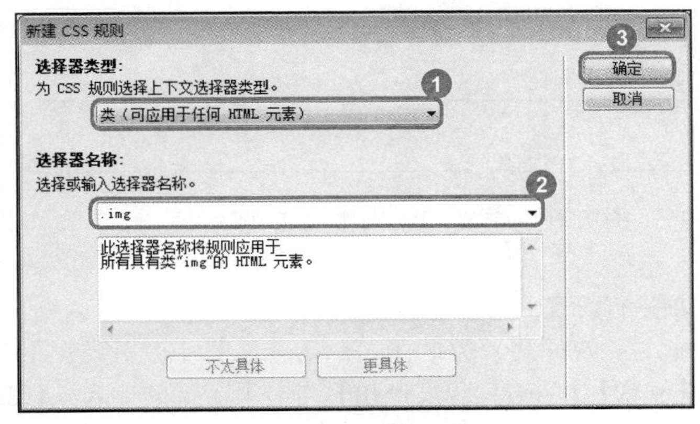

图 8-40

02 弹出对话框

No1 弹出【新建 CSS 规则】对话框，单击【选择器类型】下拉按钮，选择【类（可应用于任何 HTML 元素）】选项。

No2 在【选择器名称】下拉列表框中输入文本。

No3 单击【确定】按钮，如图 8-40 所示。

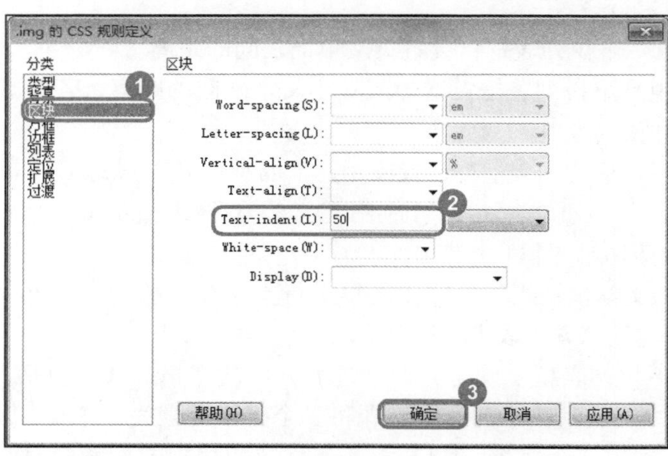

图 8-41

03 弹出【CSS 规则定义】对话框

No1 弹出【CSS 规则定义】对话框，在【分类】列表中选择【区块】选项。

No2 在 Text－indent 文本框中输入 50。

No3 单击【确定】按钮，如图 8-41 所示。

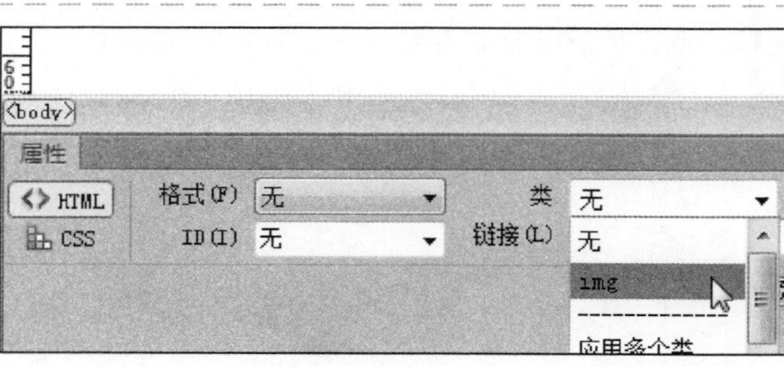

图 8-42

04 单击【类】按钮

选中需要应用区块样式的图像，在【属性】面板中单击【类】下拉按钮，选择刚刚定义的 CSS 样式，如图 8-42 所示。

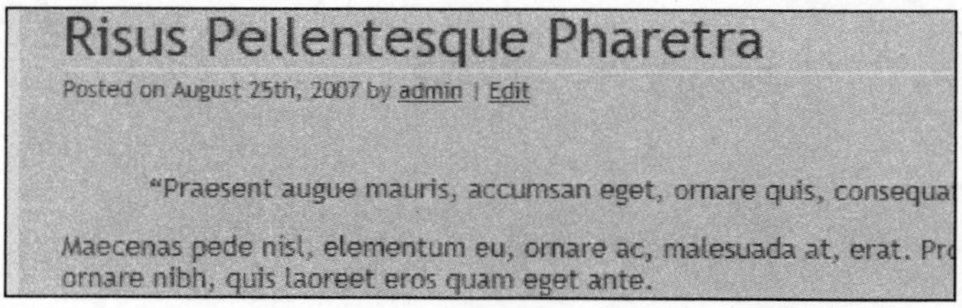

图 8-43

05 查看区块效果

此时在页面中即可看到刚刚定义的首行缩进样式效果，如图 8-43 所示。

8.4.5 设置边框样式

在 Dreamweaver CS6 中使用【边框】选项可以定义元素周围边框的宽度、颜色和样式等，如图 8-44 所示。

在【边框】区域中可以对各个选项进行设置。

- Style（样式）选项组：设置边框的外观样式，边框样式包括【无】【点划线】【虚线】【实现】【双线】【槽状】【脊状】【凹陷】和【凸出】等。所定义的样式只有在浏览器中才能呈现出效果，且实际显示方式还与浏览器有关。
- Width（宽度）选项组：设置元素边框的粗细，包括【细】【中】【粗】，也可设定具体数值。

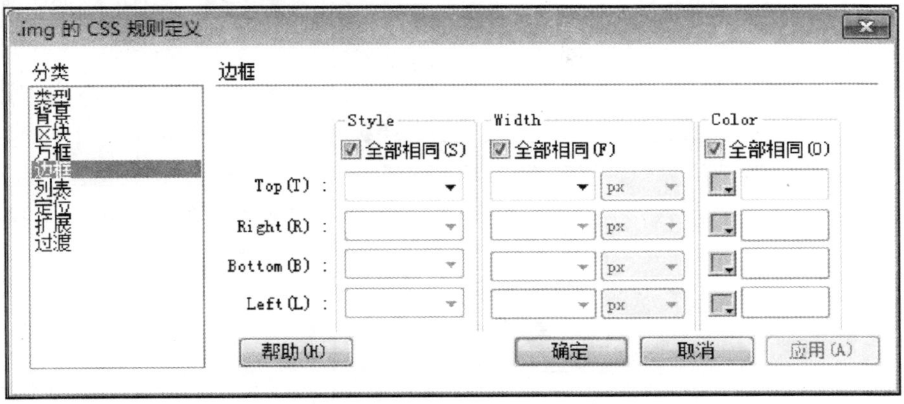

图 8-44

➢ Color（颜色）选项：设置边框的颜色。

根据上面所讲的知识，读者了解了各个参数的属性，下面详细介绍设置边框样式的操作方法。

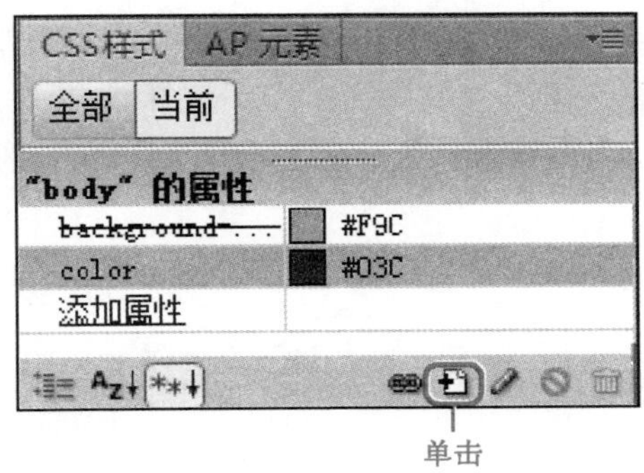

图 8-45

01 单击【新建 CSS 规则】按钮

启动 Dreamweaver CS6 程序，在【CSS 样式】面板上单击【新建 CSS 规则】按钮，如图 8-45 所示。

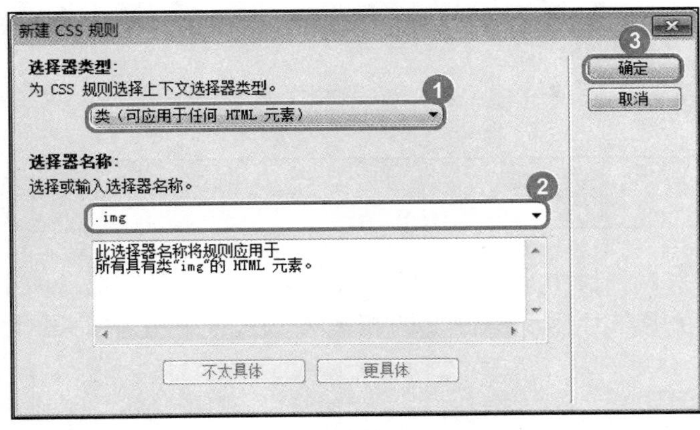

图 8-46

02 弹出对话框

No1 弹出【新建 CSS 规则】对话框，单击【选择器类型】下拉按钮，选择【类（可应用于任何 HTML 元素）】选项。

No2 在【选择器名称】下拉列表框中输入文本。

No3 单击【确定】按钮，如图 8-46 所示。

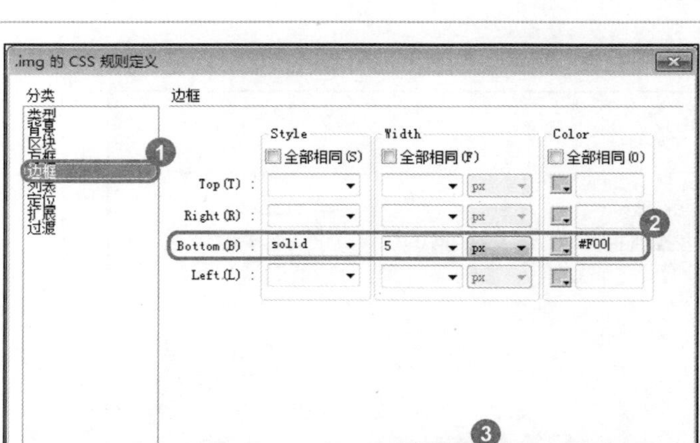

图 8-47

03 弹出【CSS 规则定义】对话框

No1 弹出【CSS 规则定义】对话框，在【分类】列表中选择【边框】选项。

No2 单击 Bottom 下拉按钮，选择 solid，在中间的文本框中输入 5，在颜色文本框中输入#F00。

No3 单击【确定】按钮，如图 8-47 所示。

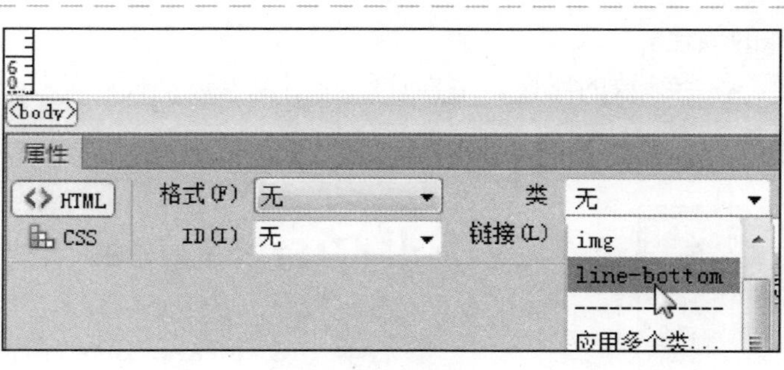

图 8-48

04 单击【类】按钮

选中需要应用边框样式的图像，在【属性】面板中单击【类】下拉按钮，选择刚刚定义的 CSS 样式，如图 8-48 所示。

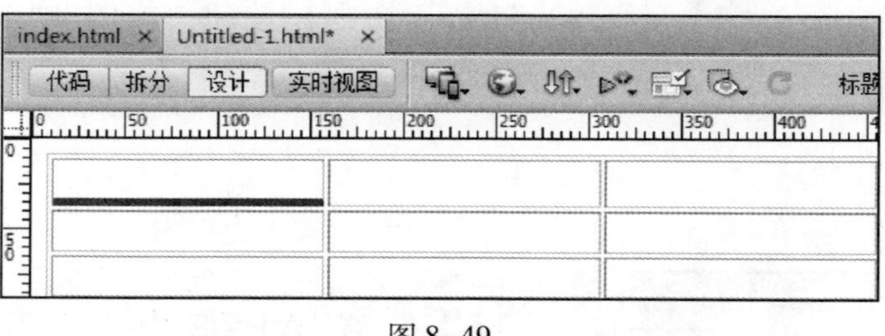

图 8-49

05 查看边框效果

此时在页面中即可看到刚刚定义的边框样式效果，如图 8-49 所示。

8.4.6 设置定位样式

【定位】选项用于设置层的相关属性，使用定位样式可以自动新建一个层并把页面中使用该样式的对象放到层中，还可以用在对话框中设置的相关参数控制新建层的属性，如图 8-50 所示。

在【定位】区域中可以对各个选项进行设置。

- Position（P）（类型）选项：其中有 3 个选项，【绝对】使用绝对坐标定位层，在【定位】文本框中输入相对于页面左上角的坐标值；【相对】使用相对坐标定位层，在【定位】文本框中输入相对于应用样式的元素在网页中原始位置的偏离值，这一设置无法在编辑窗口中看到效果；【静态】使用固定位置，设置层的位置不移动。

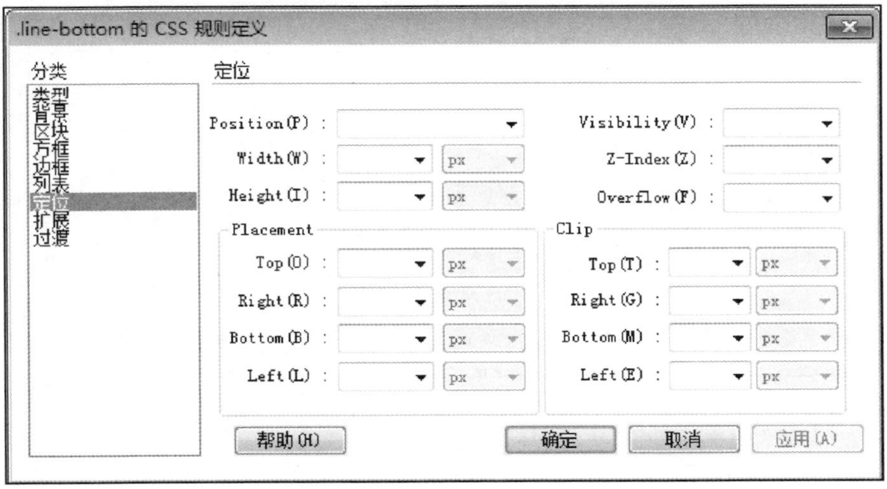

.line-bottom 的 CSS 规则定义

分类：类型、背景、区块、方框、边框、列表、定位、扩展、过渡

定位

Position(P)：　Visibility(V)：
Width(W)：　px　Z-Index(Z)：
Height(I)：　px　Overflow(F)：

Placement：Top(O)：px　Right(R)：px　Bottom(B)：px　Left(L)：px

Clip：Top(T)：px　Right(G)：px　Bottom(M)：px　Left(E)：px

帮助(H)　确定　取消　应用(A)

图 8-50

- Visibility（V）（显示）下拉列表框：确定层的可见性，如果不指定显示属性，则默认情况下大多数浏览器都继承父级的属性。
- Z - Index（Z）下拉列表框：确定层的叠加顺序。
- Overflow（F）（溢位）下拉列表框：确定当层的内容超出层的大小时的处理方式。
- Placement（置入）选项组：指定层的位置和大小，具体含义主要根据【类型】下拉列表中的设置，由于层是矩形的，只需要两个点就可以准确地描绘出层的位置和形状。第 1 个是左上角的顶点，由“左”和“上”两项进行协调；第 2 个是右下角的顶点，用“下”和“右”两项进行协调。
- Clip（裁切）选项组：设置限定层中可见区域的位置和大小。

Section 8.5 实践案例与上机操作

本节导读

通过本章的学习，用户基本上可以掌握使用 CSS 样式美化网页的方法以及一些常见的操作。下面进行练习操作，以达到巩固学习、拓展提高的目的。

8.5.1 设置扩展样式

【扩展】选项是【CSS 规则定义】对话框中的倒数第 2 项，其中集合了分页、鼠标效果和视觉效果等内容，在【CSS 规则定义】对话框中选择【扩展】选项，即可进行相应的设置，如图 8-51 所示。

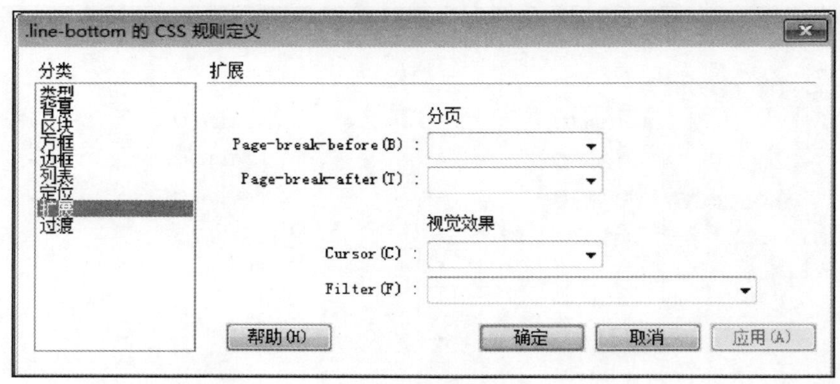

图 8-51

在【扩展】区域中可以对各个选项进行设置。

➢【分页】：打印时在样式所控制的对象之前或者之后强行分页。

➢ Cursor（鼠标效果）：定义的是当鼠标指针悬浮在该元素上时的样式，对应的 CSS 属性是 Cursor。

➢ Filter（CSS 滤镜）：又称过滤器，可以为网页中的元素添加各种效果。

8.5.2 设置过渡样式

【过渡】分类主要用于控制动画属性的变化，以响应触发器事件，如悬停、单击和聚焦等，【过渡】区域如图 8-52 所示。

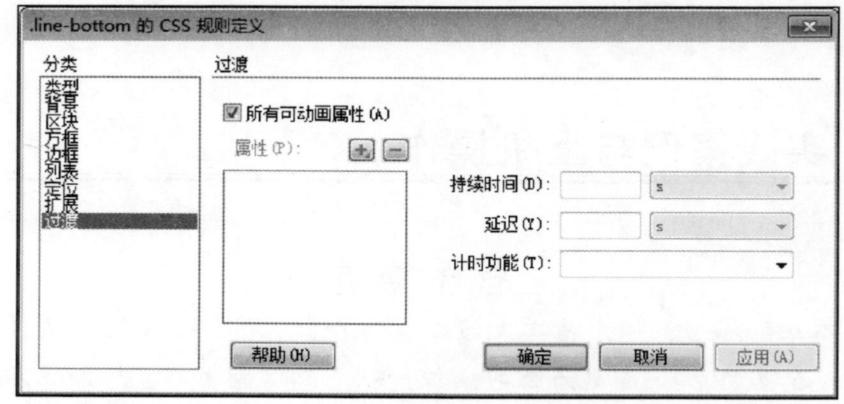

图 8-52

在【过渡】区域中可以对各个选项进行设置。

➢【所有可动画属性】复选框：选中后可以设置所有的动画属性。

➢【属性】列表框：可以为 CSS 过渡效果添加属性。

- 【持续时间】文本框：CSS 过渡效果的持续时间。
- 【延迟】文本框：CSS 过渡效果的延迟时间。
- 【计时功能】下拉列表框：设置动画的计时方式。

8.5.3 样式冲突

在将两个或两个以上的 CSS 规则应用于同一元素时，这些规则可能会发生冲突并产生意外的结果，一般会存在以下两种情况。

一种是应用于同一元素的多个规则分别定义了元素的不同属性，这时多个规则同时起作用。另一种是两个或两个以上的规则同时定义了元素的同一属性，这种情况称为样式冲突。如果发生样式冲突，浏览器按就近优先原则应用 CSS 规则。

如果应用于同一元素的两种规则的属性发生冲突，则浏览器按离元素本身最近规则的属性显示。如一个样式 mycss1{color = red}应用于 <body> 标签，另一个样式 mycss2{color = green}应用于文本所处的 <p> 标签，则文本按 mycss2 规定的属性显示为绿色。

如果链接在当前文档的两个外部样式表文件中同时重定义了同一个 HTML 标签，则后链接的样式表文件优先（在 HTML 文档中，后链接的外部样式表文件的链接代码在先链接的链接代码之后）。

8.5.4 CSS 的静态过滤器

在 CSS 中有静态过滤器和动态过滤器两种过滤器，静态过滤器使被施加的对象产生各种静态的特殊效果。IE 浏览器的 4.0 版本支持 13 种静态过滤器，下面介绍几种主要的静态过滤器。

1. Alpha 过滤器

Alpha 过滤器可以使对象呈现半透明效果，包含的选项如下。

- Opacity 选项：以百分比的方式设置图片的透明程度，值为 0～100，0 表示完全透明，100 表示完全不透明。
- Finish Opacity 选项：和 Opacity 选项一起以百分比的方式设置图片的透明渐进效果，值为 0～100，0 表示完全透明，100 表示完全不透明。
- Style 选项：设定渐进的显示形状。
- Start X 选项：设定渐进开始的 X 坐标值。
- Start Y 选项：设定渐进开始的 Y 坐标值。
- Finish X 选项：设定渐进结束的 X 坐标值。
- Finish Y 选项：设定渐进结束的 Y 坐标值。

2. Blur 过滤器

Blur 过滤器可以使对象产生风吹的模糊效果，包含的选项如下。

- Add 选项：是否在应用 Blur 过滤器的 HTML 元素上显示原对象的模糊方向，0 表示不显示原对象，1 表示显示原对象。

- Direction 选项：设定模糊的方向，0 表示向上，90 表示向右，180 表示向下，270 表示向左。
- Strength 选项：以像素为单位设定图像模糊的半径大小，默认值是 5，取值范围是所有自然数。

3. Chroma 过滤器

Chroma 过滤器将图片中的某个颜色变成透明的，包含 Color 选项，用来指定要变成透明的颜色。

4. Drop Shadow 过滤器

- Color 选项：设定阴影颜色。
- OffX 选项：设定阴影相对于文字或图像在水平方向上的偏移量。
- OffY 选项：设定阴影相对于文字或图像在垂直方向上的偏移量。
- Positive 选项：设定阴影的透明程度。

8.5.5 CSS 的动态过滤器

动态过滤器也叫转换过滤器，Dreamweaver CS6 提供的动态过滤器可以产生翻换图片的效果。

1. Blend Trans 过滤器

Blend Trans 过滤器是混合转换过滤器，在图片间产生淡入淡出效果，包含 Duration 选项，用于表示淡入淡出的时间。

2. Reveal Trans 过滤器

Reveal Trans 过滤器是显示转换过滤器，提供了更多的图像转换效果，包含 Duration 和 Transition 选项，Duration 选项表示转换的时间，Transition 选项表示转换的类型。

第 9 章

应用CSS+Div灵活布局网页

本章内容导读

本章主要介绍 Div、CSS + Div 布局的优势等知识与技巧，同时讲解了 CSS 定位、盒子模型、float 定位、position 定位等，最后还针对实际的工作需求讲解了 Div 布局、使用 Div 对页面进行整体规划、设计各块的位置和 CSS 布局方式等方法。通过本章的学习，读者可以掌握应用 CSS + Div 灵活布局网页方面的知识，为进一步学习 Dreamweaver CS6 奠定了基础。

本章知识要点

- **什么是 Div**
- **CSS 定位**
- **Div 布局**
- **CSS 布局方式**

Section

9.1 什么是 Div

本节导读

Div 标签在 Web 标准的网页中使用的非常频繁，Div 与其他 XHTML 标签一样，是 XHTML 所支持的标签，可以很方便地实现网页的布局。本节将详细介绍 Div 方面的知识。

9.1.1 Div 概述

Div 元素是用来为 HTML 文档内大块（block - level）的内容提供结构和背景的元素，Div 的起始标签和结束标签之间的所有内容都是用来构成这个块的，其中所包含元素的特性由 Div 标签的属性来控制，或者是通过使用样式表格式化这个块来进行控制。

Div 的全称是 division，意为“区分”，称为区隔标记，作用是设定字、画、表格等的摆放位置。当使用 CSS 布局时，主要把其用在 Div 标签上。

Div 简单而言是一个区块容器标记，即 <Div>与</Div>之间相当于一个容器，可以容纳段落、标题、表格、图片甚至章节、摘要和备注等各种 HTML 元素。可以把 <Div> 与 </Div> 中的内容视为一个独立的对象，用于 CSS 的控制，在声明时只需要对 <Div>进行相应的控制，其中的各标记元素都会因此而改变。

9.1.2 <Div>和<span>的区别与相同点

<Div> 和 <span> 的区别在于 <Div> 是一个块级元素，包围的元素会自动换行；<span> 仅仅是一个行内元素，在前后不会换行，没有结构上的意义，纯粹是应用样式，当其他行内元素都不合适时就可以使用 <span>元素。

此外，<span>标记可以包含在 <Div>标记之中，成为子元素；反过来则不成立，即 <span>标记不能包含 <Div>标记。

```
<html>
<head>
<title>div 与 span 的区别</title>
</head>
<body>
<p>div 标记不同行;</p>
<div><img src="building.jpg" border="0"></div>
<div><img src="building.jpg" border="0"></div>
<div><img src="building.jpg" border="0"></div>
```

```
<p>div 标记同一行;</p>
<span><img src="building.jpg" border="0"></span>
<span><img src="building.jpg" border="0"></span>
<span><img src="building.jpg" border="0"></span>
</body>
</html>
```

<span>标记与<Div>一样，在<span>与</span>中间同样可以容纳各种 HTML 元素，从而形成独立的对象。可以说<Div>与<span>这两个标记起到的作用都是独立出各个区块，在这个意义上二者没有太多的不同。其代码如下：

```
<head>
<title>div 标记范例</title>
<style type="text/css">
<!--
div{
font-size:18px;/*字号大小*/
font-weight:bold;/*字体粗细*/
font-family:Arial;/*字体*/
color:#FF0000;/*颜色*/
background-color:#FFFF00;/*背景颜色*/
text-align:center;/*对齐方式*/
width:300px;/*块宽度*/
height:100px;/*块高度*/
}
-->
</style>
}</head>
<body>
<div>
```

Section

9.2 CSS 定位

本节导读

CSS 定位包括相对定位和绝对定位，使用 CSS 定位可以减轻页面的加载负担，提升相应速度。 本节将详细介绍 CSS 定位方面的知识。

9.2.1 盒子模型

这些属性可以转移到人们日常生活中的盒子去理解，在日常生活中所见的盒子也就是能装东西的一种箱子也具有这些属性，所以叫盒子模式。

CSS 假定所有的 HTML 文档元素都生成了一个描述该元素在 HTML 文档布局中所占空间的矩形元素框（element box），可以形象地将其看作是一个盒子。CSS 围绕这些盒子产生了一种“盒子模型”概念，通过定义一系列与盒子相关的属性可以极大地丰富和促进各个盒子乃至整个 HTML 文档的表现效果和布局结构。

HTML 文档中的每个盒子都可以看成是由从内到外的 4 个部分构成，即内容区（content）、填充（padding）、边框（border）和空白边（margin），如图 9-1 所示。

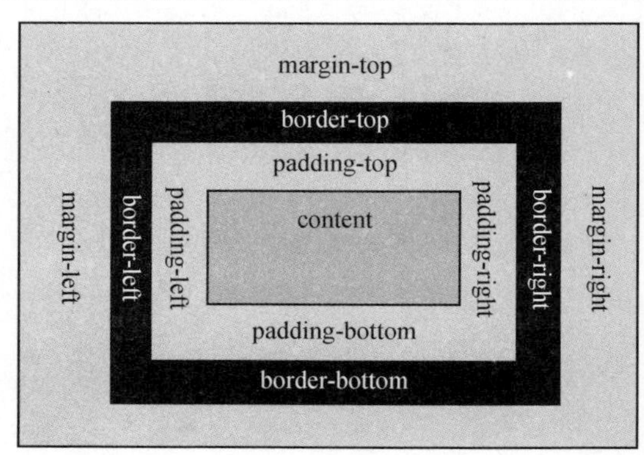

图 9-1

内容区是盒子模型的中心，呈现了盒子的主要信息内容，这些内容可以是文本、图片等多种类型。内容区是盒子模型必备的组成部分，其他的 3 个部分都是可选的，内容区有 3 个属性，即 width、height 和 overflow。使用 width 和 height 属性可以指定盒子内容区的高度和宽度，其值可以是长度计量值或者百分比值。在 CSS 中表示空间距离主要有两种方式，一种是使用百分比，一种是使用长度计量单位。

填充是内容区和边框之间的空间，可以被看作是内容区的背景区域。填充的属性有 5 种，即 padding - top、padding - bottom、padding - left、padding - right 以及综合了以上 4 种方向的快捷填充属性 padding。使用这 5 种属性可以指定内容区信息内容与各方向边框间的距离，其属性值类型同 width 和 height。

边框是环绕内容区和填充的边界。边框的属性有 border - style、border - width 和 border - color 以及综合了以上 3 类属性的快捷边框属性 border。边框样式属性 border - style 是边框最重要的属性，根据 CSS 规范，如果没有指定边框样式，其他的边框属性都会被忽略，边框将不存在。

空白边位于盒子的最外围，不是一条边线而是添加在边框外面的空间。空白边使元素盒子之间不必紧凑地连接在一起，是 CSS 布局的一个重要手段。空白边的属性有 5 种，即 margin - top、margin - bottom、margin - left、margin - right 以及综合了以上 4 种方向的快捷空白边属性 margin，其具体的设置和使用与填充属性类似。

以上就是对盒子模型的 4 个组成部分的简要介绍，利用盒子模型的相关属性可以使 HTML 文档内容表现效果变得丰富，而不再像只使用 HTML 标记那样单调、乏味。

9.2.2 position 定位

在 CSS 布局中，position 发挥着非常重要的作用，很多容器的定位用 position 来完成。另外，在 CSS 中 position 属性有 4 个可选值，分别是 static、absolute、fixed、relative，其中 static 是默认值，代表无定位。

1. static（无定位）

该属性值是所有元素定位的默认情况，在一般情况下不需要特别声明，但有时候会遇到继承的情况，可以用 position:static 取消继承，即还原元素定位的默认值。

如：#nav{position:static;}

2. absolute（绝对定位）

使用 position:absolute 能够很准确地将元素移动到想要的位置，例如将 nav 移动到页面的右上角。

即：nav{position:absolute;top:0;right:0;width:200px;}

使用绝对定位的 nav 层前面的或者后面的层会认为这个层并不存在，也就是在 Z 方向上是相对独立出来的，丝毫不影响其他 Z 方向的层。所以 position:absolute 用于将一个元素放到固定的位置上，但是如果需要层相对于附近的层来确定位置将不可行。

3. fixed（相对于窗口的固定定位）

元素的定位方式和 absolute 类似，但其包含块是视区本身，在屏幕媒体（如 Web 浏览器）中，元素在文档滚动时不会在浏览器窗口中移动。

4. relative（相对定位）

相对定位是相对于元素的默认位置的定位，既然是相对的，就要设置不同的值来声明定位在哪里，top、bottom、left、right 几个数值配合来明确元素的位置。如果要让 nav 层向下移动 20 px，向左移动 40 px，则：

#nav{position:relative;top:50px;left:50px;}

值得注意的是，相对定位紧随层 woaicss 不会出现在 nav 的下方，而是和 nav 发生一定的重叠，代码如下：

```
<!DOCTYPEhtmlPUBLIC" -//W3C//DTDXHTML1.0Strict//EN"
"http://www.w3.org/TR/xhtml1/DTD/xhtml1 - strict.dtd" >
<htmlxmlnshtmlxmlns = "http://www.w3.org/1999/xhtml" >
<head>
<metahttp - equivmetahttp - equiv = "Content - Type"
content = "text/html;charset = utf - 8"/>
<title>www.52css.com</title>
<styletypestyletype = "text/css" >
```

```
<!--
#nav{
width:200px;
height:200px;
position:relative;
top:50px;
left:50px;
background:#ccc;  }
#woaicss{
width:200px;
height:200px;
background:#c00; }
</style>
</head>
<body>
<dividdivid="nav"></div>
<dividdivid="woaicss"></div>
</body>
</html>
```

从上面的代码可以看出，nav 已经相对于原来的位置移动，向右、向左各移了 50px。但另一个容器 woaicss 什么也没有察觉，当作 nav 是在原来的位置上紧跟在 nav 的后面。所以，用户在使用时要注意方法并总结经验。

9.2.3 float 定位

float 是 CSS 的定位属性，在传统的印刷布局中，文本可以按照需要围绕图片，一般把这种方式称为“文本环绕”。在网页设计中，应用了 CSS 的 float 属性的页面元素就像在印刷布局里面的被文字包围的图片一样，浮动的元素仍然是网页流的一部分，float 浮动属性是元素定位中非常重要的属性，常常通过对 Div 元素应用 float 浮动来进行定位。

其语法如下：

```
#sidebar { float: right; }
```

说明：

float 属性有 4 个可用的值，left 和 right 分别浮动元素到各自的方向，none（默认的）使元素不浮动，inherit 将会从父级元素获取 float 值。

除了简单地在图片周围包围文字外，浮动可用于创建全部网页布局，float 对小型的布局同样有用，在调整图片大小的时候，盒子里面的文字也将自动调整位置。

同样的布局可以通过在外容器使用相对定位，然后在头像上使用绝对定位来实现。在这种方式中，文本不会受头像图片大小的影响，不会随头像图片的大小而有相应变化。

在 CSS 中，任何元素都是可以浮动的。

Section

9.3 Div 布局

本节导读

Div 是 HTML 中的标签，也称作层，用 Div 布局也说成用层布局。 用 Div 标签来布局，结合层叠样式表可以设计出完美的网页。 本节将详细介绍 Div 布局方面的知识。

9.3.1 使用 Div 对页面进行整体规划

使用 Div 可以将页面首先在整体上进行 <Div> 标记的分块，然后对各个块进行 CSS 定位，最后在各个块中添加相应的内容，页面大致由 banner、content、links 和 footer 几个部分组成，如图 9-2 所示。

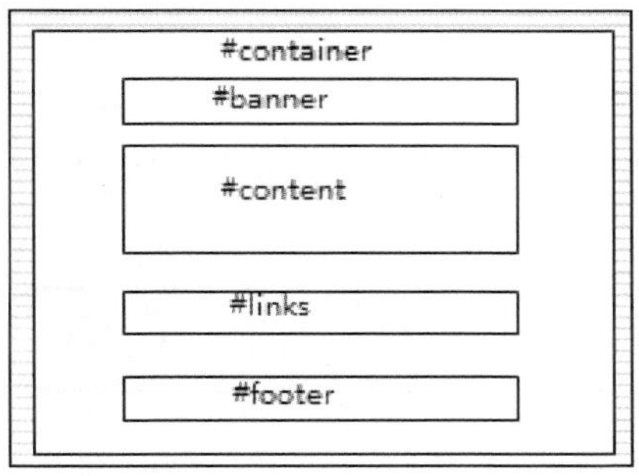

图 9-2

页面中的 HTML 框架代码如下：

```
<div id = "container" > </div >
<div id = "banner" > </div >
<div id = "content" > </div >
<div id = "links" > </div >
<div id = "footer" > </div >
</div >
```

这是一个结构，在实例中每一个版块都是一个 <Div>，id 标识各个版块，页面中所有的 Div 块都属于 containter。对于每个 Div 块，还可以加入各种元素或行内元素，也可以嵌套在另一个 Div 中，内容块可以包含任意的 HTML 元素，如标题、段落、图片、表格等。

9.3.2 设计各块的位置

在页面的内容已经确定后，需要根据内容本身来考虑整体的页面版型，例如单栏、双栏或左中右等，如图 9-3 所示。

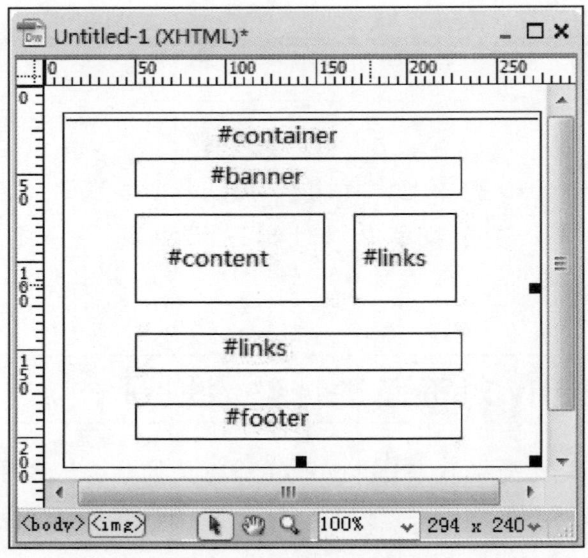

图 9-3

在页面外部有一个 container，页面的 banner 在最上方，然后是内容 content 与导航条 links，二者在页面中部，其中 content 占据整个页面的主体，最下方是页面脚注 footer，用于显示版权信息和注册日期等。

9.3.3 使用 CSS 定位

在制作页面的最后，用户可以使用 CSS 定位对页面的整体进行规划，并在各个版块中添加相应的内容，下面详细介绍使用 CSS 定位的操作方法，其代码如下：

```
body{
margin:0px;
font-size:13px;
font-family:Arial;
}
#container{
position:relative;
width:100%;
}
#banner{/*根据实际需要可调整。如果此处是图片,不用设置高度*/
height:80px;
border:1px solid #000000;
text-align:center;
background-color:#a2d9ff;
```

```
padding:10px;
margin - bottom:2px;
```

使用 float 浮动方法将#content 移动到左侧，将#links 移动到页面右侧，不指定#content 的宽度，可根据浏览器的变化进行调整，但#links 作为导航条指定其宽度为 200 px，代码如下：

```
#content{
float:left;}
#links{
float:right;
width:200px;
text - align:center;
}
```

如果#links 的内容比#content 的长，在 IE 浏览器上#footer 就会贴在#content 下方而与#links 出现重合，此时需要对块做调整，将#content 与#links 都设置为左浮动，然后微调其之间的距离，如果#links 在#content 的左方，将二者都设置为右浮动。

对于固定宽度的页面这种情况非常容易解决，只需要指定#content 的宽度，然后二者同时向左或者向右浮动即可，代码如下：

```
#content{
float:left;
padding - right:200px;
width:600px; }
```

Section

9.4 CSS 布局方式

本节导读

无论使用表格还是 CSS，网页布局都把大块的内容放进网页的不同区域里面。有了 CSS，最常用来组织内容的元素就是 <Div> 标签。CSS 布局方式一般包括居中版式布局和浮动版式布局，本节将详细介绍 CSS 布局方式方面的知识。

9.4.1 居中版式布局

居中设计只占屏幕的一部分，而不是横跨屏幕的整个宽度，这样就会创建比较短的容易阅读的行。居中有两个基本方法，一个方法是使用自动空白边，另一个方法是使用定位和负值的空白边，下面详细介绍居中版式布局的操作方法。

1. 使用定位和负值的空白边

使用自动空白边进行居中的方法是最常用的，但是还需要用一个招数来满足 IE5. x 的要求，要求对两个元素而不只是一个元素应用样式，因此有人喜欢使用定位和负值的空白边来代替这种方法。

与前面一样，首先定义容器的宽度，然后将容器的 position 属性设置为 relative、将 left 属性设置为 50%，会把容器的左边缘定位在页面的中间，代码如下：

```
#wrapper
{
width: 720px;
position: relative;
left: 50%;
}
```

如果并不希望让容器的左边缘居中，而是希望让容器的中间居中，可以对容器的左边应用一个负值的空白边，宽度等于容器宽度的一半，把容器向左边移动到宽度的一半，从而将其屏幕居中：

```
#wrapper
{
width: 720px;
position: relative;
left: 50%;
margin-left: -360px;
}
```

2. 使用自动空白边

在 Dreamweaver CS6 中有一个典型的布局，可以让其中的容器 Div 在屏幕上水平居中，其代码如下：

```
<body>
<div id="wrapper">
</div>
</body>
```

为此，用户只需定义容器 Div 的宽度，然后将水平空白边设置为 auto，代码如下：

```
#wrapper {
width: 720px;
margion: 0 auto;
}
```

在这个示例中以像素为单位指定容器 Div 的宽度，适合 800×600 分辨率的屏幕。当然，

也可以将宽度设置为主体的百分数，或者使用 em 相对于文本字号设置宽度。

这在所有现代浏览器中都是有效的，但是怪异模式中的 IE5.x 和 IE6 不支持自动空白边，IE 将“text - align：center”误解为让所有内容居中，而不只是文本。用户可根据这一点让主体标签中的所有内容居中，包括容器 Div，然后将容器的内容重新对准左边，例如以下代码：

```
body {
text - align: center;
}
#wrapper {
width: 720px;
margin: 0 auto;
text - align: left;
}
```

以这种方式使用 text - align 属性是可行的，对代码没有严重的影响，容器现在在 IE 以及比较符合标准的浏览器中都会居中。

为了防止这种浏览器窗口的宽度减少到小于容器的宽度，需要将主体元素的最小宽度设置为等于或略大于容器元素的宽度：

```
body {
text - align: center;
min - width: 760px;
}
#wrapper {
width: 720px;
margin: 0 auto;
text - align: left;
}
```

9.4.2 浮动版式布局

在 Dreamweaver CS6 中使用浮动布局设计也是必不可少的，浮动布局利用了 float（浮动）属性来并排定位元素，下面详细介绍其操作方法。

1. 一列固定宽度

一列固定宽度是基础中的基础，也是最简单的布局形式，对于一列固定宽度，宽度的布局是固定的，因此直接设置了宽度属性 width:300 px、高度属性 height:200 px，XHTML 代码结构如下：

```
<!DOCTYPE html PUBLIC " -//W3C//DTD XHTML 1.0 Transitional//EN" "http://www.w3.org/TR/xhtml1/DTD/xhtml1 - transitional.dtd" >
<html xmlns = "http://www.w3.org/1999/xhtml" >
<head >
```

```
<meta http-equiv="Content-Type" content="text/html; charset=gb2312" />
<title>一列固定宽度——文杰书院</title>
<style type="text/css">
<!--
#layout {
border: 2px solid #A9C9E2;
background-color: #E8F5FE;
height: 200px;
width: 300px;
}
-->
</style>
</head>
<body>
<div id="layout">一列固定宽度</div>
</body>
</html>
```

此时在浏览器中即可浏览到固定的宽度，无论怎么改变浏览器窗口的大小，Div 的宽度都不会改变，如图 9-4 和图 9-5 所示。

图 9-4

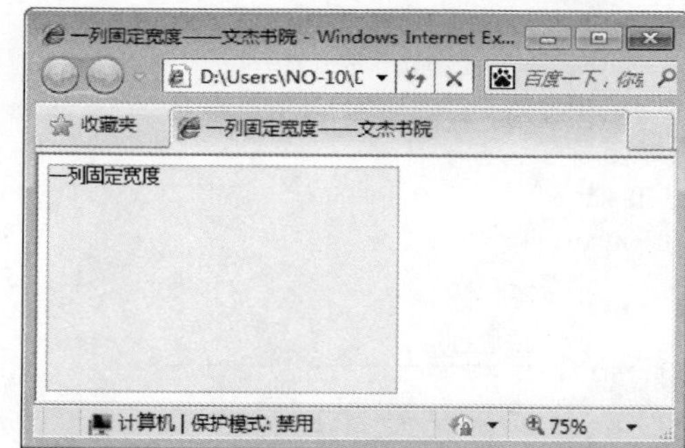

图 9-5

2. 两列固定宽度

有了一列固定宽度做基础，两列固定宽度就非常简单，XHTML 代码如下：

```
<div id="left">左列</div>
<div id="right">右列</div>
```

在此代码结构中一共使用了两个 id，分别为 left 和 right，用来表示两个 Div 的名称。

首先设置宽度，然后让两个 Div 在水平行中并排显示，从而形成两列式布局，CSS 代码如下：

```
<!DOCTYPE html PUBLIC " -//W3C//DTD XHTML 1.0 Transitional//EN" "http://www.w3.org/TR/xhtml1/DTD/xhtml1-transitional.dtd">
<html xmlns="http://www.w3.org/1999/xhtml" xml:lang="cn" lang="cn">
<head>
<meta http-equiv="Content-Type" content="text/html; charset=gb2312" />
<title>两列固定宽度——文杰书院</title>
<style type="text/css">
<!--
#left {
background-color: #E8F5FE;
border: 1px solid #A9C9E2;
float: left;
height: 300px;
width: 200px;
}
#right {
background-color: #F2FDDB;
border: 1px solid #A5CF3D;
float: left;
height: 300px;
width: 200px;
}
-->
</style>
</head>
<body>
<div id="left">左列</div>
<div id="right">右列</div>
</body>
</html>
```

为了实现两列式布局使用了 float 属性，这样两列固定宽度的布局就能够完整地显示出来，效果如图 9-6 所示。

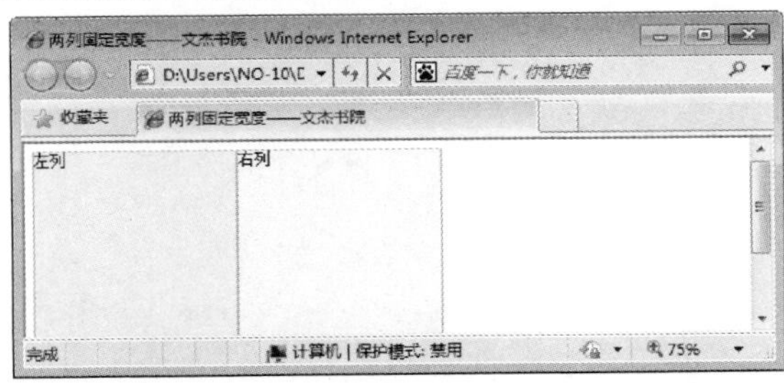

图 9-6

Section

9.5 实践案例与上机操作

本节导读

现在一些比较知名的网页设计大多采用 CSS + Div 来排版布局，CSS + Div 可以使 HTML 代码更整齐，以及更容易让人理解，最重要的是其可控性要比表格强得多。通过本章的学习，读者基本上可以掌握应用 CSS + Div 灵活布局网页的方法以及一些常见的操作。下面进行练习操作，以达到巩固学习、拓展提高的目的。

9.5.1 一列固定宽度

一列固定宽度是基础中的基础，也是最简单的布局形式。对于一列固定宽度，宽度的布局是固定的，因此直接设置了宽度属性 width:300 px、高度属性 height:200 px，XHTML 代码结构如下：

```
<!DOCTYPE html PUBLIC" -//W3C//DTD XHTML 1.0 Transitional//EN"
"http://www.w3.org/TR/xhtml1//DTD/xhtml1 - transitional.dtd" >
<html xmlns = "http://www.w3.org/1999/xhtml" >
<head >
<meta http - equiv = "Content - Type" content = "text/html;charset = gb2312"/ >
<title >一列固定宽度—AA25.CN/title >
<style type = "text/css" >
<!--
#layout{
border:2px soild #A9C9E2;
background - color:#E8F5FE;
height:200px;
width:300px;
}
-->
</style >
</head >
<body >
<div id = "layout" >一列固定宽度 </div >
</body >
</html >
```

此时在浏览器中即可浏览到固定的宽度，无论怎么改变浏览器窗口的大小，Div 的宽度都不会改变。

9.5.2 一列自适应宽度

自适应布局是网页设计中常见的布局形式，自适应布局能够根据浏览器窗口的大小自动改变宽度和高度值，是一种非常灵活的布局形式。XHTML 代码结构如下：

```
<!DOCTYPE html PUBLIC "-//W3C//DTD XHTML 1.0 Transitional//EN" "http://www.w3.org/TR/xhtml1/DTD/xhtml1-transitional.dtd">
<html xmlns="http://www.w3.org/1999/xhtml">
<head>
<meta http-equiv="Content-Type" content="text/html; charset=gb2312" />
<title>文杰书院_一列自适应宽度</title>
<style type="text/css">
<!--
#layout {
border: 2px solid #A9C9E2;
background-color: #E8F5FE;
height: 200px;
width: 80%;
}
-->
</style>
</head>
<body>
<div id="layout">一列自适应宽度</div>
</body>
</html>
```

这里将宽度由一列固定宽度的 300 px 改为 80%，自适应的优势就是当扩大或缩小浏览器窗口大小时其宽度还将维持在浏览器当前宽度的比例，如图 9-7 所示。

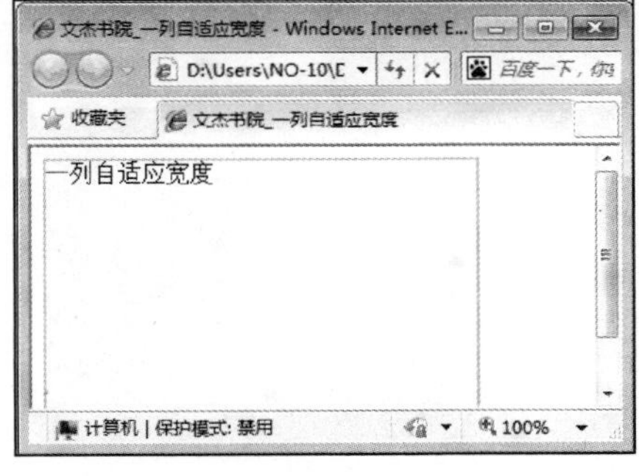

图 9-7

9.5.3 两列固定宽度

两列固定宽度非常简单，两列布局需要用到两个 Div，分别将两个 Div 的 id 设置为 left 和 right，表示两个 Div 的名称。首先为其指定宽度，然后让两个 Div 在水平行中并排显示，从而形成两列式布局，XHTML 代码结构如下：

```
<style>
#left{
background-color:#ffcc33;
border:1px solid #ff3399;
width:250px;
height:250px;
float:left;
}
</style>
</head>
<body>
<div id="left">左列</div>
<div id="right">右列</div>
</body>
</html>
```

知识精讲

left 与 right 两个 Div 的代码与前面类似，两个 Div 使用相同宽度实现两列式布局。float 属性是 CSS 布局中非常重要的属性，用于控制对象的浮动布局方式，大部分 Div 布局基本上都是通过 float 控制来实现的。

9.5.4 两列自适应宽度

下面使用两列宽度自适应，以实现左右列宽度能够做到自动适应，自适应主要通过宽度的百分比值设置，将 CSS 代码修改为如下：

```
<style>
#left
background-color:#00cc33;
border:1px solid #ff3399;
width:60%;
height:250px;
float:left;
}
```

```
#right{
background - color:#ffcc33;
border:1px solid #ff3399;
width:30%;
height:250px;
float:left;
}
</style>
```

这里主要修改了左列宽度为60%，右列宽度为30%。无论怎样改变浏览器窗口的大小，左右两列的宽度与浏览器窗口的百分比都不改变。

9.5.5 两列右列宽度自适应

在实际应用中有时候需要右列固定宽度，右列根据浏览器窗口大小自动适应。在CSS中只要设置左列的宽度即可，将CSS代码修改为如下：

```
<style>
#left
background - color:#00cc33;
border:1px solid #ff3399;
width:200px;
height:250px;
float:left;
}
#right{
background - color:#ffcc33;
border:1px solid #ff3399;
width:30%;
height:250px;
}
</style>
```

9.5.6 三列浮动中间宽度自适应

使用浮动定位方式，从一列到多列的固定宽度及自适应基本上可以简单完成，包括三列的固定宽度。在这里提出了一个新的要求，希望有一个三列式布局，其中左列要求固定宽度，并居中显示，右列要求规定宽度并居中显示，而中间列需要在左列和右列的中间，根据左右列的间距变化自动适应。

在开始这样的三列布局之前，用户有必要了解一个新的定位方式——绝对定位。前面的浮动定位方式主要由浏览器根据对象的内容自动进行浮动方向的调整，但是当这种方式不能满足定位需求时就需要新的方法来实现，CSS提供的浮动定位之外的另一种定位方式就是绝对定位，绝对定位使用 position 属性来实现，将 CSS 代码修改为如下：

```
<style>
body{
margin:0px;
}
#left{
background-color:#00cc00;
border:2px solid #333333;
width:100px;
height:250px;
position:absolute;
top:0px;
left:0px;
}#conter{
background-color:#ccffcc;
border:2px solid #333333;
height:250px;
margin-left:100px;
margin-right:100px;
}
#right{
background-color:#00cc00;
border:2px solid #333333;
width:100px;
height:250px;
position:absolute;
right:0px;
top:0px;
}
</style>
```

第10章

应用AP Div元素布局页面

本章内容导读

本章主要介绍AP Div和【AP元素】面板、AP Div的区别等知识与技巧，同时讲解了插入AP Div、创建普通AP Div、创建嵌套AP Div等，最后还针对实际的工作需求讲解了设置AP Div的属性、AP Div与表格的转换、把AP Div转换为表格和把表格转换为AP Div的方法。通过本章的学习，读者可以掌握AP Div元素布局方面的知识，为进一步学习Dreamweaver CS6奠定了基础。

本章知识要点

- 设置AP Div
- 创建AP Div
- 应用AP Div的属性
- AP Div与表格的转换

Section

10.1 设置 AP Div

本节导读

AP Div 是 Dreamweaver CS6 中另一种可以进行排版的工具，也就是人们通常所说的层，可以定位在页面上的任何位置，在【AP 元素】面板中可以方便地处理 AP Div 的操作、设置 AP Div 属性。 本节将详细介绍 AP Div 和【AP 元素】面板方面的知识。

10.1.1 AP Div 概述

AP 元素即绝对定位元素，是指在网页中具有绝对位置的页面元素。在 AP 元素中可以包含文本、图像或其他任何网页元素。

在 Dreamweaver CS6 中，默认的 AP 元素通常指拥有绝对位置的 Div 标签和其他具有绝对位置的标签。

所有 AP 元素（不仅仅是绝对定位的 Div 标签）都将在【AP 元素】面板中显示。AP Div 又被称为层，是 HTML 网页中的一种其他元素，可以放置在网页中的一个区域，在一个网页中可以有多个层存在，并且可以重叠。

通过 Dreamweaver CS6 可以使用 AP 元素设计页面布局，将 AP 元素放置到其他 AP 元素的前后，隐藏某些 AP 元素而显示其他 AP 元素，以及在屏幕上移动 AP 元素。用户可以在一个 AP 元素中放置背景图像，然后在该 AP 元素的前面放置另一个包含带有透明背景的文本的 AP 元素。

AP Div 主要有以下几方面的功能：

- AP Div 是绝对定位的，游离在文档之上，可以浮动定位网页元素。
- AP Div 的 Z 轴属性可以使多个 AP Div 进行重叠，产生多重叠加的效果。
- AP Div 的显示和隐藏可以控制，从而使网页的内容变得更加丰富多彩。

10.1.2 AP Div 和 Div 的区别

插入 Div 是在当前位置插入固定层，绘制 AP Div 是在当前位置插入可移动层，也就是说这个层是浮动的，可以根据其 top 和 left 来规定这个层的显示位置。

AP Div 是 CSS 中的定位技术，在 Dreamweaver 中将其进行了可视化操作，文本、图像、表格等元素只能固定其位置，不能互相叠加在一起，使用 AP Div 功能可以将其放置在网页中的任何位置，还可以按顺序排列网页文档中的其他构成元素，体现了网页技术从二维空间向三维空间的一种延伸。

Div 就是网页的一种框架结构，Div 元素是用来为 HTML 文档内大块（block - level）的内容

提供结构和背景的元素。Div 的起始标签和结束标签之间的所有内容都是用来构成这个块的，其中所包含元素的特性由 Div 标签的属性来控制，或者是通过使用样式表格式化这个块来进行控制。

Div 与 AP Div 的使用区别：一般情况下，进行 HTML 页面布局时都是使用 Div + CSS，而不能用 AP Div + CSS。只有在特殊情况下，如果需要在 Div 中制作重叠的层，如 PS 那样的图层，才会用到 AP Div 元素。

10.1.3 【AP 元素】面板简介

使用【AP 元素】面板可以管理文档中的 AP 元素，同时可以防止 AP 元素重叠，更改 AP 元素的可见性、嵌套或堆叠 AP 元素，以及选择一个或多个 AP 元素。

AP 元素将按照 Z 轴的顺序显示为一列名称，默认情况下，第一个创建的 AP 元素显示在列表底部，最新创建的 AP 元素显示在列表顶部，可以通过更改 AP 元素在堆叠顺序中的位置来更改顺序。

选择【窗口】→【AP 元素】菜单项，即可打开【AP 元素】面板，如图 10-1 所示。

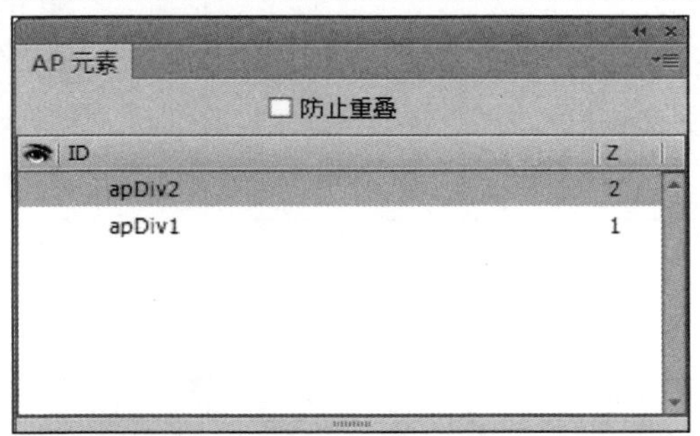

图 10-1

Section 10.2 创建 AP Div

本节导读

AP Div 就像一个大容器，将页面中的各个元素都包含在内，并对页面中的各个元素进行相关的控制。AP Div 可以放在页面中的任意位置，包括图片和文本等元素。在 Dreamweaver CS6 中创建 AP Div 包括创建普通 AP Div 和创建嵌套 AP Div。本节将详细介绍创建 AP Div 方面的知识。

10.2.1 使用菜单创建普通 AP Div

在 Dreamweaver CS6 中可以通过两种方法创建普通 AP Div：第一种方法是通过菜单创

建，第二种方法是通过【插入】面板创建。下面详细介绍创建普通 AP Div 的操作方法。

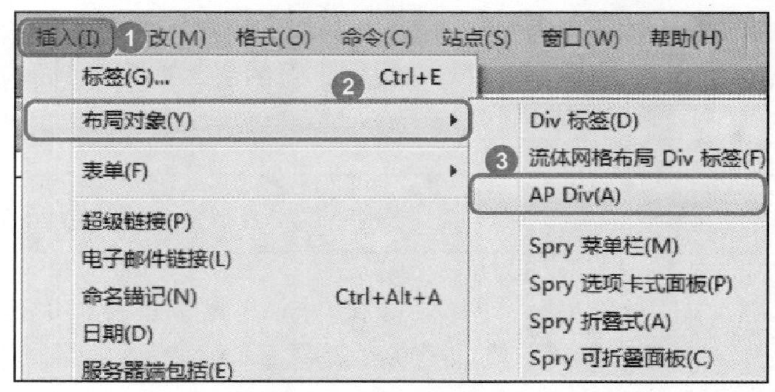

图 10-2

01 选择菜单项

No1 启动 Dreamweaver CS6 程序，在菜单栏中单击【插入】菜单。

No2 在弹出的下拉菜单中选择【布局对象】菜单项。

No3 在弹出的子菜单中选择 AP Div 菜单项，如图 10-2 所示。

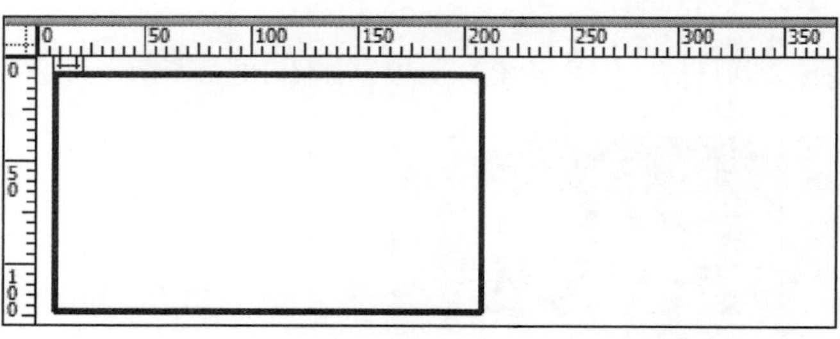

图 10-3

02 完成普通 AP Div 的创建

此时，在窗口中可以看见一个方形的框，如图 10-3 所示。至此完成创建普通 AP Div 的操作。

10.2.2 创建嵌套 AP Div

在 Dreamweaver CS6 中，嵌套 AP Div 就是在已有的 AP Div 中再绘制一个 AP Div，通常称为父级和子级。

在创建嵌套 AP Div 之前需要确保在【AP 元素】面板中取消选中【防止重叠】复选框，然后将光标放置于文档窗口的 AP Div 中，在菜单栏中选择【插入】→【布局对象】→AP Div 菜单项，如图 10-4 所示。

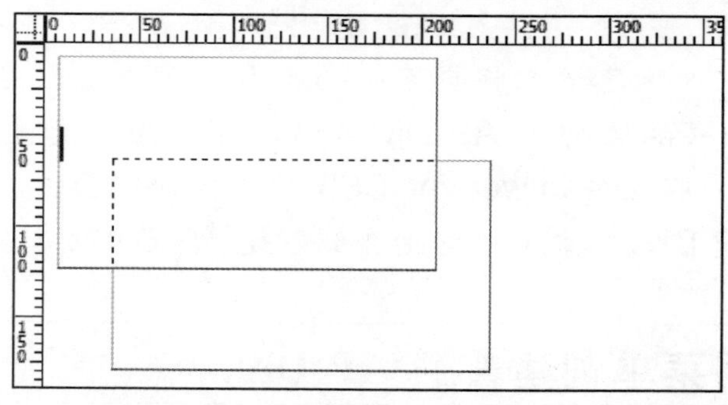

图 10-4

Section

10.3 应用 AP Div 的属性

本节导读

在插入 AP Div 以后可以在【属性】面板中设置属性，其中包括设置 AP Div 的显示/隐藏属性、堆叠顺序、添加滚动条和改变 AP Div 的可见性。本节将详细介绍设置 AP Div 属性方面的知识。

10.3.1 改变 AP Div 的堆叠顺序

改变 AP Div 的堆叠顺序也就是调整索引的大小，使需要显示的内容完整地显示出来。下面详细介绍改变 AP Div 的堆叠顺序的操作方法。

在文档窗口中选中 AP 元素，在【属性】面板的【Z 轴】文本框中输入数字，数值越大，显示就越在上面，如图 10-5 所示。

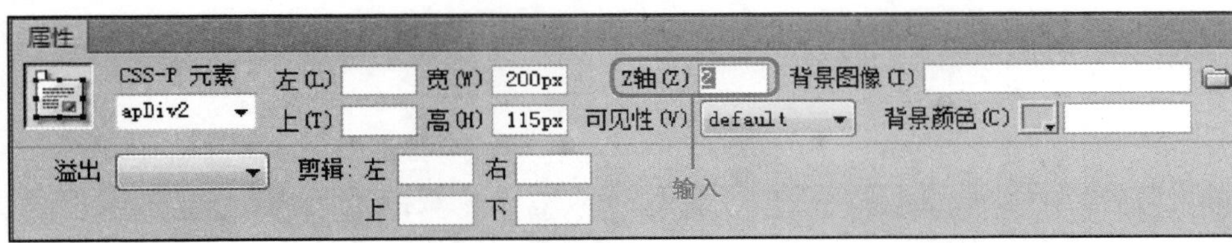

图 10-5

知识精讲

用户还可以通过将鼠标指针指向层名称，按住鼠标左键拖动鼠标至目标位置（Z 值会自动调整）来调整堆叠顺序。

10.3.2 为 AP Div 添加滚动条

AP Div【属性】面板中的【溢出】下拉列表框用于控制当 AP Div 的内容超过 AP Div 的指定大小时如何在浏览器中显示 AP 元素，如图 10-6 所示。

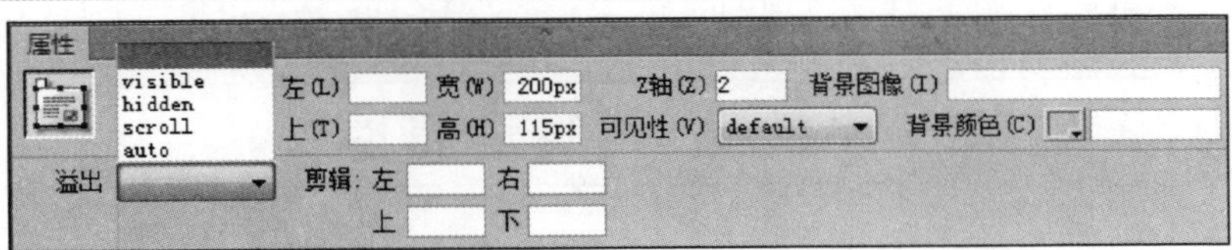

图 10-6

在 AP Div【属性】面板中可以进行以下设置。

- 【左】：AP Div 的左边界距浏览器窗口左边界的距离。
- 【上】：AP Div 的上边界距浏览器窗口上边界的距离。
- 【宽】：AP Div 的宽。
- 【高】：AP Div 的高。
- 【Z 轴】：AP Div 的 Z 轴顺序。
- 【背景图像】：AP Div 的背景图。
- 【可见性】：AP Div 的显示状态，包括 default、inherit、visible 和 hidden 几个选项。
- 【背景颜色】：AP Div 的背景颜色。
- 【剪辑】：用来指定 AP Div 的哪一部分是可见的。
- 【溢出】：如果 AP Div 中的文字太多或图像太大，AP Div 的大小不足以全部显示的处理方式，其中 visible（可见）指示在 AP 元素中显示额外的内容，实际上 AP 元素会通过延伸来容纳额外的内容；hidden（隐藏）指定不在浏览器中显示额外的内容；scroll（滚动条）指定浏览器应在 AP 元素上添加滚动条，而不管是否需要滚动条；auto（自动）指定当 AP Div 中的内容超出 AP Div 范围时才显示 AP 元素的滚动条。

10.3.3 改变 AP Div 的可见性

在【属性】面板中单击【可见性】下拉按钮，在弹出的下拉列表中可以改变 AP Div 的可见性，如图 10-7 所示。

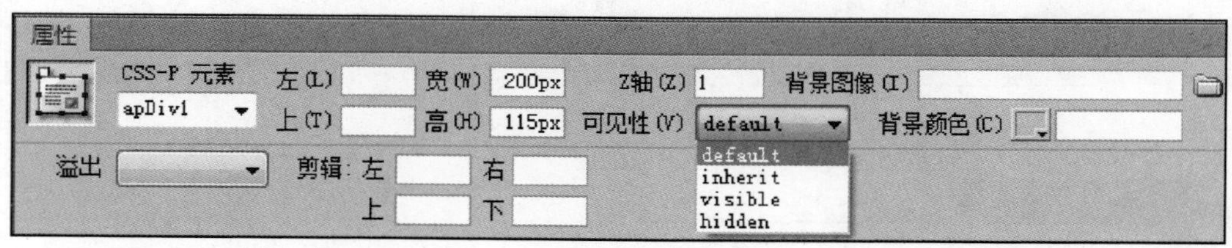

图 10-7

在【可见性】下拉列表中可以对各项进行设置。

- default（默认）：大部分浏览器解释为 inherit，是浏览器的默认设置。
- inherit（继承）：其父级的可见性。
- visible（课件）：在选择该选项的时候，无论父 AP Div 是否可见，当前的 AP Div 都可见。
- hidden（不可见）：在选择该选项的时候，无论父 AP Div 是否可见，当前 AP Div 都隐藏。

10.3.4 设置 AP Div 的显示/隐藏属性

使用【AP 元素】面板可以设置 AP 元素的可见性，下面详细介绍设置 AP Div 的显示/隐藏属性的操作方法。

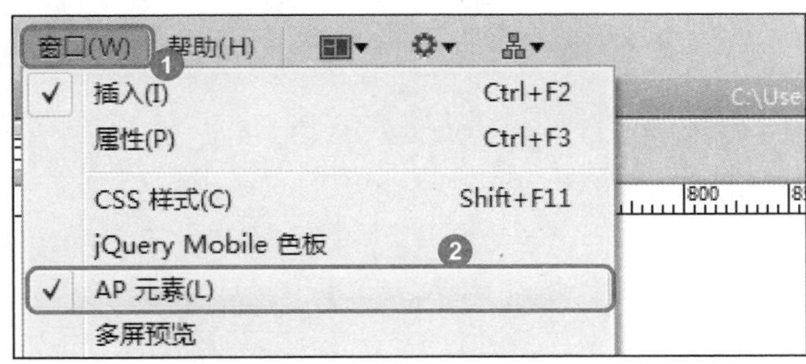

图 10-8

01 选择菜单项

№1 启动 Dreamweaver CS6 程序，在菜单栏中单击【窗口】菜单。

№2 在弹出的下拉菜单中选择【AP 元素】菜单项，如图 10-8 所示。

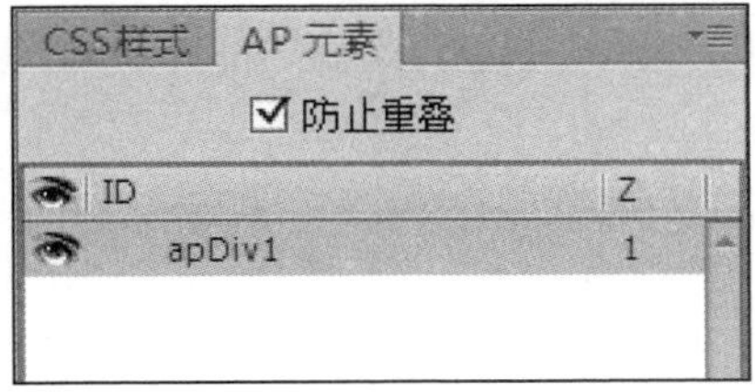

图 10-9

02 单击【眼睛】按钮

在【AP 元素】面板中单击【眼睛】按钮，可以显示或隐藏 AP Div，如图 10-9 所示。

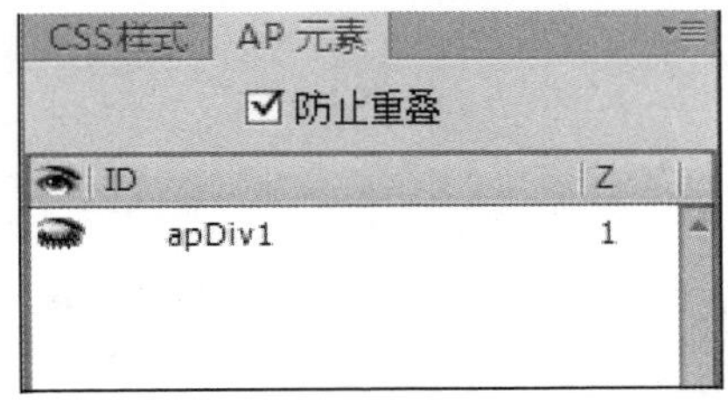

图 10-10

03 隐藏 AP Div

在【AP 元素】面板中单击【眼睛】按钮，当【AP 元素】面板中的【眼睛】按钮变为时，表明当前的 AP 元素处于隐藏状态，如图 10-10 所示。

Section 10.4 AP Div 与表格的转换

本节导读

用户可以通过对 AP 元素与表格的相互转换来调整布局并优化网页设计。将 AP 元素转换为表格适合不支持 AP 元素的浏览器。本节将详细介绍 AP Div 与表格转换方面的知识。

10.4.1 把 AP Div 转换为表格

用户可以使用 AP 元素创建布局，然后将 AP 元素转换为表格，在转换为表格之前应确保 AP 元素没有重叠。

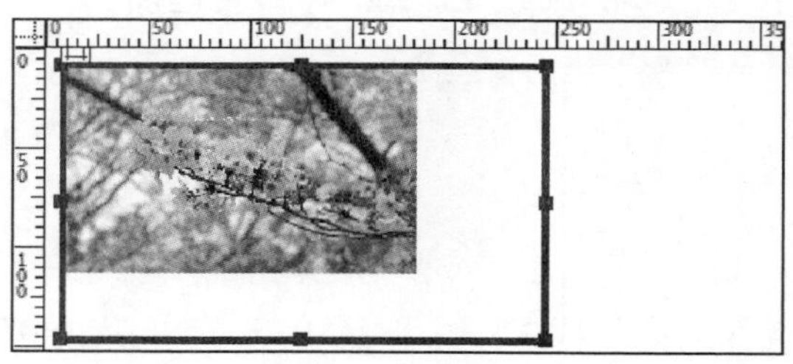

图 10-11

01 绘制 AP 元素

启动 Dreamweaver CS6 程序，在文档中绘制 AP 元素并添加一幅图片，如图 10-11 所示。

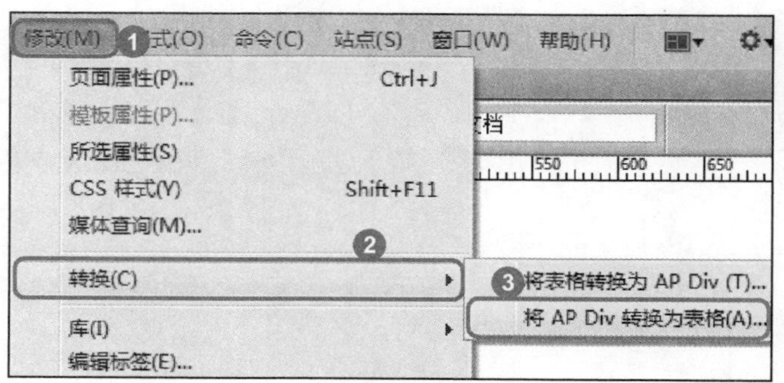

图 10-12

02 选择菜单项

No1 在菜单栏中单击【修改】菜单。

No2 在弹出的下拉菜单中选择【转换】菜单项。

No3 在弹出的子菜单中选择【将 AP Div 转换为表格】菜单项，如图 10-12 所示。

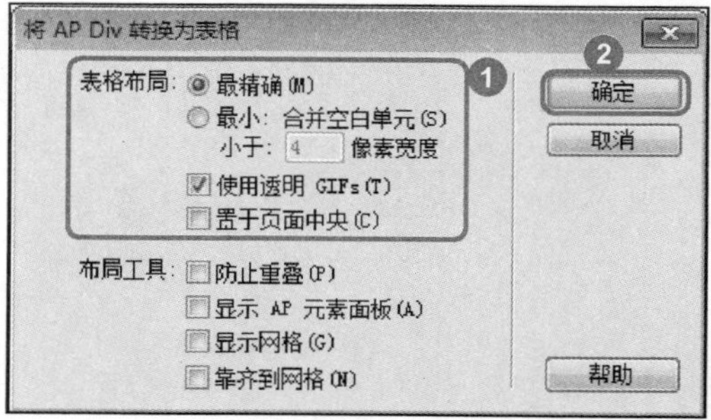

图 10-13

03 弹出对话框

No1 弹出【将 AP Div 转换为表格】对话框，选择【最精确】单选按钮和【使用透明 GIFs】复选框。

No2 单击【确定】按钮，如图 10-13 所示。

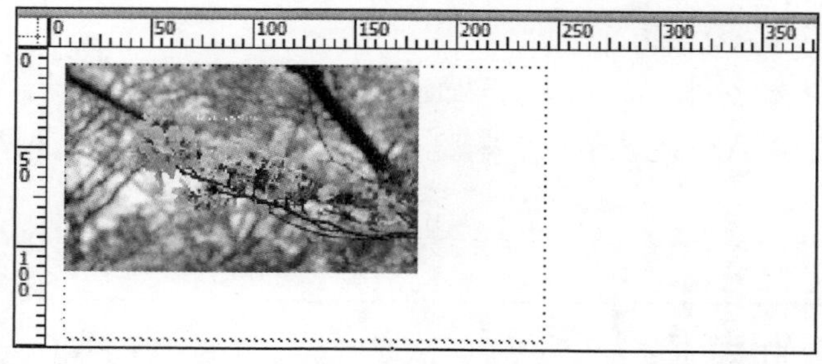

图 10-14

04 完成转换

此时在页面中可以看到已经将 AP 元素转换为表格，如图 10-14 所示，通过以上步骤即可完成操作。

10.4.2 把表格转换为 AP Div

在 Dreamweaver CS6 中还可以把表格转换为 AP Div，下面详细介绍把表格转换为 AP Div 的操作方法。

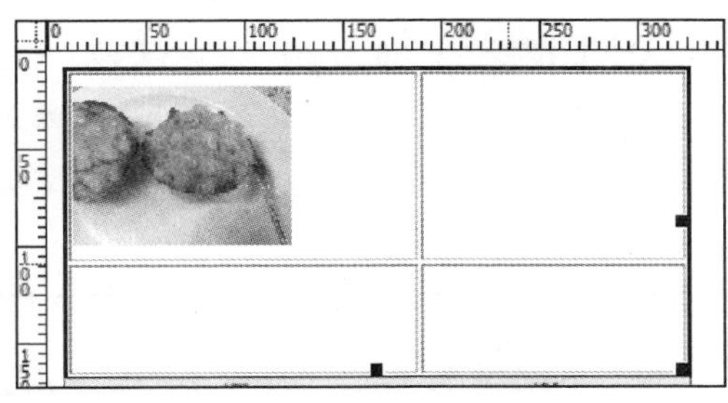

图 10-15

01 创建表格

启动 Dreamweaver CS6 程序，创建表格并在表格中添加准备使用的图像，如图 10-15 所示。

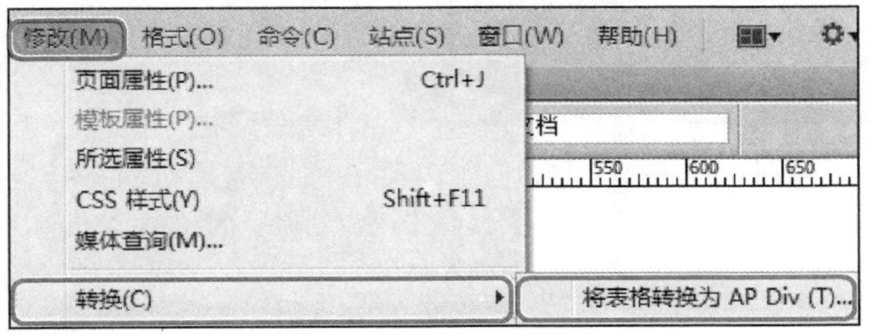

图 10-16

02 选择菜单项

在菜单栏中选择【修改】→【转换】→【将表格转换为 AP Div】菜单项，如图 10-16 所示。

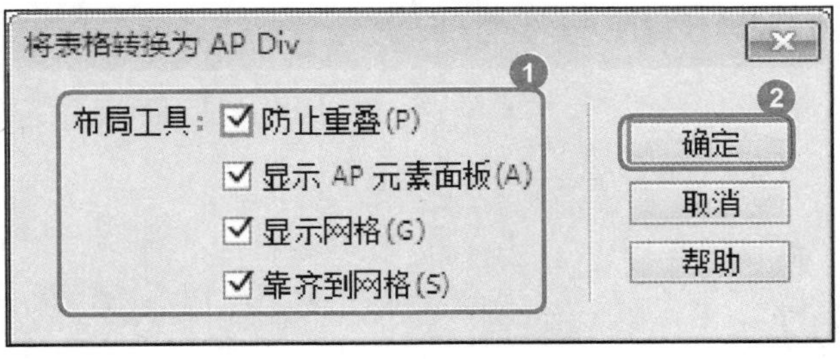

图 10-17

03 弹出对话框

No1 弹出【将表格转换为 AP Div】对话框，对参数进行设置。

No2 单击【确定】按钮，如图 10-17 所示。

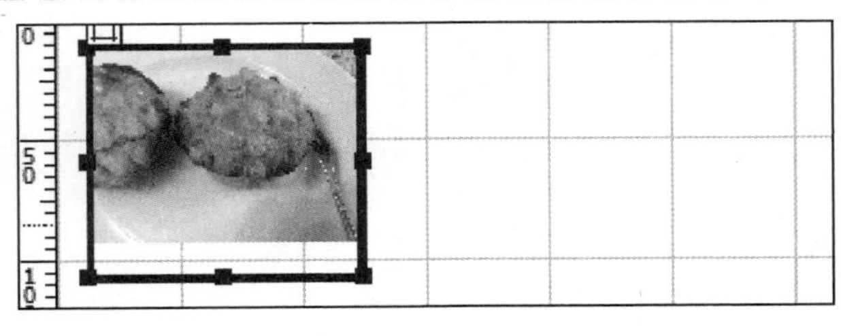

图 10-18

04 完成转换

此时在页面中可以看到已经将表格转换成 AP Div，如图 10-18 所示。

Section

10.5 实践案例与上机操作

本节导读

通过本章的学习，用户掌握了使用 AP Div 元素布局的方法以及一些常见的操作。下面通过几个实践案例进行上机操作，以达到巩固学习、拓展提高的目的。

10.5.1 使用 AP Div 排版

AP Div 和表格都可以在页面中定位对象，如定位图片、文本等，先使用 AP Div 的简易操作将各个对象进行定位，然后将 AP Div 转换为表格。下面详细介绍使用 AP Div 排版的操作方法。

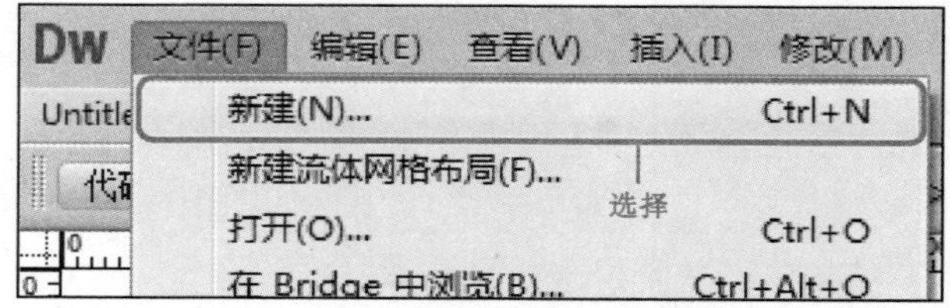

图 10-19

01 创建新文档

在菜单栏中选择【文件】→【新建】菜单项，创建新文档，如图 10-19 所示。

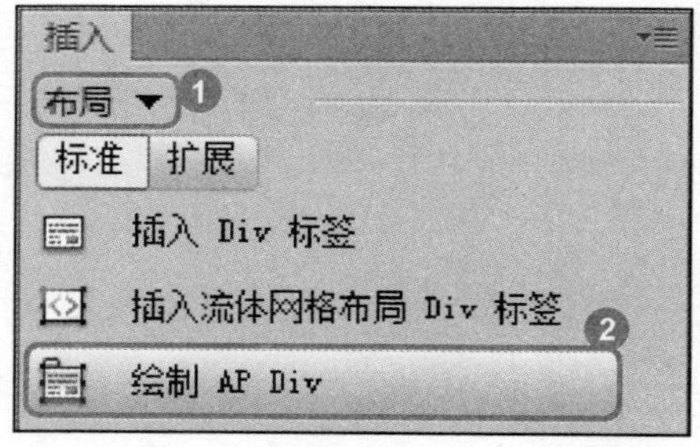

图 10-20

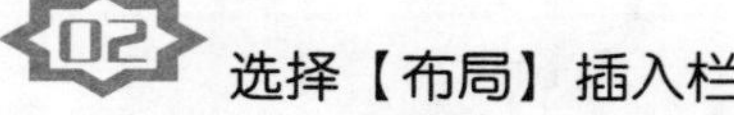

02 选择【布局】插入栏

No1 在【插入】面板中选择【布局】插入栏。

No2 在【标准】选项卡中单击【绘制 AP Div】按钮，如图 10-20 所示。

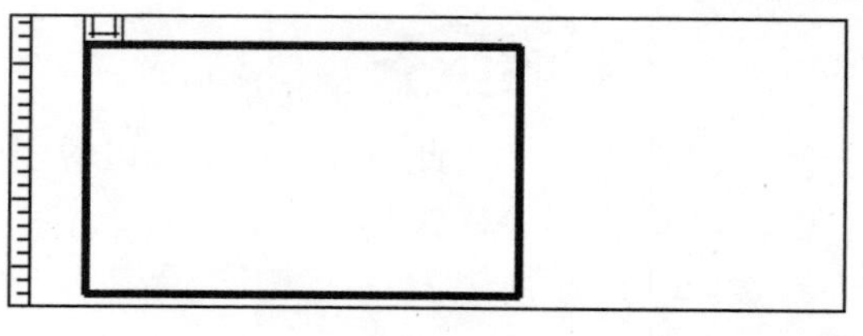

图 10-21

03 绘制 AP Div

在窗口中绘制一个 AP Div，如图 10-21 所示。

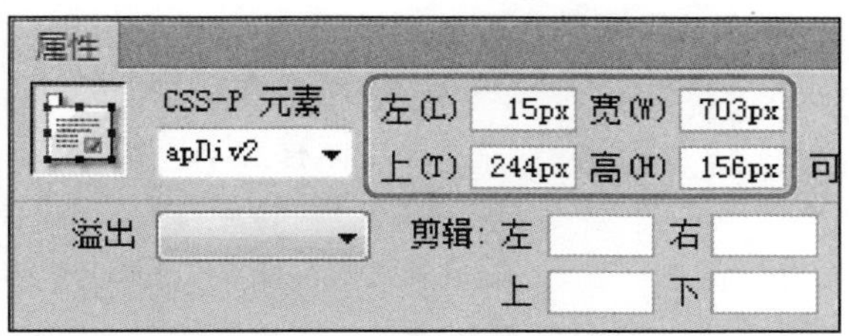

图 10-22

04 设置参数

选中 AP Div，在【属性】面板上进行参数设置，如图 10-22 所示。

图 10-23

05 插入图像素材

将光标移至 AP Div 中并插入图像，如图 10-23 所示。

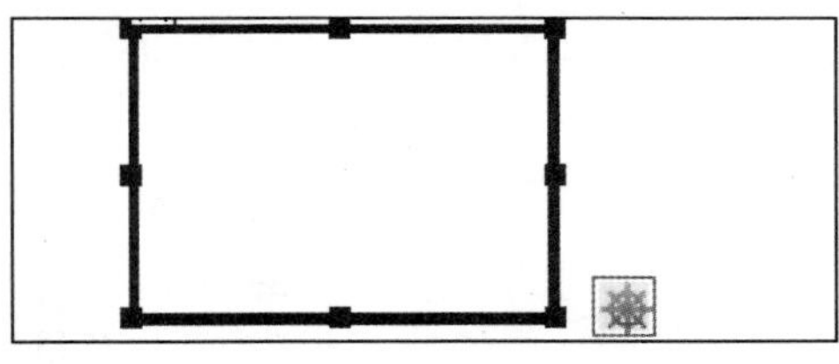

图 10-24

06 绘制 AP Div

在页面的右上角再绘制一个 AP Div，并将其选中，如图 10-24 所示。

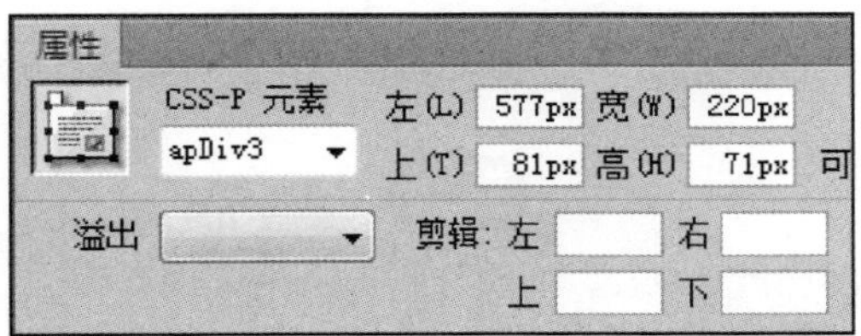

图 10-25

07 设置参数

选中 AP Div，在【属性】面板上进行参数设置，如图 10-25 所示。

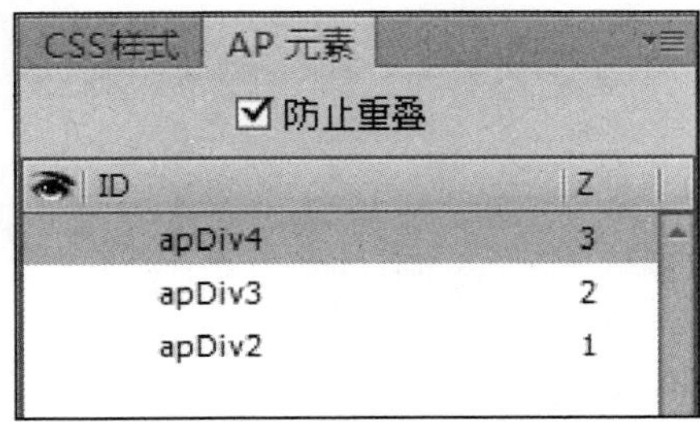

图 10-26

08 选中【防止重叠】复选框

在【AP 元素】面板中选中【防止重叠】复选框，如图 10-26 所示。

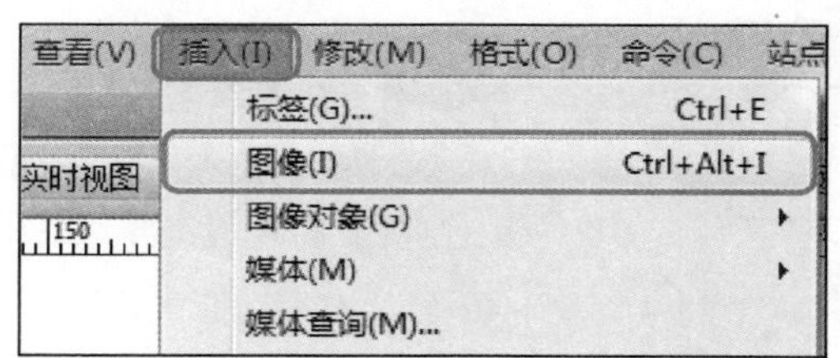

图 10-27

09 选择菜单项

将光标移至 AP Div 中，在菜单栏中选择【插入】→【图像】菜单项插入图像，如图 10－27 所示。

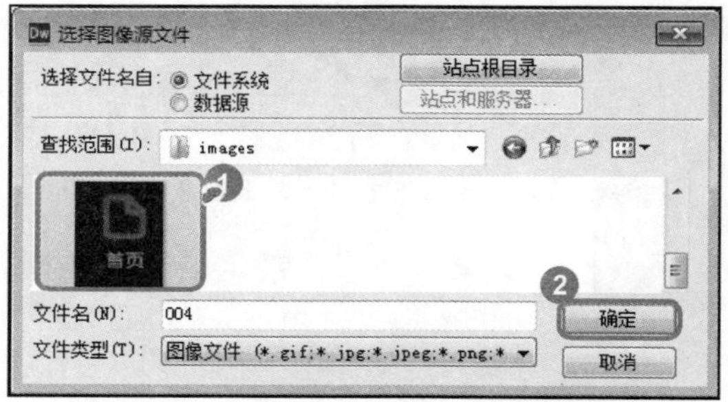

图 10-28

10 弹出【选择图像源文件】对话框

No1 弹出【选择图像源文件】对话框，选择素材图像。

No2 单击【确定】按钮，如图 10-28 所示。

图 10-29

11 插入图像

用同样的方法在刚刚插入的图像后方继续插入素材图像，如图 10-29 所示。

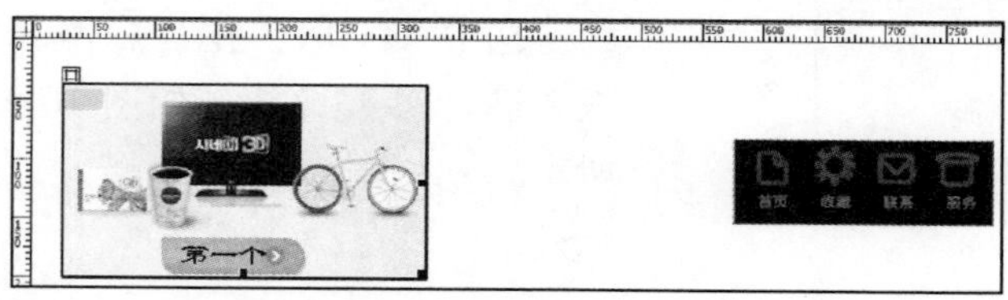

图 10-30

12 绘制 AP Div

在页面中央再绘制一个 AP Div，并插入图像素材，如图 10-30 所示。

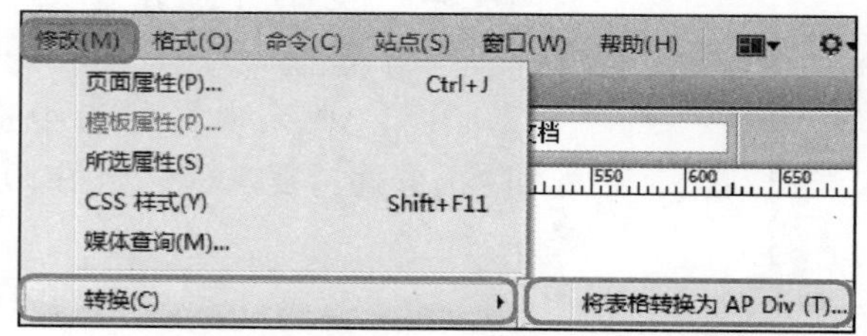

图 10-31

13 选择菜单项

在菜单栏中选择【修改】→【转换】→【将 AP Div 转换为表格】菜单项，如图 10-31 所示。

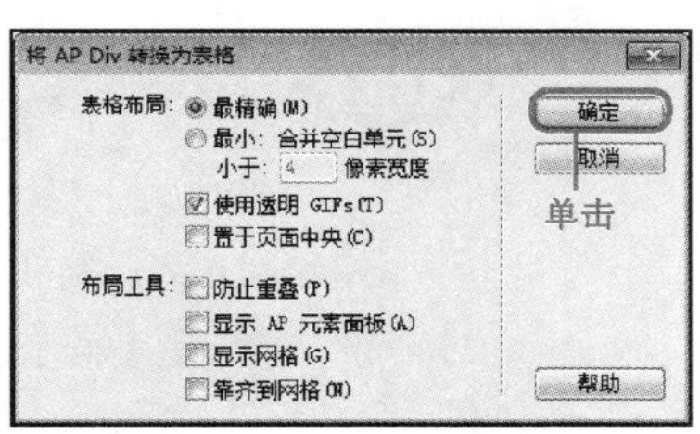

图 10-32

14 弹出对话框

弹出【将 AP Div 转换为表格】对话框，单击【确定】按钮，如图 10-32 所示。

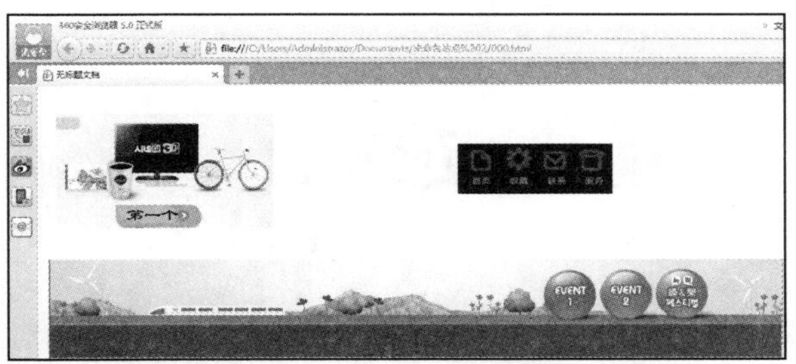

图 10-33

15 完成转换

按下键盘上的【Ctrl】+【S】组合键保存页面，再按下键盘上的【F12】键，即可在浏览器中预览到页面效果，如图 10-33 所示。

10.5.2 创建浮动框架

浮动框架在网页设计中经常使用，下面介绍创建浮动框架的方法。

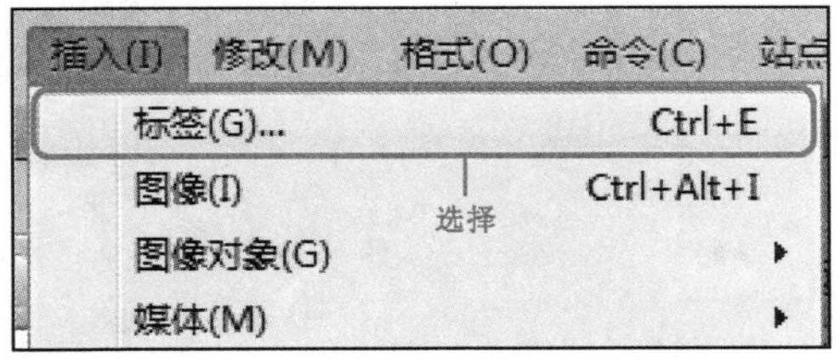

图 10-34

01 选择菜单项

将光标放置在准备插入浮动框架的位置，选择【插入】→【标签】菜单项，如图 10-34 所示。

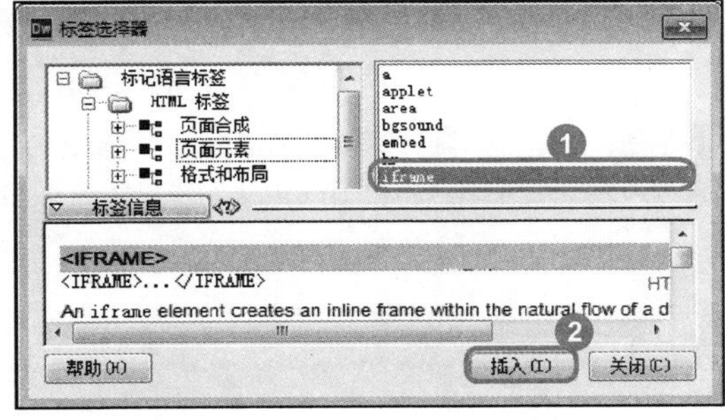

图 10-35

02 弹出对话框

№1 弹出【标签选择器】对话框，选择【HTML 标签】→【页面元素】→iframe 选项。

№2 单击【插入】按钮，如图 10-35 所示。

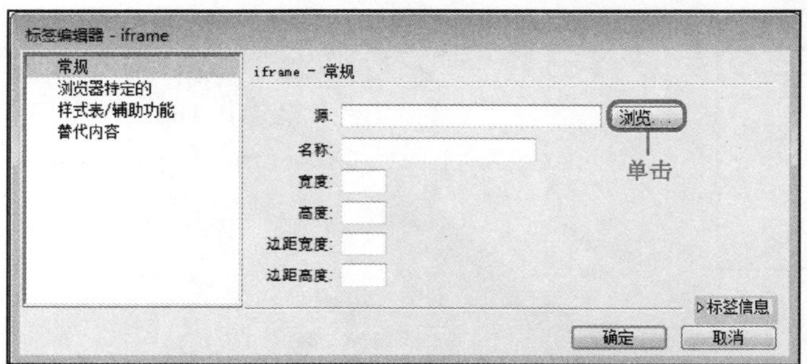

图 10-36

03 弹出【标签编辑器 - iframe】对话框

弹出【标签编辑器 - iframe】对话框，单击【源】文本框后面的【浏览】按钮，如图 10 - 36 所示。

图 10-37

04 弹出【选择文件】对话框

No1 弹出【选择文件】对话框，选择准备插入的文件。

No2 单击【确定】按钮，如图 10-37 所示。

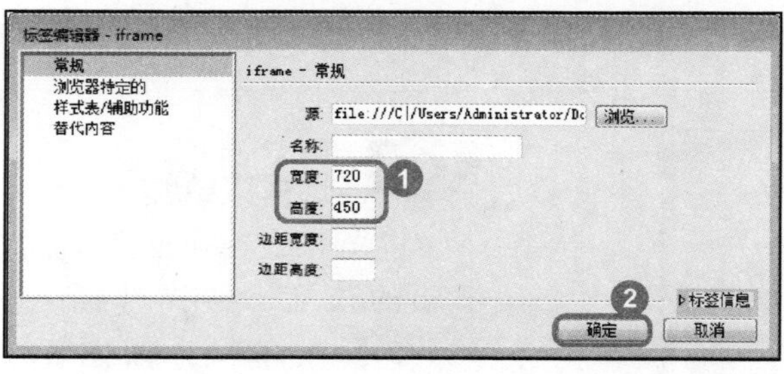

图 10-38

05 设置参数

No1 在【标签编辑器 - iframe】对话框中设置【宽】为 720、【高】为 450。

No2 单击【确定】按钮，如图 10-38 所示。

图 10-39

06 完成浮动框架的插入

按下键盘上的【Ctrl】+【S】组合键保存文件，再按下【F12】键，即可在浏览器中预览页面效果，如图 10-39 所示。

10.5.3 改变 AP Div 属性

下面详细介绍改变 AP Div 属性的操作方法。

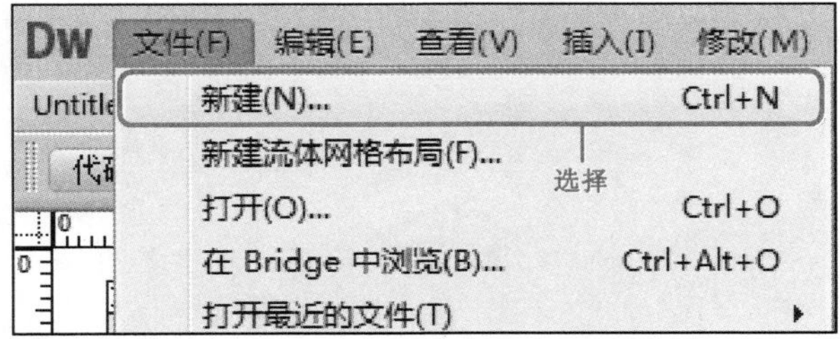

图 10-40

01 创建新文档

在菜单栏中选择【文件】→【新建】菜单项创建新文档，如图 10-40 所示。

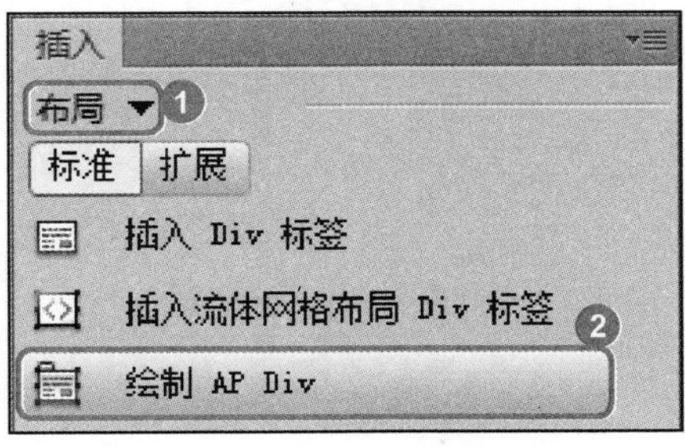

图 10-41

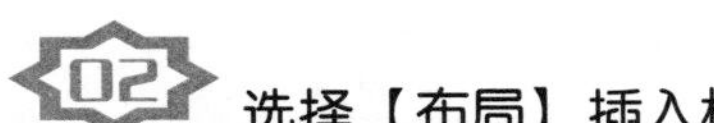

02 选择【布局】插入栏

No1 在【插入】面板中选择【布局】插入栏。

No2 在【标准】选项卡中单击【绘制 AP Div】按钮，如图 10-41 所示。

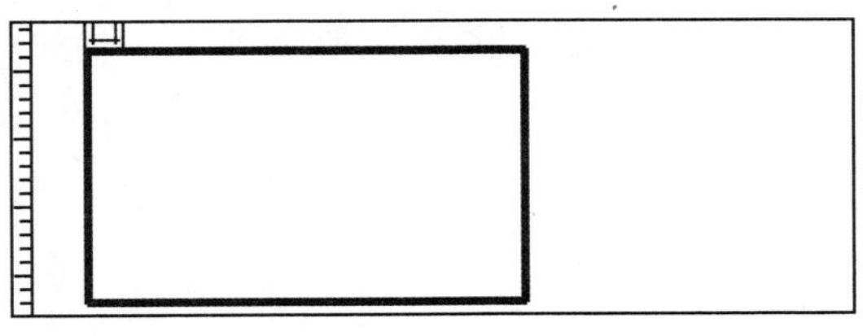

图 10-42

03 绘制 AP Div

在窗口中绘制一个 AP Div，如图 10-42 所示。

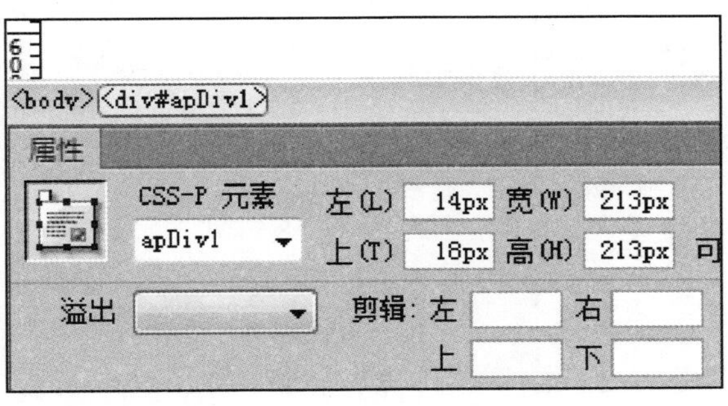

图 10-43

04 设置参数

选中 AP Div，在【属性】面板上进行参数设置，在【左】、【上】、【宽】、【高】文本框中输入数值，如图 10-43 所示。

05 插入图像素材

将光标移至 AP Div 中并插入图像，如图 10-44 所示。

图 10-44

06 打开【行为】面板

№1 选中图像，在菜单栏中单击【窗口】菜单。

№2 在弹出的下拉菜单中选择【行为】菜单项，如图 10-45 所示，打开【行为】面板。

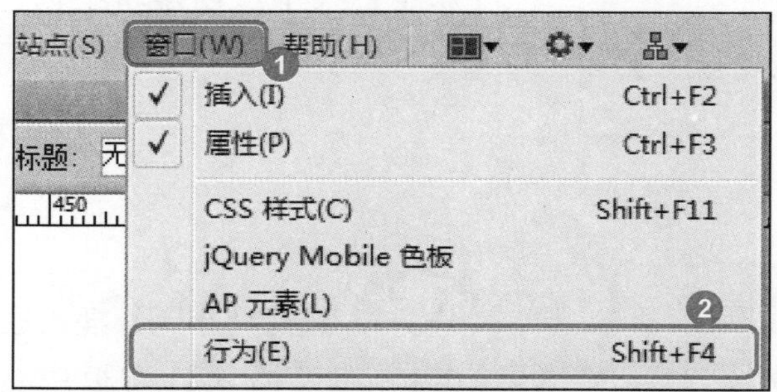

图 10-45

07 单击【添加行为】按钮

№1 在【行为】面板中单击【添加行为】按钮。

№2 在弹出的下拉列表中选择【改变属性】选项，如图 10-46 所示。

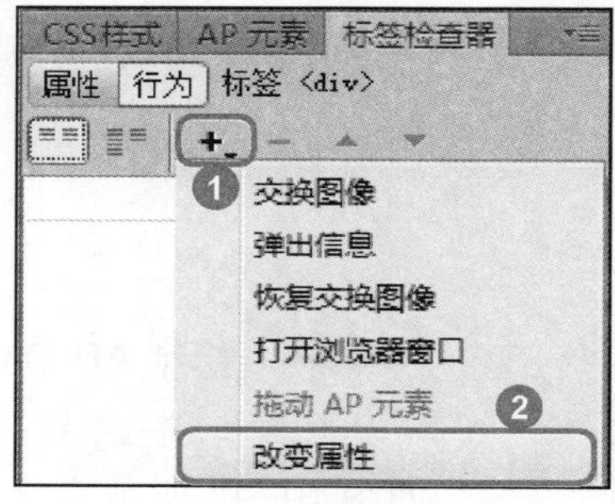

图 10-46

08 弹出【改变属性】对话框

№1 弹出【改变属性】对话框，单击【选择】后面的下拉按钮，然后选择 background-Color 选项。

№2 在【新的值】文本框中输入#809b77。

№3 单击【确定】按钮，如图 10-47 所示。

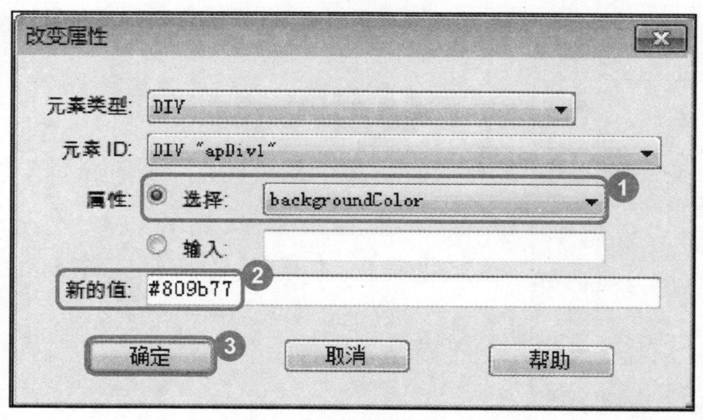

图 10-47

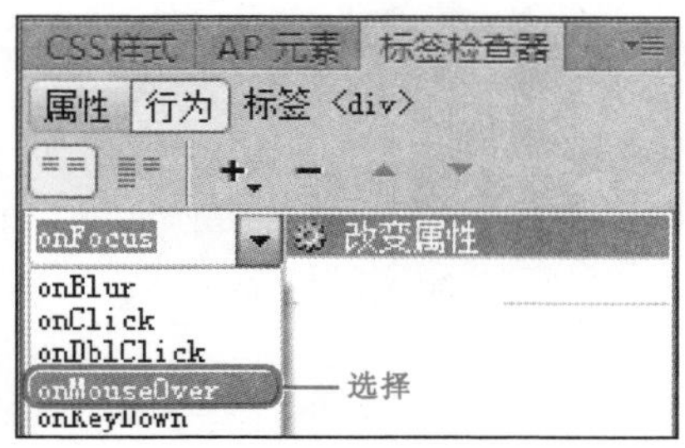

图 10-48

09 单击 onClick 按钮

在【行为】面板中单击 onFocus 下拉按钮，选择 onMouseover 选项，设置行为，如图 10-48 所示。

图 10-49

10 预览效果

按下键盘上的【Ctrl】+【S】组合键保存文档，再按下键盘上的【F12】键，即可在浏览器中预览页面效果，如图 10-49 所示。

10.5.4 通过【插入】面板创建普通 AP Div

通过【插入】面板创建 AP Div 的方法很简单，下面介绍通过【插入】面板创建 AP Div 的方法。

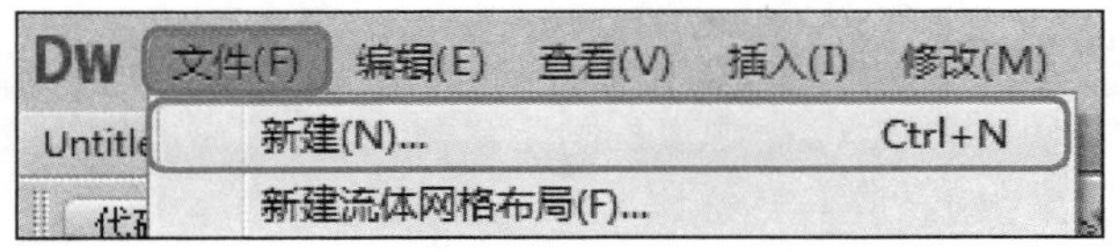

图 10-50

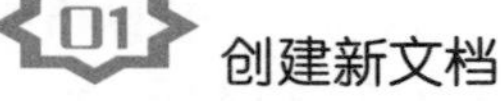

01 创建新文档

在菜单栏中选择【文件】→【新建】菜单项创建新文档，如图 10-50 所示。

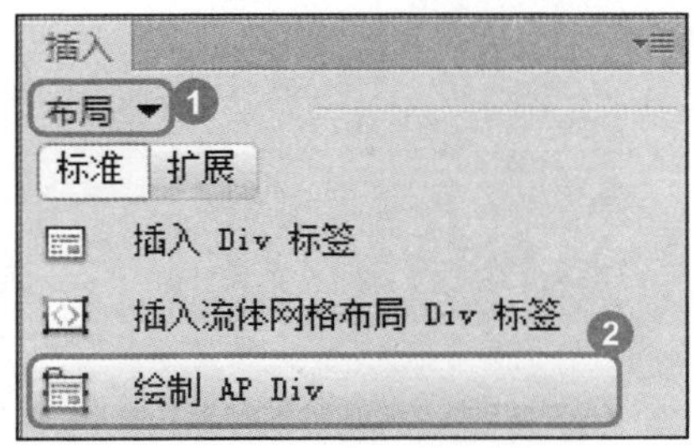

图 10-51

02 选择【布局】插入栏

No1 在【插入】面板中选择【布局】插入栏。

No2 在【标准】选项卡中单击【绘制 AP Div】按钮，如图 10-51 所示。

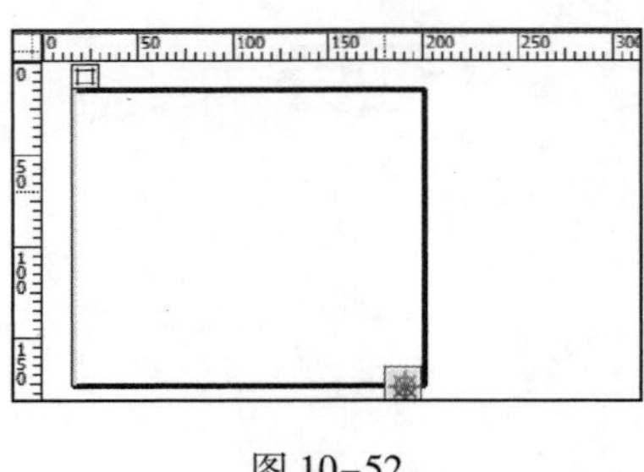

图 10-52

03 绘制 AP Div

在编辑窗口中按住鼠标左键并拖动即可创建 AP Div，如图 10-52 所示。

10.5.5 更改网格设置

在菜单栏中选择【查看】→【网格设置】→【网格设置】菜单项，弹出【网格设置】对话框，如图 10-53 所示，根据需要选择显示网格或不显示网格，然后单击【确定】按钮。

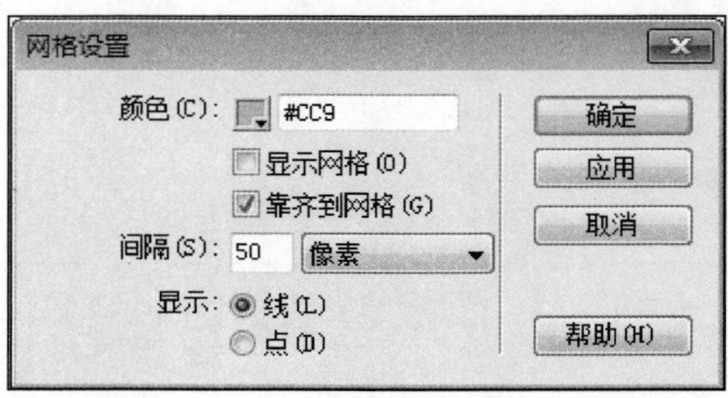

图 10-53

【网格设置】对话框中各选项的作用如下。

- 【颜色】选项：设置网格线的颜色。
- 【显示网格】复选框：使网格在文档窗口的“设计”视图中可见。
- 【靠齐到网格】复选框：使页面元素靠齐到网格线。
- 【间隔】选项：设置网格线的间距。
- 【显示】选项组：设置网格线是显示为线条还是显示为点。

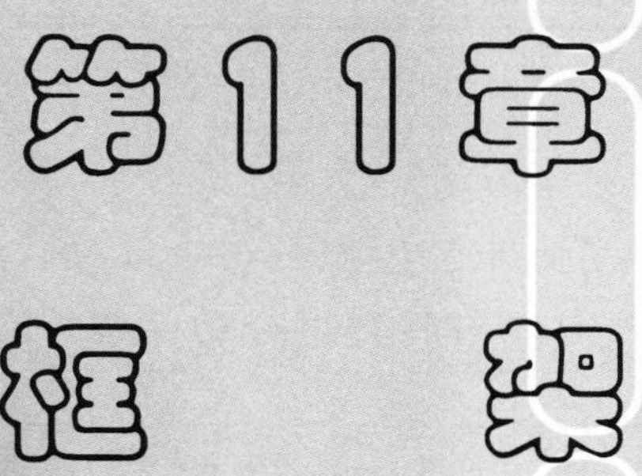

第11章 框架

本章内容导读

本章主要介绍框架概述、创建框架和框架集、选择框架或框架集、设置框架和框架集的属性等知识与技巧，同时讲解了 IFrame 框架、制作 IFrame 框架页面、IFrame 框架页面链接等，最后还针对实际工作需要讲解了设置框架和框架集属性以及改变框架的基本颜色等方法。通过本章的学习，读者可以掌握使用框架布局网页方面的知识，为进一步学习 Dreamweaver CS6 奠定了基础。

本章知识要点

- **什么是框架**
- **框架和框架集**
- **选择框架或框架集**
- **框架或框架集属性的设置**
- **应用 IFrame 框架**

Section

11.1 什么是框架

本节导读

框架是比较常用的网页技术，使用框架技术可以将不同的网页文档在同一个浏览器窗口中显示出来。本节将详细介绍框架方面的知识。

11.1.1 框架的组成

框架页面是由一组普通的Web页面组成的页面集合，通常在一个框架页面集中将一些导航性的内容放在一个页面中，而将另一些需要变化的内容放在另一个页面中。

使用框架页面的主要原因是为了使导航更加清晰，使网站的结构更加简单明了、更加规格化，一个框架结构由两部分网页文件组成，一个是框架，另一个是框架集，如图11-1所示。

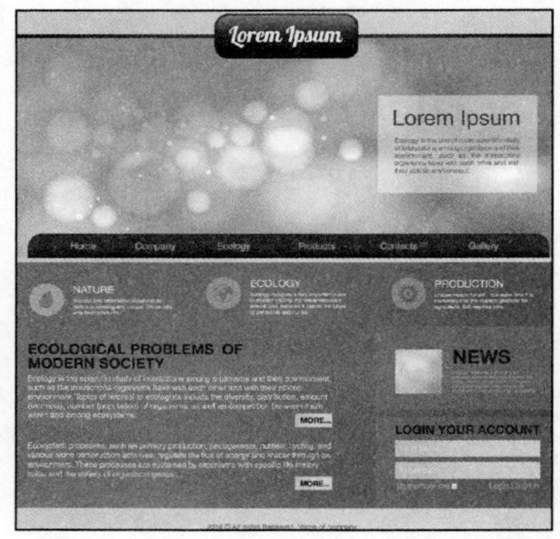

图11-1

这个页面是由上、中、下3个部分组成的一个框架集，最上面的是此站点的栏目导航，单击不同的栏目，相应的栏目内容会出现在中间的框架子页面中；最下面的是此站点的一些相关信息。这样的框架组合可以保证整个站点的栏目始终都出现在浏览者的视线中，使浏览者的注意力更多地集中在框架集的中间部分，即栏目内容。

11.1.2 框架结构的优缺点

使用框架结构制作网页会给制作 人员带来很大的便利，但是这种形式具有一定的弊端，下面详细介绍框架结构的优缺点。

框架结构的优点：

- 每个框架网页都具有独立的滚动条，因此访问者可以独立控制各个页面。
- 便于修改：一般情况下，每隔一段时间网站的设计就要做一定的更改，如果是公共部分需要修改，那么只需要修改这个公共网页，整个网站就会同时进行更新。
- 访问者的浏览器不需要为每个页面重新加载与导航相关的图形，当浏览器的滚动条滚动时，这些链接不随滚动条的滚动而上下移动，一直固定在某个窗口，便于访问者能随时跳转到另一个页面。

框架结构的缺点：

- 某些早期的浏览器不支持框架结构的网页。
- 下载框架式网页速度慢。
- 不利于内容较多、结构复杂页面的排版。

Section 11.2 框架和框架集

本节导读

框架是浏览器窗口中的一个区域，框架集是框架的集合，也是网页文件，定义了一组框架的布局和属性，包括在一个窗口中显示的框架数、框架的尺寸、载入到框架的网页等。本节将详细介绍创建框架和框架集方面的知识。

11.2.1 创建预定义的框架集

下面详细介绍创建预定义的框架集的操作方法。

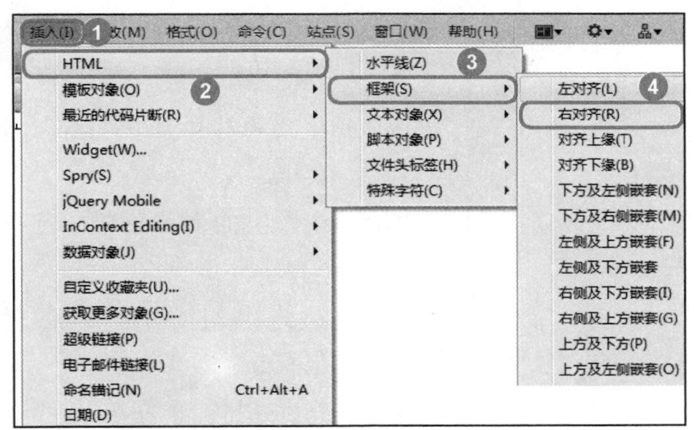

图 11-2

01 选择菜单项

No1 在菜单栏中单击【插入】菜单。

No2 在弹出的下拉菜单中选择 HTML 菜单项。

No3 在弹出的子菜单中选择【框架】菜单项。

No4 在弹出的子菜单中选择【右对齐】菜单项，如图 11-2 所示。

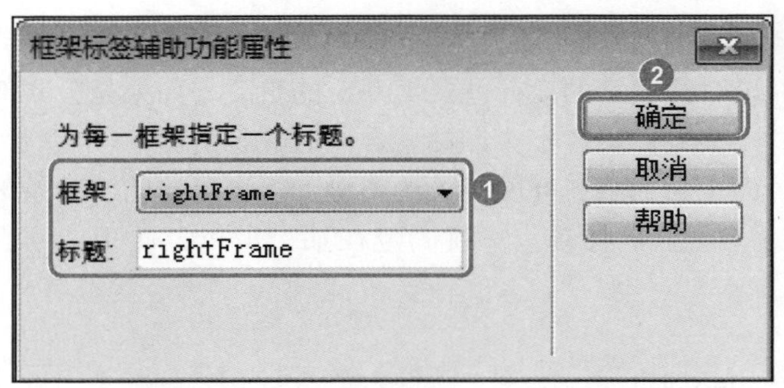

图 11-3

02 弹出对话框

No1 弹出【框架标签辅助功能属性】对话框，设置框架及标题。

No2 单击【确定】按钮，如图 11-3 所示。

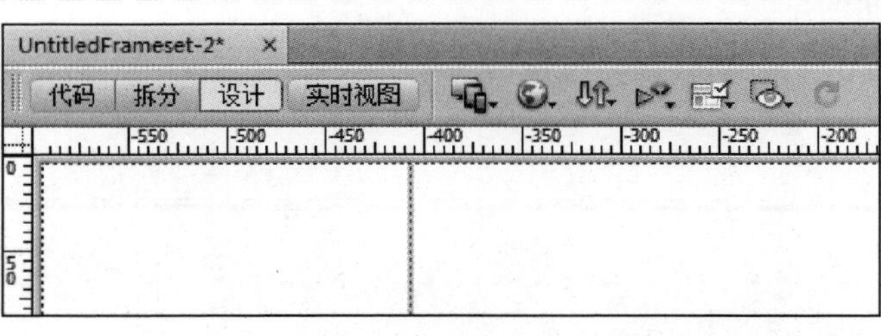

图 11-4

03 完成框架集的创建

在网页窗口中可以看到创建的框架集，如图 11-4 所示。

11.2.2 在框架中添加内容

如果一个网页的左边导航菜单是固定的，而页面中间的信息可以上下移动，一般可以认为这是一个框架型网页。在框架创建好以后即可在里面添加内容。每一个框架中都是一个独立的文档，可以直接添加内容，也可以在框架内打开已经存在的文档。下面详细介绍向框架中添加内容的操作方法。

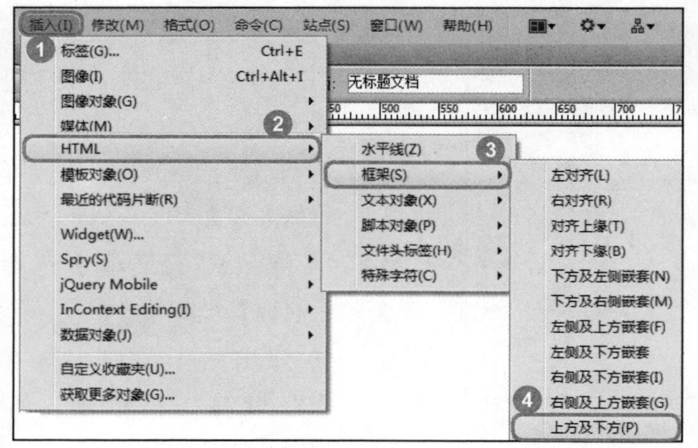

图 11-5

01 选择菜单项

No1 在菜单栏中单击【插入】菜单。

No2 在弹出的下拉菜单中选择 HTML 菜单项。

No3 在弹出的子菜单中选择【框架】菜单项。

No4 在弹出的子菜单中选择【上方及下方】菜单项，如图 11-5 所示。

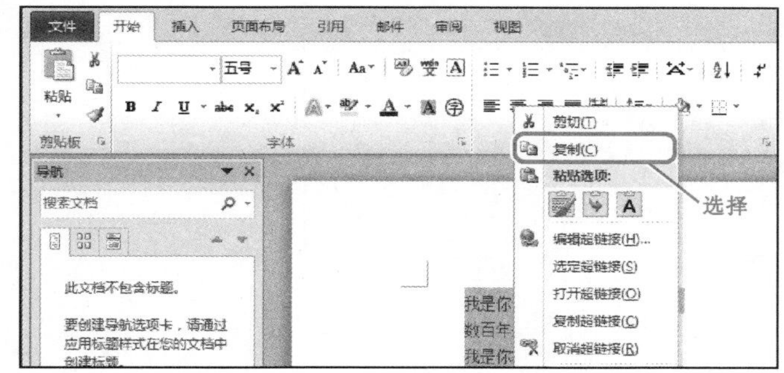

图 11-6

02 复制文档

打开准备添加内容的文档，选中准备复制的文档后右击，在弹出的快捷菜单中选择【复制】命令，如图 11-6 所示。

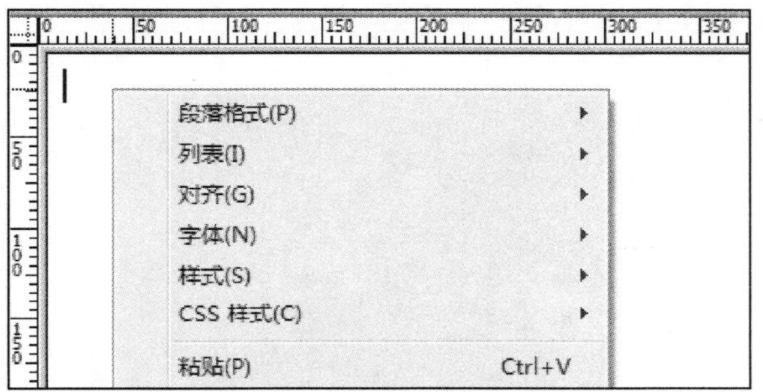

图 11-7

03 粘贴文档

返回至 Dreamweaver CS6 编辑窗口，在准备添加文本的位置右击，在弹出的快捷菜单中选择【粘贴】命令，如图 11-7 所示。

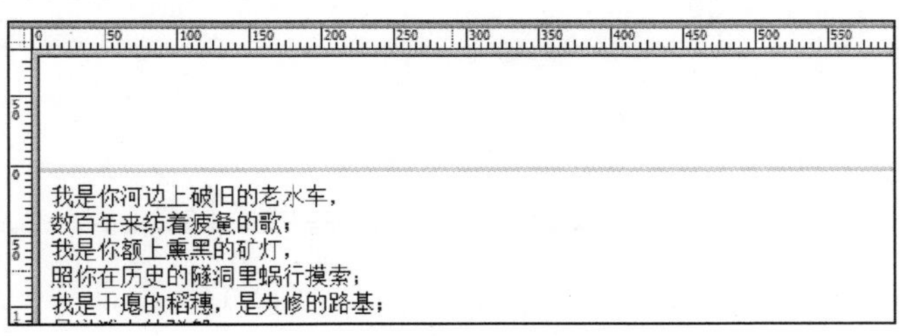

图 11-8

04 完成文本的添加

此时在页面中可以看到刚刚添加的文本内容，如图 11-8 所示。

11.2.3 框架与框架集文件的保存

在浏览器中预览框架集前必须保存框架集文件以及要在框架中显示的所有文档，用户可以单独保存每个框架集文件和带框架的文档，也可以同时保存框架集文件和框架中出现的所有文档，保存框架和框架集文件的方法非常简单，下面详细介绍保存框架和框架集文件的操作方法。

在文档窗口中选择框架集，在菜单栏中选择【文件】→【框架另存为】菜单项，弹出【另存为】对话框，从中设置参数，单击【保存】按钮，即可保存框架集，如图 11-9 和图 11-10 所示。

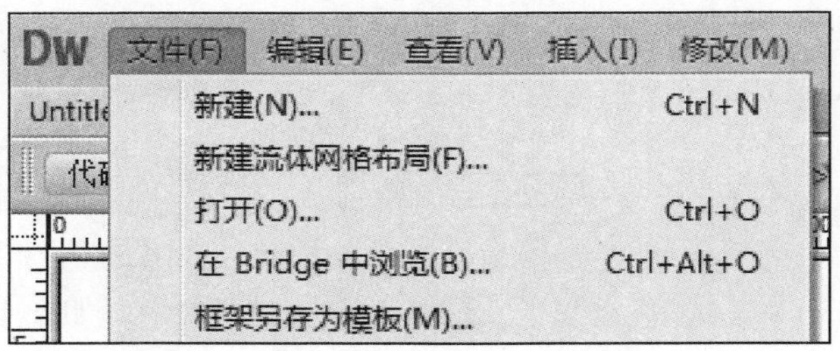

图 11-9

图 11-10

Section

11.3 选择框架或框架集

本节导读

在掌握了框架和框架集的创建和编辑后，用户可以对框架和框架集进行选择，本节将详细介绍框架和框架集的选择方法。

11.3.1 在文档窗口中选择

在文档窗口中如果框架被选中，框架的边框将呈现虚线样式；如果框架集被选中，框架集内各框架的所有边框将呈现虚线样式，如图 11-11 和图 11-12 所示。

如果准备在文档窗口中选择框架，需要在文档中按住【Alt】键的同时单击框架内部，这样即可选中文档中的框架。

如果准备在文档中选择框架集，需要在文档窗口中单击框架集内部框架边框，这样即可选中框架集。

如果需要选择不同的框架或框架集，可以使用以下方法。

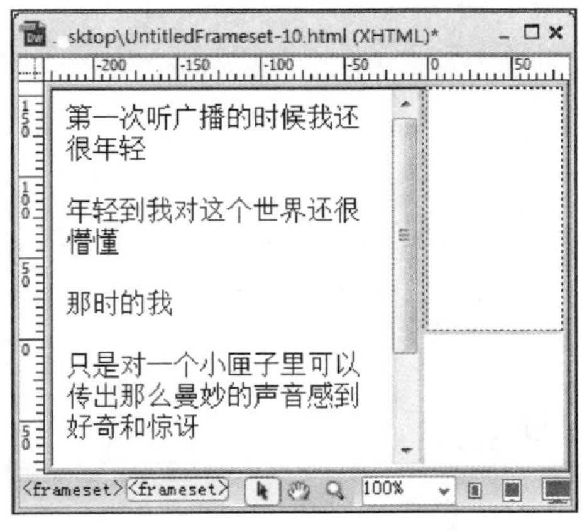

图 11–11

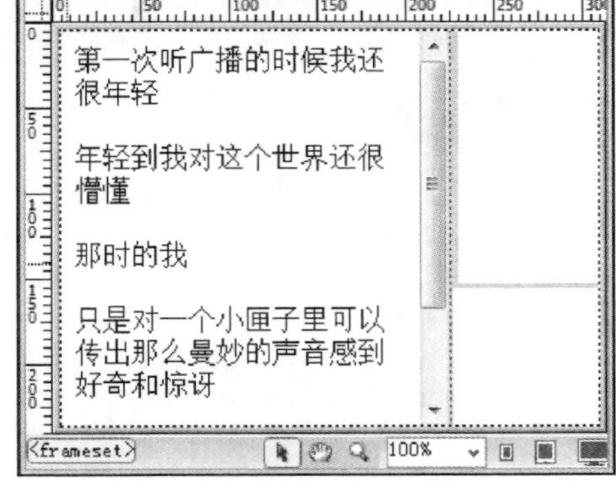

图 11–12

> ➢ 需要在当前内容上选择下一框架或框架集，可以在键盘上按住【Alt】键的同时按下键盘上的方向键，这样即可选中与当前内容相邻的框架或框架集。
> ➢ 需要选择父框架集，可以在键盘上按住【Alt】键的同时按键盘上的【向上】方向键，这样即可选择当前框架集的父框架集。
> ➢ 需要选择当前框架集的第一个子框架或框架集，可以在键盘上按住【Alt】键的同时按键盘上的【向下】方向键，这样即可选中框架集中的子框架或框架集。

11.3.2 在【框架】面板中选择

选择框架或框架集还可以使用【框架】面板进行选择。在默认情况下，【框架】面板是隐藏的，如果需要显示【框架】面板，可以通过在菜单栏中选择【窗口】→【框架】菜单项打开【框架】面板，如图 11–13 所示。

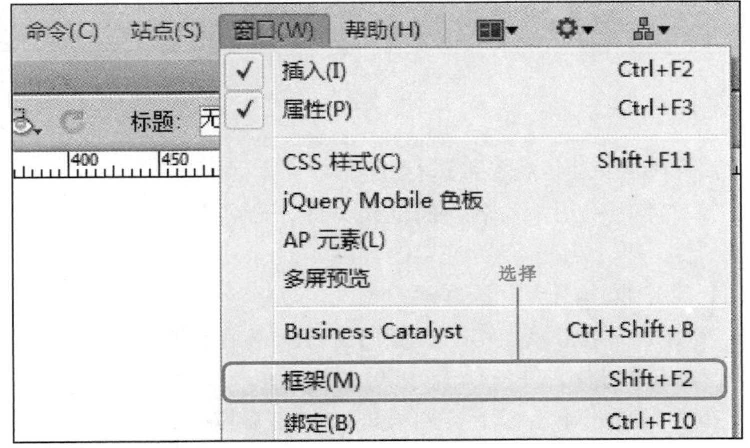

图 11–13

在【框架】面板中显示了文档中所包含框架的格式。如果需要选择框架中的某个部分，可以在将鼠标指针移动到【框架】面板中相对应的框架区域位置后单击，这样即可选中文档的框架；如果需要选中文档中的框架集，可以在将鼠标指针移动到【框架】面板中的边框位置后单击，这样即可将当前文档中的框架全部选中。

知识精讲

在文档窗口中显示【框架】面板还可以使用【Shift】+【F2】组合键。

Section 11.4 框架或框架集属性的设置

本节导读

在创建框架和框架集之后，用户可以设置框架和框架集的属性，本节将详细介绍设置框架和框架集属性的方法。

11.4.1 设置框架的属性

在对框架进行设置的时候首先要选取框架，然后在【属性】面板中设置选中框架的属性，如图 11-14 所示。

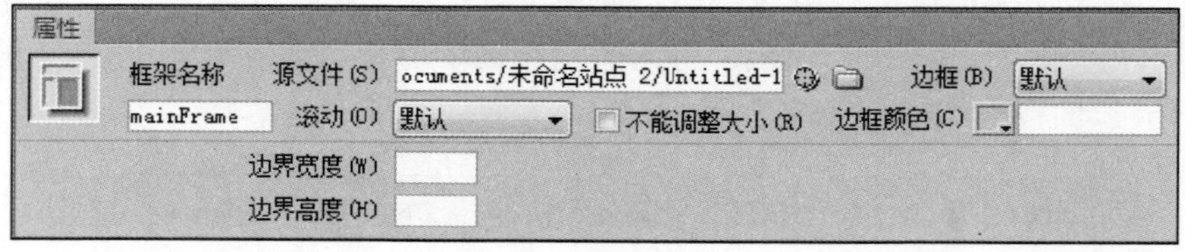

图 11-14

在【属性】面板中可以对各个参数进行设置。

- 【框架名称】文本框：用于命名当前框架文件，命名框架名称不能使用特殊符号。
- 【边界高度】文本框：用于设置框架的高度。
- 【边界宽度】文本框：用于设置框架的宽度。
- 【源文件】文本框：单击该文本框右侧的文件夹按钮，在弹出的【选择 HTML 文件】对话框中选择框架的源文件，单击【确定】按钮。
- 【滚动】下拉列表框：单击该下拉列表框右侧的下拉按钮，弹出的菜单中包括【是】【否】【自动】和【默认】菜单项，选择任意菜单项可以设置在框架中是否使用滚动条。

➢【边框】下拉列表框：单击该下拉列表框右侧的下拉按钮，弹出的菜单中包括【是】、【否】和【默认】菜单项，选择任意菜单项可以设置在文档窗口中是否显示框架的边框。
➢【边框颜色】区域：单击【边框颜色】下拉按钮，在弹出的颜色调板中选择任意色块用于设置框架的边框颜色。
➢【不能调整大小】复选框：选中该复选框，用于指定是否重定义框架的尺寸，若选中当前复选框将无法使用鼠标指针拖动框架的边框大小。

11.4.2 设置框架集的属性

在 Dreamweaver CS6 中，用户还可以设置框架集的属性，首先选中框架集，此时【属性】面板中将显示框架集的属性，如图 11-15 所示。

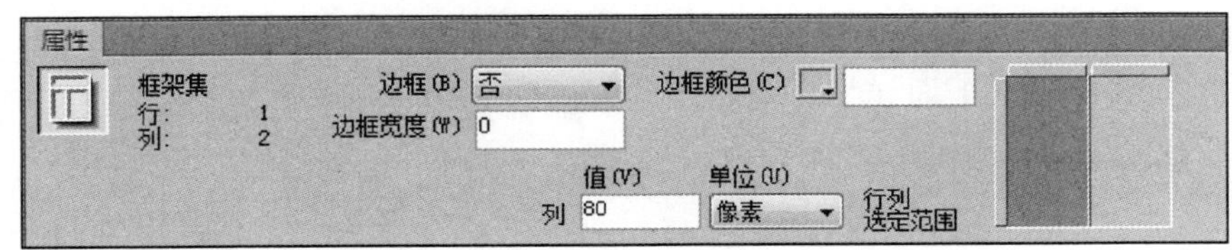

图 11-15

在【属性】面板中可以对各个参数进行设置。
➢【框架集】区域：在框架集区域中显示了当前框架集的信息，包括行数信息和列数信息。
➢【边框】下拉列表框：单击该下拉列表框右侧的下拉按钮，弹出的菜单中包括【是】【否】和【默认】菜单项。
➢【边框颜色】区域：单击【边框颜色】下拉按钮，在弹出的颜色调板中选择框架集的边框颜色。
➢【边框宽度】文本框：在该文本框中输入宽度的数值，用于设置框架集中边框的宽度数值。
➢【列】文本框：【列】区域中包括【值】文本框和【单位】下拉列表框，用于设置框架集的数值和数值单位。
➢【框架预览】区域：在该区域中显示了当前框架集的预览图，框架集的结构图显示在【框架预览】区域中。

知识精讲

在文本窗口中，所设置框架集的边框颜色可以取代单个边框所指定的边框颜色，框架集所指定的边框宽度为框架的边框宽度。

考考您

请根据学习的框架和框架集属性方面的知识设置框架属性，测试学习效果。

Section 11.5 应用 IFrame 框架

本节导读

IFrame 框架是浮动的框架，利用浮动框架可以更容易地控制网站内容，IFrame 元素会创建包含另外一个文档的内联框架（即行内框架）。本节将详细介绍 IFrame 框架方面的知识。

11.5.1 制作 IFrame 框架页面

制作 IFrame 框架页面的方法很简单，只需要在页面中显示浮动框架的位置插入 IFrame，再添加相应的代码即可，下面详细介绍制作 IFrame 框架页面的操作方法。

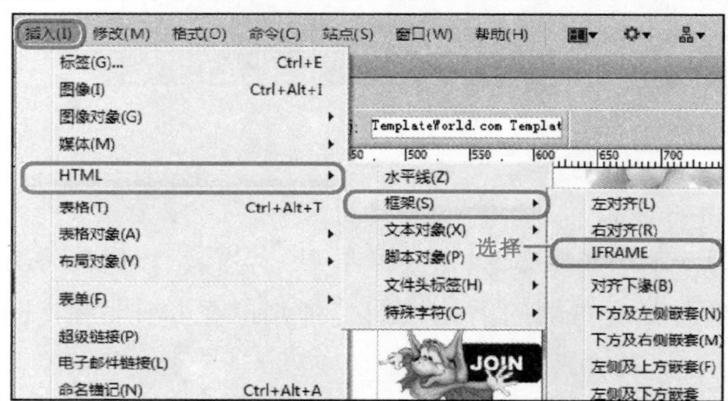

图 11-16

01 选择菜单项

启动 Dreamweaver CS6 程序，将光标放置在准备插入浮动框架的位置，在菜单栏中选择【插入】→HTML→【框架】→IFRAME 菜单项，如图 11-16 所示。

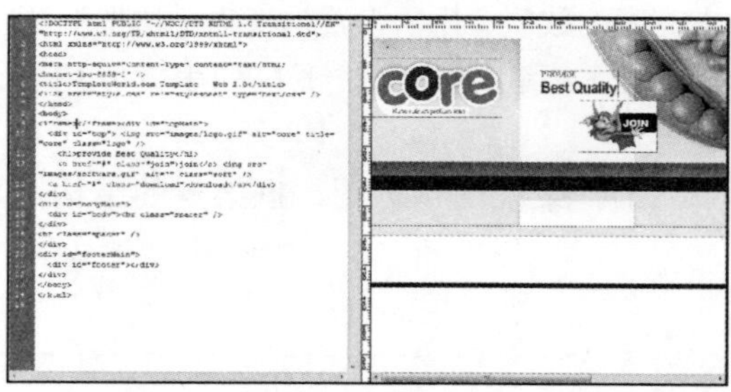

图 11-17

02 生成代码标签

此时在页面中会插入一个浮动框架，页面会自动转换到拆分模式，并在代码中生成 <iframe></iframe> 标签，如图 11-17 所示。

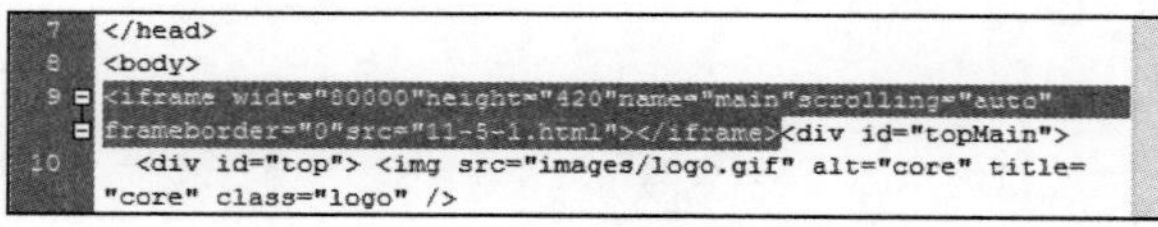

```
</head>
<body>
<iframe widt="80000"height="420"name="main"scrolling="auto"
frameborder="0"src="11-5-1.html"></iframe><div id="topMain">
  <div id="top"> <img src="images/logo.gif" alt="core" title=
"core" class="logo" />
```

图 11-18

03 输入代码

在代码视图中输入代码，如图 11-18 所示。

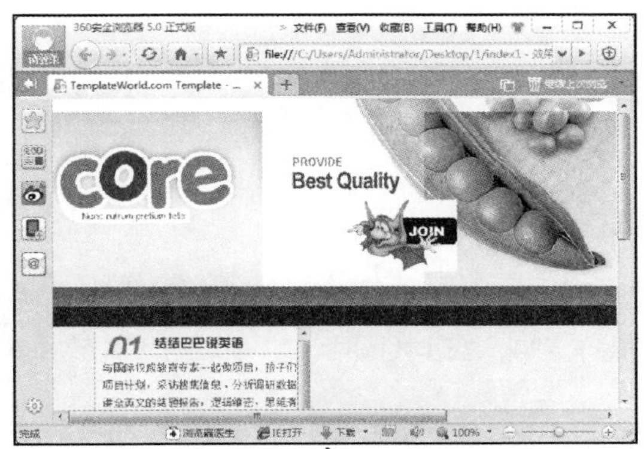

图 11-19

04 完成框架的插入

此时，在页面中插入的浮动框架会变成灰色区域，按下【Ctrl】+【S】组合键保存文档，再按下【F12】键，即可在浏览器中预览页面效果，如图 11-19 所示。

11.5.2 制作 IFrame 框架页面链接

在网页制作中之所以使用框架，主要是因为框架页独特的链接方式，因为应用框架可以在不同的框架中显示不同的页面，下面详细介绍制作 IFrame 框架页面链接的方法。

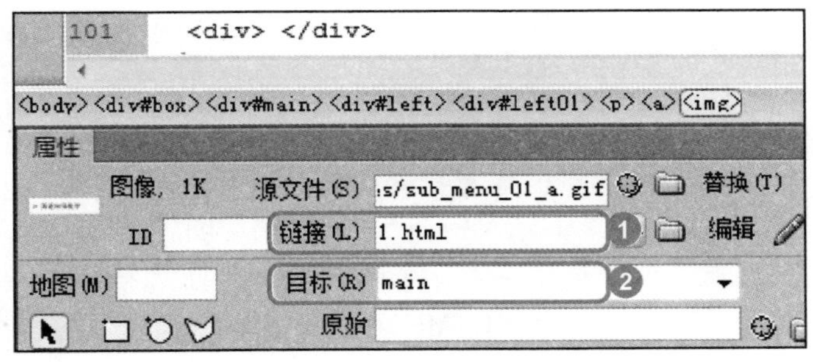

图 11-20

01 设置链接地址

No1 选中左侧的“英语培训教学”图像，在【属性】面板中设置链接地址。

No2 在【目标】下拉列表框中输入文本，如图 11-20 所示。

图 11-21

02 预览页面效果

按下键盘上的【Ctrl】+【S】组合键保存文档，再按下键盘上的【F12】键，即可在浏览器中预览页面效果，如图 11-21 所示。

Section 11.6 实践案例与上机操作

本节导读

通过本章的学习，用户可以掌握使用框架布局网页的方法以及一些常见的操作。下面通过几个实践案例进行上机操作，以达到巩固学习、拓展提高的目的。

11.6.1 制作网页

通过本实例用户能够掌握创建框架集的方法，下面详细介绍制作网页的操作方法。

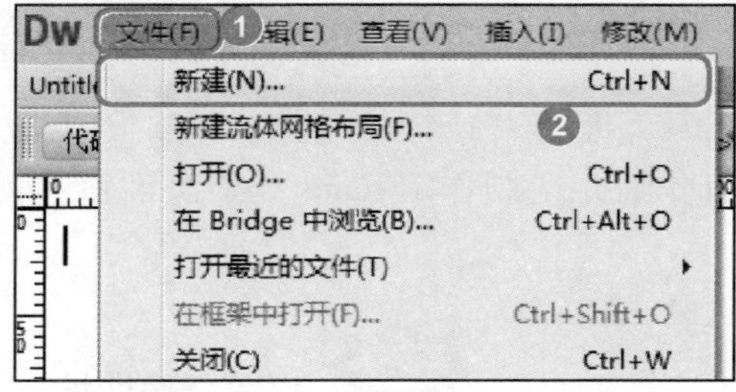

图 11-22

01 创建新文档

No1 在菜单栏中单击【文件】菜单。

No2 在弹出的下拉菜单中选择【新建】菜单项，如图 11-22 所示。

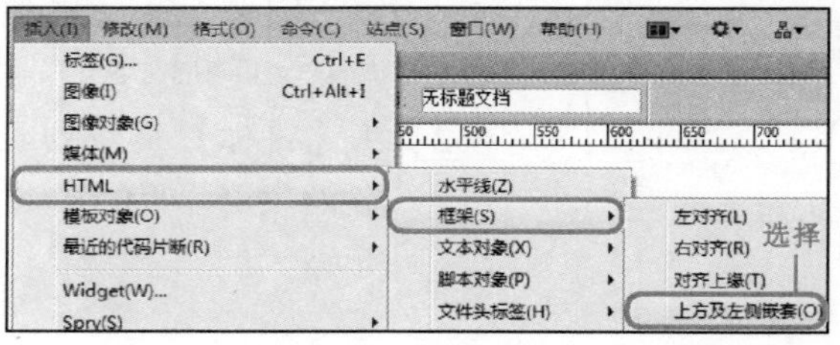

图 11-23

02 选择菜单项

在菜单栏中选择【插入】→HTML→【框架】→【上方及左侧嵌套】菜单项，如图 11-23 所示。

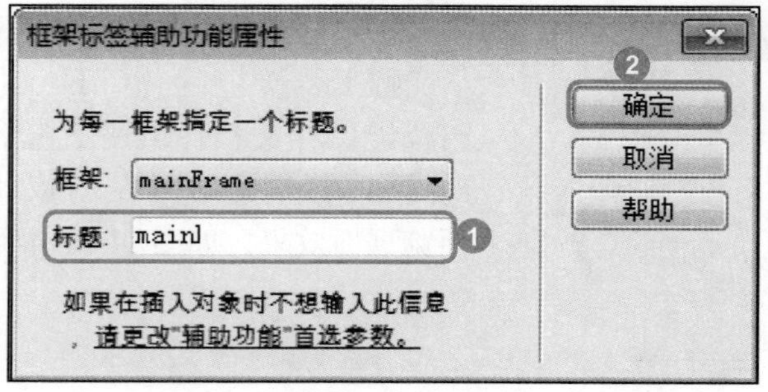

图 11-24

03 弹出对话框

No1 弹出【框架标签辅助功能属性】对话框，在【标题】文本框中输入 main。

No2 单击【确定】按钮，如图 11-24 所示。

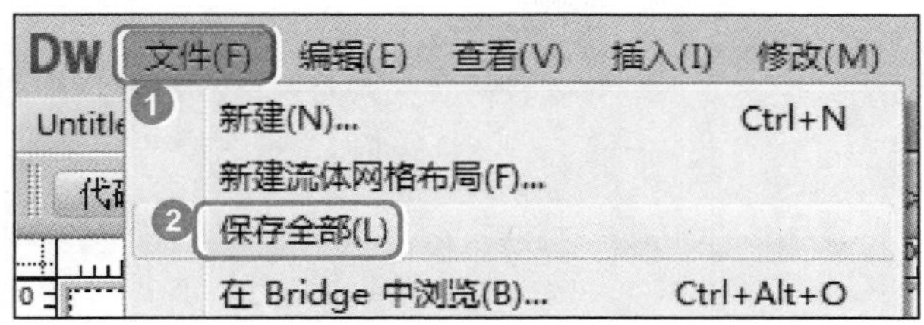

图 11-25

04 保存文档

No1 在菜单栏中单击【文件】菜单。

No2 在弹出的下拉菜单中选择【保存全部】菜单项，如图 11-25 所示。

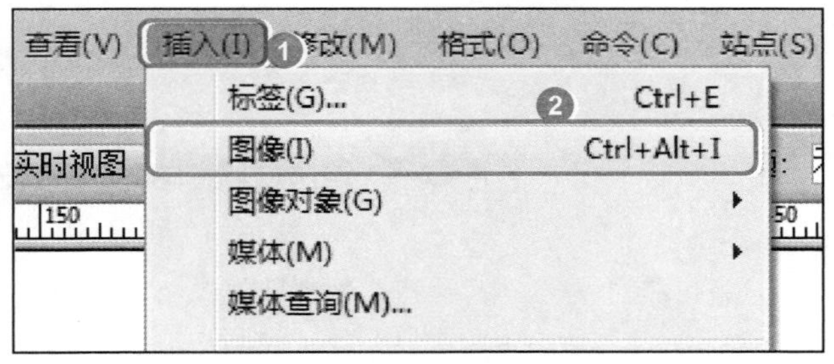

图 11-26

05 选择菜单项

No1 将鼠标指针定位于顶部框架中，在菜单栏中单击【插入】菜单。

No2 在弹出的下拉菜单中选择【图像】菜单项，如图 11-26 所示。

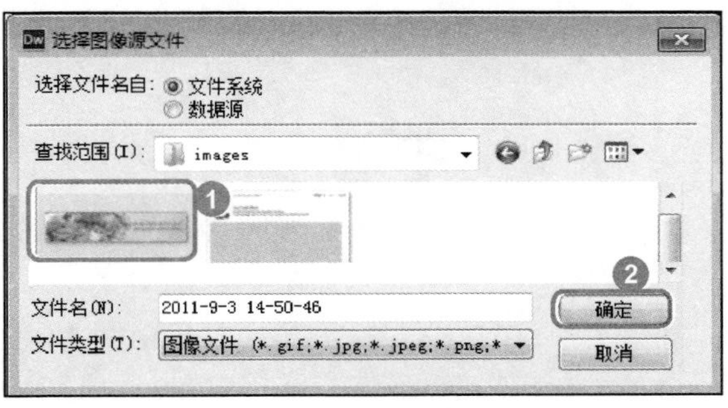

图 11-27

06 弹出【选择图像源文件】对话框

No1 弹出【选择图像源文件】对话框，选择准备插入的图像。

No2 单击【确定】按钮，如图 11-27 所示。

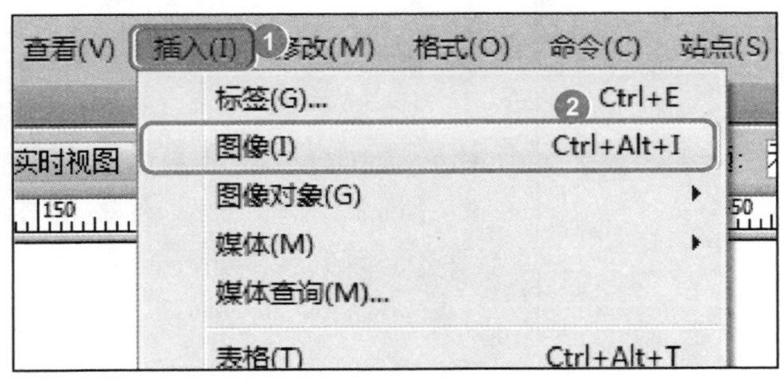

图 11-28

07 选择菜单项

No1 将鼠标指针定位于左侧框架中，在菜单栏中单击【插入】菜单。

No2 在弹出的下拉菜单中选择【图像】菜单项，如图 11-28 所示。

图 11-29

08 弹出【选择图像源文件】对话框

№1 弹出【选择图像源文件】对话框，选择准备插入的图像。

№2 单击【确定】按钮，如图 11-29 所示。

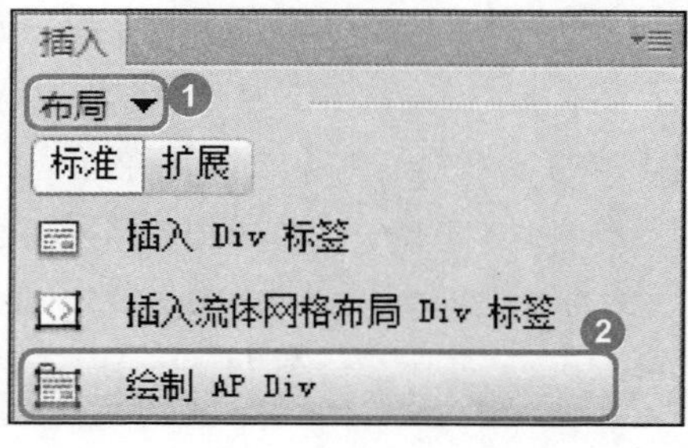

图 11-30

09 单击【绘制 AP Div】按钮

№1 在【插入】面板中选择【布局】插入栏。

№2 在【标准】选项卡中单击【绘制 AP Div】按钮，然后在窗口中绘制一个 AP Div，如图 11-30 所示。

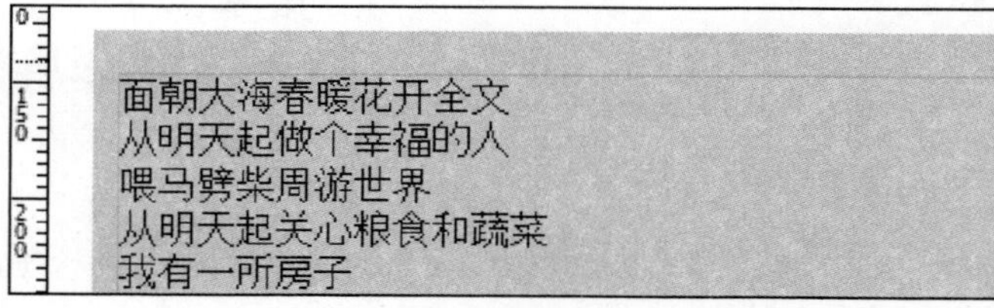

图 11-31

10 输入文本

在绘制的 AP Div 中输入文本内容，如图 11-31 所示。

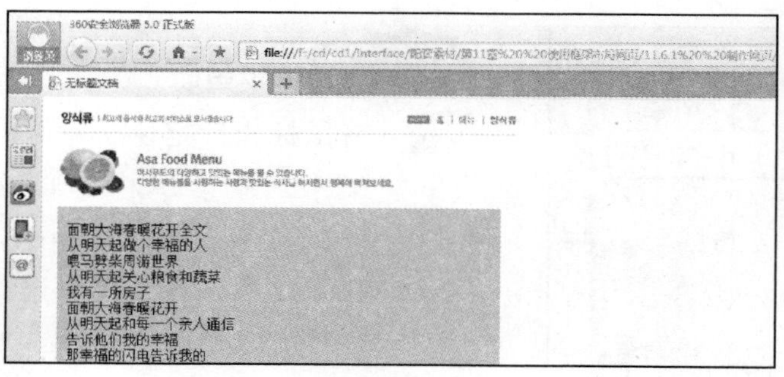

图 11-32

11 完成制作并预览效果

按下键盘上的【Ctrl】+【S】组合键保存文档，再按下键盘上的【F12】键，即可在浏览器中预览页面效果，如图 11-32 所示。

11.6.2 改变框架的背景颜色

如果要改变页面中文档的背景颜色，可以改变其所在框架的背景颜色。改变框架的背景颜色的方法非常简单，通过【修改】菜单的【页面属性】菜单项即可改变框架的背景颜色，下面详细介绍改变框架的背景颜色的操作方法。

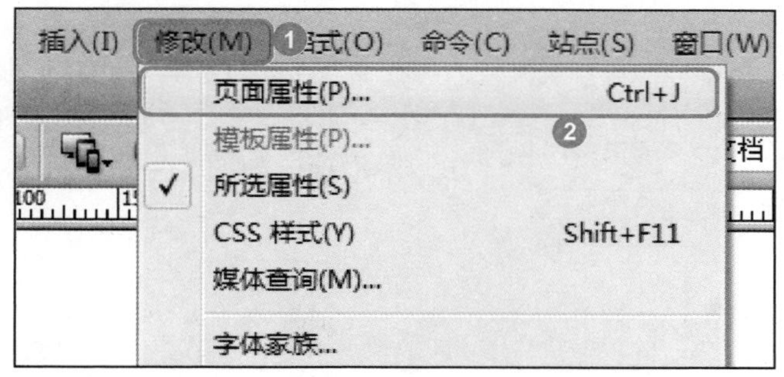

图 11-33

01 选择菜单项

No1 将光标置于需要改变颜色的框架中，在菜单栏中单击【修改】菜单。

No2 在弹出的下拉菜单中选择【页面属性】菜单项，如图 11-33 所示。

图 11-34

02 弹出对话框

No1 弹出【页面属性】对话框，在【外观】选项组的【背景颜色】文本框中输入#F00。

No2 单击【确定】按钮，如图 11-34 所示。

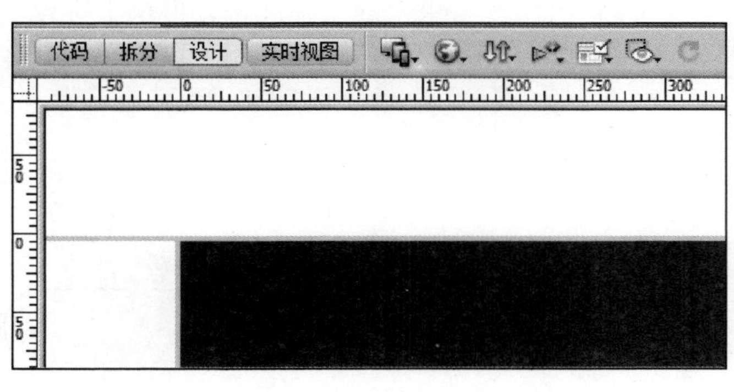

图 11-35

03 完成更改并预览效果

按下键盘上的【Ctrl】+【S】组合键保存文档，再按下键盘上的【F12】键，即可在浏览器中预览页面效果，如图 11-35 所示。

11.6.3 拆分框架集

在创建框架集之后还可以将其进行拆分，以方便用户进行编辑，下面详细介绍拆分框架集的操作方法。

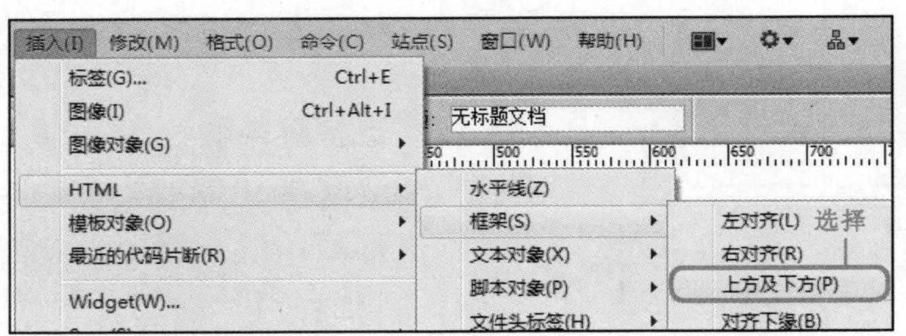

图 11-36

01 选择菜单项

在菜单栏中选择【插入】→HTML→【框架】→【上方及下方】菜单项，如图 11-36 所示。

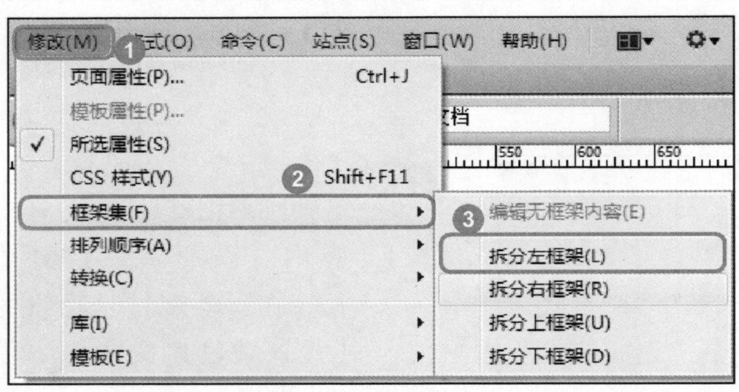

图 11-37

02 选择菜单项

No1 将光标置于准备拆分的框架内，在菜单栏中单击【修改】菜单。

No2 在弹出的下拉菜单中选择【框架集】菜单项。

No3 在弹出的子菜单中选择【拆分左框架】菜单项，如图 11-37 所示。

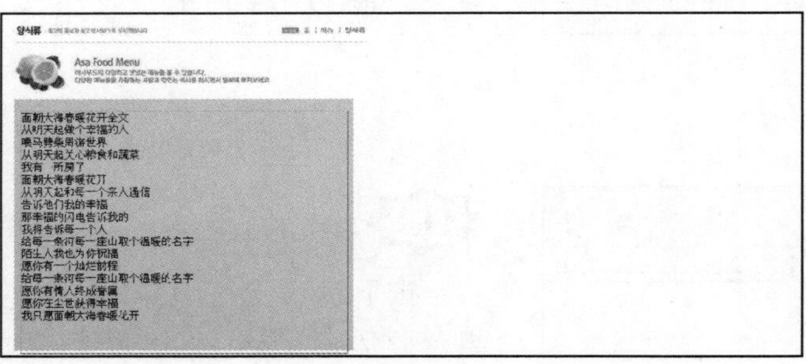

图 11-38

03 完成拆分

按下键盘上的【Ctrl】+【S】组合键保存文档，再按下键盘上的【F12】键，即可预览拆分效果，如图 11-38 所示。

11.6.4 设置框架文本

设置框架文本用于设置框架内容的动态变化，在适当的触发时间触发后在该框架中显示新的内容，下面详细介绍设置框架文本的具体操作方法。

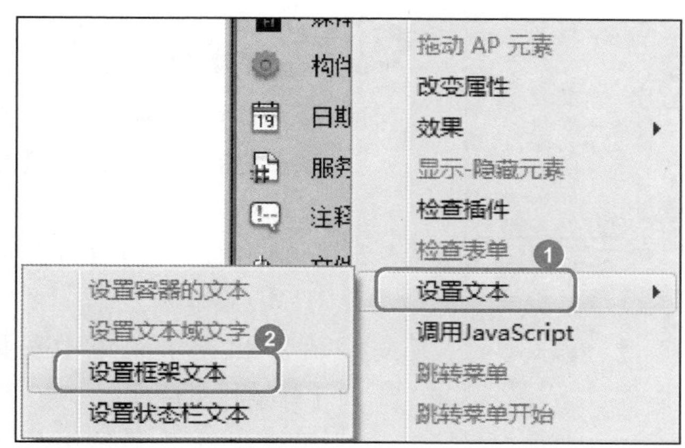

图 11-39

01 单击【行为】按钮

No1 选择一个框架对象，在【行为】面板中单击【行为】按钮，从弹出的下拉列表中选择【设置文本】选项。

No2 在弹出的子菜单中选择【设置框架文本】选项，如图 11-39 所示。

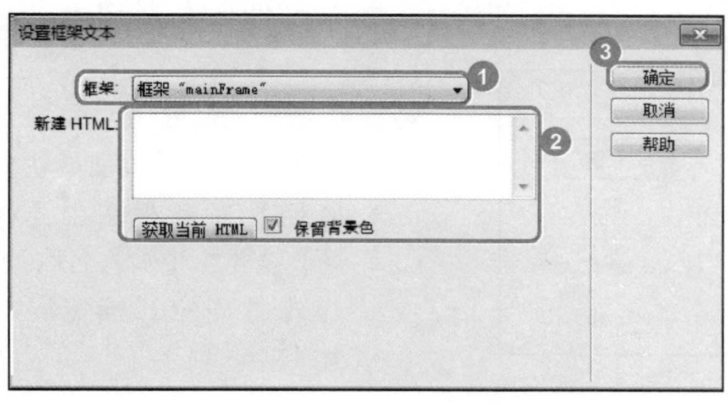

图 11-40

02 弹出对话框

No1 弹出对话框，在【框架】下拉列表中选择 main Frame。

No2 单击【获取当前 HTML】按钮，在【新建 HTML】文本框中输入消息。

No3 单击【确定】按钮，如图 11-40 所示。

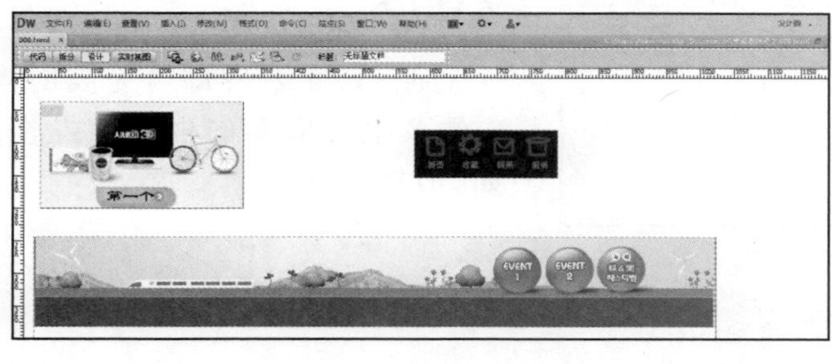

图 11-41

03 完成设置

通过以上步骤即可完成设置框架文本的操作，如图 11-41 所示。

11.6.5 创建一个左侧及上方嵌套的框架

创建一个左侧及上方嵌套的框架的方法非常简单，通过【插入】菜单的 HTML 菜单项就可以完成，下面详细介绍创建一个左侧及上方嵌套的框架的方法。

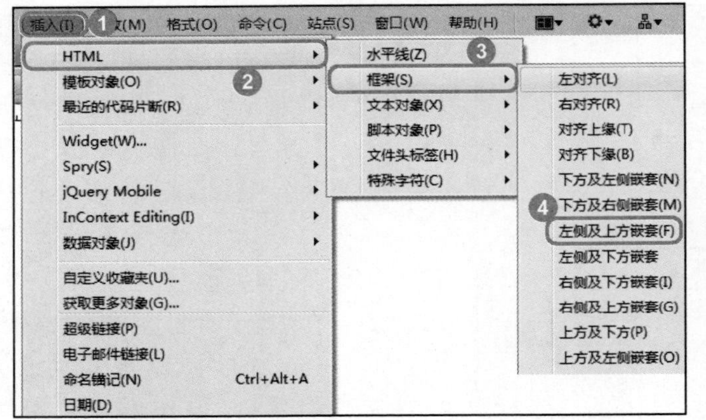

图 11-42

01 选择菜单项

No1 启动 Dreamweaver CS6 程序，在菜单栏中单击【插入】菜单。

No2 在弹出的下拉菜单中选择 HTML 菜单项。

No3 在弹出的子菜单中选择【框架】菜单项。

No4 在弹出的子菜单中选择【左侧及上方嵌套】菜单项，如图 11-42 所示。

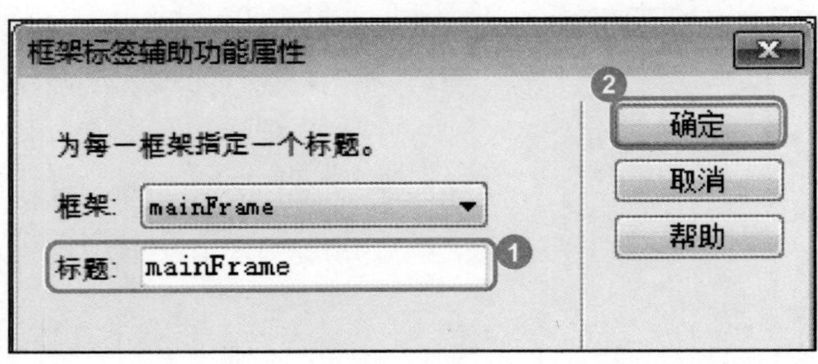

图 11-43

02 弹出对话框

No1 弹出【框架标签辅助功能属性】对话框，在【标题】文本框中输入名称。

No2 单击【确定】按钮，如图 11-43 所示。

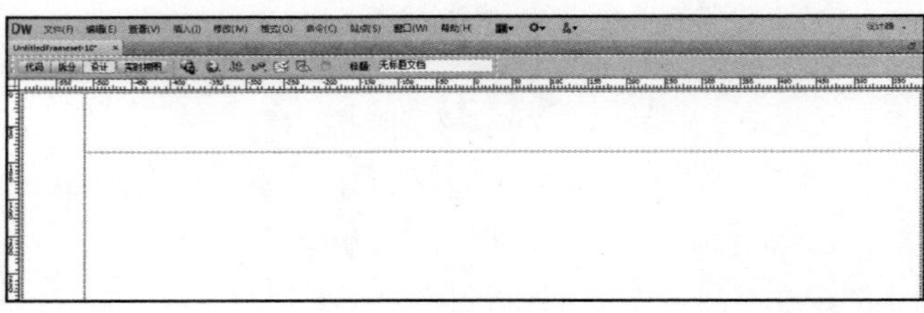

图 11-44

03 完成创建

通过以上步骤即可完成创建左侧及上方嵌套的框架的操作，如图 11-44 所示。

第 12 章

模板与库

本章内容导读

本章主要介绍新建模板、直接创建模板、从现有文档创建模板等知识与技巧，同时讲解了定义与应用模板、定义可编辑区域、定义可选区域、定义重复区域等，最后还针对实际的工作需求讲解了应用与管理模板和创建与应用库项目、应用库项目、修改库项目的方法。通过本章的学习，读者可以掌握使用模板和库创建网页方面的知识，为进一步学习 Dreamweaver CS6 奠定了基础。

本章知识要点

- ☐ 创建模板
- ☐ 设置模板
- ☐ 管理模板
- ☐ 创建与应用库项目

Section

12.1 创建模板

本节导读

在制作网站的过程中，为了统一风格，很多页面会用到相同的布局、图片和文字元素。为了避免重复创建，可以使用 Dreamweaver CS6 提供的模板功能。本节将详细介绍创建模板的知识。

12.1.1 新建模板

在 Dreamweaver CS6 中用户可以创建一个模板，下面介绍新建模板的方法。

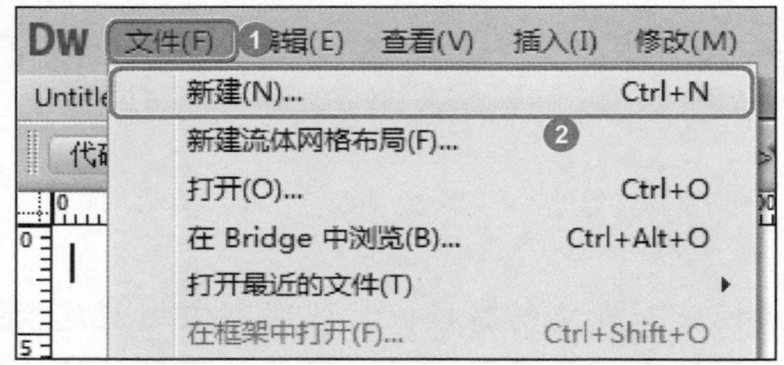

图 12-1

01 选择菜单项

No1 启动 Dreamweaver CS6 程序，在菜单栏中单击【文件】菜单。

No2 在弹出的下拉菜单中选择【新建】菜单项，如图 12-1 所示。

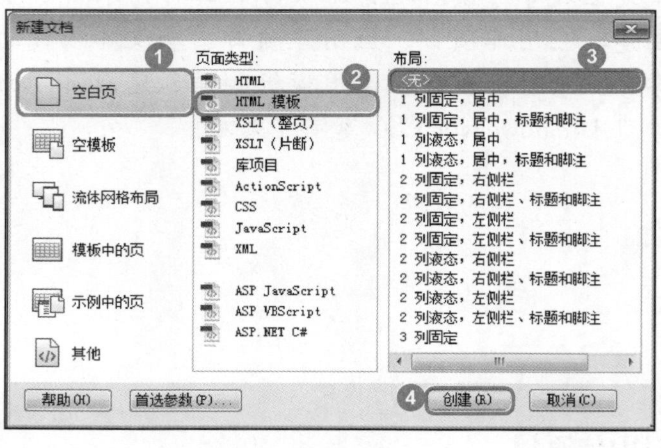

图 12-2

02 弹出对话框

No1 弹出【新建文档】对话框，选择【空白页】选项卡。

No2 在【页面类型】区域中选择【HTML 模板】选项。

No3 在【布局】区域中选择【无】选项。

No4 单击【创建】按钮，如图 12-2 所示。

12.1.2 从现有文档创建模板

在 Dreamweaver CS6 中打开一个已经制作完成的文档，用户可以从现有文档中创建模板，下面详细介绍从现有文档创建模板的操作方法。

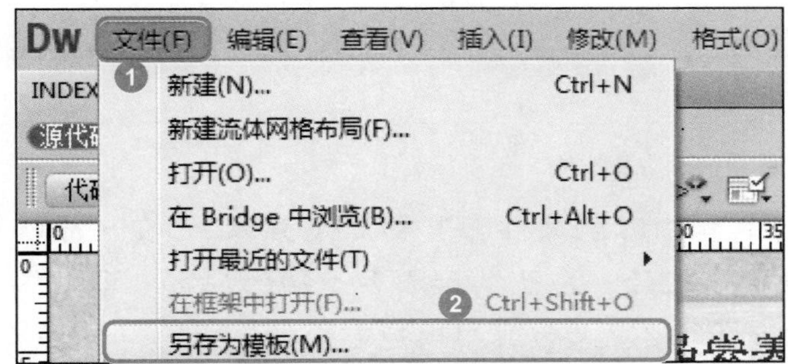

图 12-3

01 选择菜单项

No1 启动 Dreamweaver CS6 程序，打开网页文档，在菜单栏中单击【文件】菜单。

No2 在弹出的下拉菜单中选择【另存为模板】菜单项，如图 12-3 所示。

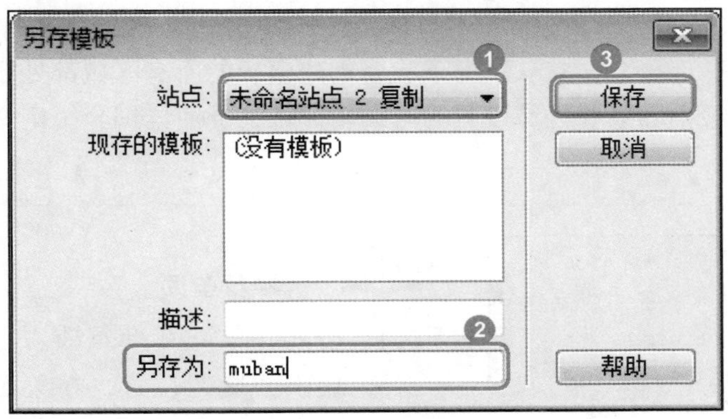

图 12-4

02 弹出对话框

No1 弹出【另存模板】对话框，单击展开【站点】下拉列表框，选择准备使用的站点。

No2 在【另存为】文本框中输入文本。

No3 单击【保存】按钮，如图 12-4 所示。

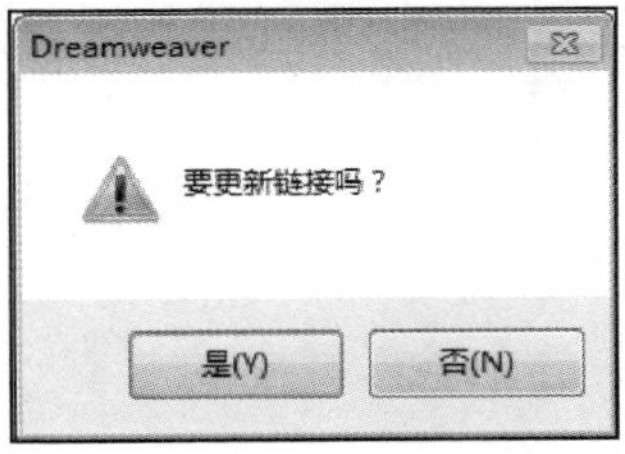

图 12-5

03 弹出提示框

弹出 Dreamweaver 提示框，单击【是】按钮，如图 12-5 所示。

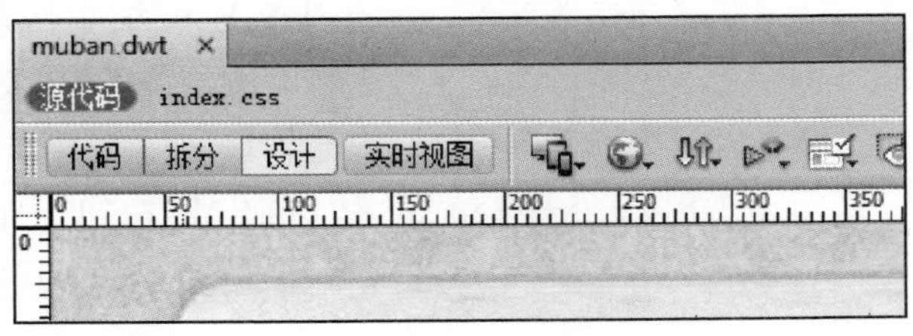

图 12-6

04 完成模板的创建

在网页窗口的左上角可以看到已经将文档另存为模板，如图 12-6 所示。

Section

12.2 设置模板

本节导读

模板实际上就是具有固定格式和内容的文件，其功能很强大。在一般情况下，模板页中的所有区域都是被锁定的，为了以后添加不同的内容，可以编辑模板中的编辑区域。本节将详细介绍定义与应用模板方面的知识。

12.2.1 定义可编辑区域

在模板中，可编辑区域是页面的一部分，在默认情况下，新创建模板的所有区域都处于锁定状态，在编辑区域之前需要将模板中的某些区域设置为可编辑区域，下面详细介绍定义可编辑区域的操作方法。

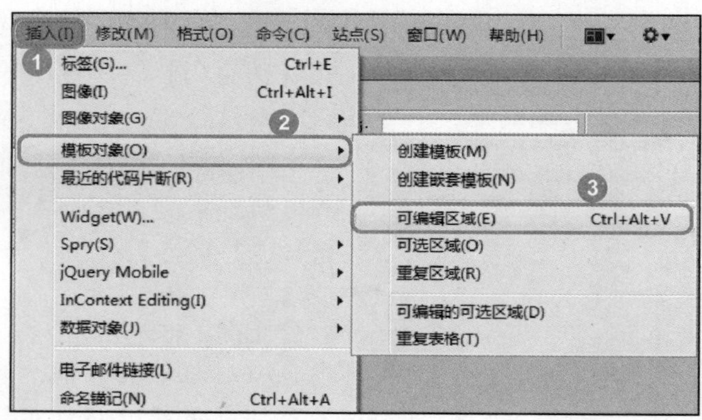

图 12-7

01 选择菜单项

No1 将光标放置在准备插入可编辑区域的位置，在菜单栏中单击【插入】菜单。

No2 在弹出的下拉菜单中选择【模板对象】菜单项。

No3 在弹出的子菜单中选择【可编辑区域】菜单项，如图 12-7 所示。

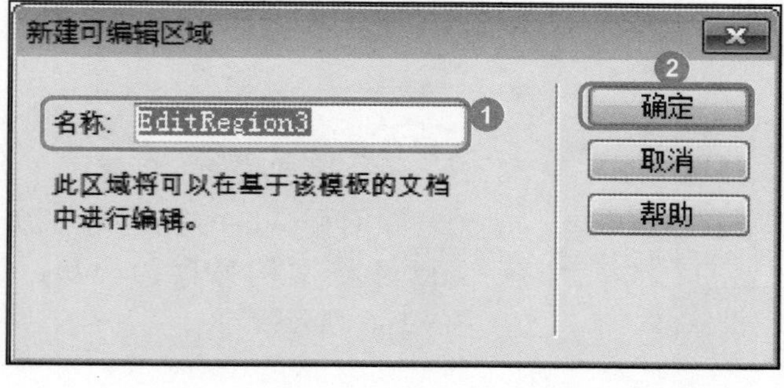

图 12-8

02 弹出对话框

No1 弹出【新建可编辑区域】对话框，在【名称】文本框中输入该区域的名称。

No2 单击【确定】按钮，即可完成添加可编辑区域的操作，如图 12-8 所示。

12.2.2 定义可选区域

可选区域是模板中的区域，可将其设置为在基于模板的文件中显示或隐藏。当要为文件中显示的内容设置条件时即可使用可选区域，下面详细介绍定义可选区域的操作方法。

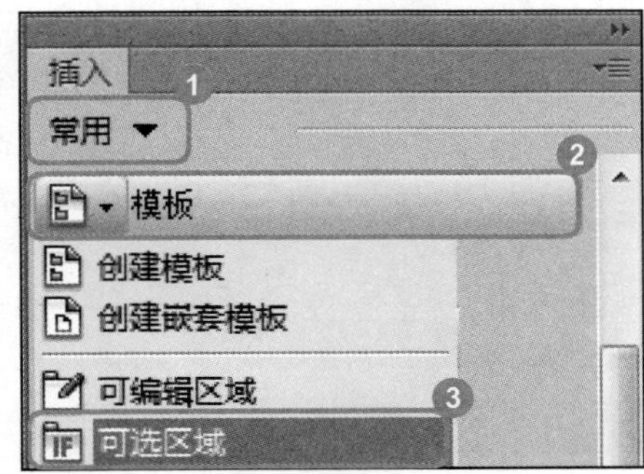

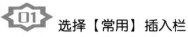

图 12-9

01 选择【常用】插入栏

No1 选中 Div，在【插入】面板中选择【常用】插入栏。

No2 单击展开【模板】选项。

No3 单击【可选区域】按钮，如图 12-9 所示。

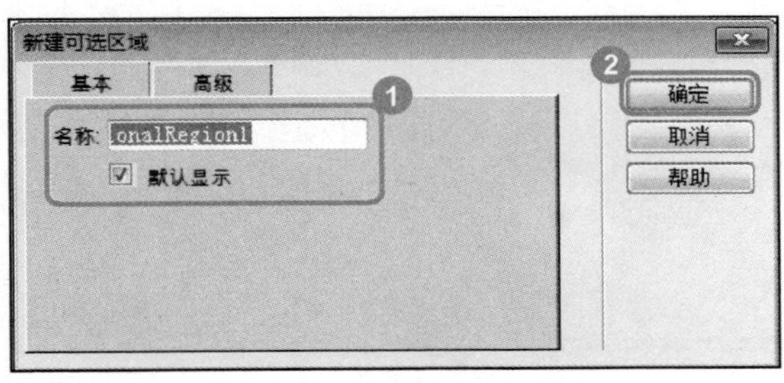

图 12-10

02 弹出对话框

No1 弹出【新建可选区域】对话框，在其中设置相应的参数。

No2 单击【确定】按钮，如图 12-10 所示。

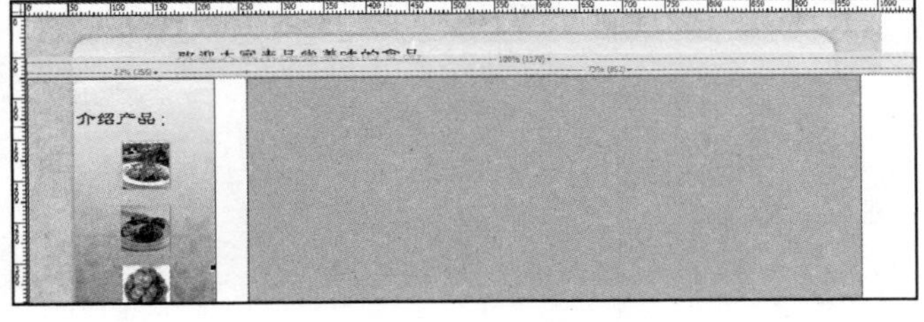

图 12-11

03 完成可选区域的定义

通过以上步骤即可完成定义可选区域的操作，如图 12-11 所示。

12.2.3 定义重复区域

重复区域是能够根据需要在基于模板的页面中赋任意次数值的模板部分，重复区域通常用于表格，也能够为其他页面元素定义重复区域。在静态页面中，重复区域的概念在模板中经常被用到，下面详细介绍定义重复区域的操作方法。

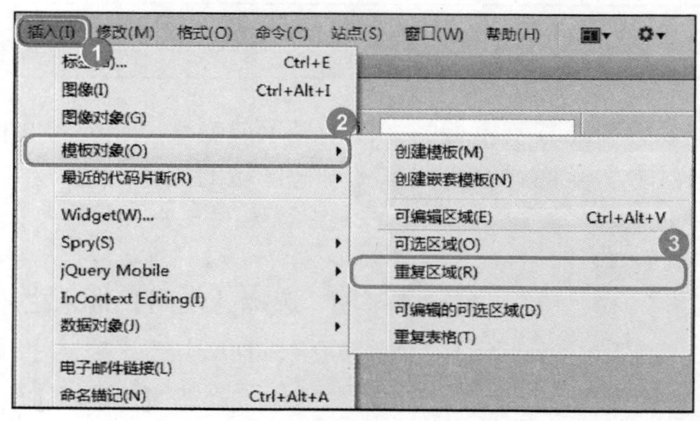

图 12-12

01 选择菜单项

No1 选中准备设置区域的 Div，在菜单栏中单击【插入】菜单。

No2 在弹出的下拉菜单中选择【模板对象】菜单项。

No3 在弹出的子菜单中选择【重复区域】菜单项，如图 12-12 所示。

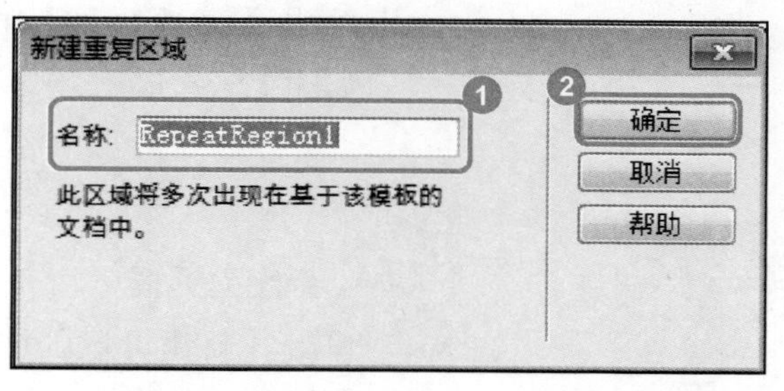

图 12-13

02 弹出对话框

No1 弹出【新建重复区域】对话框，在【名称】文本框中输入文本。

No2 单击【确定】按钮，如图 12-13 所示。

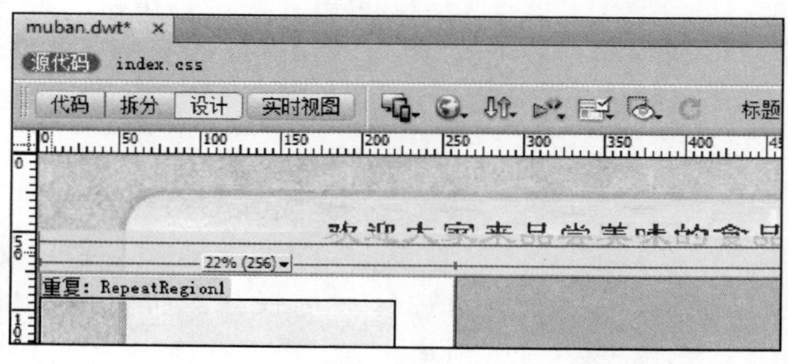

图 12-14

03 完成重复区域的定义

可以看到网页窗口中标注了【重复】标签，如图 12-14 所示。通过以上步骤即可完成定义重复区域的操作。

12.2.4 可编辑标签属性

设置可编辑标签属性，用户可以在根据模板创建的文档中修改指定的标签属性，下面详细介绍修改可编辑标签属性的操作方法。

启动 Dreamweaver CS6，在页面中选择一个页面元素，在菜单栏中选择【修改】→【模板】→【令属性可编辑】菜单项，弹出【可编辑标签属性】对话框，设置参数，然后单击

【确定】按钮，这样即可完成修改可编辑标签属性的操作，如图 12-15 所示。

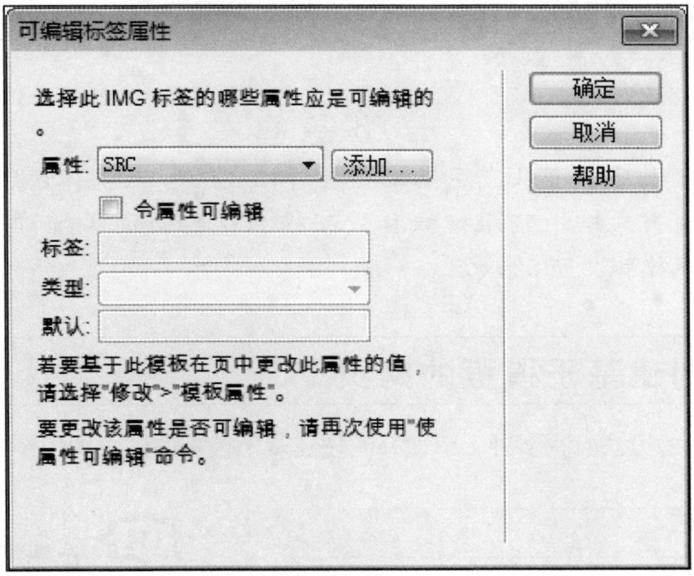

可编辑标签属性

选择此 IMG 标签的哪些属性应是可编辑的。

属性：SRC 添加...

令属性可编辑

标签：

类型：

默认：

若要基于此模板在页中更改此属性的值，请选择"修改">"模板属性"。

要更改该属性是否可编辑，请再次使用"使属性可编辑"命令。

确定

取消

帮助

图 12-15

在【可编辑标签属性】对话框中可以设置以下参数。

- 【属性】：如果准备设置可编辑标签属性，先单击【添加】按钮，然后在打开的对话框中输入要添加的属性的名称，最后单击【确定】按钮即可。
- 【令属性可编辑】：选中该复选框后，被选中的属性才可以被编辑。
- 【类型】：可编辑属性的类型，若要为属性输入文本值，选择【文本】选项；若要插入元素的链接（如图像的文件路径），选择 URL 选项；若要使颜色选择器可用于选择值，选择【颜色】选项；若要能够在页面上选择 true 或 false 值，选择【真/假】选项；若要更改图像的高度或宽度值，选择【数字】选项。
- 【默认】：在该文本框中可以设置该属性的默认值。

知识精讲

如果在【可编辑标签属性】对话框中取消选中【令属性可编辑】复选框，则选中的属性不能被编辑。

考考您

请根据本节学习的定义与应用模板方面的知识定义可编辑区域，测试一下学习效果。

Section

12.3 管理模板

本节导读

在创建模板之后便可以应用模板并进行相应的管理了，包括执行基于模板创建网页、在现有文档中应用模板和更新模板中的页面等操作。 本节将详细介绍应用与管理模板方面的知识。

12.3.1 创建基于模板的网页

创建基于模板的方法有很多种，下面介绍创建基于模板的网页的操作方法。

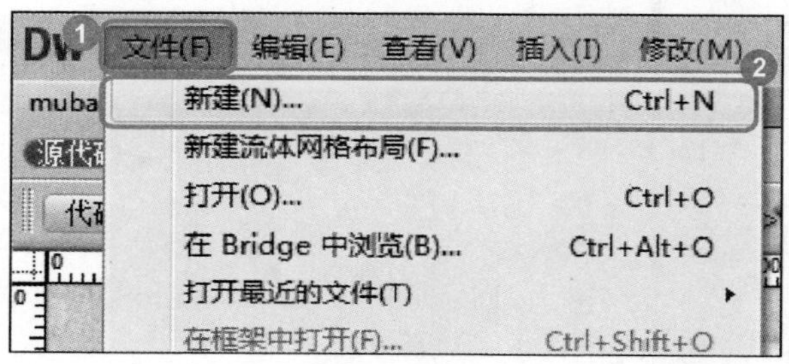

图 12-16

01 选择菜单项

No1 在菜单栏中单击【文件】菜单。

No2 在弹出的下拉菜单中选择【新建】菜单项，如图 12-16 所示。

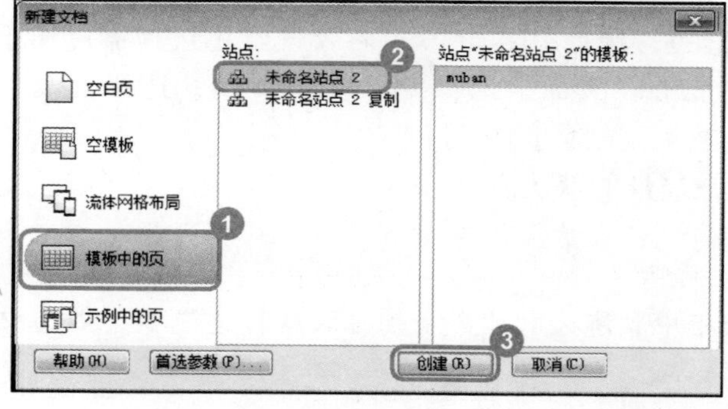

图 12-17

02 弹出对话框

No1 弹出【新建文档】对话框，选择【模板中的页】选项卡。

No2 在【站点】列表框中选择【未命名站点 2】选项。

No3 单击【创建】按钮，如图 12-17 所示。

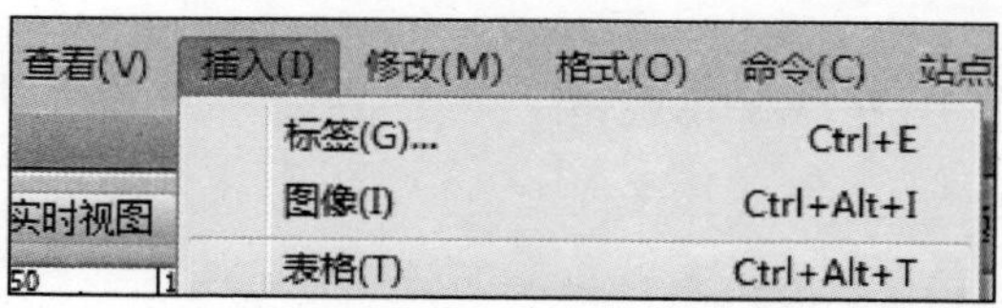

图 12-18

03 选择菜单项

在菜单栏中选择【插入】→【表格】菜单项，如图 12-18 所示。

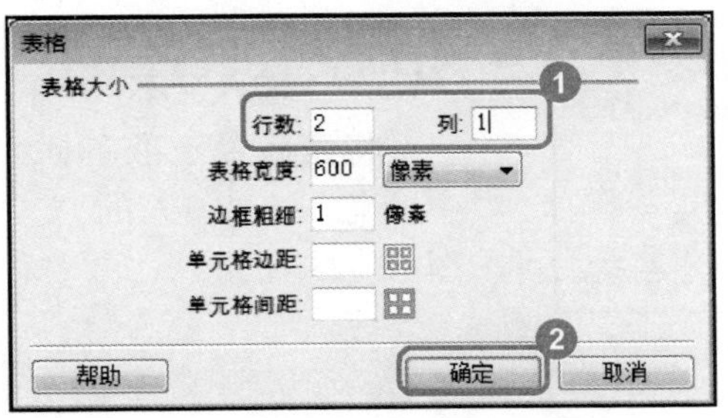

图 12-19

04 弹出【表格】对话框

No1 弹出【表格】对话框，设置行数为 2、列为 1。

No2 单击【确定】按钮，如图 12-19 所示。

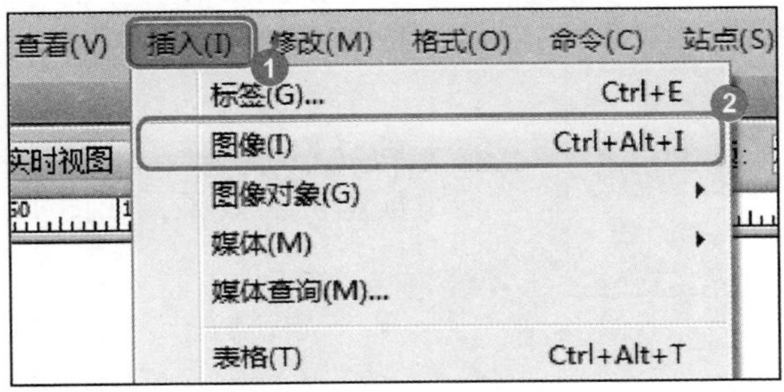

图 12-20

05 选择菜单项

No1 将光标置于表格中，在菜单栏中单击【插入】菜单。

No2 在弹出的下拉菜单中选择【图像】菜单项，如图 12-20 所示。

图 12-21

06 弹出对话框

No1 弹出【选择图像源文件】对话框，选择准备插入的图像。

No2 单击【确定】按钮，如图 12-21 所示。

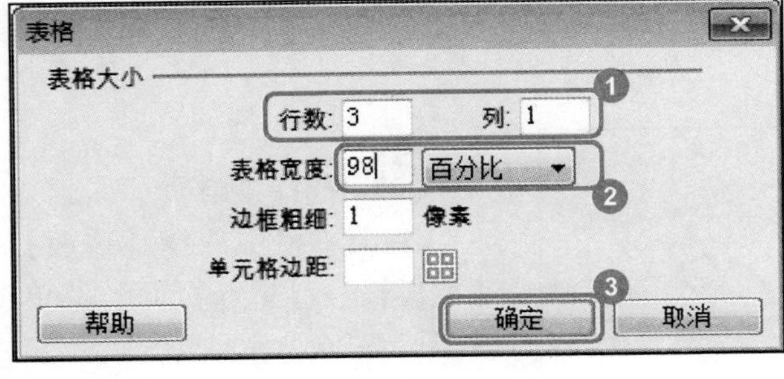

图 12-22

07 插入表格

No1 将光标置于第 2 行第 1 列单元格中，插入一个 3 行 1 列的表格。

No2 设置【表格宽度】为 98%。

No3 单击【确定】按钮，如图 12-22 所示。

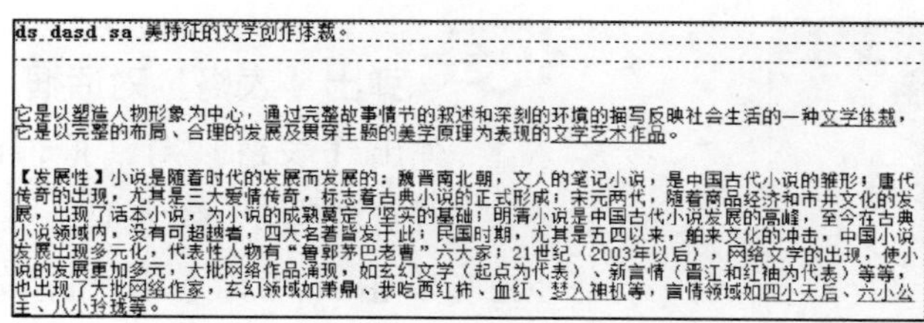

图 12-23

08 输入文本

将光标置于准备插入的表格中，输入相应的文本，如图 12-23 所示。

图 12-24

09 预览效果

按下键盘上的【Ctrl】+【S】组合键保存文档，再按下键盘上的【F12】键，即可在浏览器中预览页面效果，如图 12-24 所示。

12.3.2 模板中的页面更新

对于整个网站或是一个网站里面的几个页面，用户可以通过修改模板进行更新，下面详细介绍更新模板中页面的操作方法。

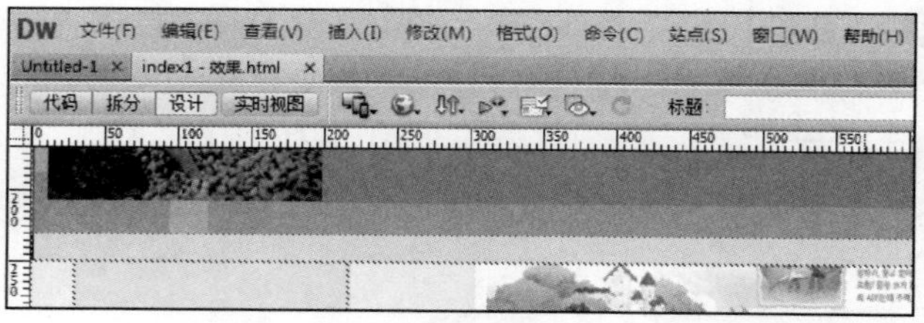

图 12-25

01 修改网页

启动 Dreamweaver CS6 程序，打开模板文件，对模板进行相应的修改操作，如图 12-25 所示。

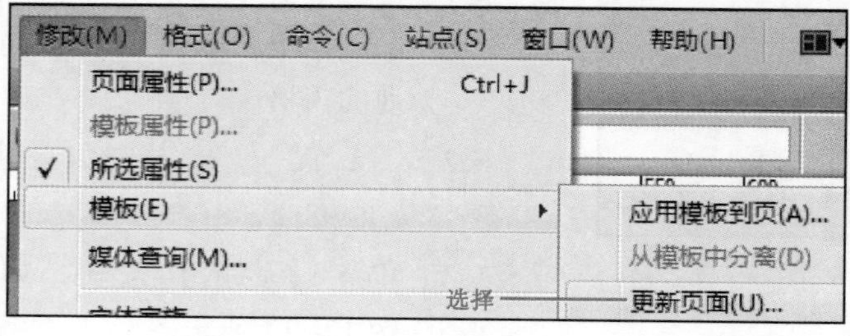

图 12-26

02 选择菜单项

在菜单栏中选择【修改】→【模板】→【更新页面】菜单项，如图 12-26 所示。

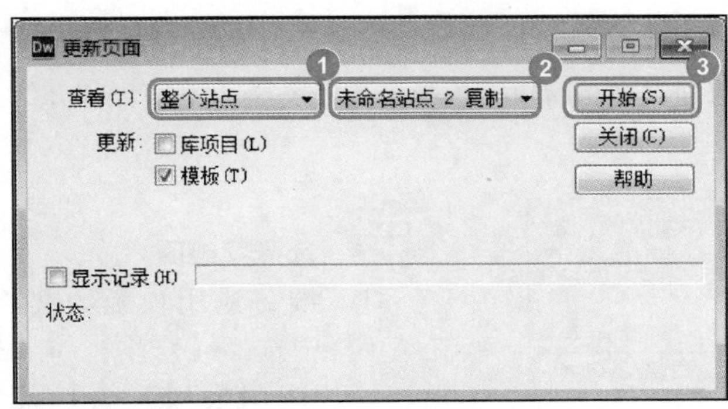

图 12-27

03 弹出对话框

No1 弹出【更新页面】对话框，在【查看】列表中选择【整个站点】选项。

No2 从相邻的列表中选择需要更新的站点。

No3 单击【开始】按钮，即可完成更新模板页面的操作，如图 12-27 所示。

12.3.3 在现有文档中应用模板

在 Dreamweaver CS6 中，在现有文档中创建模板通常有两种方法，下面介绍在现有文档中应用模板方面的知识。

1. 使用【资源】面板将模板应用于文档

图 12-28

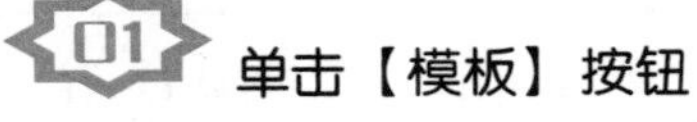

01 单击【模板】按钮

启动 Dreamweaver CS6 程序，打开准备应用模板的文档，在【资源】面板中单击【模板】按钮，如图 12-28 所示。

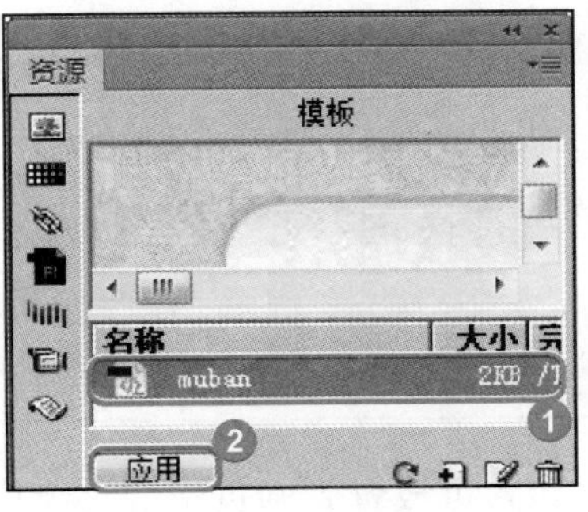

图 12-29

02 单击【应用】按钮

No1 在【资源】面板中选择准备应用的模板。

No2 单击【应用】按钮，即可将当前模板应用于文档，如图 12-29 所示。

2. 通过文档窗口将模板应用于文档

在 Dreamweaver CS6 中，用户还可以通过文档窗口将模板应用于文档，下面详细介绍通过文档窗口将模板应用于文档的操作方法。

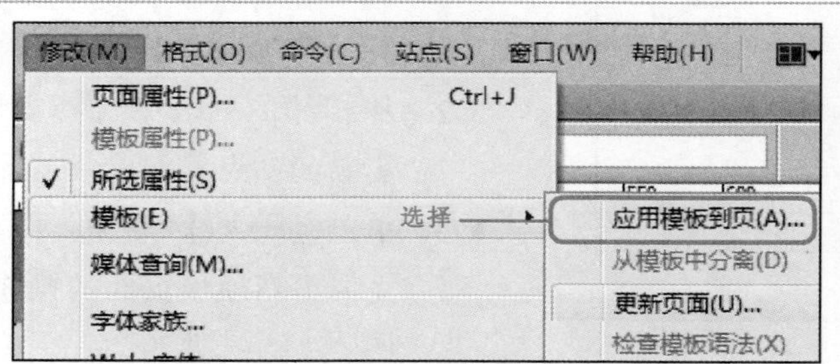

图 12-30

01 选择菜单项

打开准备应用模板的文档，在菜单栏中选择【修改】→【模板】→【应用模板到页】菜单项，如图 12-30 所示。

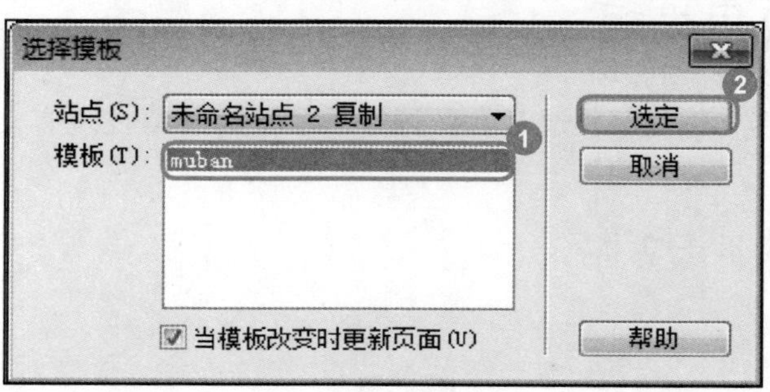

图 12-31

02 弹出对话框

No1 弹出【选择模板】对话框，选择准备应用的模板。

No2 单击【选定】按钮，即可应用被选中的模板对象，如图 12-31 所示。

Section 12.4 创建与应用库项目

本节导读

在 Dreamweaver CS6 中可以把网站中需要重复使用或经常更新的页面元素（如图像、文本或其他对象）存入到库（Library）中，以方便用户经常使用。本节将详细介绍创建与应用库项目的操作方法。

12.4.1 关于库项目

库是一种特殊的 Dreamweaver CS6 文件，其中包含可放置到网页中的一组单个资源或资源副本，库中的这些资源称为库项目，可以在库中存储的项目有图像、表格、声音和使用 Adobe Flash 创建的文件。每当编辑某个库项目时，可以自动更新所有使用该项目的页面。

Dreamweaver CS6 将库项目存储在每个站点的本地根文件夹下的库（Library）文件夹中，每个站点都有自己的库，使用库比使用模板具有更大的灵活性。

如果库项目中包含链接，链接可能无法在新站点中工作。此外，库项目中的图像不会被复制到新站点中。

默认情况下，【库】面板显示在【资源】面板中，在【资源】面板中单击【库】按钮，即可显示【库】面板，如图 12-32 所示。

图 12-32

在【库】面板中可以进行以下设置。

- 【插入】按钮：使用该按钮可以将库项目插入到当前文档中。选中库中的某个项目，单击该按钮，即可将库项目插入到文档中。
- 编辑按钮：在编辑按钮区域中包括【刷新站点列表】、【新建库项目】、【编辑】和【删除】等按钮，选中库项目单击对应的按钮可执行相应的操作。
- 【库项目列表】：在【库项目列表】区域中列出了当前库中的所有项目。

12.4.2 新建库项目

在对库内容进行编辑之前，用户需要先创建库项目，然后再进行编辑。创建库项目的方法非常简单，通过【文件】菜单中的【新建】菜单项即可完成创建库项目的操作，下面详细介绍创建库项目的操作方法。

图 12-33

01 选择菜单项

No1 启动 Dreamweaver CS6 程序，在菜单栏中单击【文件】菜单。

No2 在弹出的下拉菜单中选择【新建】菜单项，如图 12-33 所示。

图 12-34

弹出对话框

No1 弹出【新建文档】对话框，在【页面类型】区域中选择【库项目】选项。

No2 单击【创建】按钮，如图 12-34 所示。

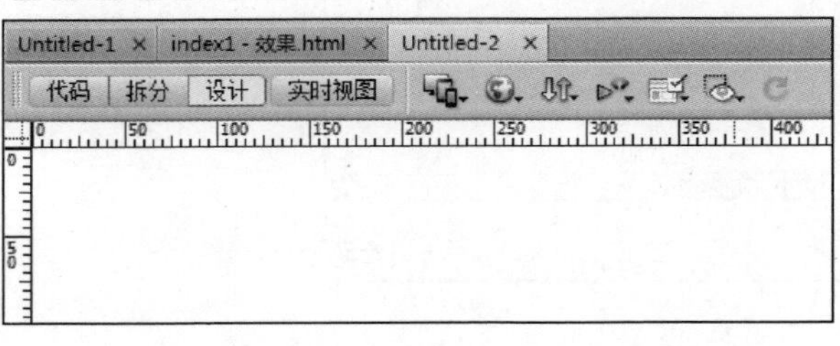

图 12-35

03 完成创建

按下键盘上的【Ctrl】+【S】组合键，再按下键盘上的【F12】键，即可完成创建库项目的操作，如图 12-35 所示。

Section

12.5 实践案例与上机操作

本节导读

通过本章的学习，用户基本上可以掌握使用模板和库创建网页的方法以及一些常见的操作。下面通过几个实践案例进行上机操作，以达到巩固学习、拓展提高的目的。

12.5.1 应用库项目

应用库项目的方法非常简单，下面详细介绍应用库项目的操作方法。

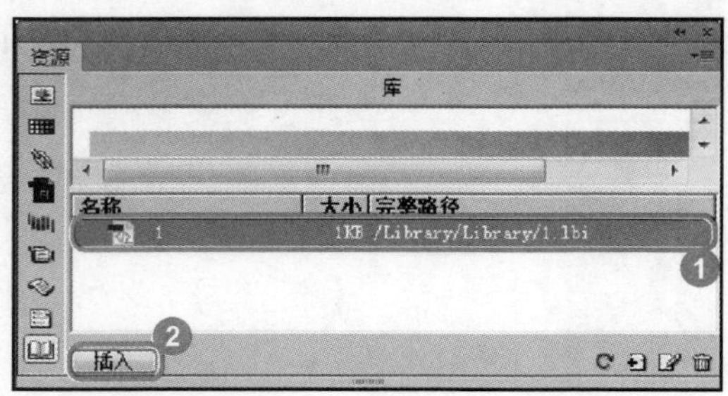

图 12-36

01 单击【插入】按钮

No1 在【资源】面板中选择准备插入的库文件。

No2 单击【插入】按钮，如图 12-36 所示。

图 12-37

完成插入

此时，在文档中可以看到插入的库项目，如图 12-37 所示。通过以上步骤即可完成操作。

举一反三

在【库】面板中如果想添加库项目内容对应的代码，按下【Ctrl】键即可。

12.5.2 库项目的编辑

为了美化页面，可以对库项目进行相应的修改，以达到理想的要求。修改库项目的操作非常简单，在【资源】面板中就可以做到，下面详细介绍库项目的编辑操作。

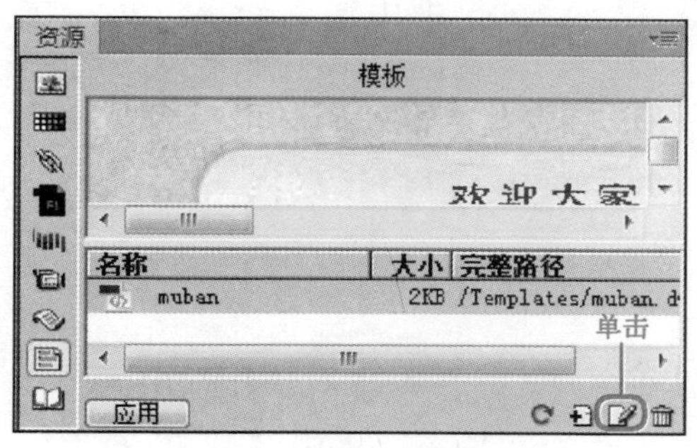

图 12-38

01 单击【编辑】按钮

在【资源】面板的【库】选项中单击【编辑】按钮，编辑完成后按下键盘上的【Ctrl】+【S】组合键，如图 12-38 所示。

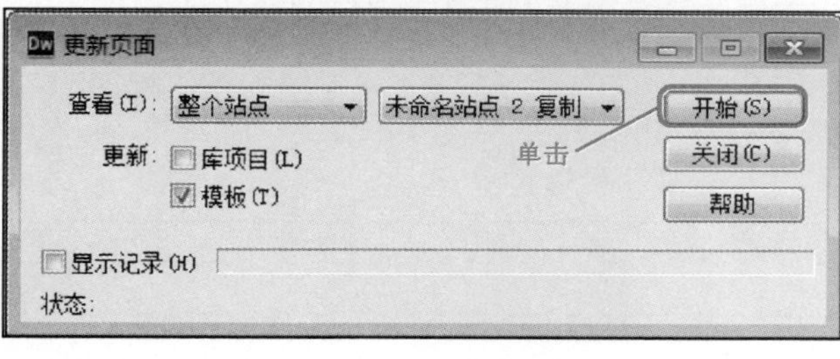

图 12-39

02 弹出对话框

弹出【更新页面】对话框，显示站内使用可更新项目的页面文件，然后单击【开始】按钮，如图 12-39 所示。

图 12–40

03 完成编辑

按下键盘上的【Ctrl】+【S】组合键保存文档，再按下键盘上的【F12】键，即可在浏览器中预览页面效果，如图 12–40 所示。

12.5.3 重命名库项目

在 Dreamweaver CS6 中用户可以重命名库项目，下面介绍重命名库项目的操作方法。

图 12–41

01 输入新名

在【资源】面板中双击准备重命名的库项目，在弹出的文本框中输入新名，然后按下【Enter】键，如图 12–41 所示。

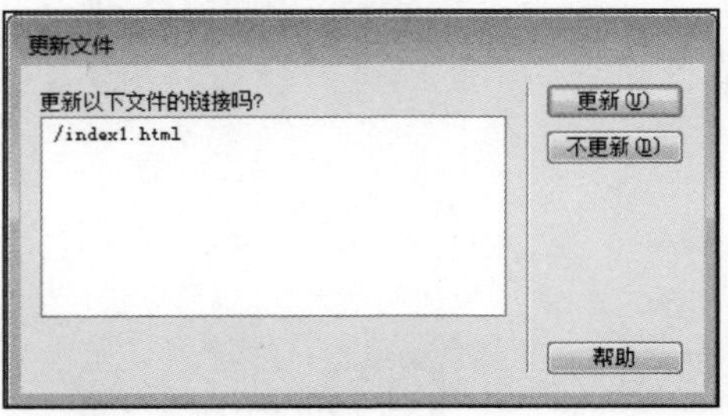

图 12–42

02 弹出对话框

弹出【更新文件】对话框，单击【更新】按钮，如图 12–42 所示。通过以上方法即可完成重命名库项目的操作。

12.5.4 删除库项目

在 Dreamweaver CS6 中如果用户不再准备使用某个库项目，可以将其删除，下面介绍删除库项目的操作方法。

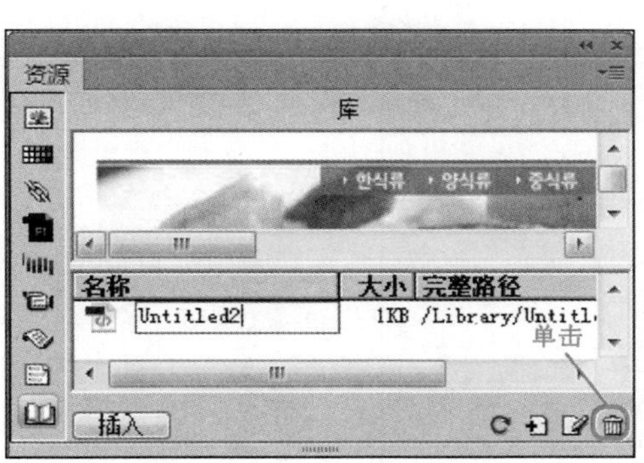

图 12-43

单击【删除】按钮

在【资源】面板中选中准备删除的库项目，然后单击底部的【删除】按钮，如图 12-43 所示。

举一反三

如果需要将页面中的库项目和源文件分离，在【属性】面板中单击【从源文件中分离】按钮即可。

12.5.5 重新创建已删除的库项目

在删除一个库项目后将无法使用【编辑】→【撤销】菜单项找回它，只能重新创建。从库中删除项目后不会更改任何使用该项目的文档的内容。

若在网页中已插入了库项目，但该库项目被误删，此时可以重新创建库项目。下面详细介绍重新创建已删除库项目的具体操作。

在网页中选择被删除的库项目的一个实例，在菜单栏中选择【窗口】→【属性】菜单项，打开【属性】面板，单击【重新创建】按钮，此时面板中将再次显示该库项目，如图 12-44 所示。

图 12-44

12.5.6 更新库项目

如果需要修改库项目，在【资源】面板的【库】选项中将需要修改的库项目选中，然后单击【编辑】按钮，如图 12-45 所示，即可在 Dreamweaver 中打开该库项目并进行编辑。完成库项目的修改后选择【文件】→【保存】菜单项保存库项目，会弹出【更新库项目】对话框，询问是否更新站点中使用了库项目的网页文件，如图 12-46

所示。

图 12-45

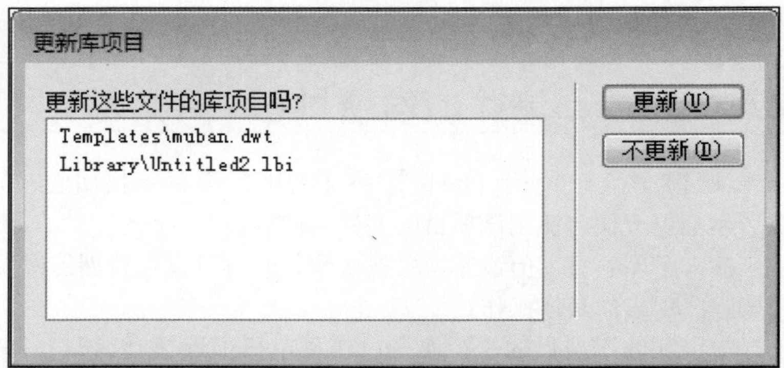

图 12-46

单击【更新库项目】对话框中的【更新】按钮将弹出【更新页面】对话框，显示站内使用了该库项目的页面文件，如图 12-47 所示。

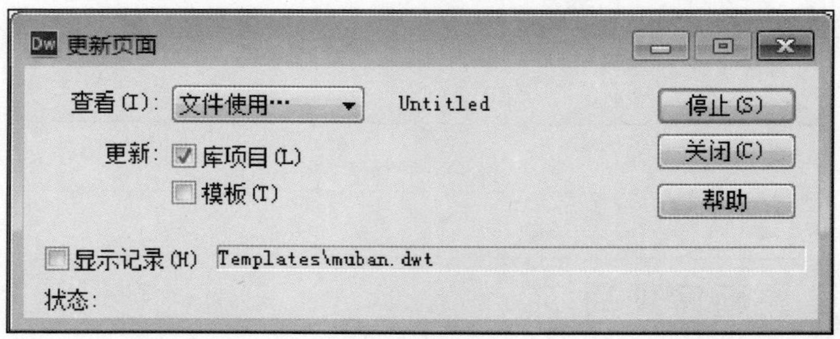

图 12-47

第13章

使用行为和脚本制作动态网页

本章内容导读

本章主要介绍行为和【行为】面板、常见动作类型、常见事件等知识与技巧，同时讲解了使用 Dreamweaver 内置行为弹出提示信息、打开浏览器窗口、检查插件等，最后还针对实际的工作需求讲解了使用 JavaScript 实现打印功能、实现关闭窗口功能、创建自动滚屏网页效果等。通过本章的学习，读者可以掌握使用 JavaScript 行为创建动态效果方面的知识，为进一步学习 Dreamweaver CS6 奠定了基础。

本章知识要点

- 认识行为
- 行为的动作和事件
- 使用 Dreamweaver 内置行为

Section

13.1 认识行为

本节导读

行为是由事件和该事件触发的动作组成的，其功能很强大，深受网页设计者的喜爱。行为是一系列使用 JavaScript 程序预定义的页面特效工具。本节将介绍什么是行为以及【行为】面板。

13.1.1 什么是行为

行为在技术上和时间轴动画一样，是一种动态 HTML（DHTML）技术。它是在特定的时间或者是由某个特定的事件而引发的动作，事件可以是鼠标单击、鼠标移动、网页下载完毕等事件，对于同一个对象，不同版本的浏览器支持的事件种类和多少也是不一样的。

动作是最终产生的动态效果，可以是打开新窗口、弹出菜单、变换图像等。

在 Dreamweaver CS6 中，行为实际上是插入到网页中的一段 JavaScript 代码，行为是由对象、事件和动作构成的。

13.1.2 【行为】面板

用户习惯于使用【行为】面板为网页元素指定动作和事件。在文档窗口中选择【窗口】→【行为】菜单项，启动【行为】面板，如图 13-1 所示。

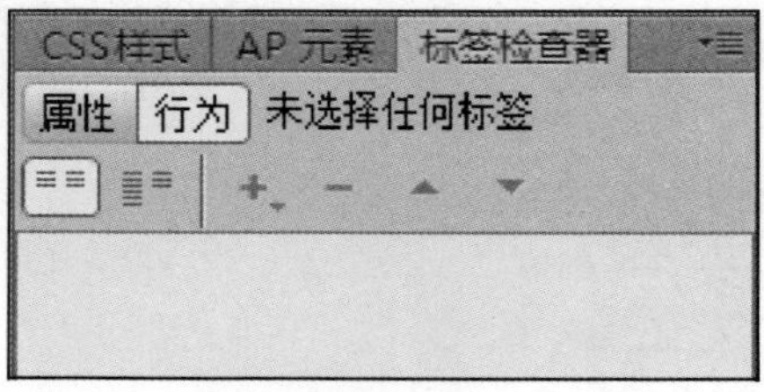

图 13-1

【行为】面板由以下几部分组成。

- 【添加行为】按钮：单击此按钮将弹出动作菜单，添加行为。在添加行为时，从动作菜单中选择一个行为即可。
- 【删除事件】按钮：在面板中删除所选的事件和动作。
- 【增加事件值】按钮、【降低事件值】按钮：在面板中通过上下移动所选择的动作来调整动作的顺序。在【行为】面板中，所有时间和动作按照其在面板中的显示

顺序选择，在设计时用户要根据实际情况调整动作的顺序。

Section 13.2 行为的动作和事件

行为可理解成在网页中选择的一系列动作，以实现用户与网页间的交互。在 Dreamweaver 中，行为是事件和动作的组合。 事件是在特定的时间或用户在某时间发出的指令后紧接着发生的，而动作是事件发生后网页所要做出的反应。

13.2.1 常见的动作类型

动作是最终产生的动态效果，动态效果可以是播放声音、交换图像、弹出提示信息、自动关闭网页等，表 13-1 所列是 Dreamweaver 中默认提供的动作的种类。

表 13-1 常见的动作类型

动作种类	说明
调用 JavaScript	调用 JavaScript 特定函数
改变属性	改变选定客体的属性
检查浏览器	根据访问者的浏览器版本显示适当的页面
检查插件	确认是否设有运行网页的插件
控制 Shockwave 或 Flash	控制影片的指定帧
拖动层	允许在浏览器中自由拖动层
转到 URL	可以转到特定的站点或者网页文档上
隐藏弹出式菜单	隐藏在 Dreamweaver 上制作的弹出窗口
设置导航栏图像	制作由图片组成的菜单的导航条
设置框架文本	在选定帧上显示指定内容
设置层文本	在选定层上显示指定内容
跳转菜单	可以建立若干个链接的跳转菜单
跳转菜单开始	在跳转菜单中选定要移动的站点之后，只有单击 GO 按钮才可以移动到链接的站点上
打开浏览器窗口	在新窗口中打开 URL
播放声音	在设置的事件发生之后播放链接的音乐

（续）

动作种类	说　明
弹出消息	在设置的事件发生之后显示警告信息
预先载入图像	为了在浏览器中快速显示图片，事先下载图片之后显示出来
设置状态栏文本	在状态栏中显示指定内容
设置文本域文字	在文本字段区域显示指定内容
显示弹出式菜单	显示弹出菜单
显示 - 隐藏层	显示或隐藏特定层
交换图像	发生设置的事件后用其他图片来取代选定图片
恢复交换图像	在运用交换图像动作之后显示原来的图片
时间轴	用来控制时间轴，可以播放、停止动画
检查表单	在检查表单文档有效性的时候才能使用

13.2.2 事件

事件用于指定选定行为动作在何种情况下发生，例如想应用单击图像时跳转到指定网站的行为，用户需要把事件指定为单击事件（onClick）。下面根据使用用途分类介绍 Dreamweaver 中提供的事件种类，如表 13-2 所示。

表 13-2　事件类型

事　件	说　明
onAbort	在浏览器中停止加载网页文档的操作时发生的事件
onMove	移动窗口或框架时发生的事件
onLoad	选定的对象出现在浏览器上时发生的事件
onResize	访问者改变窗口或框架的大小时发生的事件
onUnLoad	访问者退出网页文档时发生的事件
onClick	单击选定要素时发生的事件
onBlur	鼠标移动到窗口或框架外侧时等非激活状态时发生的事件
onDragDrop	拖动选定要素后放开时发生的事件
onDragStart	拖动选定要素时发生的事件
onFocus	鼠标到窗口或框架中处于激活状态时发生的事件
onMouseDown	单击时发生的事件
onMouseMove	鼠标经过选定要素上面时发生的事件

（续）

事　件	说　明
onMouseOut	鼠标离开选定要素上面时发生的事件
onMouseOver	鼠标在选定要素上面时发生的事件
onMouseUp	放开按住的鼠标左键时发生的事件
onScroll	访问者在浏览器中移动了滚动条时发生的事件
onKeyDown	键盘上某个按键被按下时触发事件
onKeyPress	键盘上按下某个按键被释放时触发事件
onKeyUp	放开按下的键盘中的指定键时发生的事件
onAfterUpdate	表单文档的内容被更新时发生的事件
onBeforeUpdate	表单文档的项目发生变化时发生的事件
onChange	访问者更改表单文档的初始设定值时发生的事件
onReset	把表单文档重新设定为初始值时发生的事件
onSubmit	访问者传送表单文档时发生的事件
onSelect	访问者选择文本区域中的内容时发生的事件
onError	加载网页文档的过程中发生错误时发生的事件
onFilterChange	应用到选定要素上的滤镜被更改时发生的事件
onFinish	结束移动文字（Marquee）时发生的事件
onStart	开始移动文字（Marquee）时发生的事件

Section

13.3 使用 Dreamweaver 内置行为

行为是指能够简单运用制作动态网页的 JavaScript 的功能。插入客户端行为实际上是自动给网页添加了一些 JavaScript 代码，这些代码能实现动感网页效果。本节将详细介绍内置行为方面的知识。

13.3.1 弹出信息

【弹出信息】显示一个带有指定消息的 JavaScript 警告，因为 JavaScript 警告只有一个按钮，所以使用此动作可以提供信息，而不能提供选择，下面详细介绍弹出信息的操作方法。

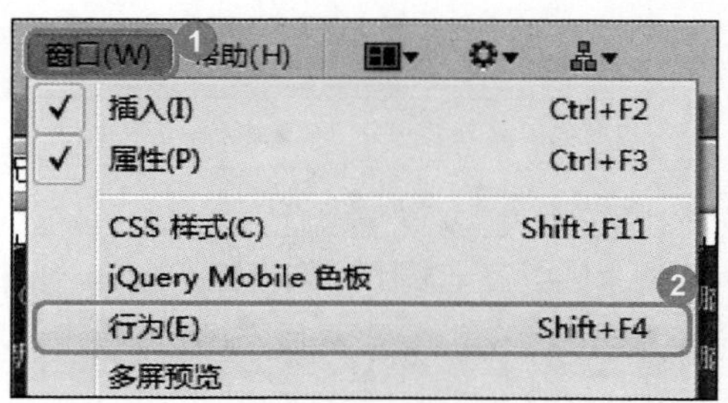

图 13-2

01 选择菜单项

No1 启动 Dreamweaver CS6 程序，在菜单栏中单击【窗口】菜单。

No2 在弹出的下拉菜单中选择【行为】菜单项，打开【行为】面板，如图 13-2 所示。

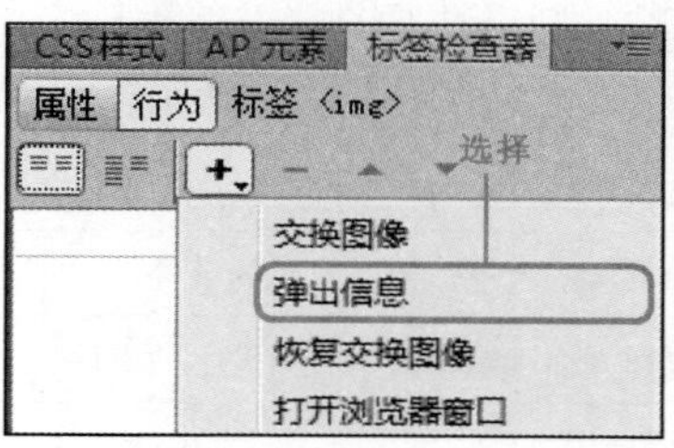

图 13-3

02 单击【添加】按钮

在【行为】面板中单击【添加】按钮，在弹出的快捷菜单中选择【弹出信息】命令，如图 13-3 所示。

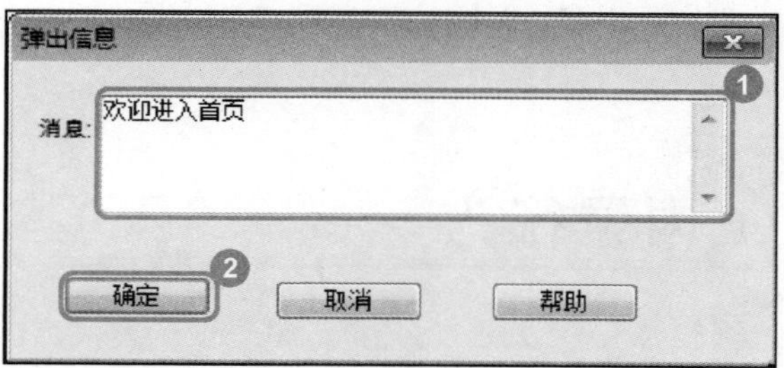

图 13-4

03 弹出对话框

No1 弹出【弹出信息】对话框，在【消息】列表框中输入文本。

No2 单击【确定】按钮，如图 13-4 所示。

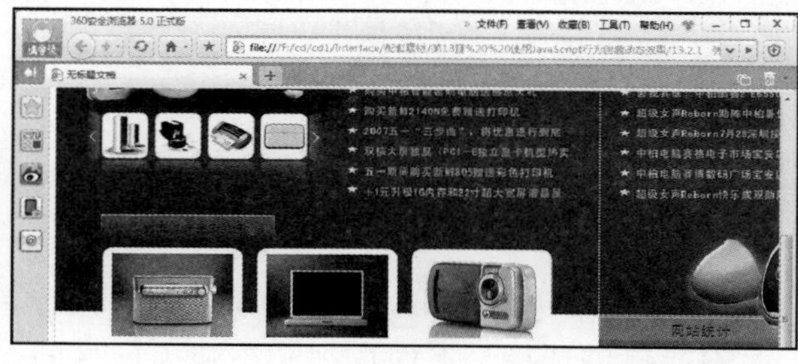

图 13-5

04 完成设置

按下键盘上的【Ctrl】+【S】组合键保存文档，再按下键盘上的【F12】键，即可在浏览器中预览页面效果，如图 13-5 所示。

13.3.2 打开浏览器窗口

使用【打开浏览器窗口】动作在打开当前网页的同时还可以再打开一个新窗口，同时可以根据动作来编辑浏览窗口的大小、名称、状态栏和菜单栏等属性，使用【打开浏览器窗口】动作在一个新的窗口中打开指定的URL还可以指定新窗口的属性、特征和名称，【打开浏览器窗口】对话框如图13-6所示。在【打开浏览器窗口】对话框中可以进行以下设置。

➢【要显示的URL】：单击【浏览】按钮选择一个文件，或输入要显示的URL。

➢【窗口宽度】：指定窗口的宽度（以像素为单位）。

➢【窗口高度】：指定窗口的高度（以像素为单位）。

➢【导航工具栏】：一行浏览器按钮（包括【后退】、【前进】、【主页】和【新载入】）。

➢【地址工具栏】：一行浏览器选项（包括地址文本框）。

➢【状态栏】：位于浏览器窗口底部的区域，在该区域中显示消息。

➢【菜单条】：位于浏览器窗口上，如果要让访问者能够从新窗口导航，应该选中此复选框。如果不选中，则在新窗口中用户只能关闭或最小化窗口。

➢【需要时使用滚动条】：指定内容超出可视区域应该显示滚动条，如果不选中此复选框，则不显示滚动条。如果【调整大小手柄】复选框也不选中，则访问者将不容易看到超出窗口原始大小以外的内容。

➢【调整大小手柄】：指定调整窗口的大小，方法是拖动窗口的右下角或单击右上角的最大化按钮。如果不选中此复选框，则调整大小控件将不可用，右下角也不能拖动。

➢【窗口名称】：输入窗口的名称，此名称不能包含空格或特殊字符。

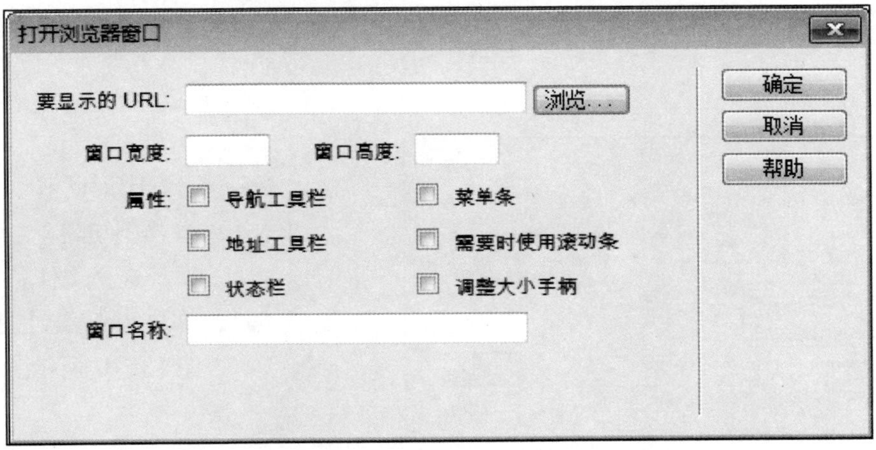

图13-6

设置打开浏览器窗口的方法非常简单，下面详细介绍打开浏览器窗口的操作方法。

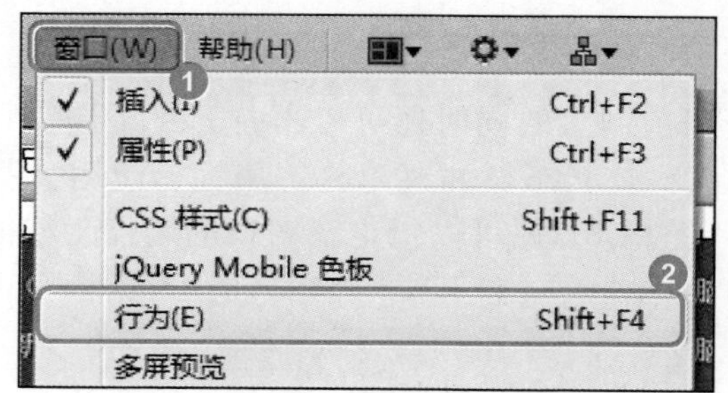

图 13-7

01 选择菜单项

No1 在菜单栏中单击【窗口】菜单。

No2 在弹出的下拉菜单中选择【行为】菜单项，打开【行为】面板，如图 13-7 所示。

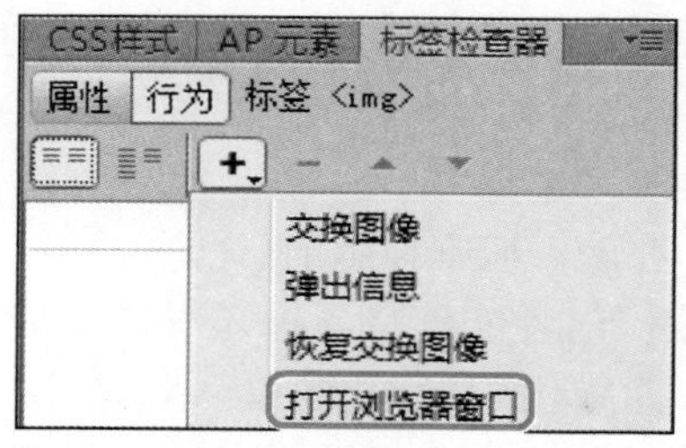

图 13-8

02 单击【添加】按钮

在【行为】面板中单击【添加】按钮，在弹出的快捷菜单中选择【打开浏览器窗口】命令，如图 13-8 所示。

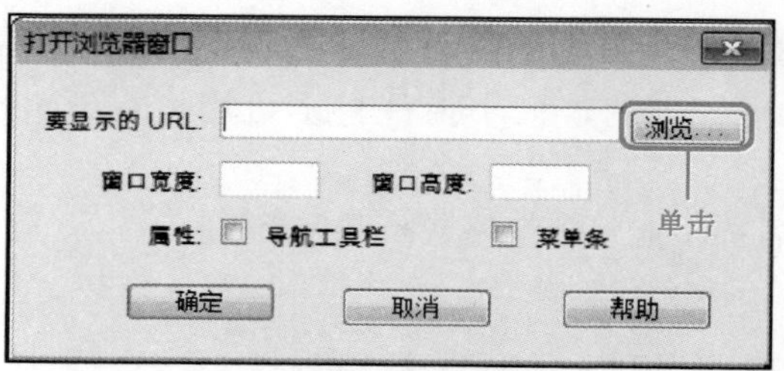

图 13-9

03 弹出对话框

弹出【打开浏览器窗口】对话框，单击【要显示的 URL】文本框右边的【浏览】按钮，如图 13-9 所示。

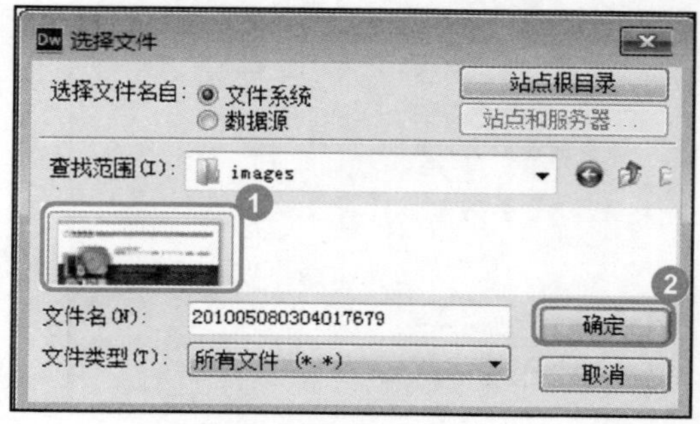

图 13-10

04 弹出对话框

No1 弹出【选择文件】对话框，选择文件。

No2 单击【确定】按钮，如图 13-10 所示。

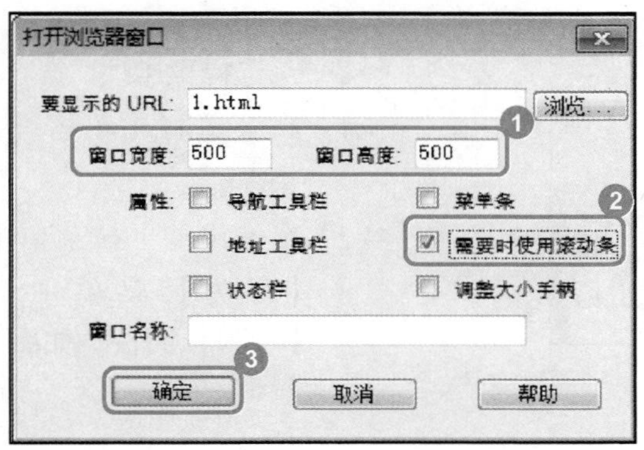

图 13-11

05 返回【打开浏览器窗口】对话框

No1 返回【打开浏览器窗口】对话框，设置窗口宽度和高度的数值为 500。

No2 选中【需要时使用滚动条】复选框。

No3 单击【确定】按钮，如图 13-11 所示。

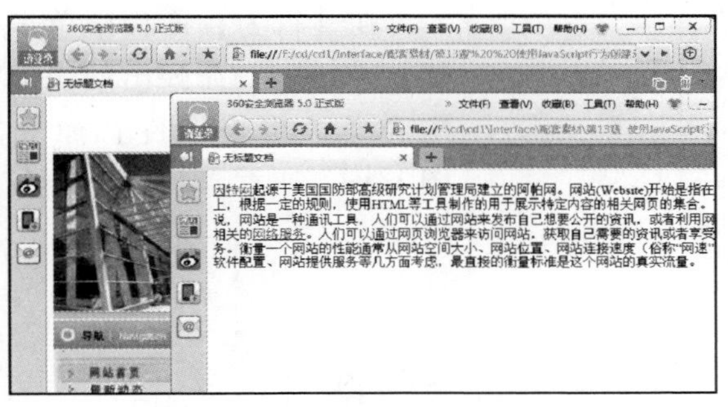

图 13-12

06 完成设置

按下键盘上的【Ctrl】+【S】组合键保存文档，再按下键盘上的【F12】键，即可在浏览器中预览页面效果，如图 13-12 所示。

13.3.3 检查插件

【检查插件】动作用来检查访问者的计算机中是否安装了特定的插件，从而决定将访问者带到不同的页面。使用【检查插件】行为可根据访问者是否安装了指定的插件这一情况将其转到不同的页面，如浏览者的计算机中安装了 Flash 插件，那么播放 Flash 给浏览者观看，如果没有安装，直接将浏览者带往没有 Flash 的页面，下面详细介绍检查插件的操作方法。

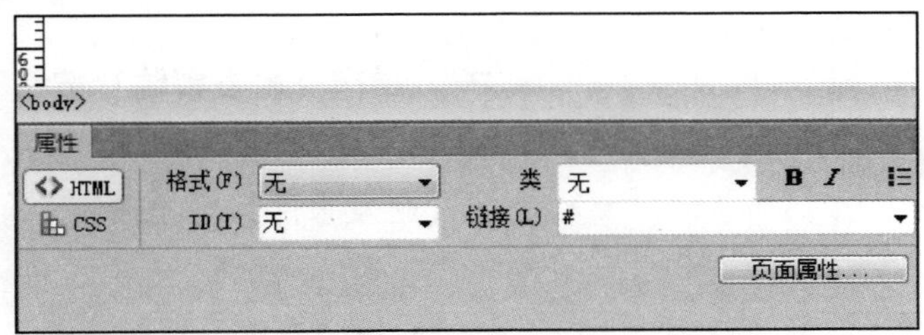

图 13-13

01 设置空链接

选中检查插件文本，在【属性】面板的【链接】下拉列表框中输入#，为文本设置空链接，如图 13-13 所示。

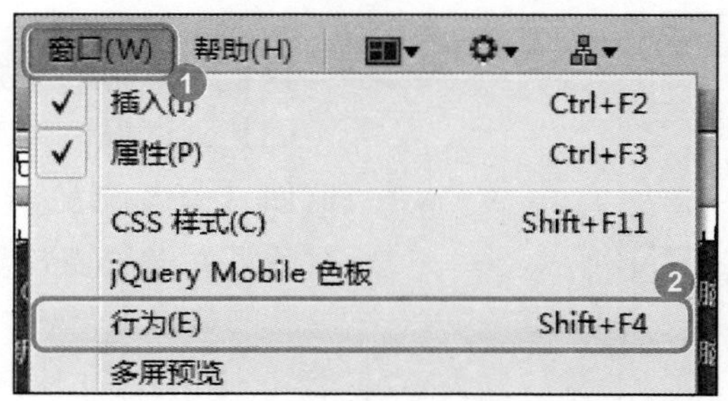

图 13-14

02 选择菜单项

№1 在菜单栏中单击【窗口】菜单。

№2 在弹出的下拉菜单中选择【行为】菜单项，打开【行为】面板，如图 13-14 所示。

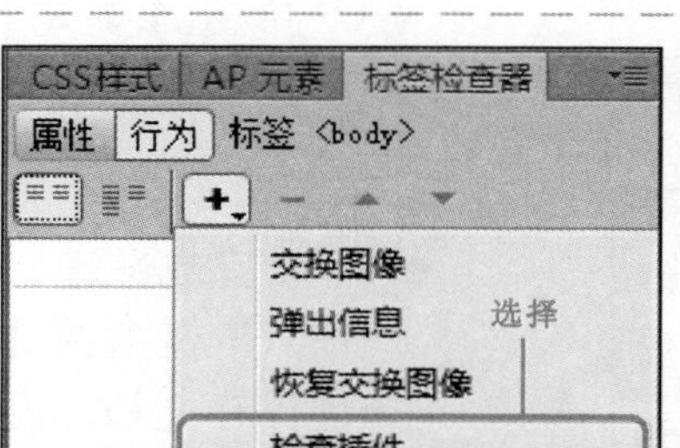

图 13-15

03 单击【添加】按钮

在【行为】面板中单击【添加】按钮，在弹出的快捷菜单中选择【检查插件】命令，如图 13-15 所示。

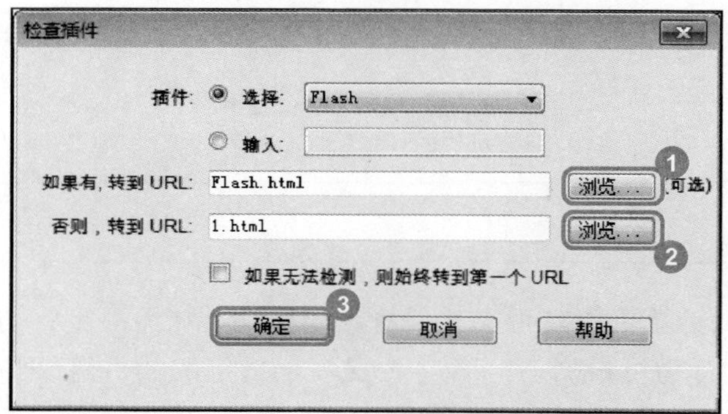

图 13-16

04 弹出对话框

№1 弹出【检查插件】对话框，单击【如果有，转到 URL】右边的【浏览】按钮，添加 Flash. html。

№2 单击【否则，转到 URL】右边的【浏览】按钮，添加 1. html。

№3 单击【确定】按钮，如图 13-16 所示。

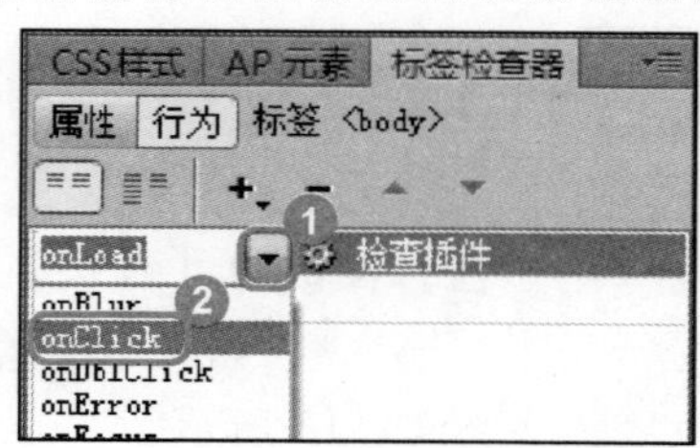

图 13-17

05 单击【触发事件】按钮

№1 在【行为】面板上单击【触发事件】下拉按钮。

№2 选择 onClick 选项，如图 13-17 所示。

图 13-18

06 完成设置

按下键盘上的【Ctrl】+【S】组合键保存文档，再按下键盘上的【F12】键，即可在浏览器中预览页面效果，如图 13-18 所示。

13.3.4 设置状态栏文本

通过【设置状态栏文本】动作可在浏览器窗口底部左侧的状态栏中显示消息，下面详细介绍设置状态栏文本的操作方法。

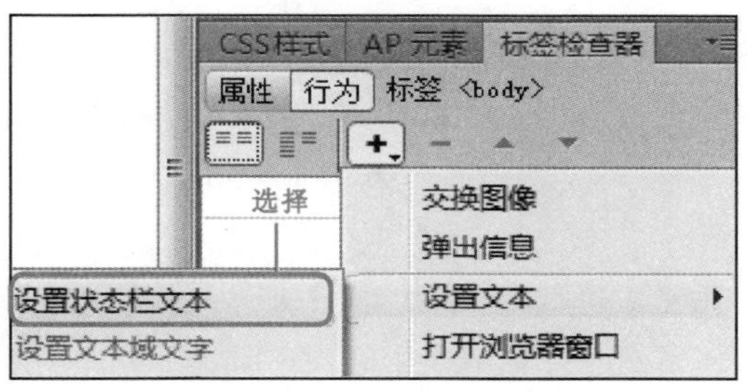

图 13-19

01 单击【添加】按钮

在【行为】面板中单击【添加】按钮，在弹出的快捷菜单中选择【设置文本】→【设置状态栏文本】命令，如图 13-19 所示。

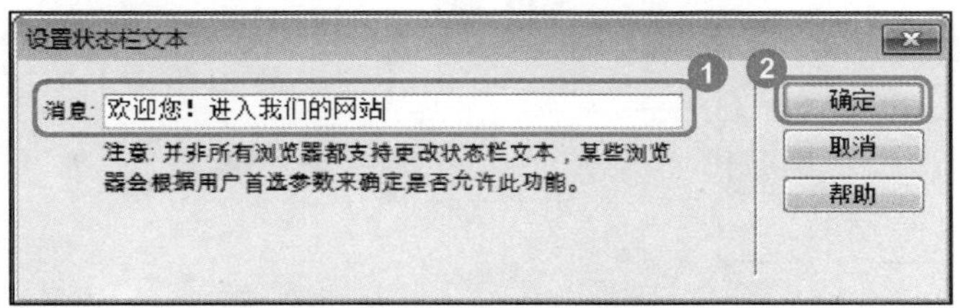

图 13-20

02 弹出对话框

No1 弹出【设置状态栏文本】对话框，在【消息】文本框中输入文本。

No2 单击【确定】按钮，如图 13-20 所示。

图 13-21

03 完成设置

按下【Ctrl】+【S】组合键保存文档，再按下【F12】键即可在浏览器中预览页面效果，如图 13-21 所示。

13.3.5 预先载入图像

在浏览网页中图像的时候，有些图像在网页被浏览器下载的时候不能同时下载，如果要显示这些图片就需要再次发出下载指令，影响了浏览者浏览，使用【预先载入图像】行为先将这些图片载入到浏览器的缓存中能够避免出现延迟，下面详细介绍预先载入图像的操作方法。

图 13-22

01 选择菜单项

No1 在菜单栏中单击【窗口】菜单。

No2 在弹出的下拉菜单中选择【行为】菜单项，打开【行为】面板，如图 13-22 所示。

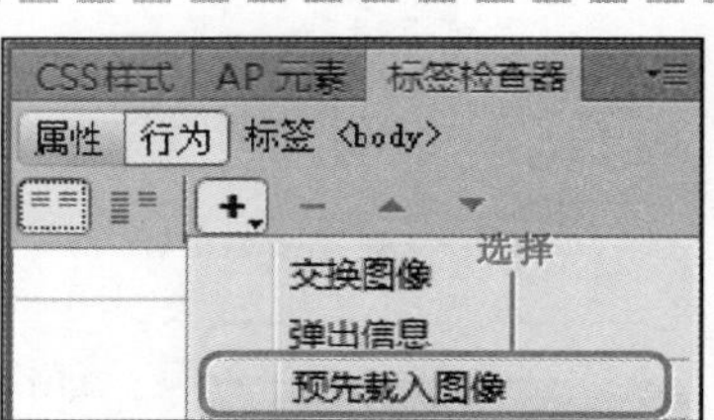

图 13-23

02 单击【添加】按钮

在【行为】面板中单击【添加】按钮，在弹出的快捷菜单中选择【预先载入图像】命令，如图 13-23 所示。

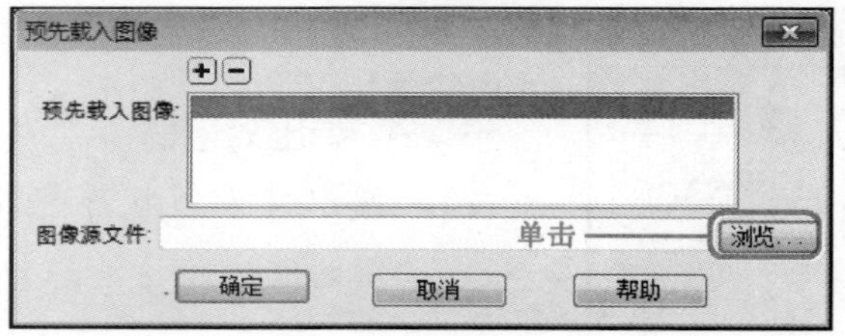

图 13-24

03 弹出对话框

弹出【预先载入图像】对话框，单击【浏览】按钮，如图 13-24 所示。

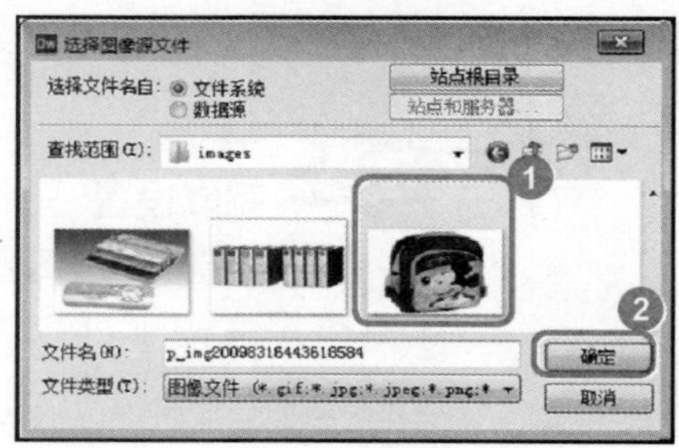

图 13-25

04 弹出对话框

No1 弹出【选择图像源文件】对话框，选择图像。

No2 单击【确定】按钮，如图 13-25 所示。

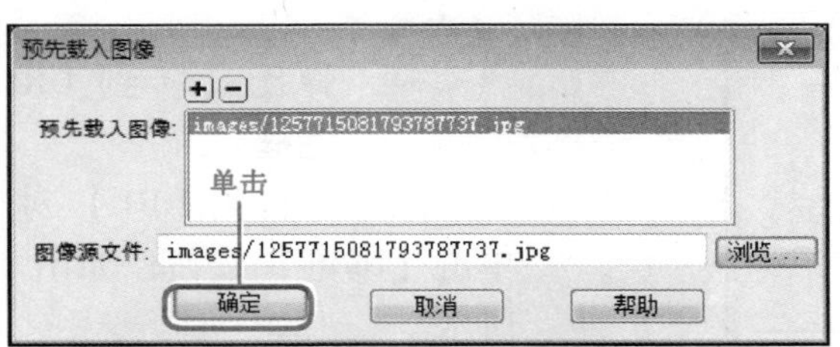

图 13-26

05 显示添加文件

在【预先载入图像】对话框中已经显示添加文件，单击【确定】按钮，如图 13-26 所示。

图 13-27

06 完成设置

按下【Ctrl】+【S】组合键保存文档，再按下【F12】键即可在浏览器中预览页面效果，如图 13-27 所示。

13.3.6 转到 URL

【转到 URL】动作对一次单击更改两个或多个框架的内容特别有帮助，下面详细介绍转到 URL 的操作方法。

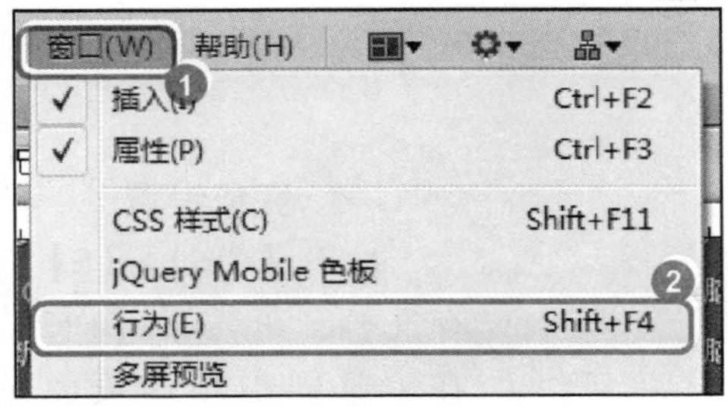

图 13-28

01 选择菜单项

No1 在菜单栏中单击【窗口】菜单。

No2 在弹出的下拉菜单中选择【行为】菜单项，打开【行为】面板，如图 13-28 所示。

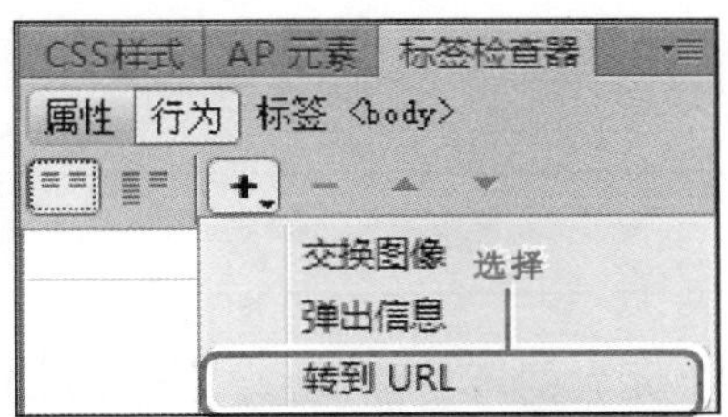

图 13-29

02 单击【添加】按钮

在【行为】面板中单击【添加】按钮，在弹出的快捷菜单中选择【转到 URL】命令，如图 13-29 所示。

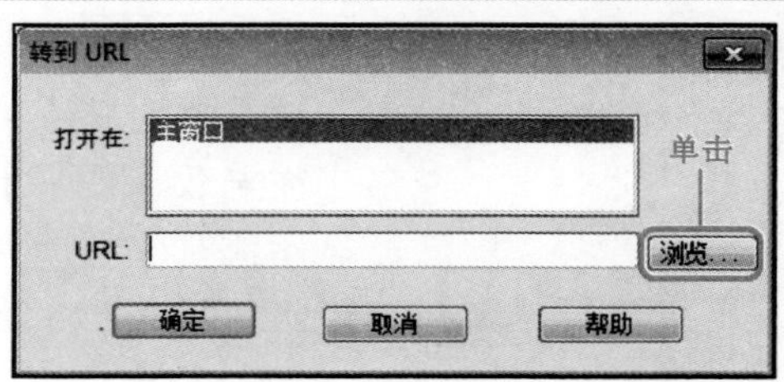

图 13-30

03 弹出【转到 URL】对话框

弹出【转到 URL】对话框，单击【浏览】按钮，如图 13-30 所示。

图 13-31

04 弹出【选择文件】对话框

No1 弹出【选择文件】对话框，选择准备插入的文件。

No2 单击【确定】按钮，如图 13-31 所示。

图 13-32

05 单击【确定】按钮

在【转到 URL】对话框中单击【确定】按钮，如图 13-32 所示。

图 13-33

06 完成设置

按下【Ctrl】+【S】组合键保存文档，再按下【F12】键即可在浏览器中预览页面效果，如图 13-33 所示。

13.3.7 显示/隐藏元素

【显示/隐藏层】行为用于改变一个或多个 AP 元素的可见性状态，【显示/隐藏元素】行为显示、隐藏或恢复一个或多个 AP 元素的默认可见性，此行为可用于交互时显示信息。下面详细介绍显示/隐藏元素的操作方法。

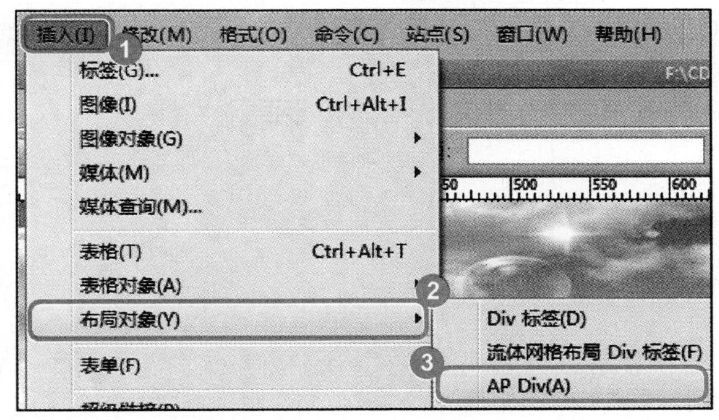

图 13-34

01 选择菜单项

No1 在菜单栏中单击【插入】菜单。

No2 在弹出的下拉菜单中选择【布局对象】菜单项。

No3 在弹出的子菜单中选择 AP Div 菜单项，如图 13-34 所示。

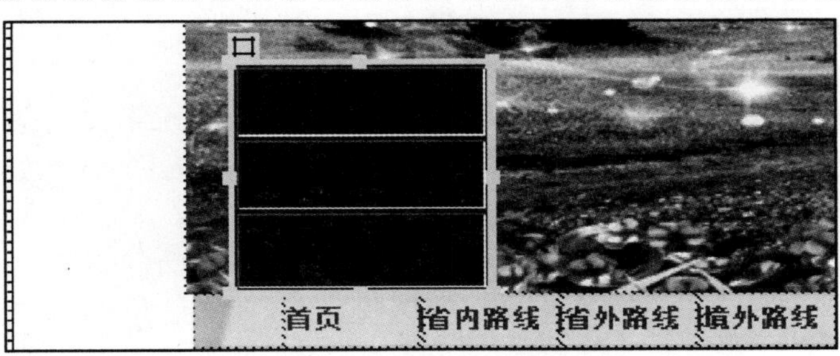

图 13-35

02 调整 AP 元素

调整 AP 元素，设置背景颜色，并插入 3 行 1 列的表格，输入相应的文本，如图 13-35 所示。

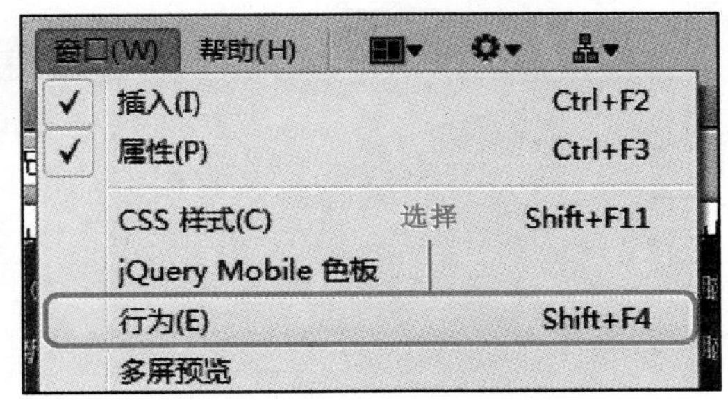

图 13-36

03 选择菜单项

选中“首页”文本，在菜单栏中选择【窗口】→【行为】菜单项，打开【行为】面板，如图 13-36 所示。

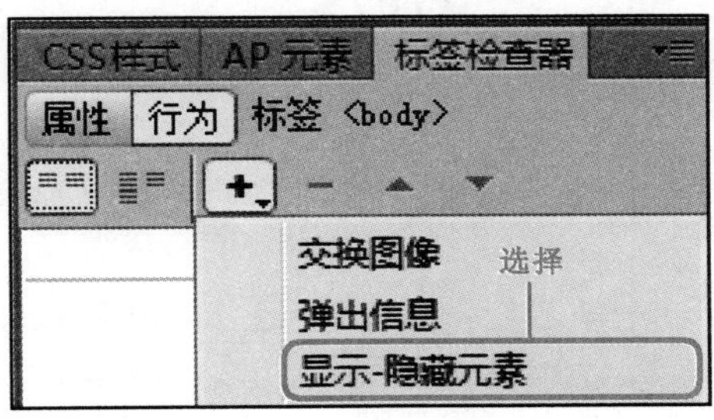

图 13-37

04 单击【添加】按钮

在【行为】面板中单击【添加】按钮，在弹出的快捷菜单中选择【显示/隐藏元素】命令，如图 13-37 所示。

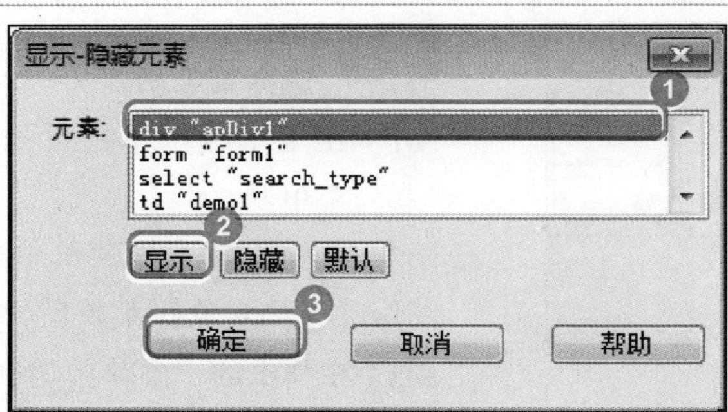

图 13-38

05 弹出【显示 - 隐藏元素】对话框

No1 弹出【显示 - 隐藏元素】对话框，在【元素】列表中选择元素编号。

No2 单击【显示】按钮。

No3 单击【确定】按钮，如图 13-38 所示。

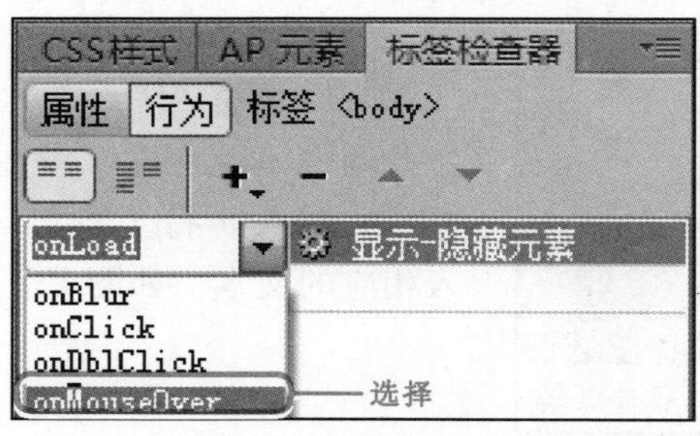

图 13-39

06 更改事件

将【显示 - 隐藏元素】行为的事件更改为 onMouseOver，如图 13-39 所示。

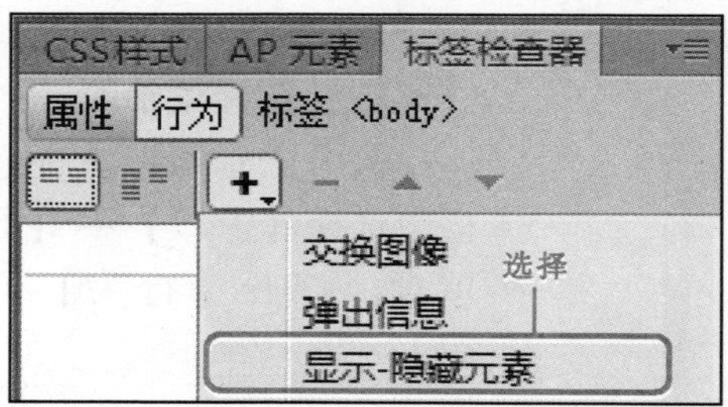

图 13-40

07 单击【添加】按钮

在【行为】面板中单击【添加】按钮，在弹出的快捷菜单中选择【显示/隐藏元素】命令，如图 13-40 所示。

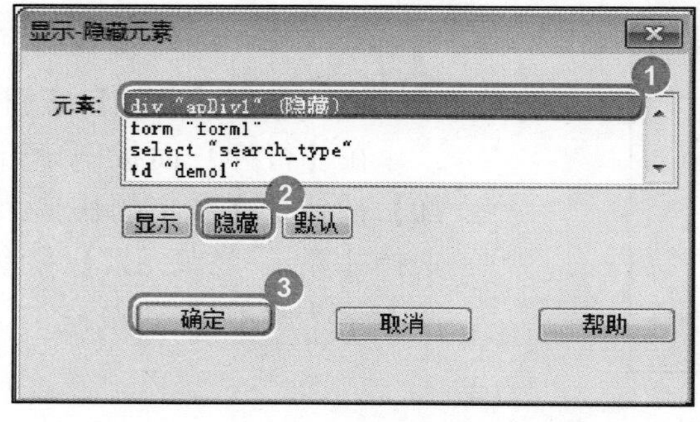

图 13-41

08 弹出对话框

No1 弹出【显示 - 隐藏元素】对话框，在【元素】列表中选择元素编号。

No2 单击【隐藏】按钮。

No3 单击【确定】按钮，如图 13-41 所示。

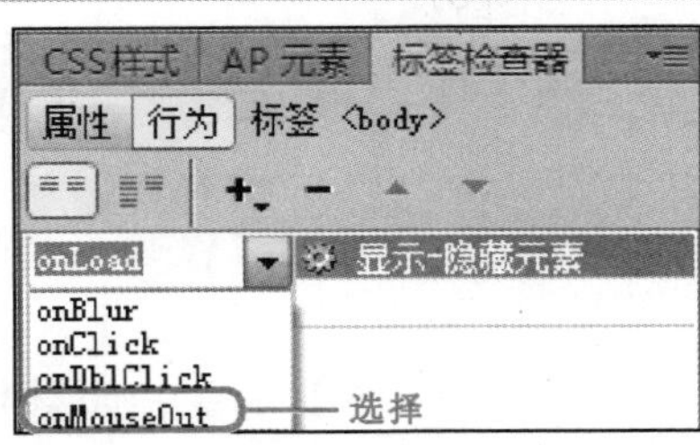

图 13-42

09 更改事件

将【显示－隐藏元素】行为的事件更改为 onMouseOut，如图 13-42 所示。

图 13-43

10 完成设置

按下【Ctrl】＋【S】组合键保存文档，再按下【F12】键即可在浏览器中预览效果，如图 13-43 所示。

13.3.8 设置容器的文本

用户可根据指定的事件触发交互，将容器中已有的内容替换为更新的内容，下面详细介绍设置容器的文本的操作方法。

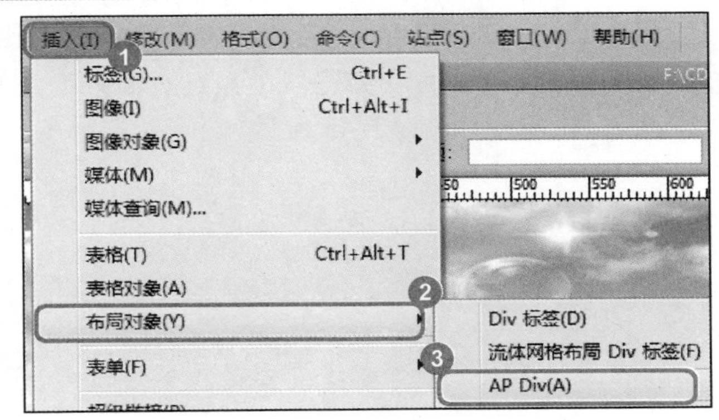

图 13-44

01 选择菜单项

No1 在菜单栏中单击【插入】菜单。

No2 在弹出的下拉菜单中选择【布局对象】菜单项。

No3 在弹出的子菜单中选择 AP Div 菜单项，如图 13-44 所示。

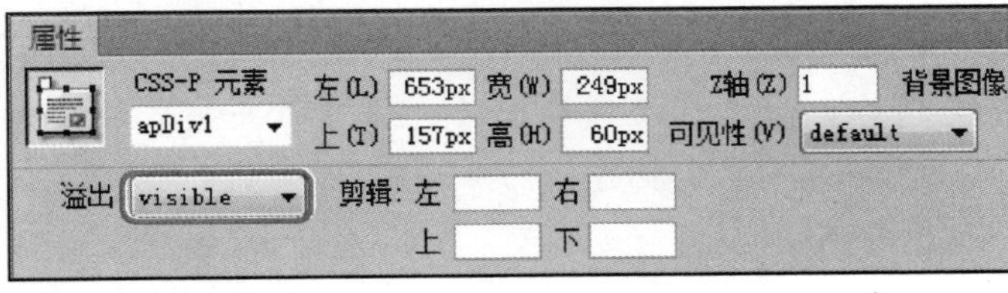

图 13-45

02 选择 visible 选项

在【属性】面板的【溢出】下拉列表中选择 visible 选项，如图 13-45 所示。

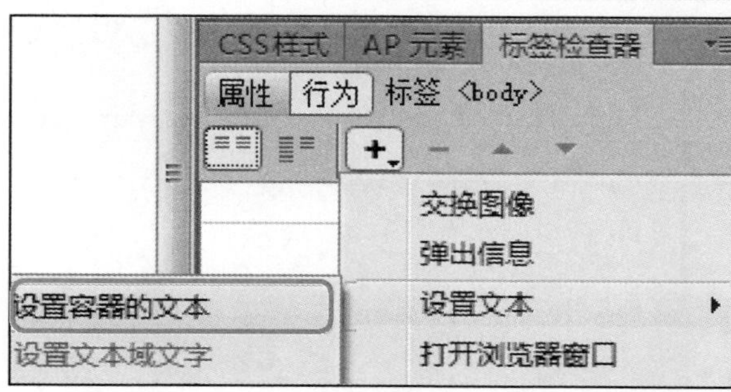

图 13-46

03 单击【添加】按钮

在【行为】面板中单击【添加】按钮，在弹出的快捷菜单中选择【设置文本】→【设置容器的文本】命令，如图 13-46 所示。

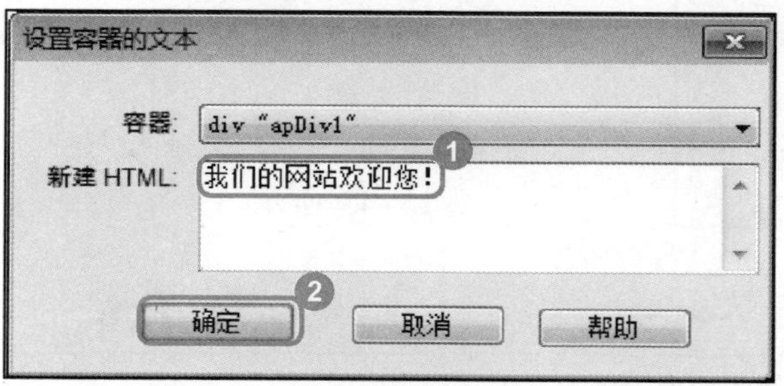

图 13-47

04 弹出对话框

No1 弹出【设置容器的文本】对话框，在【新建 HTML】文本框中输入文本。

No2 单击【确定】按钮，如图 13-47 所示。

图 13-48

05 完成设置

按下【Ctrl】+【S】组合键保存文档，再按下【F12】键即可在浏览器中预览页面效果，如图 13-48 所示。

考考您

请根据本节学习的使用 Dreamweaver 内置行为方面的知识设置容器文本，测试一下学习效果。

知识精讲

在【行为】面板中还有很多行为动作，如【跳转菜单】【跳转菜单开始】【调用 JavaScript】【交换图像】等，用户可以根据不同的需要进行行为设置。

Section 13.4 实践案例与上机操作

本节导读

通过本章的学习，用户可以掌握使用 JavaScript 行为创建动态效果的方法以及一些常见的操作，下面通过几个实践案例进行上机操作，以达到巩固学习、拓展提高的目的。

13.4.1 实现打印功能

JavaScript 是 Internet 上较流行的脚本语言，能够增强用户与网站之间的交互，使用 JavaScript 函数还可以实现打印功能，下面详细介绍实现打印功能的操作方法。

```
<body OnLoad="printPage()"><SCRIPT LANGUAGE="JavaScript">
<!-- Begin
function printPage() {
if (window.print) {
agree = confirm('本页将被自动打印. \n\n是否打印?');
if (agree) window.print();
   }
}
// End -->
</script>
<table width="100%">
  <tr>
```

图 13-49

01 输入代码

切换至【代码】视图，在 <body> 和 </body> 之间输入相应的代码，如图 13-49 所示。

```
<body OnLoad="printPage()"><SCRIPT LANGUAGE="JavaScript">
<!-- Begin
function printPage() {
if (window.print) {
agree = confirm('本页将被自动打印. \n\n是否打印?');
if (agree) window.print();
   }
}
// End -->
</script>
```

图 13-50

02 输入代码

切换至【拆分】视图，在 <body> 语句中输入代码 “OnLoad = " printPage ( ) " ”，如图 13-50 所示。

图 13-51

03 完成设置

按下【Ctrl】+【S】组合键保存文档，再按下【F12】键即可在浏览器中预览页面效果，如图 13-51 所示。

13.4.2 实现关闭窗口功能

实现关闭窗口功能很简单，下面详细介绍实现关闭窗口功能的操作方法。

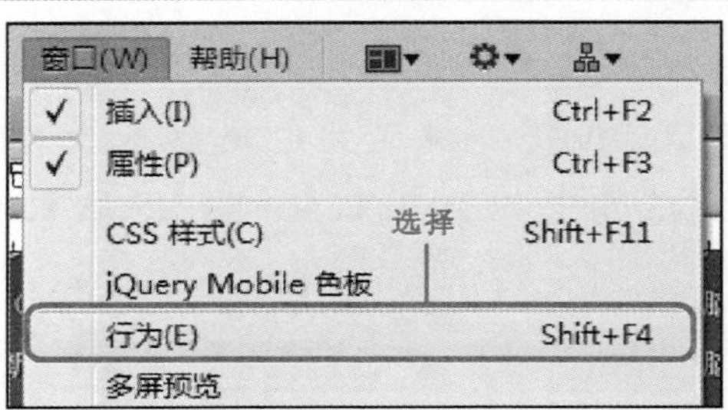

图 13-52

01 选择菜单项

选中“首页”文本，在菜单栏中选择【窗口】→【行为】菜单项，打开【行为】面板，如图 13-52 所示。

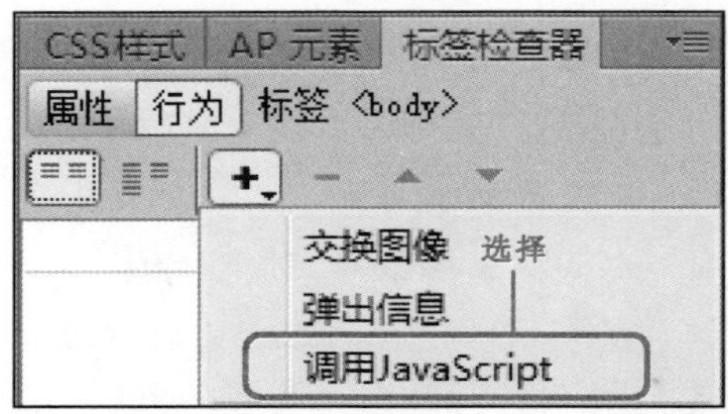

图 13-53

02 单击【添加】按钮

在【行为】面板中单击【添加】按钮，在弹出的快捷菜单中选择【调用 JavaScript】命令，如图 13-53 所示。

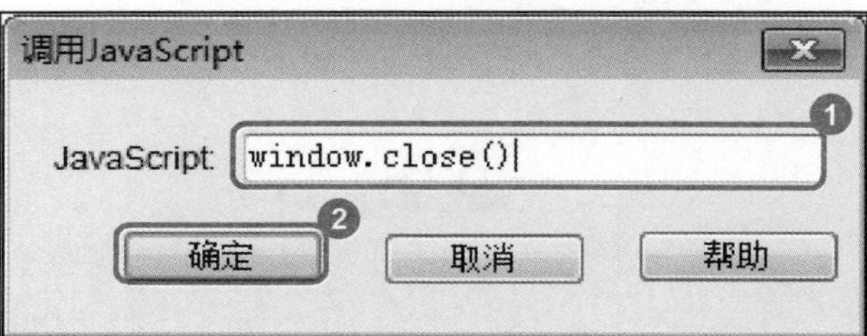

图 13-54

03 弹出对话框

No1 弹出【调用 JavaScript】对话框，在 JavaScript 文本框中输入 window. close( )。

No2 单击【确定】按钮，如图 13-54 所示。

图 13-55

04 完成设置

按下【Ctrl】+【S】组合键保存文档，再按下【F12】键即可在浏览器中预览页面效果，如图 13-55 所示。

13.4.3 创建自动滚屏网页效果

在一个长篇幅的网页中可以创建滚屏网页效果，以方便浏览者浏览。下面详细介绍创建自动滚屏网页效果的操作方法。

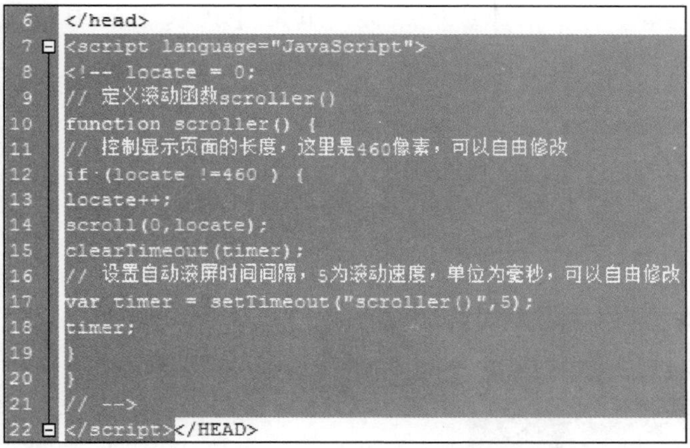

```
</head>
<script language="JavaScript">
<!-- locate = 0;
// 定义滚动函数scroller()
function scroller() {
// 控制显示页面的长度，这里是460像素，可以自由修改
if (locate !=460 ) {
locate++;
scroll(0,locate);
clearTimeout(timer);
// 设置自动滚屏时间间隔，5为滚动速度，单位为毫秒，可以自由修改
var timer = setTimeout("scroller()",5);
timer;
}
}
// -->
</script></HEAD>
```

图 13-56

01 输入代码

切换至【代码】视图，在 <head> 和 </head> 之间输入相应的代码，如图 13-56 所示。

举一反三

对于代码的输入，要注意大小写和空格的区别，以及标点符号是英文的还是中文的。

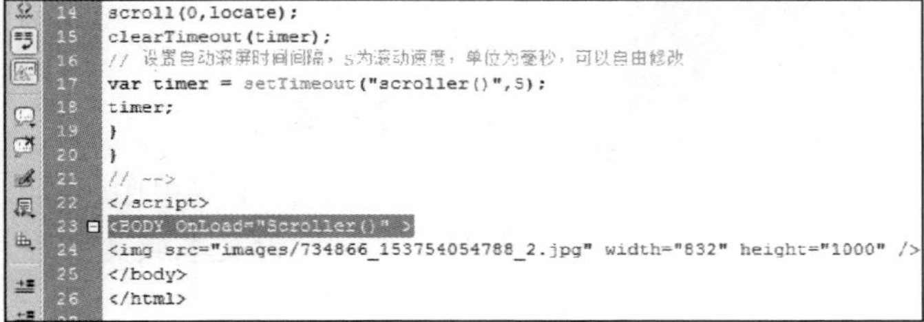

```
scroll(0,locate);
clearTimeout(timer);
// 设置自动滚屏时间间隔，5为滚动速度，单位为毫秒，可以自由修改
var timer = setTimeout("scroller()",5);
timer;
}
}
// -->
</script>
<BODY OnLoad="Scroller()" >
<img src="images/734866_153754054788_2.jpg" width="832" height="1000" />
</body>
</html>
```

图 13-57

02 输入代码

切换至【拆分】视图，将语句改为如图 13-57 所示，表示当打开网页时调用事件实现自动滚屏。

13.4.4 设置框架文本

【设置框架文本】动作用于设置框架内容的变化，下面介绍设置框架文本的方法。

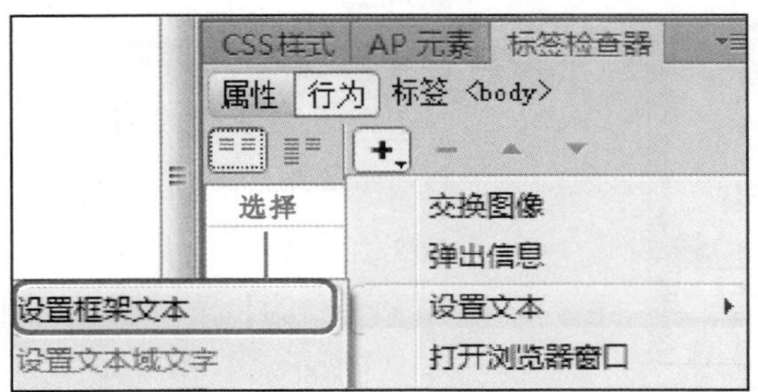

图 13-58

单击【添加】按钮

在【行为】面板中单击【添加】按钮，选择【设置文本】→【设置框架文本】命令，如图 13-58 所示。

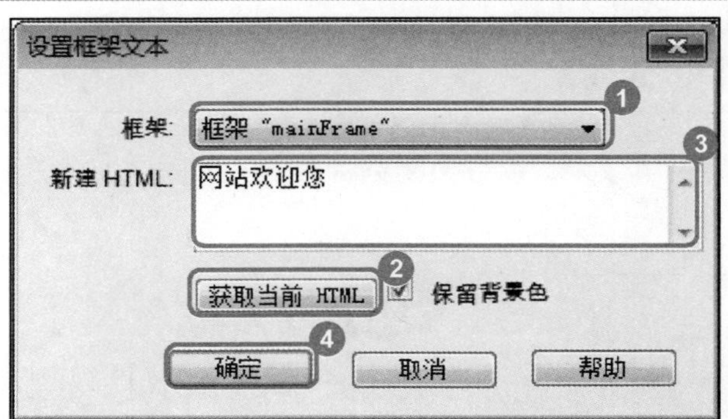

图 13-59

02 弹出对话框

No1 弹出【设置框架文本】对话框，在【框架】列表中选择目标框架。

No2 单击【获取当前 HTML】按钮。

No3 在【新建 HTML】文本框中输入消息。

No4 单击【确定】按钮，如图 13-59 所示。

图 13-60

03 完成设置

按下【Ctrl】+【S】组合键保存文档，再按下【F12】键即可在浏览器中预览页面效果，如图 13-60 所示。

举一反三

【设置文本】子菜单中包括设置框架文本、设置文本域文字等。

13.4.5 交换图像

【交换图像】动作的设置很简单，下面详细介绍设置交换图像的操作方法。

图 13-61

01 选择菜单项

No1 在菜单栏中单击【窗口】菜单。

No2 在弹出的下拉菜单中选择【行为】菜单项，如图 13-61 所示。

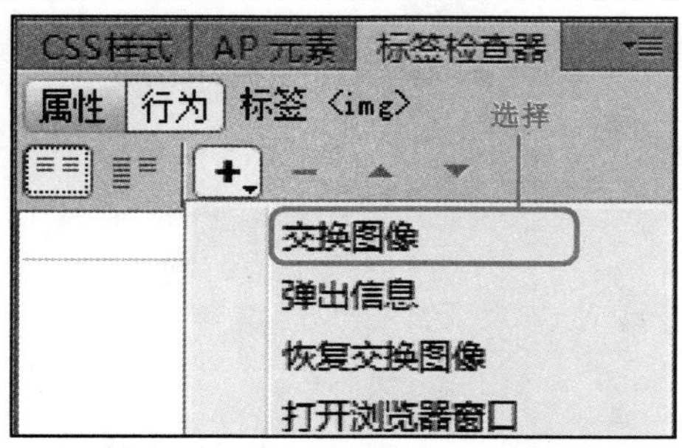

图 13-62

02 单击【添加】按钮

在【行为】面板中单击【添加】按钮，在弹出的快捷菜单中选择【交换图像】选项，如图 13-62 所示。

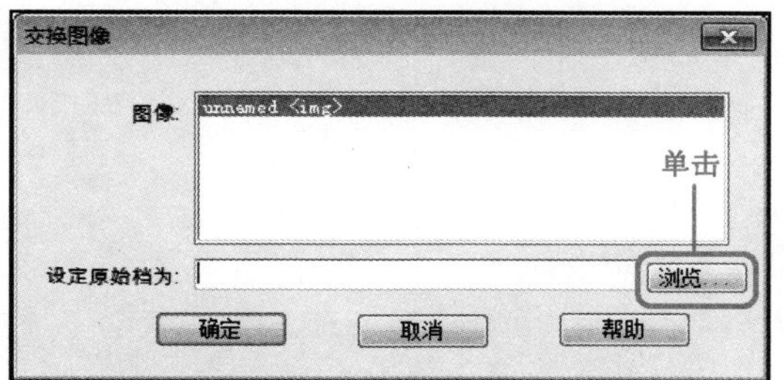

图 13-63

03 弹出对话框

弹出【交换图像】对话框，单击【设定原始档为】文本框右侧的【浏览】按钮，如图 13-63 所示。

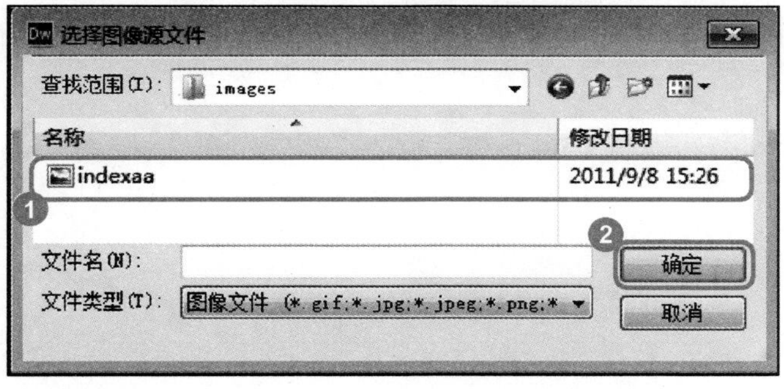

图 13-64

04 弹出【选择图像源文件】对话框

No1 弹出【选择图像源文件】对话框，选择准备插入的图像。

No2 单击【确定】按钮，如图 13-64 所示。

图 13-65

05 单击【确定】按钮

返回至【交换图像】对话框，单击【确定】按钮即可关闭【交换图像】对话框，如图 13-65 所示。

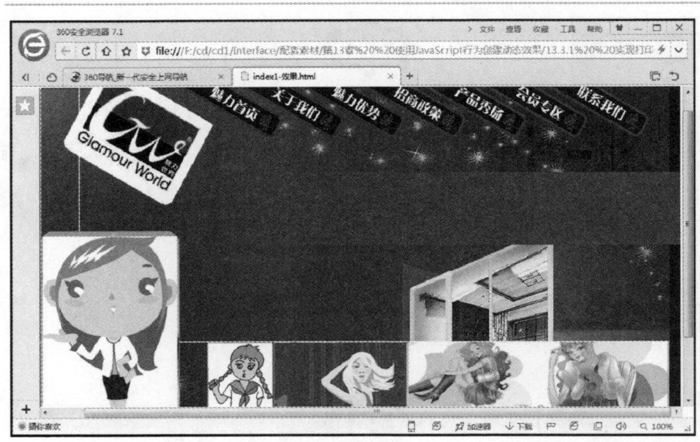

图 13-66

06 完成设置

按下【Ctrl】+【S】组合键保存文档，再按下【F12】键即可在浏览器中预览页面效果，如图 13-66 所示。

举一反三

保存文件也可以在【文件】菜单中完成。

在【交换图像】对话框中可以进行以下设置。

- 【图像】文本框：在列表中选择要更改其来源的图像。
- 【设定原始档为】文本框：单击【浏览】按钮选择新图像文件，在文本框中显示新图像的路径和文件名。

第 14 章

Spry框架技术

本章内容导读

本章主要介绍 Spry 菜单栏、Spry 选项卡式面板、Spry 折叠式构件、Spry 可折叠面板、Spry 工具提示等，最后还针对实际的工作需求讲解了插入 Spry 区域、插入 Spry 重复项、插入 Spry 重复列表等的方法。通过本章的学习，读者可以掌握 Spry 框架技术应用方面的知识，为进一步学习 Dreamweaver CS6 奠定了基础。

本章知识要点

- Spry 菜单栏
- Spry 选项卡式面板
- Spry 折叠式构件
- Spry 可折叠面板
- Spry 工具提示

Section

14.1 Spry 菜单栏

本节导读

Spry 框架是一个 JavaScript 库，Web 设计人员使用它可以构建能够向站点访问者提供更丰富体验的 Web 页。有了 Spry，就可以使用 HTML、CSS 和极少量的 JavaScript 将 XML 数据合并到 HTML 文档中创建构件，向各种页面元素中添加不同种类的效果。本节将详细介绍 Spry 菜单栏方面的知识。

14.1.1 插入 Spry 菜单栏

菜单栏构件是一组可导航的菜单栏按钮，当站点访问者将鼠标指针悬停在其中的某个按钮上时将显示相应的子菜单。

使用菜单栏构件可在紧凑的空间中显示大量的可导航信息，并使站点访问者无须深入浏览站点即可了解站点上提供的内容。下面介绍插入 Spry 菜单栏的操作方法。

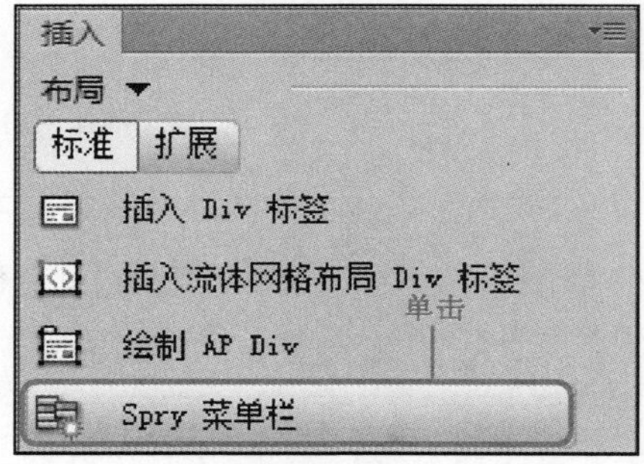

图 14-1

01 单击【Spry 菜单栏】按钮

将光标置于页面中需要插入 Spry 菜单栏的位置，单击【插入】面板的【布局】插入栏中的【Spry 菜单栏】按钮，如图 14-1 所示。

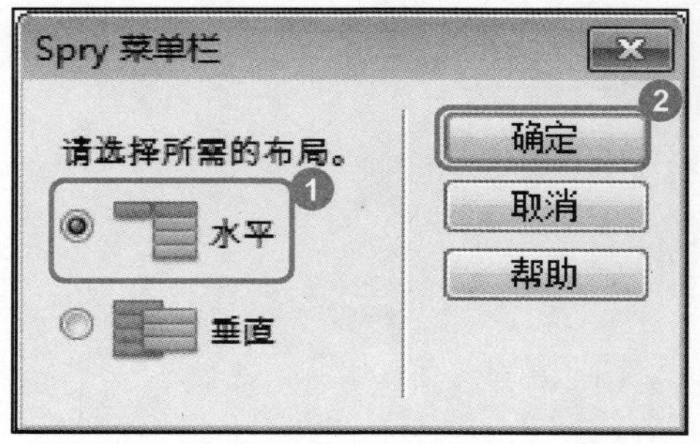

图 14-2

02 弹出对话框

No1 弹出【Spry 菜单栏】对话框，选择【水平】复选框。

No2 单击【确定】按钮，如图 14-2 所示。

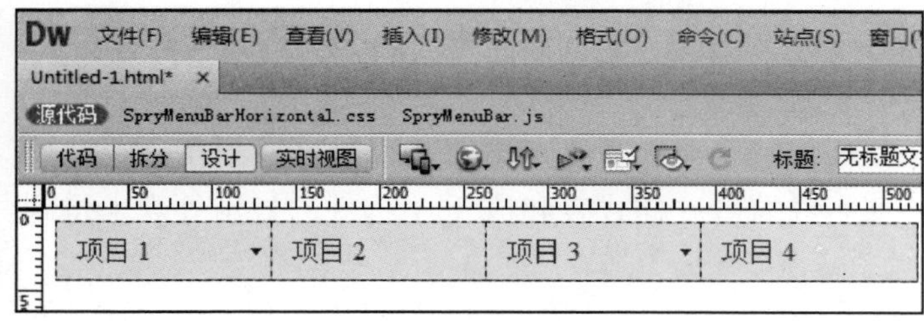

图 14-3

03 完成 Spry 菜单栏的插入

此时在页面中即可看到插入的 Spry 菜单栏，如图 14-3 所示。

14.1.2 设置 Spry 菜单栏的属性

选中刚刚插入的 Spry 菜单栏，在【属性】面板中可以对 Spry 菜单栏的相关属性进行设置，可以添加和删除菜单栏选项，如图 14-4 所示。

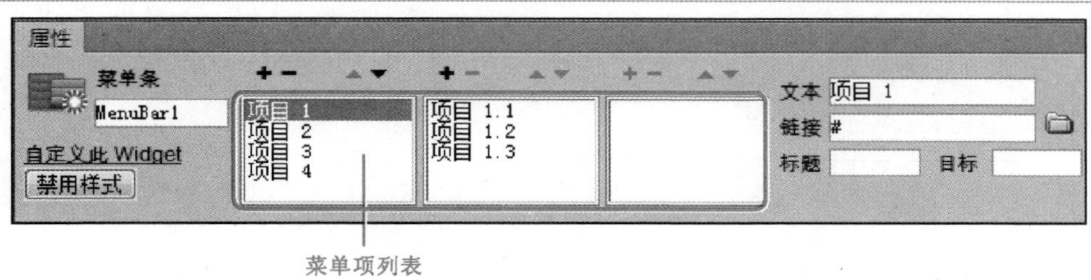

图 14-4

Spry 菜单栏【属性】面板中各项的作用如下。

- 【菜单条】文本框：在该文本框中可以为刚刚插入到页面中的 Spry 菜单栏命名。在默认情况下，插入到页面中的菜单栏会以 MenuBar1、MenuBar2 的命名规则进行命名。
- 【自定义此 Widget】：虽然使用【属性】面板可以简化对菜单栏构件的编辑，但是【属性】面板并不支持自定义的样式设置。用户可以修改菜单栏构件的 CSS 样式，并根据自己的喜好设置样式的菜单栏构件。单击该文字链接，将链接到 Adobe 官方网站的相关介绍界面
- 【禁用样式】按钮：单击该按钮可以禁用 Spry 菜单栏的 CSS 样式，以便在 Dreamweaver CS6 的设计视图中查看菜单栏的 HTML 结构。
- 菜单项列表：在【属性】面板的中间位置显示了 3 个列表，从左至右分别为主菜单项列表、子菜单项列表和 3 级菜单项列表，在每个菜单项列表中可以对相应的菜单项进行添加、删除及调整顺序的操作。
- 【文本】文本框：在该文本框中可以更改选中的菜单项的名称。
- 【链接】文本框：在该文本框中可以为选中的菜单项设置相应的链接，或者单击【浏览】按钮，在弹出的【选择文件】对话框中选择需要链接的文件。
- 【标题】文本框：在该文本框中可以为选中的菜单项设置提示文本。
- 【目标】文本框：在该文本框中可以输入链接打开的方式。如果使用的是框架页面，还可以指定要在其中打开所链接页面的框架名称。

14.1.3 设置菜单项的尺寸

在 Dreamweaver CS6 中提供的 Spry 构件默认样式并不能满足用户设计、制作网页的需要，用户还可以通过修改该 Spry 构件所生成的 CSS 样式表和该 Spry 构件的显示外观来得到想要的菜单栏。

更改菜单项的尺寸可以通过更改菜单项的 li 和 ul 标签的 width 属性来实现，下面详细介绍更改菜单项尺寸的操作方法。

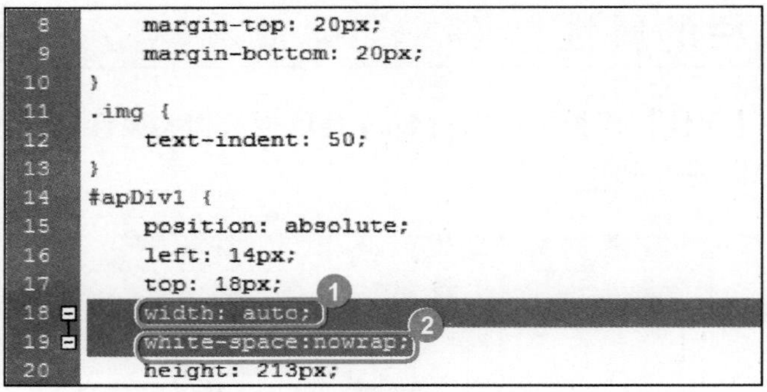

```
    margin-top: 20px;
    margin-bottom: 20px;
}
.img {
    text-indent: 50;
}
#apDiv1 {
    position: absolute;
    left: 14px;
    top: 18px;
    width: auto;          ①
    white-space:nowrap;   ②
    height: 213px;
```

图 14-5

01 切换到【拆分】视图

No1 切换到【拆分】视图，将 width 属性更改为 auto。

No2 向该规则中添加 white-space:nowrap，如图 14-5 所示。

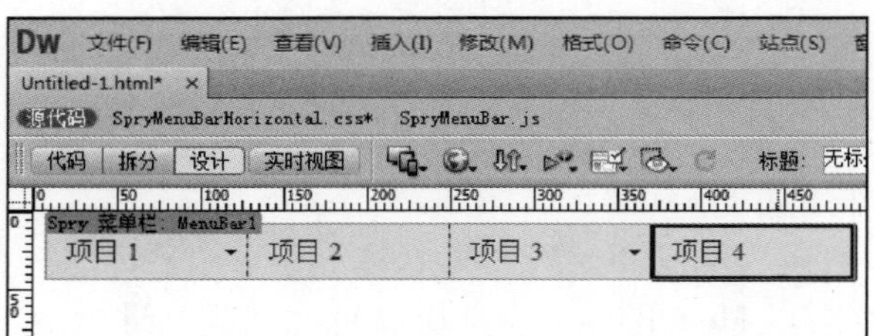

图 14-6

02 完成更改

返回 Dreamweaver 中的页面设计视图，可以看到更改菜单项宽度后的效果，如图 14-6 所示。

Section 14.2 Spry 选项卡式面板

本节导读

Spry 选项卡式面板构件是一组面板，用来将内容放置在紧凑的空间中，浏览者可以通过单击面板选项卡来隐藏或显示放置在选项卡式面板中的内容。本节将详细介绍 Spry 选项卡式面板方面的知识。

14.2.1 插入 Spry 选项卡式面板

将光标置于页面中需要插入 Spry 选项卡式面板的位置，单击【插入】面板上的【布

局】插入栏中的【Spry 选项卡式面板】按钮，即可在页面中插入 Spry 选项卡式面板，如图 14-7 和图 14-8 所示。

图 14-7

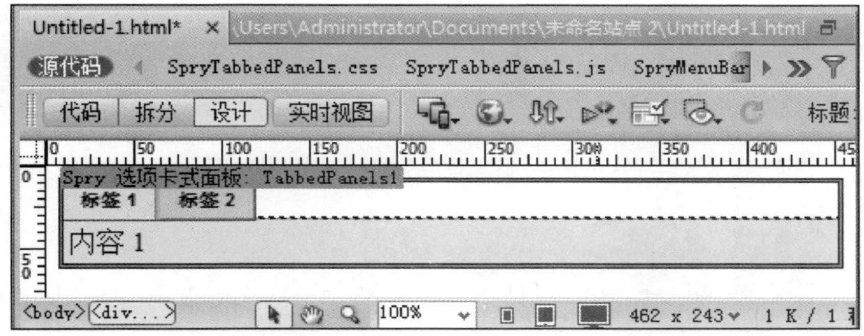

图 14-8

14.2.2 设置 Spry 选项卡式面板的属性

选中刚刚插入的 Spry 选项卡式面板，在【属性】面板上可以对 Spry 选项卡式面板的相关属性进行设置，如图 14-9 所示。

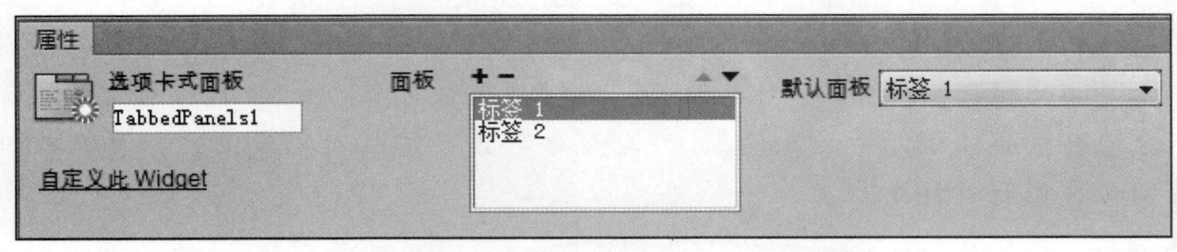

图 14-9

Spry 选项卡式面板的【属性】面板中的各项的作用如下。

- 【选项卡式面板】文本框：在该文本框中可以为刚刚插入到页面的 Spry 选项卡式面板命名，默认情况下，插入到页面中的选项卡式面板会以 TabbedPanels1、TabbedPanels2 的命名规则进行命名。

- 【自定义此 Widget】：该选项的功能与 Spry 菜单栏的【属性】面板中该选项的功能相同。
- 【面板】列表：在该列表中显示了 Spry 选项卡式面板的各个面板，单击上方的【添加面板】按钮+可以添加面板。在列表中选中某个面板，单击列表上方的【删除面板】按钮−可以将选中的面板删除，并且可以对面板的前后顺序进行调整。
- 【默认面板】下拉列表：在该下拉列表中列出了 Spry 选项卡式面板中的所有面板名称，在浏览器中预览页面时，在默认情况下所设置的面板将显示，而其他面板将隐藏。

14.2.3 调整 Spry 选项卡式面板的宽度

在默认情况下，Spry 选项卡式面板的宽度会显示为 100%，用户可以通过设置选项卡式面板 CSS 样式中的 width 属性来限制其宽度。

打开其 CSS 样式的表文件 SpryTabbedPanels.css，在该文件中找到 .TabbedPanels 规则，在该 CSS 规则中修改 width 属性的值，例如 width:400px，即可完成调整 Spry 选项卡式面板的宽度的操作，如图 14-10 所示。

```
    position: absolute;
    left: 14px;
    top: 18px;
    width: 400px;
    height: 213px;
    z-index: 1;
```

图 14-10

Section

14.3 Spry 折叠式构件

本节导读

Spry 折叠式构件是一级可折叠的面板，同样可以将大量页面内容放置在一个紧凑的页面空间中。浏览者可以通过单击该面板上的选项卡来隐藏或显示放置在折叠式构件中的内容。当浏览者单击不同的选项卡时，折叠式构件的面板会相应展开或收缩。

14.3.1 插入 Spry 折叠式构件

将光标置于页面中需要插入 Spry 折叠式构件的位置，单击【插入】面板上的【布局】插入栏中的【Spry 折叠式】按钮，在页面中插入 Spry 折叠式构件，如图 14-11 和图 14-12 所示。

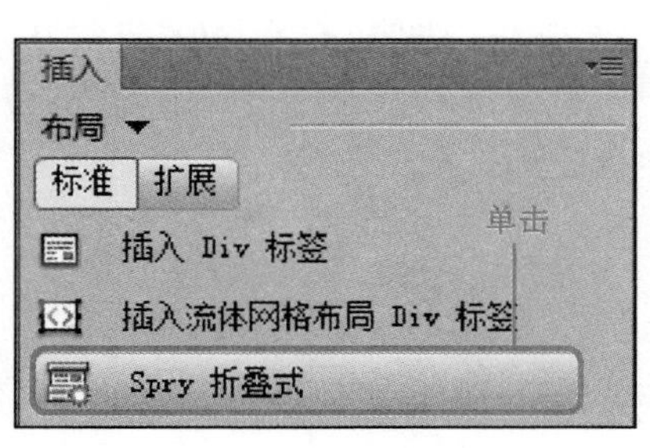

图 14-11

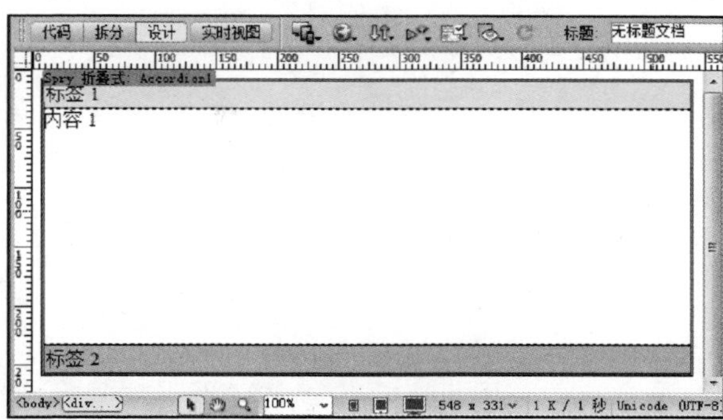

图 14-12

14.3.2 设置 Spry 折叠式构件的属性

选中刚刚插入的 Spry 折叠式构件，在【属性】面板上可以对 Spry 折叠式构件的相关属性进行设置，如图 14-13 所示。

图 14-13

Spry 折叠式构件的【属性】面板中各项的作用如下。

- 【折叠式】文本框：在该文本框中可以为刚刚插入到页面中的 Spry 折叠式构件命名，默认情况下，插入到页面中的折叠式构件会以 Accordion1、Accordion2 的命名规则进行命名。
- 【自定义此 Widget】：该选项的功能与 Spry 菜单栏的【属性】面板中该选项的功能相同。
- 【面板】下拉列表：在该下拉列表中列出了所选中的 Spry 折叠式构件的各个面板，单击上方的【添加面板】按钮➕可以添加面板。在列表中选中某个面板，单击列表上方的【删除面板】按钮➖可以将选中的面板删除，并且还可以对面板的前后顺序进行调整。

14.3.3 调整 Spry 折叠式构件的宽度

在默认情况下，Spry 折叠式构件的宽度会显示为 100%，用户可以通过设置折叠式构件

CSS 样式中的 width 属性来限制其宽度。

打开其 CSS 样式表文件 SpryAccordion. css，在该文件中找到 . Accordion 规则，在该 CSS 规则中添加 width 属性和值，例如 width:500px，如图 14-14 所示，即可定义 Spry 折叠式构件的宽度为 500 像素。

```
#apDiv1 {
    position: absolute;
    left: 14px;
    top: 18px;
    width: 500px;
    height: 213px;
    z-index: 1;
```

图 14-14

Section

14. 4 Spry 可折叠面板

本节导读

Spry 可折叠面板构件是一个面板，使用可折叠面板可以将页面内容放置于一个紧凑的小空间里，以便节省页面空间。用户只需要单击该构件的选项卡就可以显示或隐藏该页面面板中的内容，非常方便。本节将详细介绍 Spry 可折叠面板方面的知识。

14. 4. 1 插入 Spry 可折叠面板

将光标置于页面中需要插入 Spry 可折叠面板的位置，单击【插入】面板上的【布局】插入栏中的【Spry 可折叠面板】按钮，即可在页面中插入 Spry 可折叠面板，如图 14-15 和图 14-16 所示。

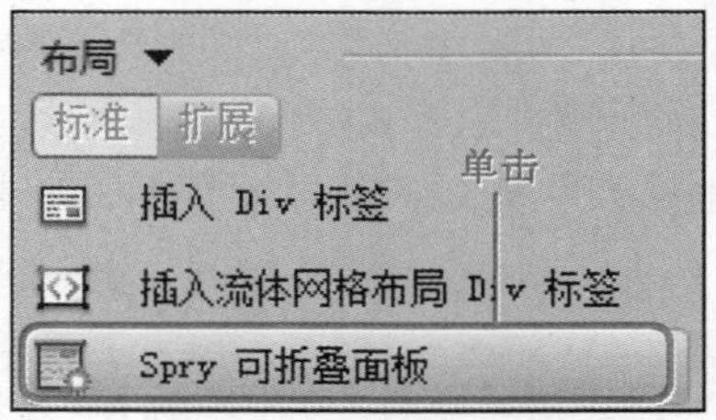

图 14-15

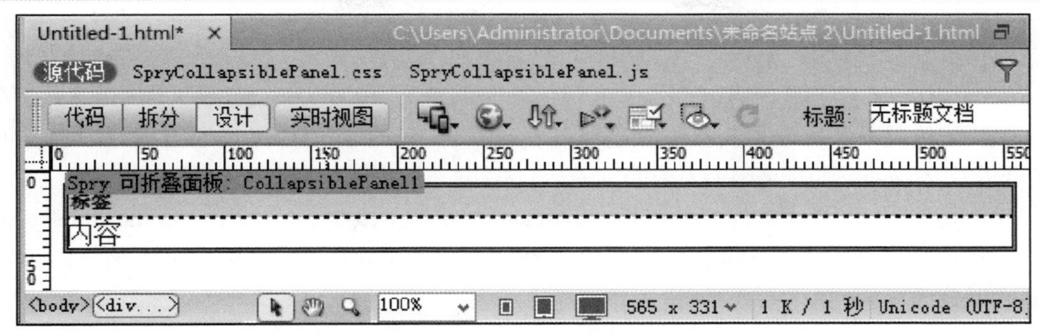

图 14-16

14.4.2 设置 Spry 可折叠面板的属性

选中刚刚插入的 Spry 可折叠面板，在【属性】面板上可以对 Spry 可折叠面板的相关属性进行设置，如图 14-17 所示。

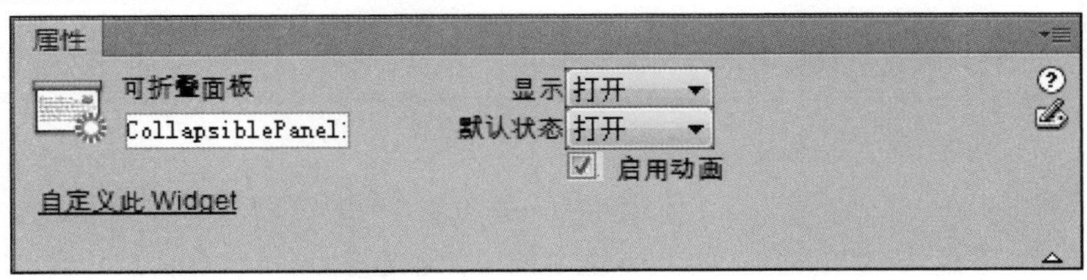

图 14-17

Spry 可折叠面板的【属性】面板中各项的作用如下。

- 【可折叠面板】文本框：在该文本框中可以为刚刚插入到页面中的 Spry 可折叠面板命名，默认情况下，插入到页面中的可折叠面板会以 CollapsiblePanel1、CollapsiblePanel2 的命名规则进行命名。
- 【自定义此 Widget】：该选项的功能与 Spry 菜单栏的【属性】面板中该选项的功能相同。
- 【显示】下拉列表框：该列表框可以设置 Spry 可折叠面板在 Dreamweaver CS6 的设计视图中是打开的还是关闭的。在该列表框中有两个选项，分别是【打开】和【已关闭】，默认情况下选择【打开】选项，如果在该列表框中选择【已关闭】选项，则该 Spry 可折叠面板在 Dreamweaver CS6 的设计视图中是关闭的。
- 【默认状态】下拉列表框：该选项主要用于在浏览器中浏览该 Spry 可折叠面板时设置折叠面板的默认状态。在该选项的列表框中同样有两个选项，分别为【打开】和【已关闭】，默认情况下选择【打开】选项。
- 【启用动画】复选框：选中该复选框，浏览者在单击该面板选项卡时该面板将缓缓地平滑打开或关闭；如果没有选中该复选框，则浏览者在单击该面板选项卡时可折叠面板会迅速打开或关闭，默认情况下选中该复选框。

14.4.3 调整 Spry 可折叠面板的宽度

在默认情况下，Spry 可折叠面板的宽度会显示为 100%，用户可以通过设置可折叠面板 CSS 样式中的 width 属性来限制其宽度。

打开其 CSS 样式表文件 SpryCollapsiblePanel.css，在该文件中找到 .CollapsiblePanel 规则，在该 CSS 规则中添加 width 属性和值，例如 width:300px，如图 14-18 所示，即可定义 Spry 可折叠面板的宽度为 300 像素。

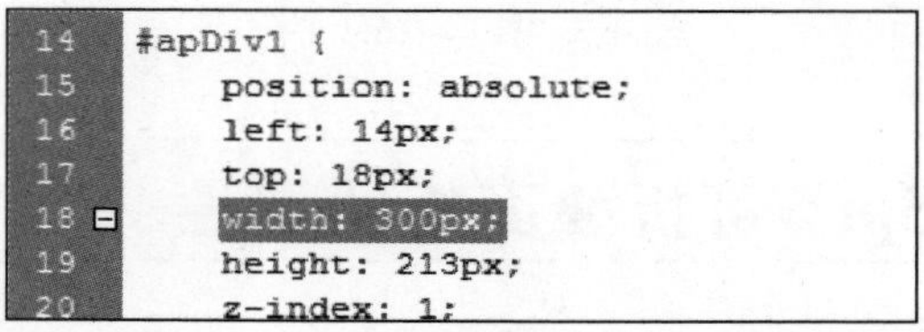

```
#apDiv1 {
    position: absolute;
    left: 14px;
    top: 18px;
    width: 300px;
    height: 213px;
    z-index: 1;
```

图 14-18

Section 14.5 Spry 工具提示

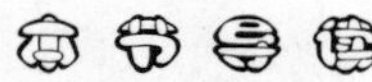

当用户将鼠标指针移至网页中的某个特定元素上时，Spry 工具提示会显示该特定元素的其他信息内容。当用户移开鼠标指针时，其他内容会消失，从而使页面中的交互效果更加突出。

14.5.1 插入 Spry 工具提示

将光标置于页面中需要插入 Spry 工具提示的位置，单击【插入】面板上的 Spry 插入栏中的【Spry 工具提示】按钮，在页面中插入 Spry 工具提示，如图 14-19 和图 14-20 所示。

图 14-19

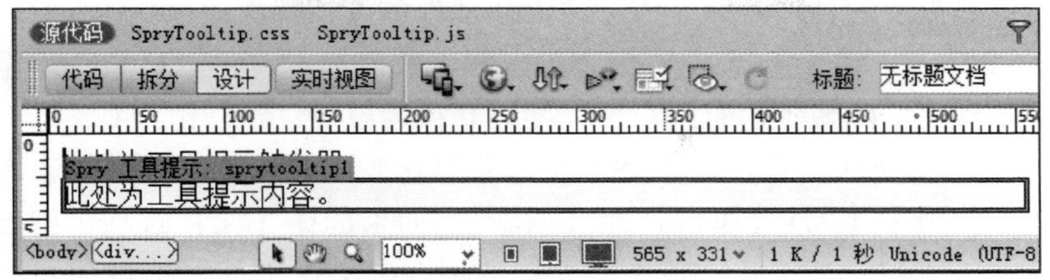

图 14-20

14.5.2 设置 Spry 工具提示的属性

选中刚刚插入的 Spry 工具提示，在【属性】面板上可以对 Spry 工具提示的相关属性进行设置，如图 14-21 所示。

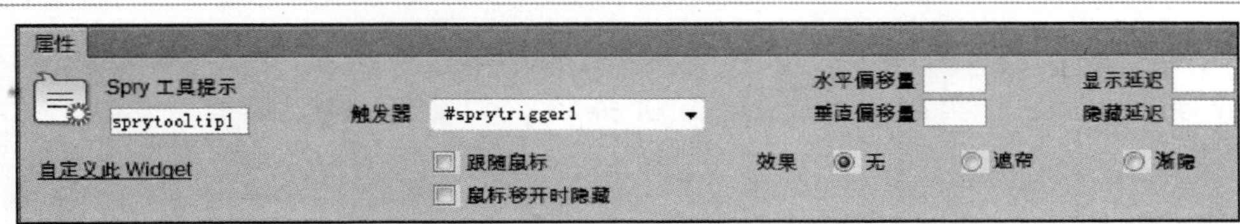

图 14-21

Spry 工具提示的【属性】面板中各项的作用如下。

➢【Spry 工具提示】文本框：在该文本框中可以为刚刚插入到页面中的 Spry 工具提示命名，默认情况下，插入到页面中的工具提示以 sprytooltip1、sprytooltip2 的命名规则进行命名。

➢【自定义此 Widget】：该选项的功能与 Spry 菜单栏的【属性】面板中该选项的功能相同。

➢【触发器】下拉列表框：页面上用于激活工具提示的元素。在默认情况下，Dreamweaver 会插入 span 标签中的句子作为触发器，但用户可以选择页面中具有唯一 ID 的任何元素。

➢【跟随鼠标】复选框：选择该复选框后，当鼠标指针移至页面中的触发器元素上时工具提示会跟随鼠标。

➢【鼠标移开时隐藏】复选框：选择该复选框后，只要鼠标指针悬停在工具提示上，工具提示会一直显示。如果在工具提示中有链接或其他的交互元素，则让工具提示始终处于打开状态将非常有用。如果没有选择该复选框，则当鼠标指针离开触发器元素区域时工具提示会自动关闭。

➢【水平偏移量】文本框：在该文本框中可以输入数值，设置工具提示与鼠标指针的水平相对位置，偏移量以像素为单位，默认偏移量为 20 像素。

➢【垂直偏移量】文本框：在该文本框中可以输入数值，设置工具提示与鼠标指针的垂直相对位置，偏移量以像素为单位，默认偏移量为 20 像素。

➢【显示延迟】文本框：在该文本框中可以输入数值，设置当鼠标指针移至触发器元素后显示工具提示的延迟时间，该选项以毫秒为单位，默认值为0。

- 【隐藏延迟】文本框：在该文本框中可以输入数值，设置当鼠标指针移至触发器元素后显示工具提示隐藏延迟时间，该选项以毫秒为单位，默认值为0。
- 【效果】选项区域：在该选项区域中能够选择出现工具提示时的效果，有3个选项可以选择，分别是【无】【遮帘】和【渐隐】。如果选择【无】选项，则出现工具提示时不显示任何效果；如果选择【遮帘】选项，则出现工具提示时会显示百叶窗一样的效果；如果选择【渐隐】选项，则工具提示在网页中将出现淡入和淡出的效果。

Section 14.6 实践案例与上机操作

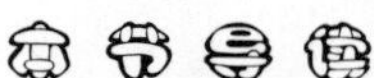

通过本章的学习，用户可以掌握使用Spry框架技术方面的知识及操作，下面通过几个实践案例进行上机操作，以达到巩固学习、拓展提高的目的。

14.6.1 插入Spry区域

插入Spry区域的方法非常简单，下面详细介绍插入Spry区域的操作方法。

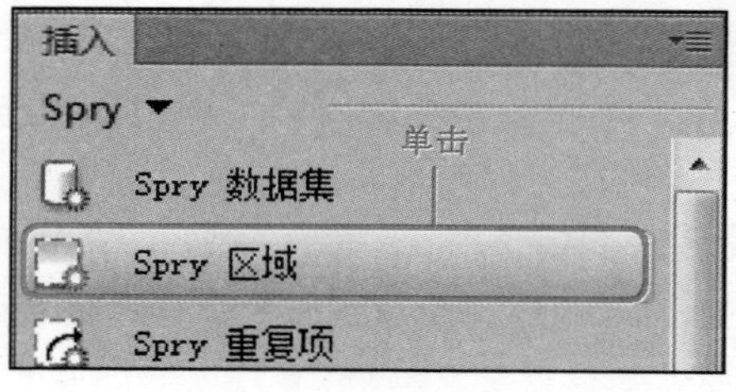

图 14-22

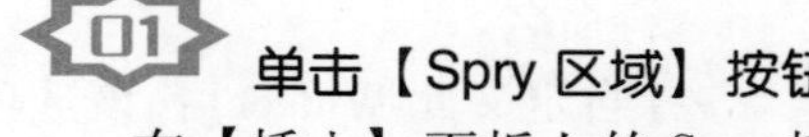

01 单击【Spry区域】按钮

在【插入】面板上的Spry插入栏中单击【Spry区域】按钮，如图14-22所示。

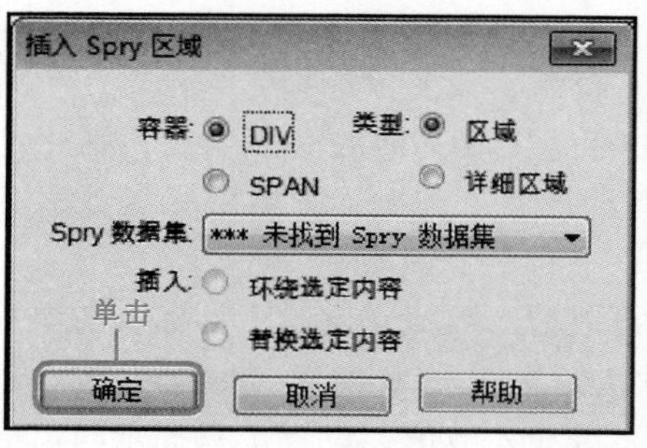

图 14-23

02 弹出对话框

弹出【插入Spry区域】对话框，单击【确定】按钮，即可完成操作，如图14-23所示。

14.6.2 插入 Spry 重复项

插入 Spry 重复项的方法非常简单，下面详细介绍插入 Spry 重复项的操作方法。

图 14-24

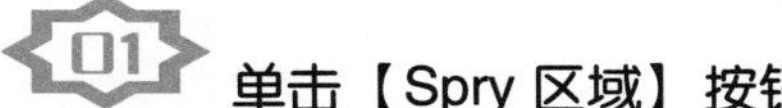

01 单击【Spry 区域】按钮

启动 Dreamweaver CS6 程序，在【插入】面板上的 Spry 插入栏中单击【Spry 重复项】按钮，如图 14-24 所示。

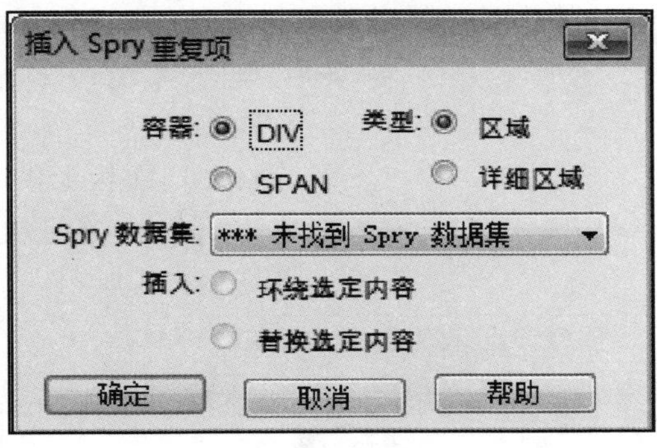

图 14-25

02 弹出【插入 Spry 重复项】对话框

弹出【插入 Spry 重复项】对话框，单击【确定】按钮，即可完成插入 Spry 重复项的操作，如图 14-25 所示。

14.6.3 插入 Spry 重复列表

插入 Spry 重复列表的方法非常简单，下面详细介绍插入 Spry 重复列表的操作方法。

图 14-26

01 单击【Spry 重复列表】按钮

启动 Dreamweaver CS6 程序，在【插入】面板上的 Spry 插入栏中单击【Spry 重复列表】按钮，如图 14-26 所示。

图 14-27

02 弹出对话框

弹出【插入 Spry 重复列表】对话框，单击【确定】按钮即可完成插入 Spry 重复列表的操作，如图 14-27 所示。

14.6.4 Spry 验证文本域

插入 Spry 验证文本域的方法非常简单，下面介绍插入 Spry 验证文本域的操作方法。

图 14-28

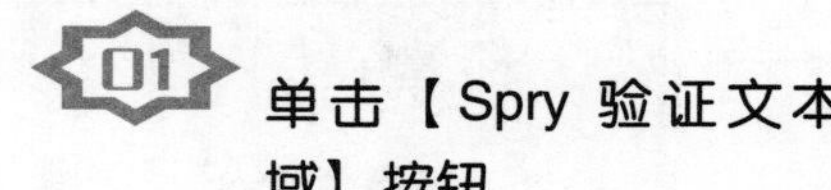

01 单击【Spry 验证文本域】按钮

在【插入】面板上的 Spry 插入栏中单击【Spry 验证文本域】按钮，如图 14-28 所示。

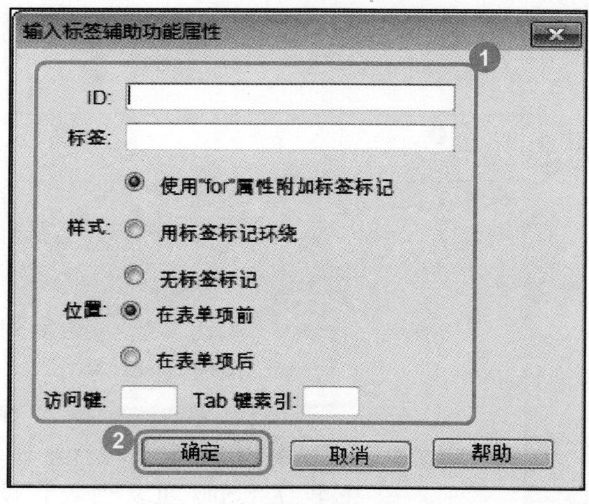

图 14-29

02 弹出对话框

No1 弹出【输入标签辅助功能属性】对话框，在 ID 文本框中输入 ID 地址，在【访问键】文本框中输入按键名称，在【Tab 键索引】文本框中输入按键名称。

No2 单击【确定】按钮即可完成操作，如图 14-29 所示。

14.6.5 Spry 验证复选框

插入 Spry 验证复选框的方法非常简单，下面介绍插入 Spry 验证复选框的操作方法。

图 14-30

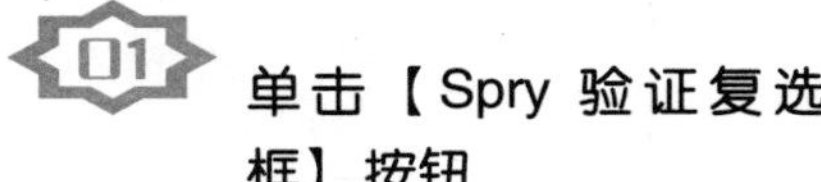

01 单击【Spry 验证复选框】按钮

在【插入】面板上的 Spry 插入栏中单击【Spry 验证复选框】按钮，如图 14-30 所示。

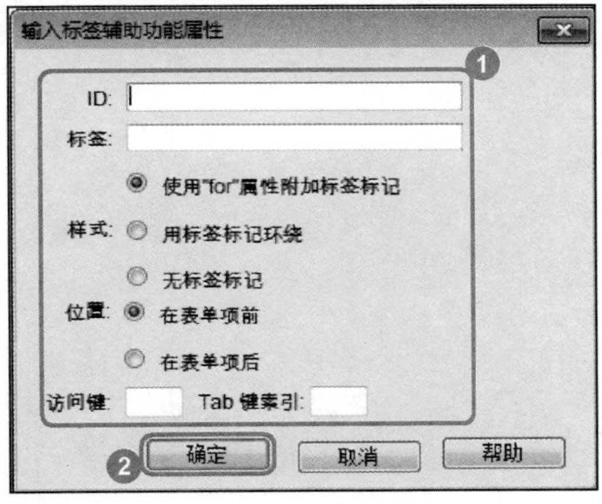

图 14-31

02 弹出对话框

No1 弹出【输入标签辅助功能属性】对话框，在 ID 文本框中输入 ID 地址，在【访问键】文本框中输入按键名称，在【Tab 键索引】文本框中输入按键名称。

No2 单击【确定】按钮即可完成操作，如图 14-31 所示。

14.6.6 Spry 验证密码

插入 Spry 验证密码的方法非常简单，下面介绍插入 Spry 验证密码的操作方法。

图 14-32

01 单击【Spry 验证密码】按钮

在【插入】面板上的 Spry 插入栏中单击【Spry 验证密码】按钮，如图 14-32 所示。

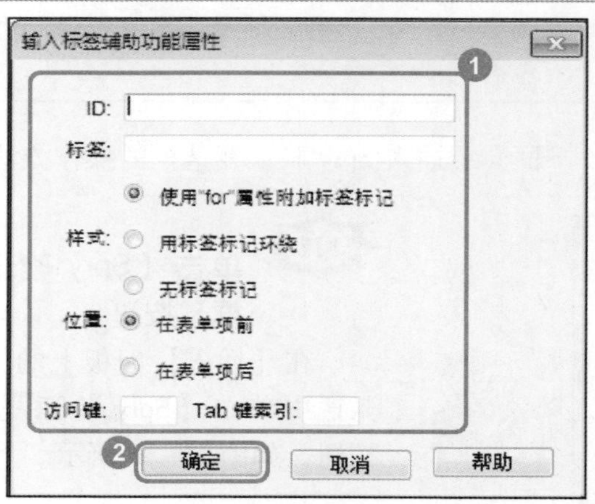

图 14-33

02 弹出对话框

No1 弹出【输入标签辅助功能属性】对话框，在 ID 文本框中输入 ID 地址，在【访问键】文本框中输入按键名称，在【Tab 键索引】文本框中输入按键名称。

No2 单击【确定】按钮即可完成操作，如图 14-33 所示。

知识精讲

用户还可以通过选择菜单项完成 Spry 验证密码，选择【插入】→Spry→【Spry 验证密码】菜单项即可。

第 15 章

使用表单创建交互网页

本章内容导读

本章主要介绍认识表单、常用的表单元素、创建表单、设置表单属性、创建表单对象、Spry 验证表单以及在 html 代码中插入表单元素等，最后还针对实际的工作需求讲解了插入多行文本域、插入字段集、插入标签、插入复选框组以及插入单选按钮组的方法。通过本章的学习，读者可以掌握网页中表单应用方面的知识，为进一步学习 Dreamweaver CS6 奠定了基础。

本章知识要点

- 认识表单
- 表单的创建及设置
- 创建表单对象
- Spry 验证表单
- 在 html 代码中插入表单元素

Section 15.1 认识表单

本节导读

表单是一个容器对象，用来存放表单对象，并负责将表单对象的值提交给服务器端的某个程序处理，所以在添加文本域、按钮等表单对象之前要先插入表单。

15.1.1 表单概述

一个完整的表单设计应该很明确地分为表单对象部分和应用程序部分，分别由网页设计师和程序设计师来设计完成。其过程是这样的：首先由网页设计师制作出一个可以让浏览者输入各项资料的表单页面，这部分属于在显示器上可以看得到的内容，此时的表单只是一个外壳而已，不具有真正的工作能力，需要后台程序的支持；接着由程序设计师通过 ASP 或者 CGI 程序来编写处理各项表单资料和反馈信息等操作所需的程序，这部分浏览者虽然看不见，但却是表单处理的核心。

表单用 <form> </form> 标记来创建，在 <form> </form> 标记之间的部分都属于表单的内容。<form> 标记具有 action、method 和 target 属性。

- action 的值是处理程序的程序名，如 <form action = "URL">，如果这个属性是空值（""），则当前文档的 URL 将被使用，当用户提交表单时服务器将执行这个程序。
- method 属性用来定义处理程序从表单中获得信息的方式，可取 GET 或 POST 中的一个。GET 方式是处理程序从当前 html 文档中获取数据，这种方式传送的数据量是有限制的，一般限制在 1KB（255 个字节）以下。POST 方式传送的数据比较大，是当前的 html 文档把数据传送给处理程序，传送的数据量要比使用 GET 方式的大得多。
- target 属性用来指定目标窗口或目标帧，可选当前窗口_self、父级窗口_parent、顶层窗口_top 和空白窗口_blank。

15.1.2 认识常用表单元素

在 Dreamweaver CS6 的【插入】面板中有一个【表单】插入栏，在【表单】插入栏中可以看到所有的表单元素按钮，如图 15-1 和图 15-2 所示，下面详细介绍各元素按钮的作用。

- 【表单】按钮：在网页中插入一个表单域。所有表单元素要想实现作用必须存在于表单域中。
- 【文本字段】按钮：在表单域中插入一个可以输入一行文本的文本域，文本域可以

接受任何类型的文本、字母与数字内容，可以单行或多行显示，也可以以密码域的方式显示。而以密码域方式显示的时候，在文本域中输入的文本都会以星号或项目符号的方式显示，这样可以避免其他用户看到这些文本信息。

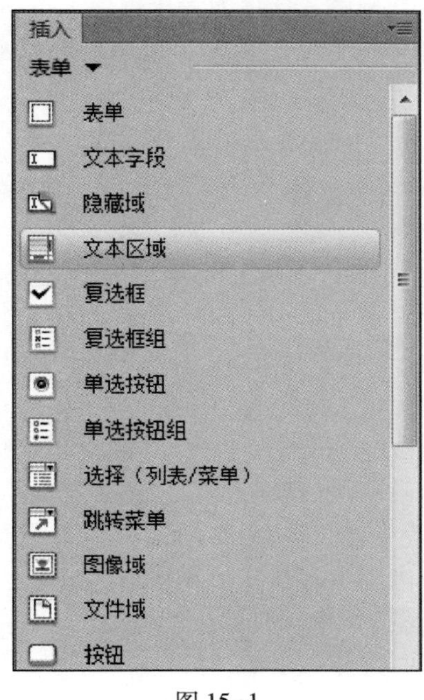

图 15-1

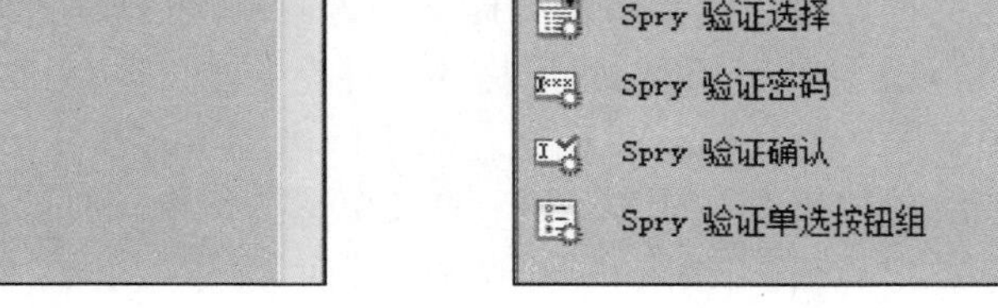

图 15-2

- 【隐藏域】按钮：在表单中插入一个隐藏域，可以存储用户输入的信息，如姓名、电子邮件地址或常用的查看方式，在用户下次访问该网站的时候使用这些数据。
- 【文本区域】按钮：在表单域中插入一个可输入多行文本的文本域，其实就是一个属性为多行的文本域。
- 【复选框】按钮：在表单域中插入一个复选框。复选框允许在一组选项框中选择多个选项，也就是用户可以选择任意多个适用的选项。
- 【复选框组】按钮：在表单域中插入一个复选框组，复选框组能够一次添加多个复选框。在【复选框组】对话框中可以设置添加或删除复选框的数量，在【标签】和【值】列表框中可以输入需要更改的内容。
- 【单选按钮】按钮：在表单域中插入一个单选按钮。单选按钮代表互相排斥的选择，在某一个单选按钮组中选择一个按钮就会取消选择该组中的其他按钮。
- 【单选按钮组】按钮：在表单域中插入一组单选按钮。
- 【选择（列表/菜单）】按钮：在表单域中插入一个列表或一个菜单，浏览者可以从该列表框中选择多个选项。【菜单】选项则是在一个菜单中显示选项值，浏览者只能从中选择单个选项。
- 【跳转菜单】按钮：在表单域中插入一个可以进行跳转的菜单，这种菜单中的每个选项都拥有链接的属性，单击即可跳转至其他网页或文件。

- 【图像域】按钮：在表单域中插入一个可放置图像的区域。放置的图像用于生成图像化的按钮，例如【提交】和【重叠】按钮。
- 【文件域】按钮：在表单域中插入一个文本字段和一个【浏览】按钮。浏览者可以使用文件域浏览本地计算机上的某个文件，并将该文件作为表单数据上传。
- 【Spry 验证文本域】按钮：在表单域中插入一个具有验证功能的文本域，该文本域用于用户输入文本时显示文本的状态。
- 【Spry 验证文本区域】按钮：Spry 验证文本区域构件是一个文本区域，该区域在用户输入几个文本句子时显示文本的状态。如果文本域是必填域，而用户没有输入任何文本，该 Spry 构件将返回一条消息，提示必须输入值。
- 【Spry 验证复选框】按钮：Spry 验证复选框构件是 HTML 表单中的一个或一组复选框。该复选框在用户选择或没有选择复选框时会显示构件的状态。
- 【Spry 验证选择】按钮：Spry 验证选择构件是一个下拉菜单，该菜单在用户进行选择时会显示构件的状态。
- 【Spry 验证密码】按钮：Spry 验证密码构件是一个密码文本域，可用于强制执行密码规则，该构件根据用户的输入情况提示警告或错误信息。
- 【Spry 验证确认】按钮：Spry 验证确认构件是一个文本域或密码域，当用户输入的值与同一表单中类似域的值不匹配时，该构件将显示有效或无效状态。
- 【Spry 验证单选按钮组】按钮：Spry 验证单选按钮组构件是一组单选按钮，可以支持对所选内容进行验证，该构件可以强制从组中选择一个单选按钮。

Section 15.2 表单的创建及设置

本节导读

每个表单都是由一个表单域和若干个表单元素组成的，上一节已经向用户介绍了【表单】插入栏中的所有表单元素，本节将详细介绍有关创建表单以及设置表单方面的知识。

15.2.1 创建表单

使用表单必须具备的条件有两个：一个是含有表单元素的网页文档，另一个是具备服务器端的表单处理应用程序或客户端脚本程序，其能够处理用户输入到表单的信息。表单域是表单汇总必不可少的一项元素，所有的表单元素都要放在表单域中才会有效，制作表单页面的第一步就是插入表单域。

将光标置于文档中要插入表单的位置，在【插入】面板的【表单】插入栏中单击【表单】按钮，即可在窗口中插入表单域，如图 15-3 和图 15-4 所示。

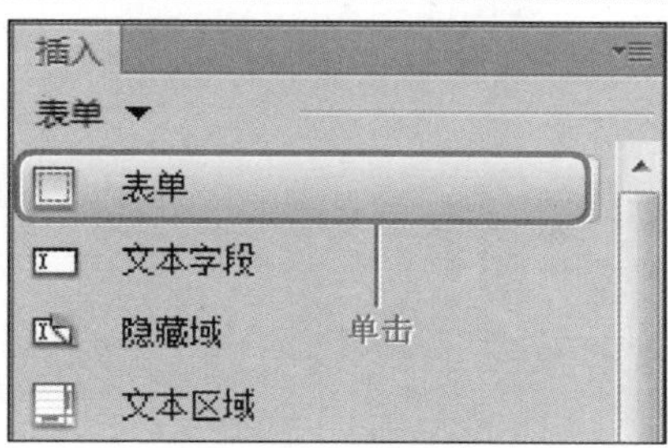

图 15-3

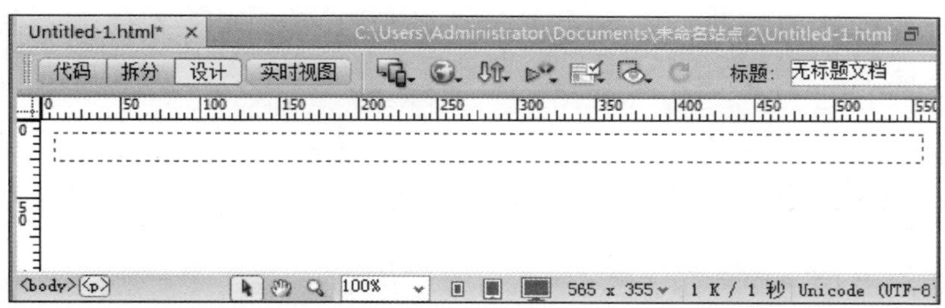

图 15-4

15.2.2 设置表单属性

表单【属性】面板如图 15-5 所示，在表单【属性】面板中可以设置以下参数。

图 15-5

- 【表单 ID】文本框：可以在该文本框中输入标识该表单的唯一名称。
- 【动作】文本框：指定处理该表单的动态页或脚本的路径，可以在【动作】文本框中输入完整的路径，也可以单击文件夹图标浏览应用程序。如果用户并没有相关程序支持，也可以使用 E－mail 的方式传输表单信息，这种方式需要在【动作】文本框中输入电子邮件地址。
- 【方法】下拉列表框：在该下拉列表框中可以选择将表单数据传输到服务器的传送方式，包括 3 个选项。用户可以选择速度快但携带数据量小的 GET 方法，或者数据量大的 POST 方法。一般情况下应该使用 POST 方法，这在数据保密方面也有好处。
- 【编码类型】下拉列表框：用来设置发送数据的 MIME 编码类型，一般情况下应选择 “application/x－www－form－urlencoded”。
- 【目标】下拉列表框：使用【目标】下拉列表框指定一个窗口，在这个窗口中显示应用程序或者脚本程序将表单处理完成后所显示的结果。

➢【类】下拉列表框：在该下拉列表框中可以选择要定义的表单样式。

Section 15.3 创建表单对象

本节导读

表单是一个容器对象，用来存放表单对象，并负责将表单对象的值提交给服务器端的某个程序处理，添加完表单域后就可以根据需要插入各种表单对象了，本节将详细介绍插入表单对象的方法。

15.3.1 插入文本域

文本域接受任何类型的字母、数字输入内容，下面介绍插入文本域的操作方法。

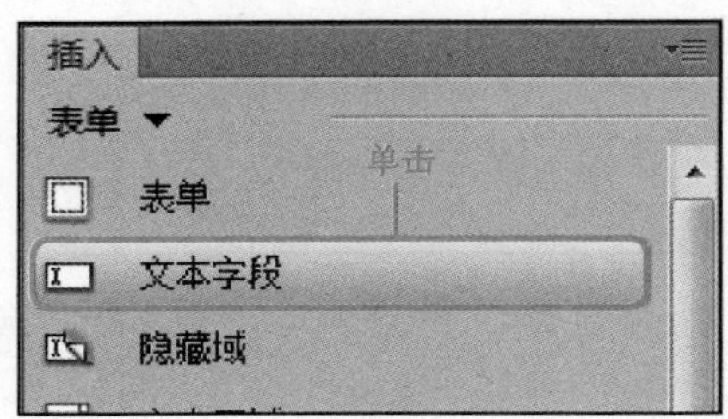

图 15-6

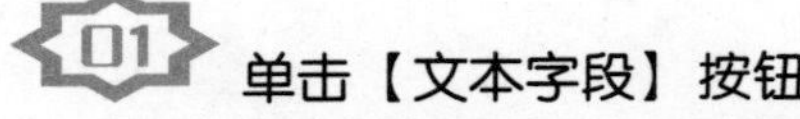

01 单击【文本字段】按钮

将光标置于准备插入文本域的位置，在【插入】面板的【表单】插入栏中单击【文本字段】按钮，如图 15-6 所示。

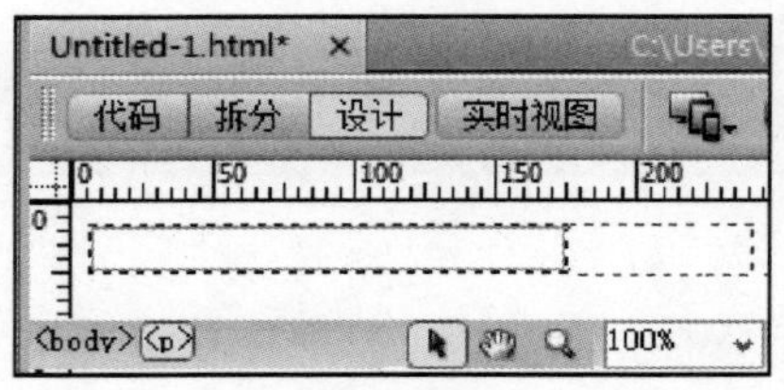

图 15-7

02 完成文本域的插入

此时可以在编辑窗口中看到插入的文本域，如图 15-7 所示。

文本域【属性】面板如图 15-8 所示，在文本域【属性】面板中可以设置以下参数。

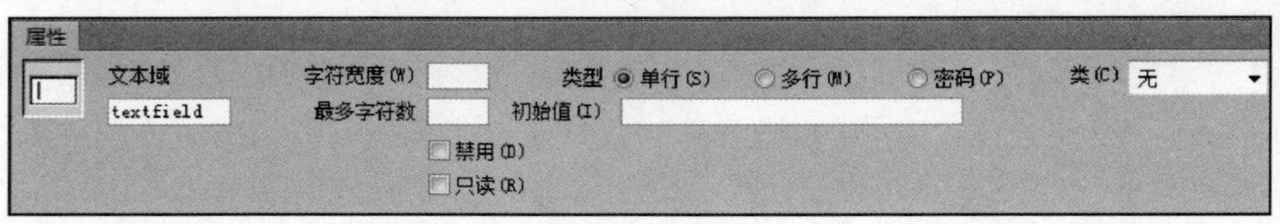

图 15-8

➢【文本域】文本框：在该文本框中可以为该文本指定一个名称。每个文本域都必须有一个唯一的名称，文本域名称不能包含空格或特殊字符，可以使用字母、数字、字符和下

划线的任意组合，所选名称最好与用户输入的信息有所关联，系统默认名称为 textfield。

- 【字符宽度】文本框：设置文本域一次最多可显示的字符数，可以小于【最多字符数】。
- 【最多字符数】文本框：设置单行文本域中最多可输入的字符数，使用【最多字符数】将邮政编码限制为 6 位数，将密码限制为 10 个字符等。若将【最多字符数】文本框留为空白，则用户可以输入任意数量的文本；若文本超过域的字符宽度，文本将滚动显示；若用户输入超过最大字符数，则表单将产生警告声。
- 【类型】下拉列表框：文本域的类型，包括【单行】【多行】和【密码】3 个选项。选择【单行】将产生一个 type 属性设置为 text 的 input 标签；选择【多行】将产生一个 textarea 标签；选择【密码】将产生一个 type 属性设置为 password 的 input 标签。
- 【初始值】文本框：指定在首次载入表单时文本域中显示的值。

15.3.2　创建密码域

插入密码域和插入文本域类似，插入密码域只需要在【属性】面板的【类型】选项组中选择【密码】复选按钮并设置【字符宽度】参数即可完成，如图 15-9 所示。

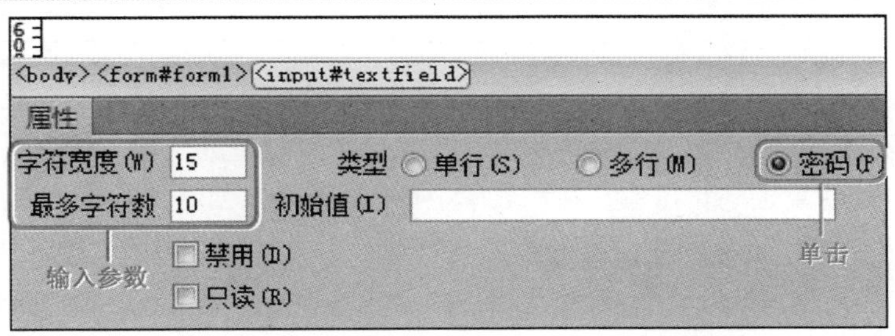

图 15-9

15.3.3　创建隐藏域

将光标置于文本域后，单击【插入】面板上的【表单】插入栏中的【隐藏域】按钮，在该单元格中插入隐藏域，如图 15-10 和图 15-11 所示。

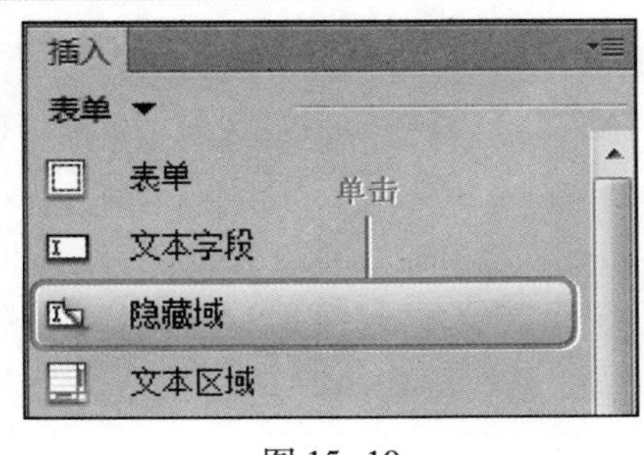

图 15-10

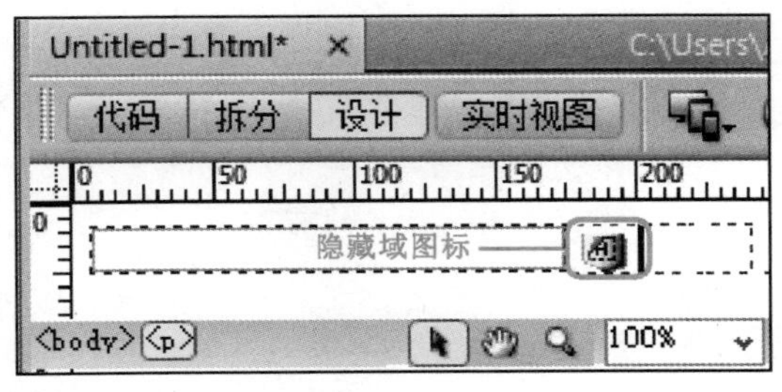

图 15-11

隐藏域【属性】面板如图 15-12 所示，在隐藏域【属性】面板中可以设置以下参数。

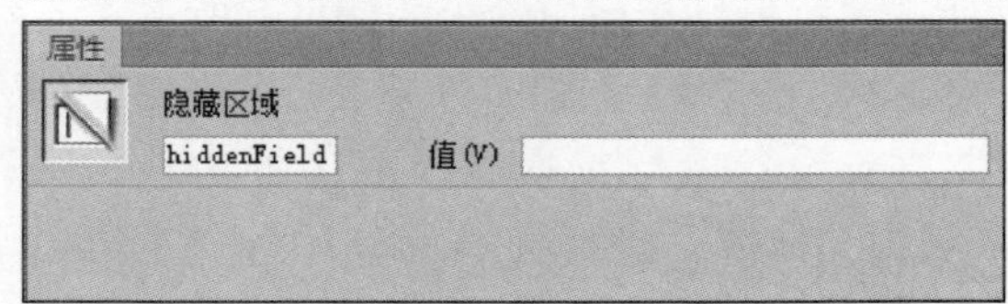

图 15-12

➤【隐藏区域】文本框：指定隐藏区域的名称，默认为 hiddenField。

➤【值】文本框：设置要为隐藏域指定的值，该值将在提交表单时传递给服务器。

知识精讲

隐藏域是不被浏览器所显示的，但在 Dreamweaver 编辑窗口中会有隐藏域图标插入隐藏域的位置，这是为了方便编辑。如果看不到该图标，选择【查看】→【可视化助理】→【不可见元素】菜单项即可。

15.3.4 创建复选框

复选框可以是一个单独的选项，也可以是一组选项中的一个。用户可以一次选中一个或多个复选框，这就是复选框的最大特点。将光标置于准备插入复选框的位置，单击【插入】面板上的【表单】插入栏中的【复选框】按钮，在该表单中插入复选框，如图 15-13 和图 15-14 所示。

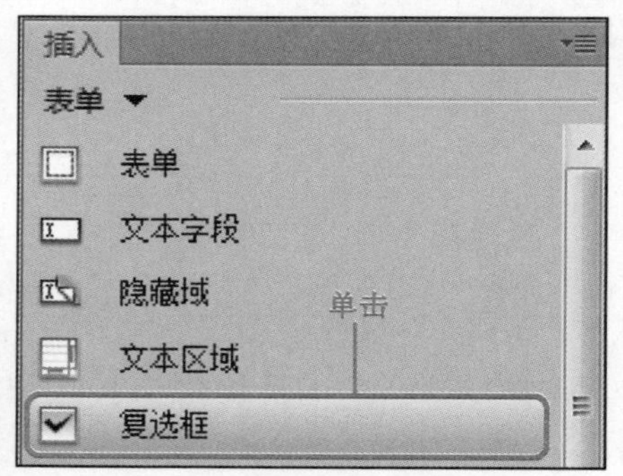

图 15-13

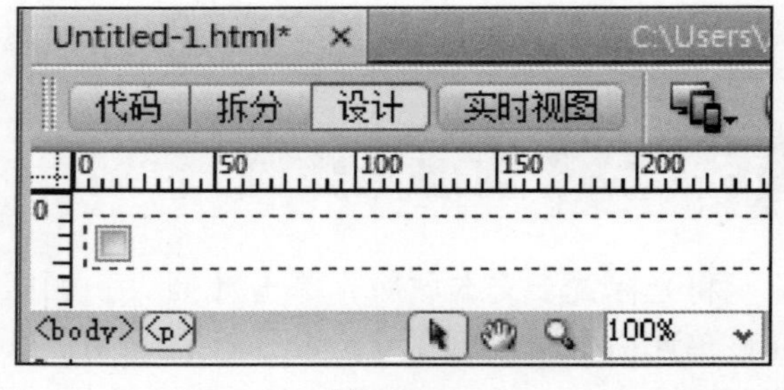

图 15-14

复选框【属性】面板如图 15-15 所示，在复选框【属性】面板中可以设置以下参数。

图 15-15

- 【复选框名称】文本框：为复选框指定一个名称。名称必须在该表单内唯一标识该复选框，此名称不能包含空格或特殊字符。
- 【选定值】文本框：设置该复选框被选中时发送给服务器的值。
- 【初始状态】选项组：设置复选框的初始状态，包括两个选项。

15.3.5 创建单选按钮

单选按钮的特点在于只能选中一个列出的选项。单选按钮通常成组使用，一个组中的所有单选按钮必须具有相同的名称，而且必须包含不同的选定值。将光标置于准备插入单选按钮的位置，单击【插入】面板上的【表单】插入栏中的【单选按钮】按钮，在该表单中插入单选按钮，如图15-16和图15-17所示。

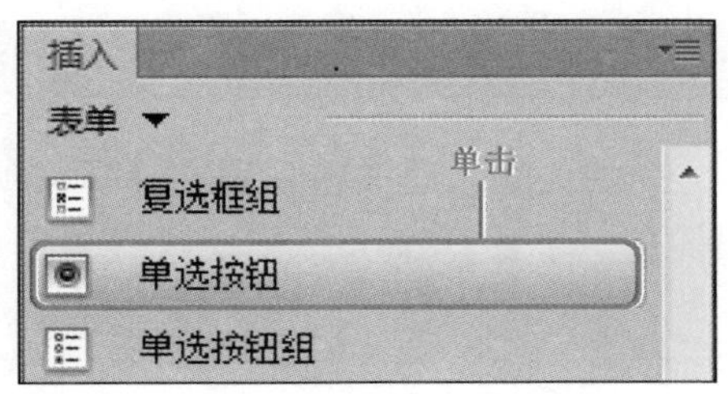

图 15-16

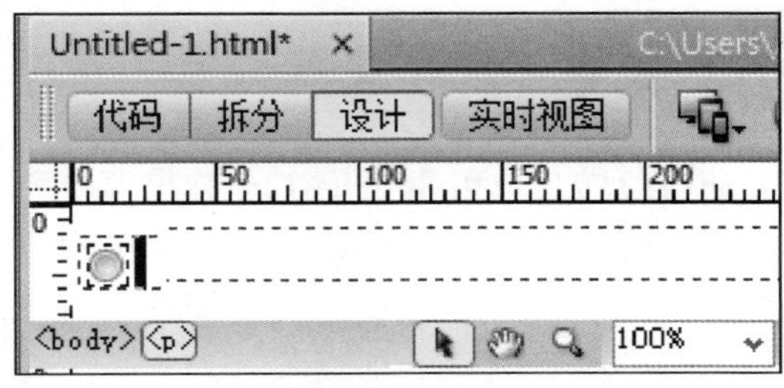

图 15-17

15.3.6 创建下拉菜单

表单中由两种类型的菜单：一种是单击时下拉的菜单，称为下拉菜单；另一种则显示为一个列有项目的可滚动列表，用户可从该列表中选择项目，称为列表。创建下拉列表的方法很简单，将光标置于准备插入下拉菜单的位置，单击【插入】面板上的【表单】插入栏中的【选择（列表/菜单）】按钮，在该表单中插入下拉菜单，如图15-18和图15-19所示。

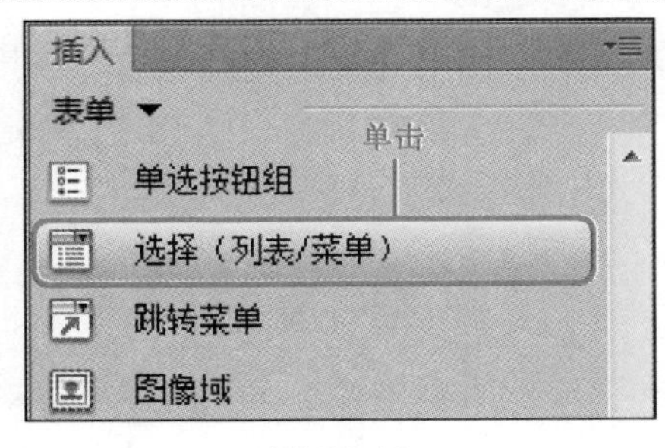

图 15-18

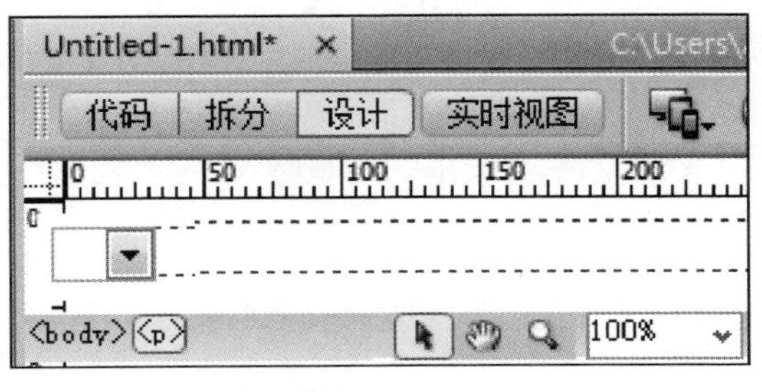

图 15-19

列表/菜单【属性】面板如图15-20所示，在列表/菜单【属性】面板中可以设置以下参数。

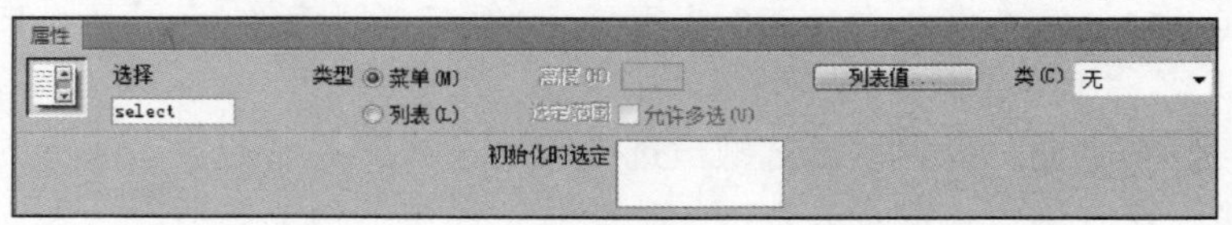

图 15-20

➢【列表】和【菜单】复选框：设置列表/菜单的名称，这个名称是必需的，必须是唯一的。

➢【列表值】按钮：单击该按钮将弹出【列表值】对话框，在该对话框中可以增减和修改列表/菜单。若列表或者菜单中的某项内容被选中，提交表单时其对应的值就会被传送到服务器端的表单处理程序；若没有对应的值，则传送标签本身。

➢【初始化时选定】列表框：此列表框首先显示【列表/菜单】对话框中的列表菜单内容，然后用户可在其中设置列表/菜单的初始选择。

15.3.7 创建跳转菜单

通过跳转菜单可建立 URL 与弹出菜单列表中选项之间的关联。通过在列表中选择一项，浏览器将跳转到指定的 URL。创建跳转菜单的方法很简单，下面详细介绍创建跳转菜单的操作方法。

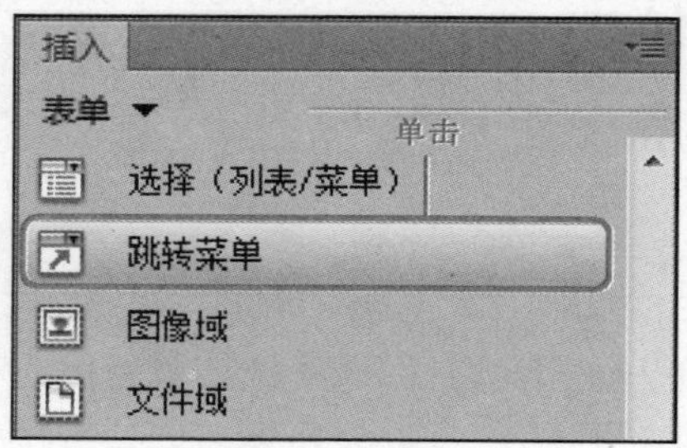

图 15-21

01 单击【跳转菜单】按钮

将光标置于准备插入跳转菜单的位置，在【插入】面板中的【表单】插入栏中单击【跳转菜单】按钮，如图 15-21 所示。

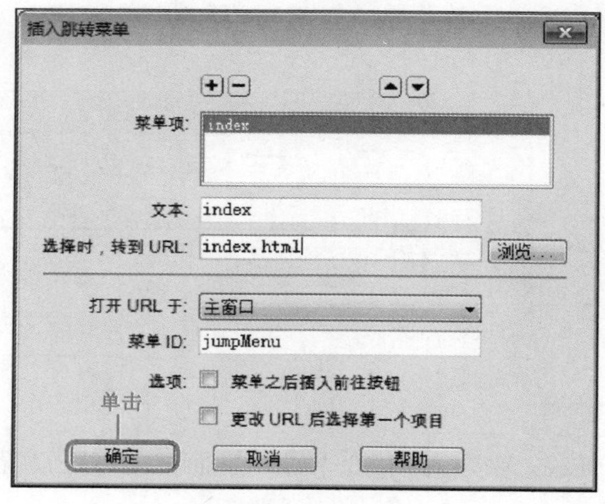

图 15-22

02 弹出对话框

弹出【插入跳转菜单】对话框，在该对话框中单击【确定】按钮，如图 15-22 所示。

举一反三

用户还可以通过选择菜单栏中的【插入】→【表单】→【跳转菜单】菜单项插入跳转菜单。

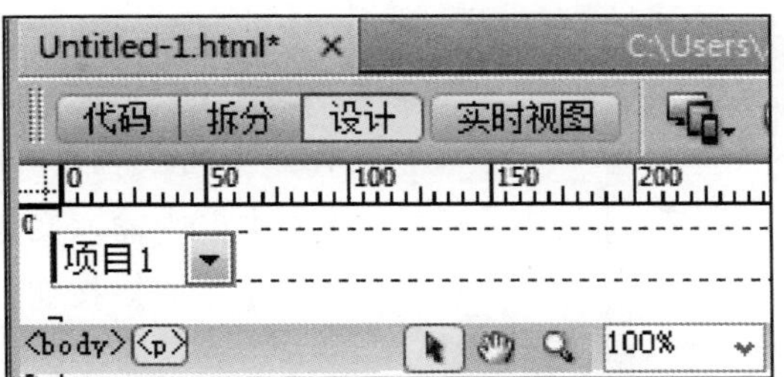

图 15-23

03 完成跳转菜单的插入

通过以上步骤即可在窗口中添加跳转菜单，如图 15-23 所示。

15.3.8 创建滚动列表

创建滚动列表的方法很简单，与创建下拉菜单的方法相似，下面详细介绍创建滚动列表的操作方法。

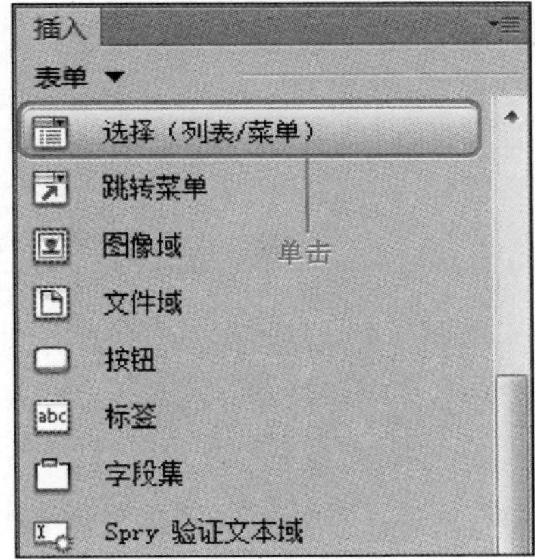

图 15-24

01 单击【选择（列表/菜单）】按钮

在【插入】面板中的【表单】插入栏中单击【选择（列表/菜单）】按钮，如图 15-24 所示。

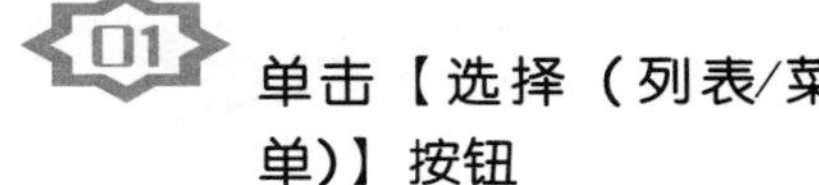

举一反三

用户还可以通过选择菜单栏中的【插入】→【表单】→【选择（列表/菜单）】菜单项插入列表。

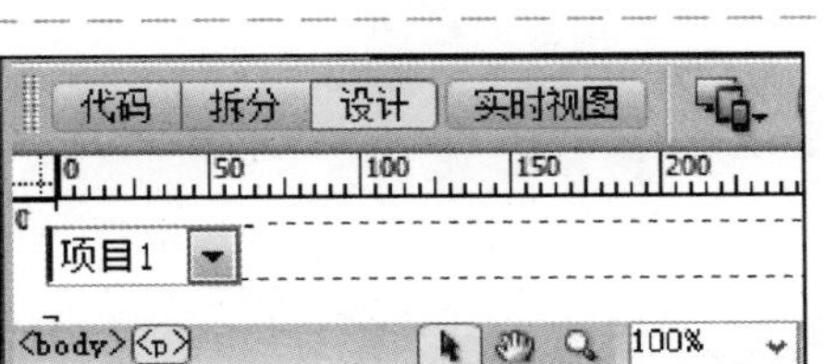

图 15-25

02 完成插入

此时在窗口中可看到添加的列表，如图 15-25 所示。

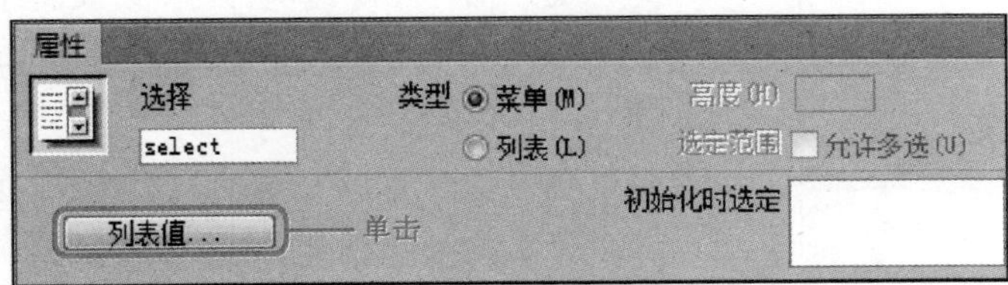

图 15-26

03 单击【列表值】按钮

单击【属性】面板上的【列表值】按钮，如图 15-26 所示。

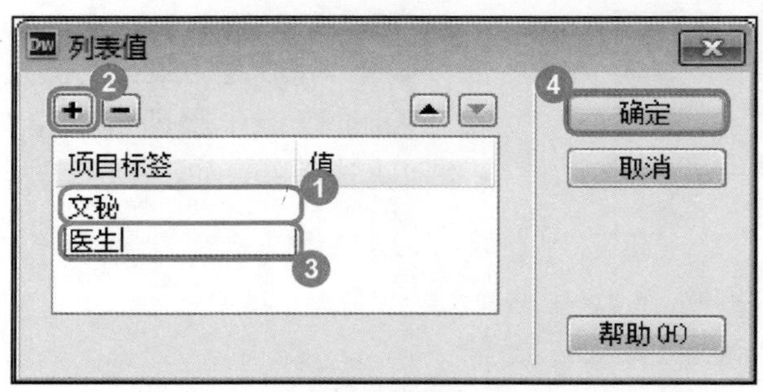

图 15-27

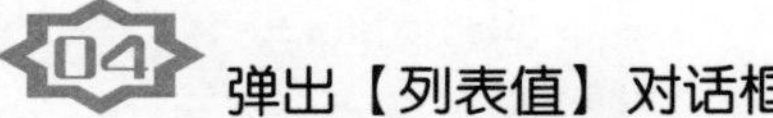

04 弹出【列表值】对话框

No1 弹出【列表值】对话框，在文本框中输入文本。

No2 单击【添加】按钮。

No3 输入文本。

No4 单击【确定】按钮，如图 15-27所示。

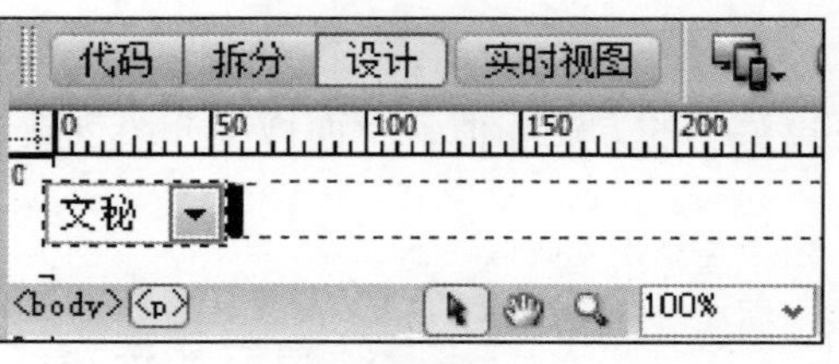

图 15-28

05 完成插入

通过以上步骤即可插入滚动列表，如图 15-28 所示。

15.3.9 创建图像域

普通的按钮很不美观，为了设计需要，经常使用图像代替按钮。通常使用图像按钮来提交数据。创建图像域的方法非常简单，下面详细介绍创建图像域的操作方法。

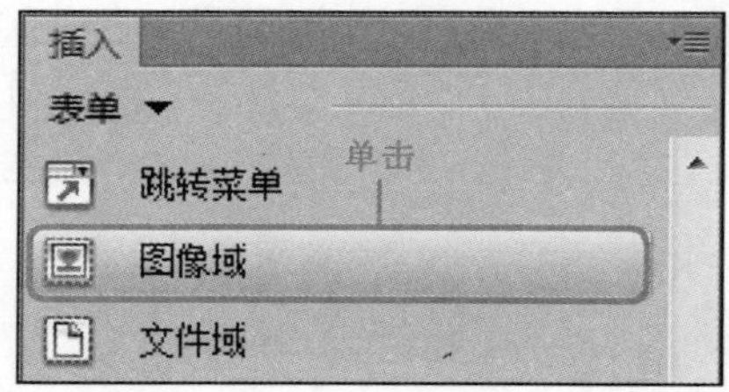

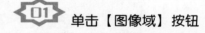

图 15-29

01 单击【图像域】按钮

在【插入】面板中的【表单】插入栏中单击【图像域】按钮，如图 15-29 所示。

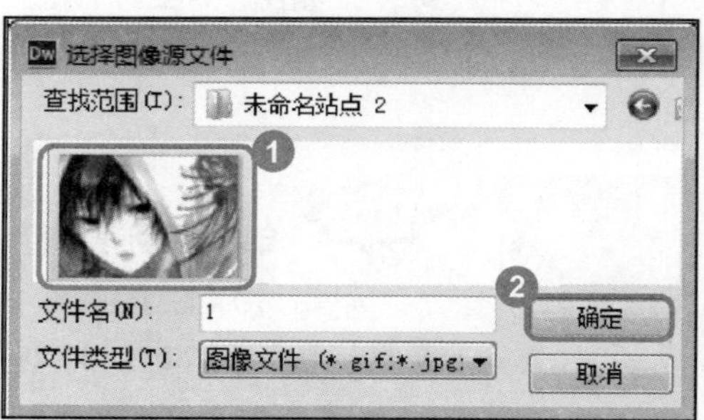

图 15-30

02 弹出对话框

No1 弹出【选择图像源文件】对话框，选择准备插入的图片。

No2 单击【确定】按钮，如图 15-30 所示。

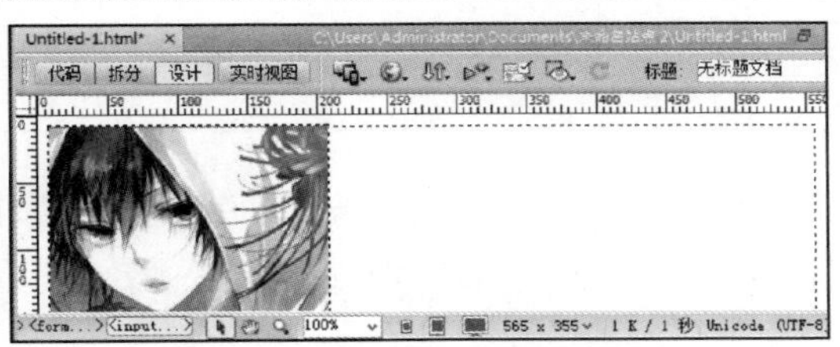

图 15-31

03 完成插入

通过以上步骤即可完成插入图像域的操作，如图 15-31 所示。

15.3.10 创建文件域

如果网页中要实现上传文件的功能，需要在表单中插入文件域。文件域的外观与其他文本域类似，只是文件域还包含一个【浏览】按钮，用户在浏览时可以手动输入要上传的文件路径，也可以使用【浏览】按钮定位并选择该文件。

将光标置于准备插入文件域的位置，单击【插入】面板上的【表单】插入栏中的【文件域】按钮，在该表单中插入文件域，如图 15-32 和图 15-33 所示。

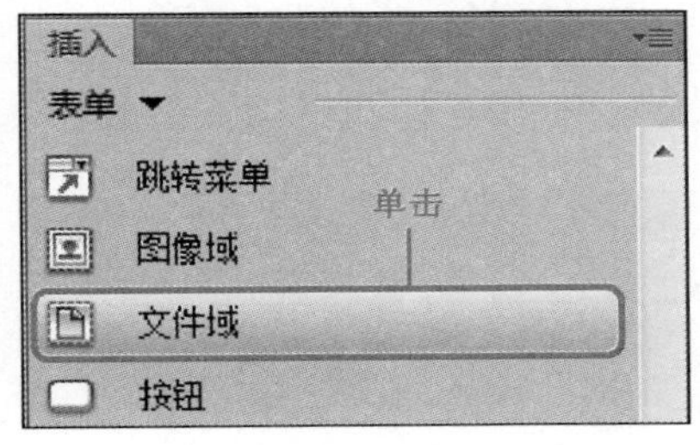

图 15-32

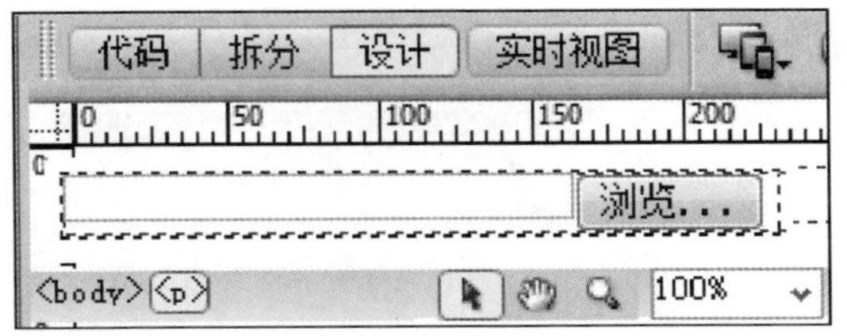

图 15-33

文件域【属性】面板如图 15-34 所示，在文本域【属性】面板中可以设置以下参数。

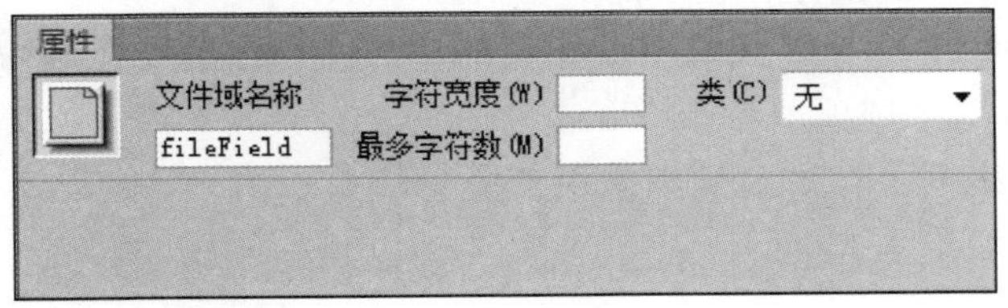

图 15-34

- 【文件域名称】文本框：设置文件域对象的名称。
- 【字符宽度】文本框：设置文件域中最多可输入的字符数。
- 【最多字符数】文本框：设置文件域中最多可容纳的字符数。若用户通过【浏览】按钮来定位文件，则文件名和路径可超过指定的【最多字符数】的值。若用户手动输入文件名和路径，则文件域仅允许输入【最多字符数】所指定的字符数。
- 【类】下拉列表框：将 CSS 规则应用于文件域。

15.3.11 创建表单按钮

按钮的作用是控制表单的操作。一般情况下，表单中设有提交按钮、重置按钮和普通按钮 3 种按钮。提交按钮的作用是将表单数据提交到表单指定的处理程序中进行处理；重置按钮的作用是将表单的内容还原为初始状态。

若要插入按钮，先将光标置于准备插入按钮的位置，单击【插入】面板上的【表单】插入栏中的【按钮】按钮，在该表单中插入按钮，如图 15-35 和图 15-36 所示。

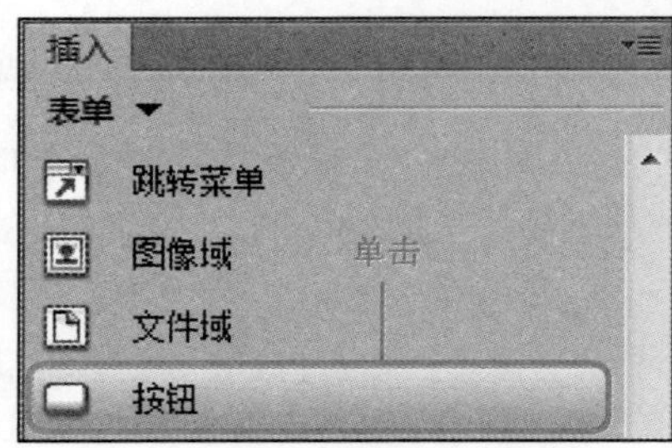

图 15-35

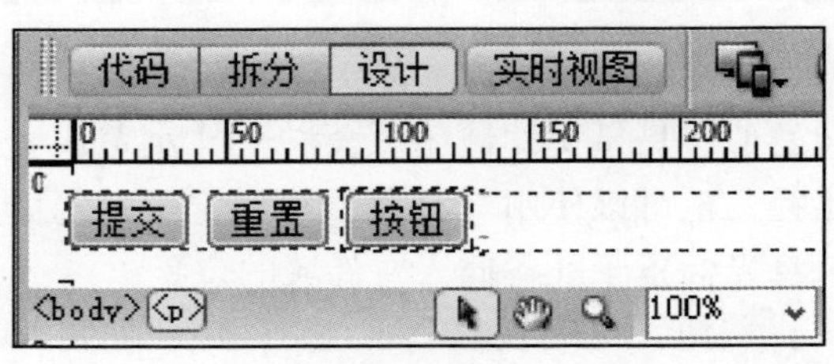

图 15-36

按钮【属性】面板如图 15-37 所示，在按钮【属性】面板中可以设置以下参数。

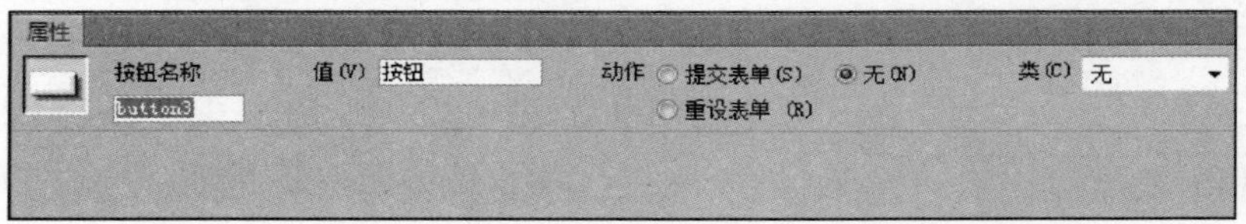

图 15-37

- 【按钮名称】文本框：用于输入该按钮的名称，每个按钮的名称都不能相同。
- 【值】文本框：设置按钮上显示的文本。
- 【动作】选项组：设置用户单击该按钮时将发生的操作，有【提交表单】【重设表单】和【无】3 个选项。
- 【类】下拉列表框：将 CSS 规则应用于按钮。

Section

15.4 Spry 验证表单

本节导读

在真正登录和注册页面时，当用户填写完信息后，程序都会验证表单内容的合法性，表单的验证可以通过行为来实现。使用行为验证表单的方法之前已经详细讲解了，本节将讲解使用表单项自带的 Spry 验证表单。

表单在提交到服务器端之前必须进行验证，以确保输入数据的合法性。所谓合法性是指应该输入数据的文本域是否输入了数据，应该输入数字的文本域是否输入了文本，应该输入电子邮件的文本域电子邮件格式是否正确等。使用【检查表单】行为可以对文本框中的数据进行简单的检查。【检查表单】行为主要是指检查指定文本域的内容，以确保用户输入了正确的数据类型。

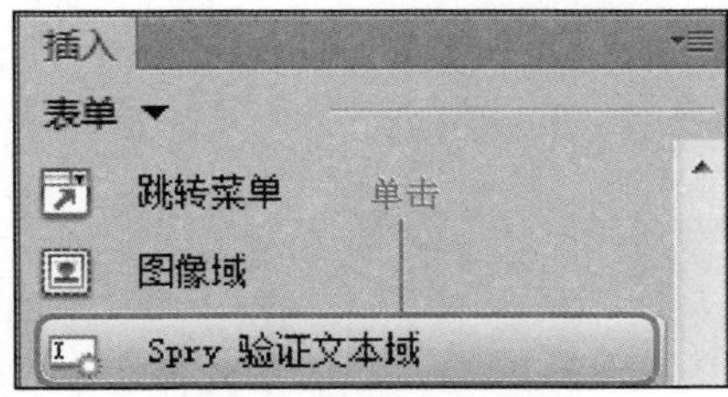

图 15-38

01 单击【Spry 验证文本域】按钮

单击【插入】面板上的【表单】插入栏中的【Spry 验证文本域】按钮，如图 15-38 所示。

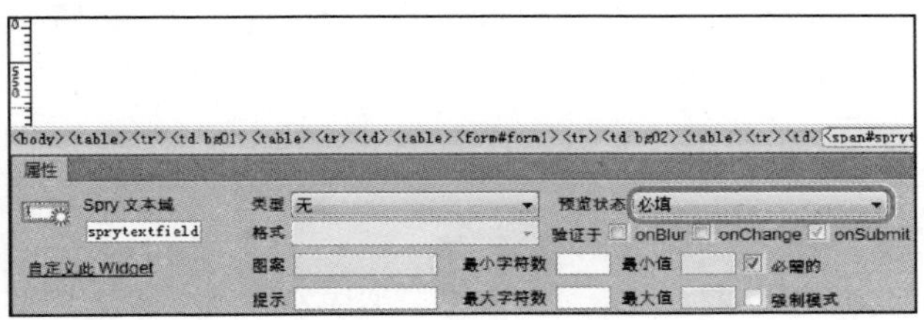

图 15-39

02 设置【属性】面板

在【属性】面板的【预览状态】下拉列表中选择【必填】选项，如图 15-39 所示。

图 15-40

03 单击【Spry 验证密码】按钮

选中准备验证的文本字段，单击【插入】面板上的【表单】插入栏中的【Spry 验证密码】按钮，如图 15-40 所示。

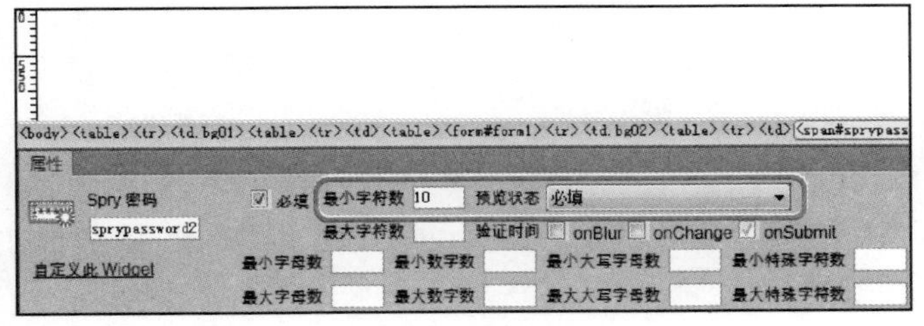

图 15-41

04 设置【属性】面板

在【属性】面板的【预览状态】下拉列表中选择【必填】选项，将【最小字符数】设置为 10，如图 15-41 所示。

知识精讲

Spry 密码的【属性】面板与 Spry 文本域的【属性】面板相似，都包含【预览状态】下拉列表框、【最小字符数】文本框和【最大字符数】文本框。

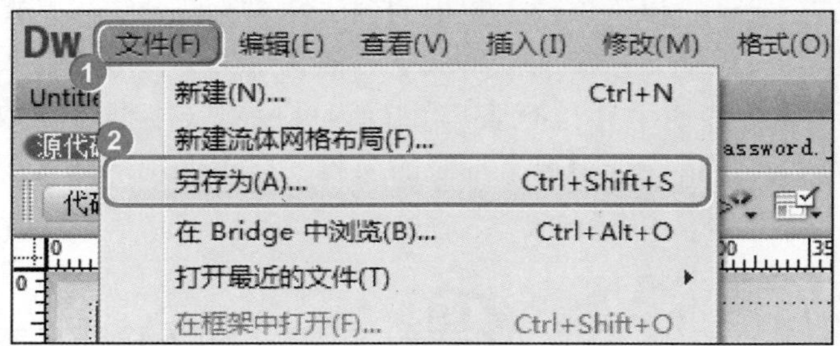

图 15-42

05 保存文件

No1 在菜单栏中单击【文件】菜单。

No2 在弹出的下拉菜单中选择【另存为】菜单项，如图 15-42 所示。

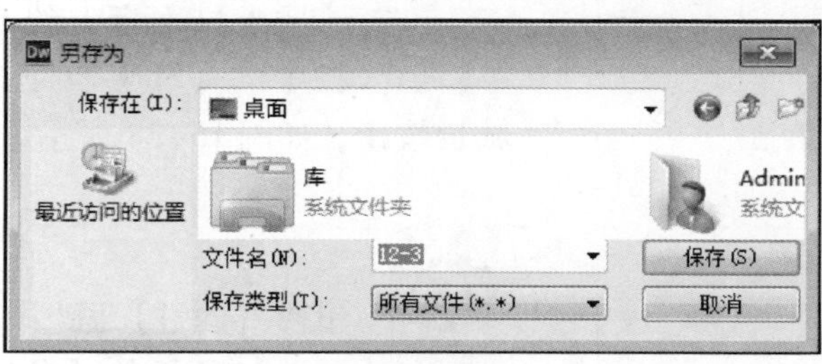

图 15-43

06 弹出【另存为】对话框

弹出【另存为】对话框，选择文件准备存入的位置，然后单击【保存】按钮，如图 15-43 所示。

图 15-44

07 预览效果

完成保存后即可在浏览器中预览效果，如图 15-44 所示。

Section

15.5 在 html 代码中插入表单元素

本节导读

HTML 文本是由 HTML 命令组成的描述性文本，HTML 命令可以说明文字、图形、动画、声音、表格、链接等，当然也包括表单元素。本节详细讲解如何在 html 代码中插入表单元素。

15.5.1 在 html 代码中插入表单

在 html 代码中插入表单的方法非常简单，在 <body> 与 </body> 之间输入表单代码即可，如图 15-45 所示。

```
<body>
<form id="form1" name="form1" method="post" action="">
</form>
<p> </p>
</body>
```

图 15-45

15.5.2　在 html 代码中插入文本域

在 html 代码中插入文本域的方法非常简单，在 <body> 与 </body> 之间输入文本域代码即可，如图 15-46 所示。

```
<body>
<form id="form1" name="form1" method="post" action="">
  <label for="textfield"></label>
  <input type="text" name="textfield" id="textfield" />
</form>
<p> </p>
</body>
```

图 15-46

15.5.3　在 html 代码中插入密码域

在 html 代码中插入密码域的方法非常简单，在 <body> 与 </body> 之间输入密码域代码即可，如图 15-47 所示。

```
<body>
<form id="form1" name="form1" method="post" action="">
  <label for="textarea"></label>
  <label for="textfield"></label>
  <input type="password" name="textfield" id="textfield" />
</form>
```

图 15-47

15.5.4　在 html 代码中插入文件域

在 html 代码中插入文件域的方法非常简单，在 <body> 与 </body> 之间输入文件域代码即可，如图 15-48 所示。

```
  <label for="textfield"></label>
  <label for="fileField"></label>
  <input type="file" name="fileField" id="fileField" />
</form>
```

图 15-48

15.5.5 在 html 代码中插入复选框

在 html 代码中插入复选框的方法非常简单，在 <body> 与 </body> 之间输入复选框代码即可，如图 15-49 所示。

```
name="form1" id="form1">
  <label for="textarea"></label>
  <label for="textfield"></label>
  <label for="fileField"></label>
  <input type="checkbox" name="checkbox" id="checkbox" />
  <label for="checkbox"></label>
</form>
<p> </p>
```

图 15-49

15.5.6 在 html 代码中插入单选按钮

在 html 代码中插入单选按钮的方法非常简单，在 <body> 与 </body> 之间输入单选按钮代码即可，如图 15-50 所示。

```
name="form1" id="form1">
  <label for="textarea"></label>
  <label for="textfield"></label>
  <label for="fileField"></label>
  <input type="radio" name="radio" id="radio" value="radio" />
  <label for="radio"></label>
<label for="checkbox"></label>
</form>
<p> </p>
```

图 15-50

15.5.7 在 html 代码中插入按钮

在 html 代码中插入按钮的方法非常简单，在 <body> 与 </body> 之间输入按钮代码即可，如图 15-51 所示。

```
name="form1" id="form1">
  <label for="textarea"></label>
  <label for="textfield"></label>
  <label for="fileField"></label>
  <input type="submit" name="button" id="button" value="提交" />
<label for="checkbox"></label>
</form>
```

图 15-51

15.5.8 在 html 代码中插入图像域

在 html 代码中插入图像域的方法非常简单，在 <body> 与 </body> 之间输入图像域代码即可，如图 15-52 所示。

```
name="form1" id="form1">
  <label for="textarea"></label>
  <label for="textfield"></label>
  <label for="fileField"></label>
  <input type="image" name="imageField" id="imageField" src=
"1.jpg" />
<label for="checkbox"></label>
</form>
<p> </p>
```

图 15-52

15.5.9 在 html 代码中插入隐藏域

在 html 代码中插入隐藏域的方法非常简单，在 <body> 与 </body> 之间输入隐藏域代码即可，如图 15-53 所示。

```
name="form1" id="form1">
  <label for="textarea"></label>
  <label for="textfield"></label>
  <label for="fileField"></label>
  <input type="hidden" name="hiddenField" id="hiddenField" />
<label for="checkbox"></label>
</form>
<p> </p>
```

图 15-53

15.5.10 在 html 代码中插入菜单/列表

在 html 代码中插入菜单/列表的方法非常简单，在 <body> 与 </body> 之间输入菜单/列表代码即可，如图 15-54 所示。

```
  <label for="textarea"></label>
  <label for="textfield"></label>
  <label for="fileField"></label>
  <label for="select"></label>
<select name="select" id="select">
  </select>
<label for="checkbox"></label>
</form>
```

图 15-54

Section

15.6 实践案例与上机操作

本节导读

通过本章的学习，用户可以掌握使用表单方面的知识及操作，下面通过几个实践案例进行上机操作，以达到巩固学习、拓展提高的目的。

15.6.1 插入多行文本域

多行文本域的使用也是非常常见的，通常在一些注册页面中看到的用户注册协议就是使用多行文本域制作的。下面详细介绍插入多行文本域的操作方法。

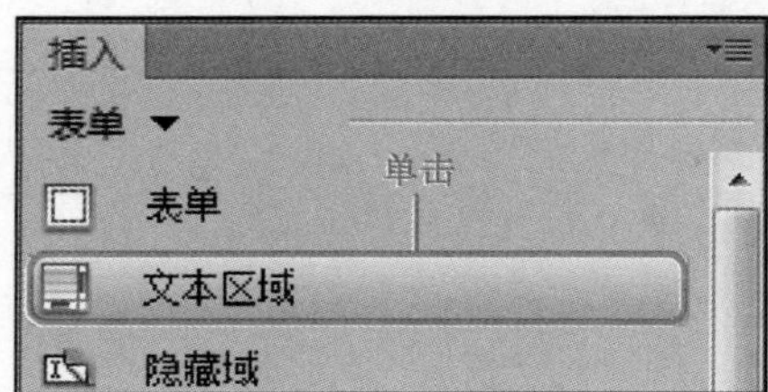

图 15-55

01 单击【文本区域】按钮

单击【插入】面板下的【表单】插入栏中的【文本区域】按钮，如图 15-55 所示。

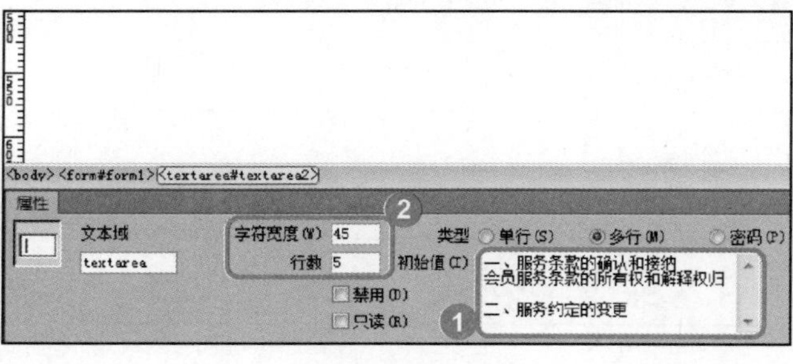

图 15-56

02 设置【属性】面板

No1 在【属性】面板的【初始值】文本框中输入文本内容。

No2 设置【字符宽度】为 45，设置【行数】为 5，如图 15-56 所示。

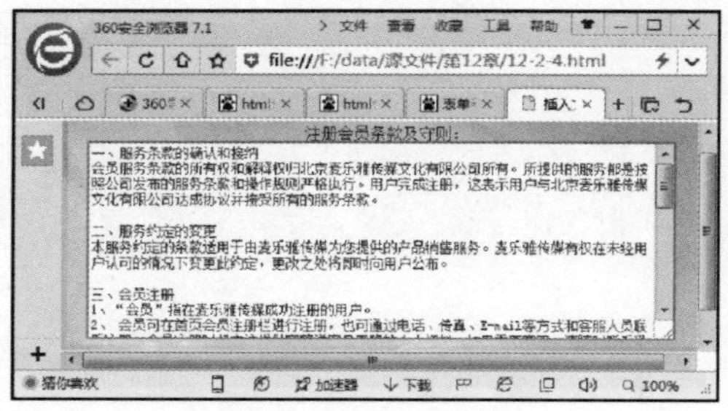

图 15-57

03 完成插入

按下键盘上的【Ctrl】+【S】组合键保存文件，然后按下【F12】键在浏览器中预览效果，如图 15-57 所示。

15.6.2 插入字段集

字段集是 fieldset 元素的一种标签，字段集的作用是将其所包围的元素用线框衬托出来。

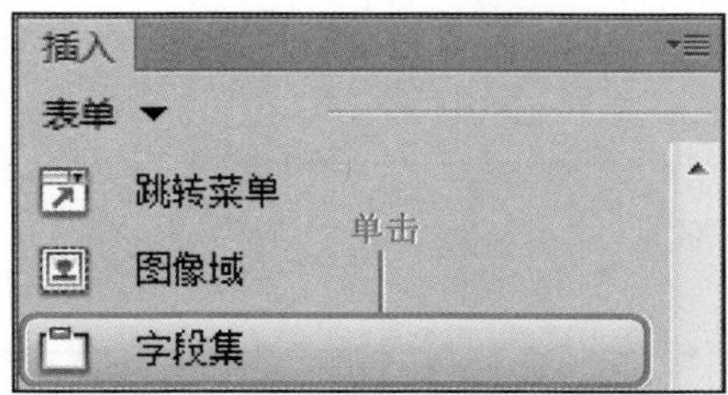

图 15-58

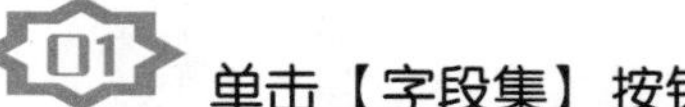

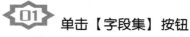

01 单击【字段集】按钮

单击【插入】面板下的【表单】插入栏中的【字段集】按钮，如图 15-58 所示。

图 15-59

02 弹出对话框

№1 弹出【字段集】对话框，在【标签】文本框中输入文本内容。

№2 单击【确定】按钮，如图 15-59 所示。

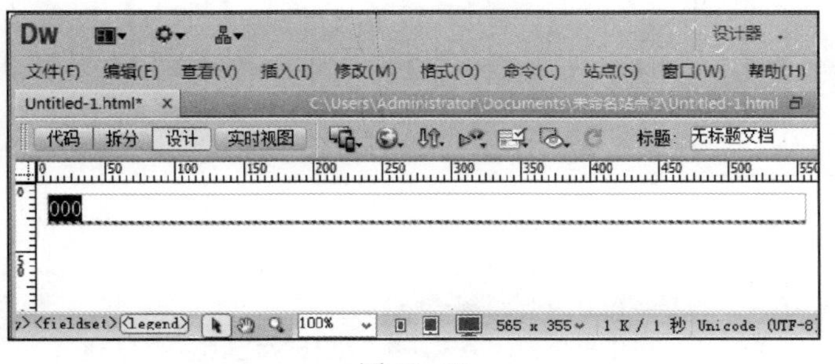

图 15-60

03 完成插入

按下键盘上的【Ctrl】+【S】组合键保存文件，再按下【F12】键即可在浏览器中预览效果，如图 15-60 所示。

15.6.3 插入标签

在表单中插入标签的方法非常简单，单击【插入】面板下的【表单】插入栏中的【标签】按钮即可在表单中插入标签，如图 15-61 和图 15-62 所示。

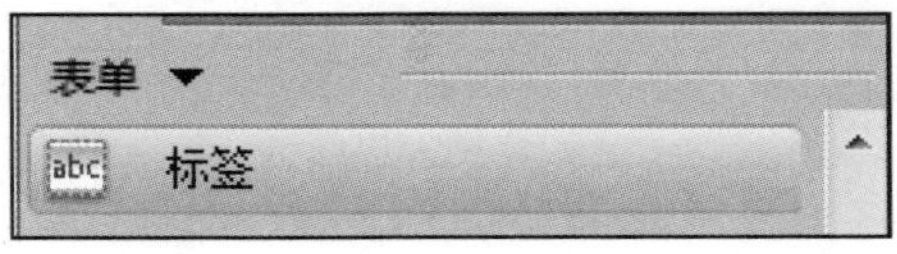

图 15-61

```
    top: 18px;
    width: 213px;
    height: 213px;
    z-index: 1;
}
</style><label></label>
</head>

<body>
```

图 15-62

15.6.4 插入复选框组

复选框也叫 Checkbox，它是一种基础控件。.NET 的工具箱里包含这个控件，复选框组可以通过其属性和方法完成复选的操作。

在表单中插入复选框组的方法非常简单，下面详细介绍在表单中插入复选框组的操作方法。

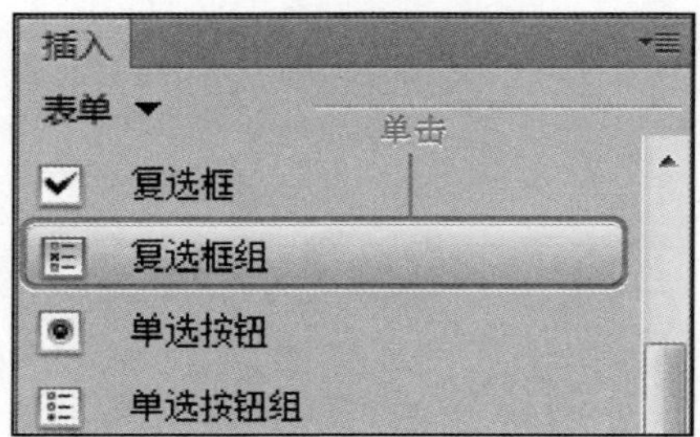

图 15-63

01 单击【复选框组】按钮

将光标移至准备插入复选框组的位置，单击【插入】面板上的【表单】插入栏中的【复选框组】按钮，如图 15-63 所示。

图 15-64

02 弹出对话框

No1 弹出【复选框组】对话框，在【名称】文本框中输入复选框组的名称。

No2 在【复选框】列表框中添加想要添加的复选框个数。

No3 单击【确定】按钮，如图 15-64 所示。

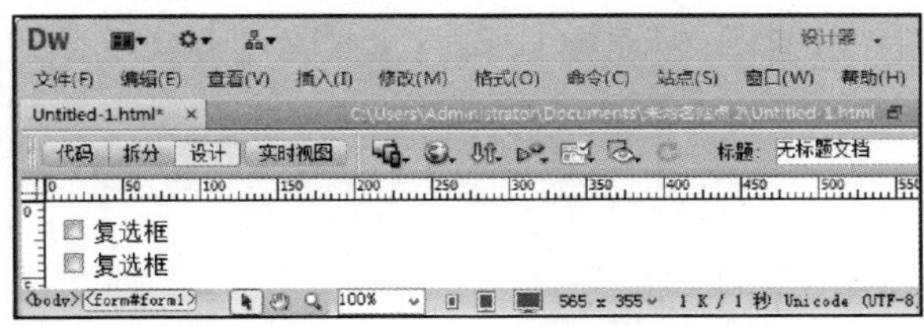

图 15-65

03 完成插入

通过以上步骤即可完成插入复选框组的操作，如图 15－65 所示。

15.6.5 插入单选按钮组

插入单选按钮组的方法很简单，下面介绍插入单选按钮组的方法。

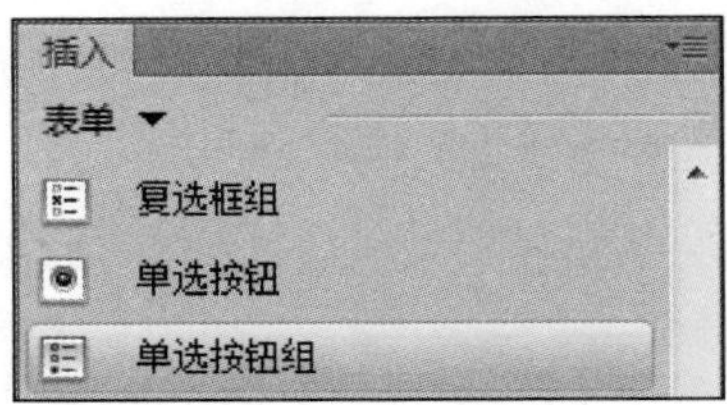

图 15-66

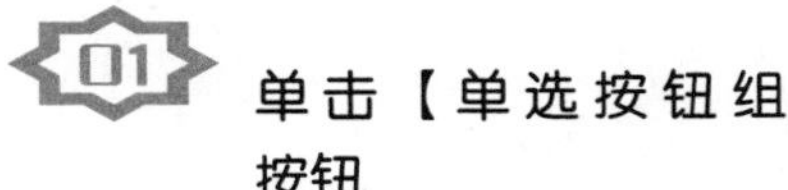

01 单击【单选按钮组】按钮

单击【插入】面板上的【表单】插入栏中的【复选框组】按钮，如图 15-66 所示。

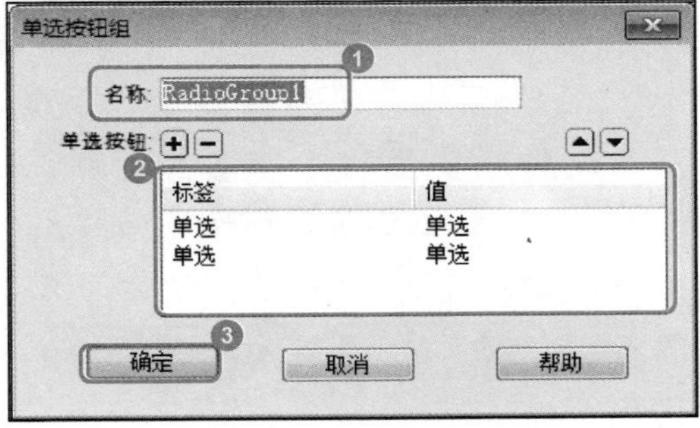

图 15-67

02 弹出对话框

No1 弹出【单选按钮组】对话框，在【名称】文本框中输入复选框组名称。

No2 在【单选按钮】列表框中添加想要添加的单选按钮个数。

No3 单击【确定】按钮，如图 15-67 所示。

图 15-68

03 完成插入

通过以上步骤即可完成插入单选按钮组的操作，如图 15－68 所示。

第 16 章

网站的维护与运营推广

本章内容导读

本章主要介绍测试网站、上传网站、网站的运营与更新维护、常见的网站推广方式等，最后还针对实际的工作需求讲解了病毒性营销、口碑营销、网站SEO的具体优化流程、删除不必要的协议以及关闭文件和打印共享的方法。通过本章的学习，读者可以掌握网站的维护与运营推广方面的知识。

本章知识要点

- 测试网站
- 上传网站
- 网站的运营与更新维护
- 取出与存回功能
- 常见的网站推广方式

Section

16.1 测试网站

本节导读

测试站点主要是为了保证在目标浏览器中页面的内容能正常显示，网页中的链接能正常进行跳转，测试站点的另一个目的是使页面下载时间缩短。本节将详细介绍网站测试方面的知识。

16.1.1 创建站点报告

在测试站点时可以使用【报告】菜单项为一些 HTML 属性编译并产生报告，下面详细介绍创建站点报告的操作方法。

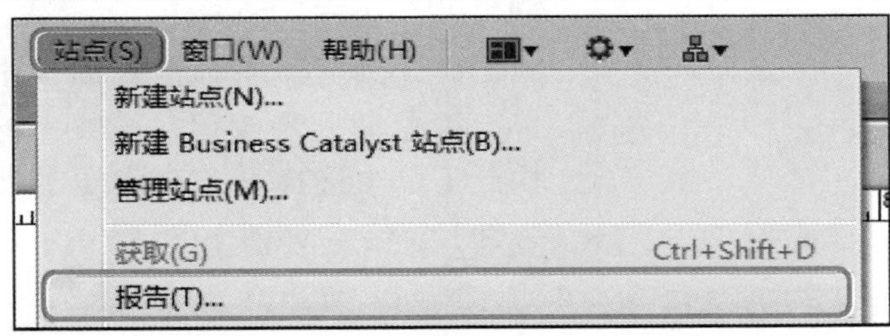

图 16-1

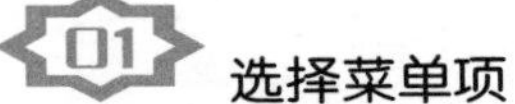
选择菜单项

打开准备检查链接的网页，在菜单栏中选择【站点】→【报告】菜单项，如图 16-1 所示。

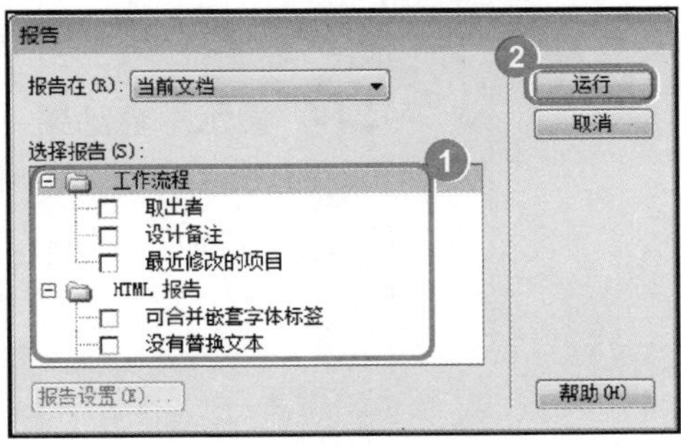

图 16-2

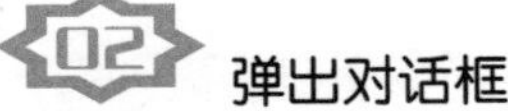
弹出对话框

No1 弹出【报告】对话框，在【选择报告】列表框中选择报告类型。

No2 单击【运行】按钮，如图 16-2 所示。

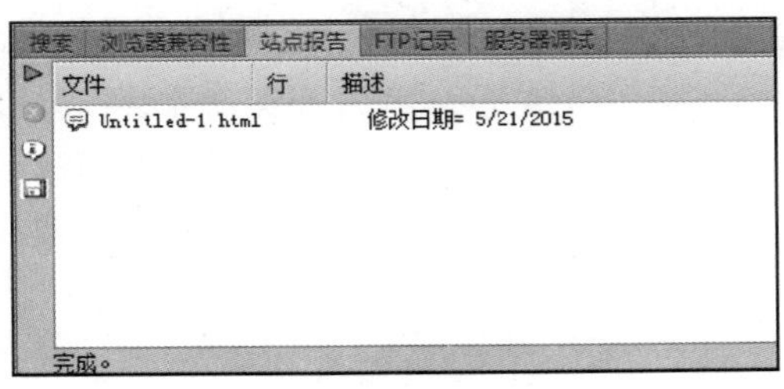

图 16-3

03 **生成站点报告**

生成站点报告，打开【站点报告】面板，在面板中显示站点报告，如图 16-3 所示。

16.1.2 检查浏览器兼容性

检测浏览器的兼容性是检查文档中是否有目标浏览器所不支持的任何标签或属性等元素，下面详细介绍检查浏览器兼容性的操作方法。

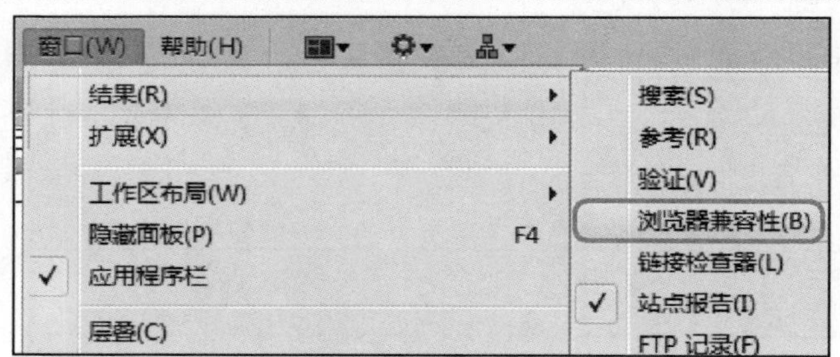

图 16-4

01 选择菜单项

打开准备检查浏览器的网页，在菜单栏选择【窗口】→【结果】→【浏览器兼容性】菜单项，如图 16-4 所示。

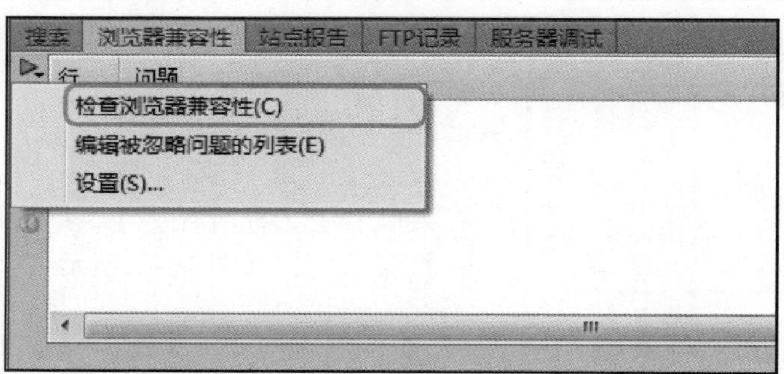

图 16-5

02 单击三角按钮

在【浏览器兼容性】面板中单击绿色的三角按钮，在弹出的快捷菜单中选择【检查浏览器兼容性】命令，如图 16-5 所示。

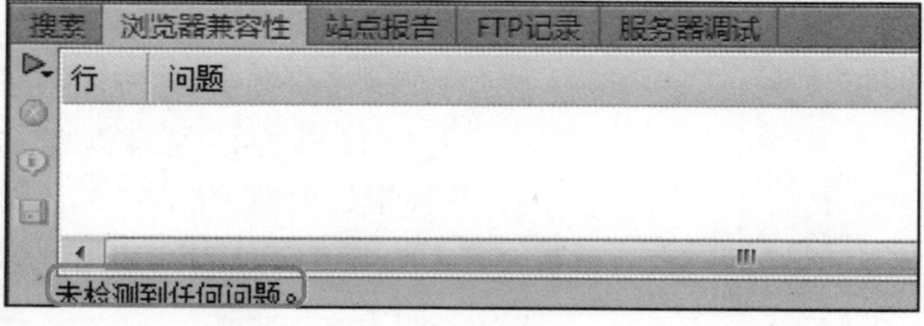

图 16-6

03 显示检查结果

此时将对本地站点中所有的文件进行目标浏览器检查，并显示检查结果，如图 16-6 所示。

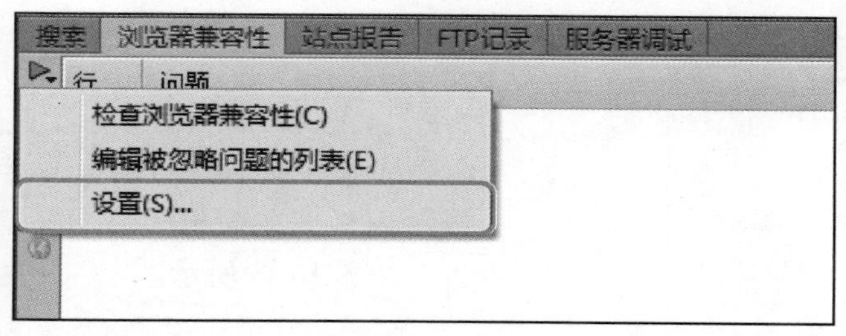

图 16-7

04 选择【设置】命令

在【浏览器兼容性】面板中单击绿色按钮，在弹出的快捷菜单中选择【设置】命令，如图 16-7 所示。

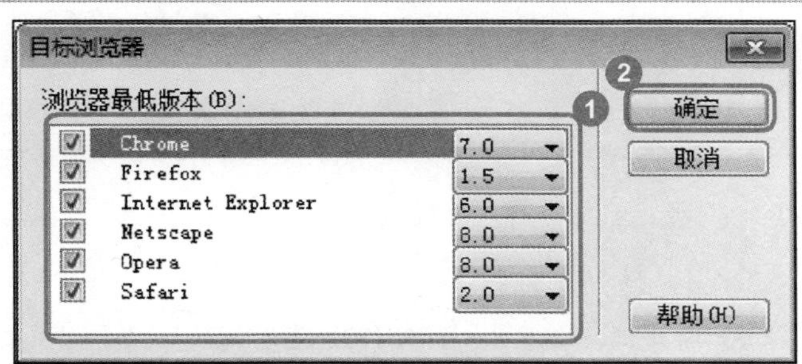

图 16-8

05 弹出对话框

No1 弹出【目标浏览器】对话框，对【浏览器最低版本】进行设置。

No2 单击【确定】按钮，如图 16-8 所示。

16.1.3 使用链接检查器

在发布站点前应确认站点中所有文本和图形的显示是否正确，并且所有链接的 URL 地址是否正确，下面详细介绍使用链接检查器的方法。

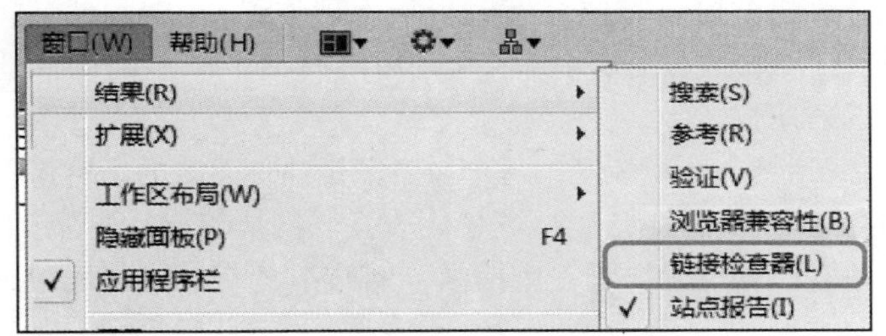

图 16-9

01 选择菜单项

打开准备检查链接的网页，在菜单栏中选择【窗口】→【结果】→【链接检查器】菜单项，如图 16-9 所示。

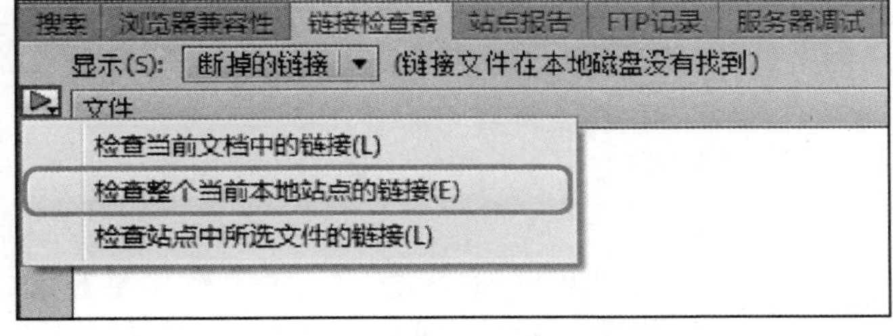

图 16-10

02 单击三角按钮

单击绿色的三角按钮，在弹出的快捷菜单中选择【检查整个当前本地站点的链接】命令，如图 16-10 所示。

图 16-11

03 完成检查

在【链接检查器】面板中即可显示检查结果，如图 16-11 所示。

Section

16.2 上传网站

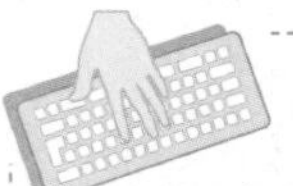

本节导读

网站制作完毕后，用户就可以将其正式上传到 Internet 了，在上传网站之前应先在 Internet 上申请一个网站空间，这样才能把所做的网页放到 www 服务器上供全世界的人浏览，本节将详细介绍上传网站方面的知识。

16.2.1 域名、空间的申请

域名（Domain Name）是由一串用点分隔的名字组成的 Internet 上某一台计算机或计算机组的名称，用于在数据传输时标识计算机的电子方位（有时也指地理位置）。国际域名管理机构采取“先申请，先注册，先使用”的方式，而网域名称只需要缴纳金额不高的注册年费，只要持续注册就可以持有域名的使用权。

域名可在第三方服务商申请，遵循先申请先注册原则，每个域名都是独一无二的，价格不等；7 个类别顶级域名是按用途分类的，以不同后缀结尾；域名代表互联网协议（IP）资源，如使用的个人计算机访问 Internet，服务器计算机上托管一个网站，网站本身或任何其他通过互联网沟通的服务。

“域名申请”为保证每个网站的域名或访问地址是独一无二的，需要向统一管理域名的机构或组织注册或备档。也就是说，为了保证网络安全和有序性，网站建立后为其绑定一个全球独一无二的域名或访问地址，必须向全球统一管理域名的机构或组织去注册或者备档后方可使用。

由于域名是网站必不可少的“门牌号”，域名可用于网站地址访问、电子邮箱、品牌保护等用途，所以很多企业或个人均会进行域名申请。

其实域名空间就是我们经常说到的“域名 + 网站空间”，是二者的一个统称。因为我们做一个网站通常要用到两个东西，一个是域名，另一个就是空间，久而久之便有了这个称呼。

一般俗称的“网站空间”就是专业名词“虚拟主机”的意思。就是把一台运行在互联网上的服务器划分成多个“虚拟”的服务器，每一个虚拟主机都具有独立的域名和完整的 Internet 服务器（支持 WWW、FTP、E - mail 等）功能。一台服务器上的不同虚拟主机是各自独立的，并由用户自行管理。但一台服务器主机只能够支持一定数量的虚拟主机，当超过这个数量时，用户将会感到性能急剧下降。虚拟主机技术是互联网服务器采用的节省服务器硬件成本的技术，虚拟主机技术主要应用于 HTTP 服务，将一台服务器的某项或者全部服务内容逻辑划分为多个服务单位，对外表现为多个服务器，从而充分利用服务器硬件资源。如果划分是系统级别的，则称为虚拟服务器。

16.2.2 使用 Dreamweaver 上传

使用 Dreamweaver CS6 制作网页后，用户可以使用 Dreamweaver 程序自带的上传工具上传文件，下面详细介绍上传文件的操作方法。

启动 Dreamweaver CS6，在【文件】面板中选中准备上传的文件或文件夹，单击【上传】按钮，此时 Dreamweaver CS6 会自动将选中的文件或文件夹上传到远程服务器，然后在远端站点即可显示刚刚上传的文件，如图 16-12 所示。

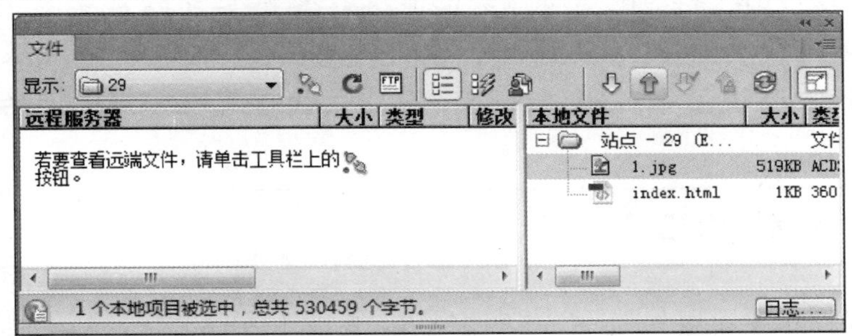

图 16-12

启动 Dreamweaver CS6，在【文件】面板中单击【链接】按钮，然后选择准备下载的文件或文件夹，单击【获取文件】按钮，可将远端服务器上的文件下载到本地计算机中。

16.2.3 使用其他上传工具

1. LeatFTP 上传工具

LeatFTP 上传工具有着友好的界面、多服务器传输引擎、以规则为基础的重复的文件处理、上传和下载速度的限制。

2. FlashFXP 上传工具

FlashFXP 是一款功能强大的 FXP/FTP 软件，集成了其他优秀的 FTP 软件的优点，如 CuteFTP 的目录比较；bpFTP 的支持多目录选择文件，暂存目录；LeatFTP 的界面设计。它支持目录（和子目录）的文件传输、删除，支持上传、下载，以及第三方文件续传；可以跳过指定的文件类型，只传送需要的本件；可自定义不同文件类型的显示颜色；暂存远程目录列表，支持 FTP 代理；有避免闲置断线功能，防止被 FTP 平台踢出；可显示或隐藏具有【隐藏】属性的文档和目录；支持每个平台使用被动模式等。

3. CuteFTP 上传工具

CuteFTP 是 FTP 工具之一，与 LeapFTP 与 FlashFXP 并称 FTP 三剑客。其传输速度比较快，但有时对于一些教育网 FTP 站点却无法连接；其速度稳定，能够连接绝大多数 FTP 站点（包括一些教育网站点）；CuteFTP 虽然相对来说比较庞大，但其自带了许多免费的 FTP 站点，资源丰富。

Section 16.3 网站的运营与更新维护

本节导读

随着网络应用的深入和网络营销的普及，越来越多的企业意识到网站并非一次性投资建立一个网站那么简单，更重要的工作在于网站建成后的长期更新、维护及推广过程，本节将详细介绍网站运营与更新维护方面的知识。

16.3.1 网站的运营

要想把一个网站做好并不是一件容易的事情，很多人在问，如何做好网站运营，这当然不是一件容易的事情。简单来说，做好网站运营至少应该注意以下几个方面。

1. 想法和创意

技术不是最重要的，但却是做网站运营的基本前提和条件，在网站运营过程中必须和客户、程序员、设计人员沟通，如果一点技术都不懂，创意就无法被很好地实现，因此对网站的语言、架构、设计这些方面多少要熟悉，总之在运营网站时用户至少要懂一点技术。

2. 全方位运作

做网站运营要了解传统经济，如果在传统行业有些人脉和资源更好，要清楚网站运营不是一个单独的产品，不管是公司运营还是个人网站，运营依然是传统的服务或者产品，而网站只是另外一个渠道。网站运营者所做的是通过互联网的先进技术与传统行业相结合，为客户提供一种更为方便的服务。

所以，网站运营切忌只搞网络线上活动而脱离线下的运作，否则只会离目标客户越来越远，陷入错误的运作模式。

3. 广告人的思维和策划能力

做网站运营同样也是在宣传，要借鉴传统的广告在包装上、设计上的经验和冲击力，广告人的思维和策划能力能够更快地接近客户，更迅速地把产品销售出去。如果用户不懂得去宣传网站，客户在网站找东西很麻烦，或者来过网站之后从此不再记得，那么网站没有很好的客户体验也不可能留住客户。

4. 生产与销售

做网站运营的实质还是生产与销售，要产生赢利，就必须分析目标群体需求什么，网站能提供什么，用户能从站点上得到哪些便利、价值、信息，需要在需求和市场分析方面做足工作，这样才不会盲目。只有了解清楚了市场才能知道如何精准推广，如何在网站上有的放矢地促进销售。网站推广不只是 SEO，不是把网站做好，权重提高就可以。其实网络推广和线下推广一样，重要的是思路，多借鉴传统行业的推广点子会事半功倍。

5. 需求分析

做好网络营销也需要去关注和学习竞争对手和同行，要做到取长补短，最好是深入了解一个行业，熟悉一种运营模式的网站，分析他们的盈利模式和用户群体，只有这样才能在运营中不断进步，变得有竞争力。学会吸收竞争对手的优点来不断完善自己，这也是一个合格的网站运营人员必不可少的。

其实运营网站和经营一个公司在本质上没有很大的区别，这两者都涉及产品设计研发、市场推广和销售、人员的管理培训、财务管理等很多方面，所以做网站运营是一个系统而庞大的工作，需要不断地学习、不断地创新。

上面提到的只是网站运营中框架上的粗略建议，要想运营好网站，在框架确立后就需要去完善网站上的方方面面了，新时代的企业竞争激烈，胜出的总是赢在细节，所以说需求的分析是很重要的。

6. 网站内容的建设

网站内容的建设是网站运营的重要工作，网站内容是决定网站性质的重要因素。网站内容的建设主要是由专业的编辑人员来完成，工作包括栏目的规划、信息的采编、内容的整理与上传、文件的审阅等。所以，编辑人员的工作也是网站运营的重要环节之一，在运营网站的过程中，与优秀的网站编辑人员合作也是十分有必要的。

7. 合理的网站规划

合理的网站规划包括前期的市场调研、项目的可行性分析、文档策划撰写和业务流程操作等步骤，一个网站成功与否与合理的网站规划有着密不可分的关系。

根据网站构建的需要，网站运营商进行有效地网站规划，如文章标题应怎么制作显示、广告应如何设置等，这些都需要合理和科学的规划，好的规划可以使网站的形象得到提升，吸引更多的客户来观摩和交流，是网站运营时必要的操作手法。

16.3.2 网站的更新维护

在网站优化中，网站内容的更新维护是必不可少的，由于每个网站的侧重点不同，网站内容的更新维护也是有所不同的，下面详细介绍其内容。

- 网站内容更新维护的时间：网站内容更新维护的时间形成一定的规律性后，百度蜘蛛也会按照更新时间形成一定爬行的规律，而在这个固定的时间段里更新文章往往是很快就被收录的，因此如果条件允许，网站内容的更新尽量在固定的时间段进行。
- 网站内容更新维护的数量：网站每天更新多少篇文章才好，其实百度对这个并没有什么明确的要求，一般个人网站每天更新 7、8 篇就行了，网站每天更新最好是按照固定的量进行。

- 网站内容的质量：这是网站更新维护最为关键的一点，网站内容质量要涉及用户体验性和SEO优化技术。对于SEO优化技术，文章的标题写法是内容更新的关键，一个权重高的网站往往会因一篇标题写得好的文章而带来不少的访问量，标题的一般写法是“文章内容+主题思想”。

了解以上方法后，用户应懂得网站内容的更新维护需要持之以恒，更需要在这个持之以恒的过程中保持活力。

16.3.3 优化网站SEO

SEO的英文全称为Search Engine Optimization，它又被称为搜索引擎优化。

搜索引擎优化是一种利用搜索引擎的搜索规则来提高网站在有关搜索引擎内的排名的方式。建立SEO的目的是通过SEO这样一套基于搜索引擎的营销思路为网站提供生态式的自我营销解决方案，让网站在行业内占据领先地位，从而获得品牌收益。

SEO的主要工作是通过了解各类搜索引擎如何抓取互联网页面、如何进行索引以及如何确定其对某一特定关键词的搜索结果排名等技术来对网页进行相关的优化，使其提高搜索引擎排名，从而提高网站访问量，最终提升网站的销售能力或宣传能力的技术。

搜索引擎优化对于任何一家网站来说，要想在网站推广中取得成功，搜索引擎优化都是至为关键的一项任务。同时，随着搜索引擎不断变换它们的排名算法规则，每次算法上的改变都会让一些排名很好的网站在一夜之间“名落孙山”，而失去排名的直接后果就是失去了网站原有的可观访问量。可以说，搜索引擎优化是一个愈来愈复杂的任务。

在掌握了网站SEO方面的知识后，用户即可了解优化网站SEO方面的技巧，下面介绍一些有关优化网站SEO流程方面的知识：

- 定义网站的名字，选择与网站名字相关的域名。
- 分析围绕网站核心的内容，定义相应的栏目，定制栏目菜单导航。
- 根据网站栏目收集信息内容并对收集的信息进行整理、修改、创作和添加。
- 选择稳定安全服务器，保证网站24小时能正常打开，网速稳定。
- 分析网站关键词，合理地添加到内容中。
- 网站程序采用<DIV>+<CSS>构造，符合WWW网页标准，全站生成静态网页。
- 制作生成xml与htm的地图，便于搜索引擎对网站内容的抓取。
- 为每个网页定义标题、meta标签，标题简洁，meta围绕主题关键词。
- 网站经常更新相关信息内容，禁用采集，手工添置，原创为佳。
- 放置网站统计计算器，分析网站流量来源，用户关注什么内容，根据用户的需求修改与添加网站内容，增加用户体验。
- 网站设计要美观大方、菜单清晰，网站色彩搭配要合理，尽量少用图片、Flash、视频等，以防止影响打开速度。
- 合理的SEO优化，不采用群发软件，禁止针对搜索引擎网页排名的作弊（SPAM），合理优化推广网站。
- 合理交换网站相关的友情链接，不能与搜索引擎惩罚的或与行业不相关的网站交换链接。

Section 16.4 取出与存回功能

本节导读

在使用取出与存回功能之前必须先将本地站点与一个远程服务器相关联，本节将详细介绍 Dreamweaver 的取出与存回功能。

16.4.1 Dreamweaver 取出、存回系统介绍

如果用户在协作环境中工作，可以在本地和远程服务器中存回和取出文件；如果只有用户一个人在远程服务器上工作，则可以使用【上传】和【获取】命令，而不用存回或取出文件。

取出文件等同于声明“我正在处理这个文件，请不要动它！”文件被取出后，【文件】面板中将显示取出这个文件的人的姓名，并在文件图标的旁边显示一个红色选中标记（如果取出文件的是小组成员）或一个绿色选中标记（如果取出文件的是用户本人）。

存回文件使文件可供其他小组成员取出和编辑。当用户在编辑文件后将其存回时，本地版本将变为只读，并且在【文件】面板中该文件的旁边将出现一个锁形符号，以防止用户更改该文件。

Dreamweaver 不会使远程服务器上的取出文件成为只读。如果用户使用 Dreamweaver 之外的应用程序传输文件，则可能覆盖取出的文件。但是，在 Dreamweaver 之外的应用程序中，在文件目录结构中该取出文件的旁边将显示一个 LCK 文件，以防止出现这种意外。

16.4.2 取出功能

如果用户取出了一个文件，然后决定不对它进行编辑或者决定放弃所做的更改，则可以撤销取出操作，文件会返回到原来的状态。若要撤销文件取出，在文档窗口中打开文件，然后选择【站点】→【撤销取出】菜单项，如图 16-13 所示。

图 16-13

16.4.3 存回功能

在【文件】面板中选择取出文件或新文件，可以执行下列操作存回文件：单击【文件】面板的工具栏中的【存回】按钮，如图 16-14 所示。

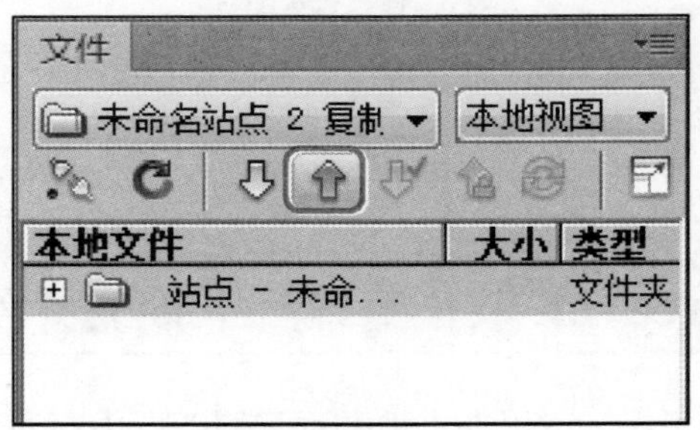

图 16-14

一个锁形符号出现在本地文件图标的旁边，表示该文件现在为只读状态。如果用户存回当前处于活动状态的文件，则根据用户设置的首选参数选项该文件可能会在存回前自动保存。

Section 16.5 常见的网站推广方式

本节导读

常见的网站推广方式有注册搜索引擎、电子邮件推广、通过留言板和博客推广、互换友情链接和 BBS 论坛宣传，本节将详细介绍常见的网站推广方式方面的知识。

16.5.1 注册搜索引擎

搜索引擎推广是指利用搜索引擎、分类目录等具有在线检索信息功能的推广网站的方法。

搜索引擎按照基本形式大致可以分为网络蜘蛛型搜索引擎和基于人工分类目录的搜索引擎两种，前者包括搜索引擎优化、关键词广告、竞价排名、固定排名、基于内容定位的广告等多种形式，而后者主要是在分类目录合适的类别中进行网站登录。随着搜索引擎形式的进一步发展变化出现了其他一些形式的搜索引擎，不过大多是以这两种形式为基础。

搜索引擎推广的方法分为多种不同的形式，常见的有登录免费分类目录、登录付费分类目录、搜索引擎优化、关键词广告、关键词竞价排名、网页内容定位广告等。

从目前的发展趋势来看，搜索引擎在网络营销中的地位依然重要，并且受到越来越多企业的认可，搜索引擎营销的方式也在不断发展演变，因此用户应根据环境的变化选择搜索引擎营销的合适方式，如图 16-15 所示。

图 16-15

16.5.2 资源合作推广方法

通过网站交换链接、交换广告、内容合作、用户资源合作等方式在具有类似目标网站之间实现互相推广的目的，其中最常用的资源合作方式为网站链接策略，利用合作伙伴之间的网站访问量资源合作互为推广。

每个企业网站均可以拥有自己的资源，这种资源可以表现为一定的访问量、注册用户信息、有价值的内容和功能、网络广告空间等，利用网站的资源与合作伙伴开展合作，实现资源共享，共同扩大收益的目的。

在这些资源合作形式中，交换链接是最简单的一种合作方式，实践证明它也是新网站推广的有效方式之一。交换链接也称互惠链接，它是具有一定互补优势的网站之间的简单合作形式，即分别在自己的网站上放置对方网站的 Logo 或网站名称，并设置对方网站的超链接，使得用户可以从合作网站中发现自己的网站，达到互相推广的目的。

交换链接的作用主要表现在以下几个方面：获得访问量、增加用户浏览时的印象、在搜索引擎排名中增加优势、通过合作网站的推荐增加访问者的可信度等。

交换链接还有比是否可以取得直接效果更深一层的意义，一般来说，每个网站都倾向于链接价值高的其他网站，如图 16-16 所示。

图 16-16

16.5.3 电子邮件推广

上网的人至少有一个电子邮箱，因此使用电子邮件进行网上营销是目前国际上很流行的一种网络营销方式，电子邮件成本低廉、效率高、范围广、速度快。而且接触互联网的人也都是思维非常活跃的人，平均素质较高，并且具有很强的购买力和商业意识。越来越多的调查显示，电子邮件营销是网络营销最常用的也是最实用的方法。

以电子邮件为主要的网站推广手段，常用的方法包括电子刊物、会员通信、专业服务商的电子邮件广告等。

群发邮件营销是最早的营销模式之一，邮件群发可以在短时间内把产品信息投放到海量的客户邮件地址内。

1. 怎样填写群发邮件主题及内容

在群发邮件时一定要注意邮件主题和邮件内容。很多邮件服务器为过滤邮件设置了垃圾字词过滤，如果邮件主题和邮件内容中包含有大量宣传和赚钱等字词，服务器将会过滤掉该邮件，致使邮件不能发送。因此，在书写邮件主题和内容时应尽量避开有垃圾字词嫌疑的文字和词语，这样才能顺利群发邮件。

2. HTML 格式的邮件

大多数邮件群发软件都支持此发送形式，有的软件是将网页格式的邮件源代码复制、粘贴到邮件内容处，然后选择发送模式为 HTML 即可。

3. 如何选择使用 DSN 及 Smtp 服务器地址

在使用软件群发邮件时必须正确地输入可用的主机 DSN 名称。由于各 DSN 主机或 Smtp 服务器性能不一，发送速度也有差异，在群发前可多试几个 DSN，选择速度快的 DSN 将大大加快群发速度。

基于用户许可的 E-mail 营销与滥发邮件（Spam）不同，许可营销比传统的推广方式或未经许可的 E-mail 营销具有明显的优势，例如可以减少广告对用户的滋扰、增加潜在客户定位的准确度、增强与客户的关系、提高品牌忠诚度等。

根据许可 E-mail 营销所应用的用户电子邮件地址资源的所有形式，E-mail 营销可以分为内部列表 E-mail 营销和外部列表 E-mail 营销，或简称内部列表和外部列表。

内部列表也就是人们通常所说的邮件列表，是利用网站的注册用户资料开展 E-mail 营销的方式，常见的形式有新闻邮件、会员通信、电子刊物等。外部列表 E-mail 营销则是利用专业服务商的用户电子邮件地址来开展 E-mail 营销，也就是以电子邮件广告的形式向服务商的用户发送信息，如图 16-17 所示。

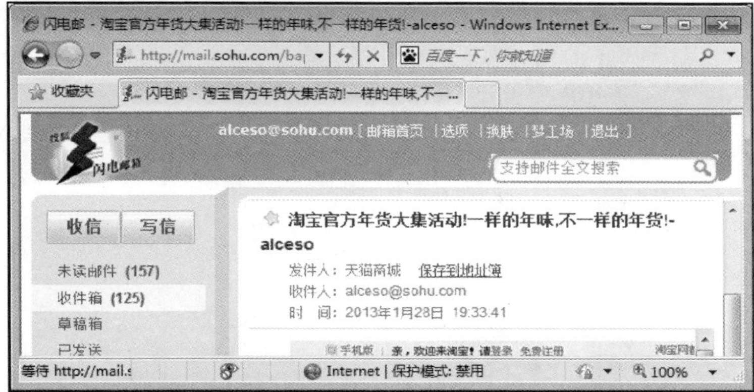

图 16-17

16.5.4 软文推广

软文分别站到用户角度、站到行业角度、站到媒体角度有计划地撰写和发布推广，促使每篇软文都能够被各种网站转摘发布，以达到最好的效果。软文要写得有价值，让用户看了有收获，标题要写得吸引网站编辑，这样才能达到最好的宣传效果，如图 16-18 所示。

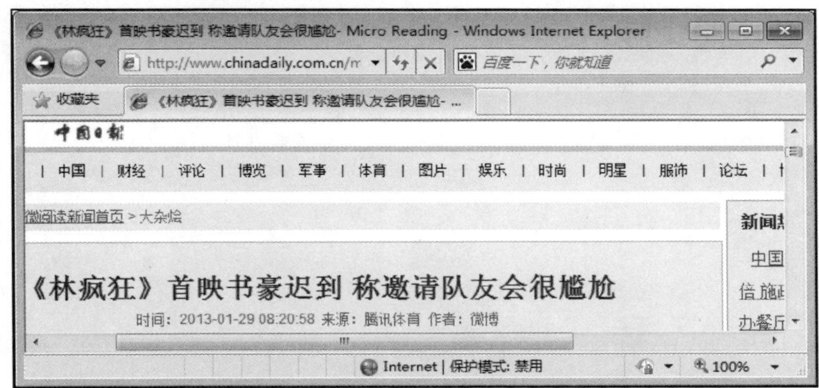

图 16-18

16.5.5 导航网站登录

现在国内有大量的网址导航类站点，如“http://www.hao123.com”、“http://www.265.com”等。在这些网址导航上做上链接也能带来大量的访问量，不过现在想登录上像 hao123 这种访问量特别大的站点并不是件容易的事，如图 16-19 所示。

图 16-19

16.5.6 BBS 论坛网站推广

在知名论坛上注册，在回复帖子的过程中，用户可把签名设为自己的网站地址。在论坛中发表热门内容，自己顶自己的帖子。同时，发布具有推广性的标题内容，好的标题是论坛推广成败、吸引用户的关键因素，如图 16-20 所示。

图 16-20

Section 16.6 实践案例与上机操作

本节导读

通过本章的学习，用户可以掌握网站的维护与推广方面的知识及操作，下面通过几个实践案例进行上机操作，以达到巩固学习、拓展提高的目的。

16.6.1 病毒性营销方法

病毒性营销方法并非传播病毒，而是利用用户之间的主动传播让信息像病毒那样扩散，从而达到推广的目的。

病毒性营销方法实际上是在为用户提供有价值的免费服务的同时附加上一定的推广信息，常用的工具有免费电子书、免费软件、免费 Flash 作品、免费贺卡、免费邮箱、免费即时聊天工具等，可以为用户获取信息、使用网络服务、娱乐等带来方便，如果应用得当，这种病毒性营销手段往往可以以极低的代价取得非常显著的效果，如图 16–21 所示。

图 16–21

16.6.2 口碑营销

口碑营销是指网站运营商在调查市场需求的情况下为消费者提供需要的产品和服务，同时制定一定的口碑推广计划，让消费者自动传播网站产品和服务的良好评价，从而让人们通过口碑了解产品、树立品牌、加强市场认知度，最终达到网站销售产品和提供服务的目的。

相对于纯粹的广告宣传、促销手段、公关交际、商家推荐等而言，口碑营销可信度要更高。这个特征是口碑传播的核心，也是开展口碑宣传的一个最佳理由，与其不惜巨资投入广告、促销活动、公关活动来吸引潜在消费者的目光借以增加客户的网站忠诚度，不如通过这种相对简单奏效的口碑传播的方式来达到推广网站的目的。

16.6.3 网站 SEO 的具体优化流程

网站优化本身的技术含量不是太高，用户对其基础知识很容易就掌握了，重要的是在基础知识上的领悟，对时局的把握，对搜索引擎处理信息趋势的了解。网站优化更重要的是策略问题，制定好一个优化策略，按部就班的来做，才能事半功倍，在短期内取得效果。下面详细介绍网站优化的具体流程。

1. 关键词分析

首先要分析好关键词，关键词是优化的核心，优化的成功与否和关键词的选择有密切的关系。

2. 架构网站

架构网站要选择合适的技术，根据自己的需求来确定技术、控制成本，如果只是一个新闻系统就能搞定，找个开源的 CMS 就可以了；如果所需要的功能很强大，就要组建自己的团队或者开发工作交给外包公司来完成。在开发网站程序的过程中要注意 URL 的长度、网站的层次结构、内容组织方式和是否静态化等问题。

对于制作网页，Div + CSS + JS 现在是备受推崇的网页制作技术，也是对搜索引擎友好的网页制作方法。在此要注意网页布局结构影响关键词排名，关键词要合理分布在网页中。对各个标签的使用也要合理，H1 标签一个页面最好只用一次。

3. 制定信息内容策略

做搜索引擎优化内容是关键，网站内容质量不高，长时间又不更新，搜索引擎无网页可抓，这样的网站搜索引擎不会有一个很高的权重。

4. 制定链接建设策略

做一个网站外链接建设的计划，不断为网站建设高质量的链接，丰富网站链接广泛度，这是网站优化成功的一个保证。

5. 效果评估与维护

分析统计数据，对优化成功的关键词进行维护，对用户经常使用的关键词进行统计分析，将关键词加入网站更新的工作之中。对尚未得到排名的关键词进行页面调整，调节一下内链接，制作一些外链接，使其加快关键词排名。通过对网站统计的分析了解用户访问网站的习惯和感兴趣的信息，不断丰富网站的信息。

16.6.4 删掉不必要的协议

Web 应用的发展使网站产生越来越重要的作用，越来越多的网络在此过程中也因为存在安全隐患而遭受各种攻击，例如网站被挂马、网站 SQL 注入导致网页被篡改等。

安装过多的协议一方面会占用系统资源，另一方面为网络攻击提供了便利路径。对于服务器和主机来说，一般只安装 TCP/IP 协议就够了。其中 NetBIOS 是很多安全缺陷的根源，还可以将绑定在 TCP/IP 协议的 NetBIOS 关闭，避免针对 NetBIOS 的攻击。下面详细介绍删掉协议的操作步骤。

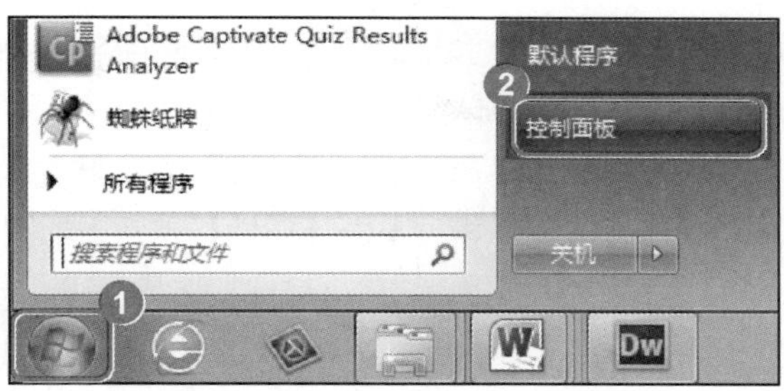

图 16-22

01 单击【开始】按钮

No1 单击计算机桌面上的【开始】按钮。

No2 在弹出的菜单中选择【控制面板】命令，如图 16-22 所示。

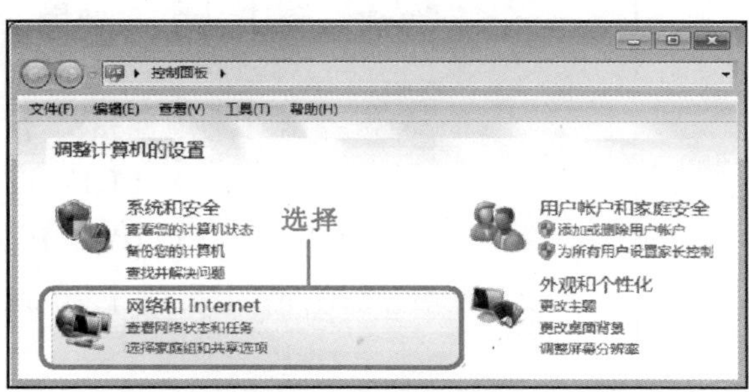

图 16-23

02 打开【控制面板】

打开【控制面板】，在【调整计算机的设置】选项组中选择【网络和 Internet】选项，如图 16-23 所示。

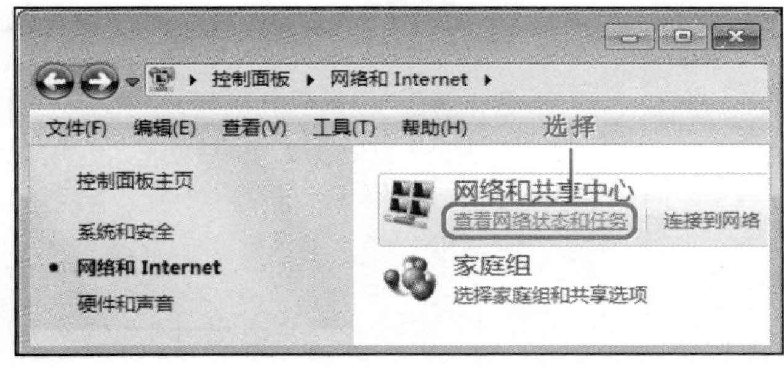

图 16-24

03 进入【网络和 Internet】窗口

进入【网络和 Internet】窗口，在【网络和共享中心】选项组中选择【查看网络状态和任务】选项，如图 16-24 所示。

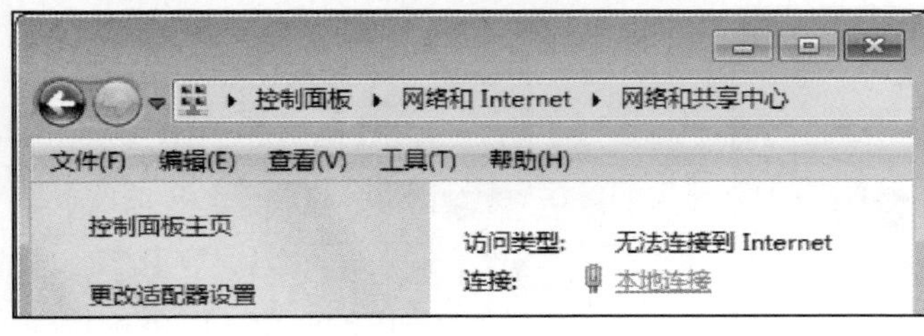

图 16-25

04 选择【本地连接】选项

进入【网络和共享中心】窗口，选择【本地连接】选项，如图 16-25 所示。

图 16-26

05 弹出【本地连接 状态】对话框

弹出【本地连接 状态】对话框，单击【属性】按钮，如图 16-26 所示。

图 16-27

06 弹出【本地连接 属性】对话框

No1 弹出【本地连接 属性】对话框，选择【Internet 协议版本 4(TCP/IPv4)】选项。

No2 单击【属性】按钮，如图 16-27 所示。

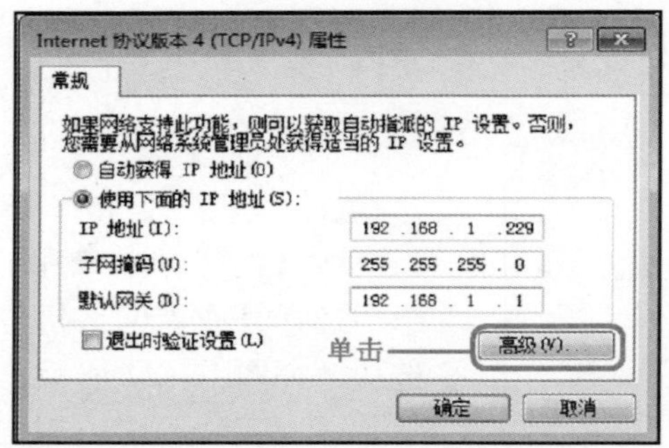

图 16-28

07 弹出对话框

弹出【Internet 协议版本 4(TCP/IPv4)】对话框，单击【高级】按钮，如图 16-28 所示。

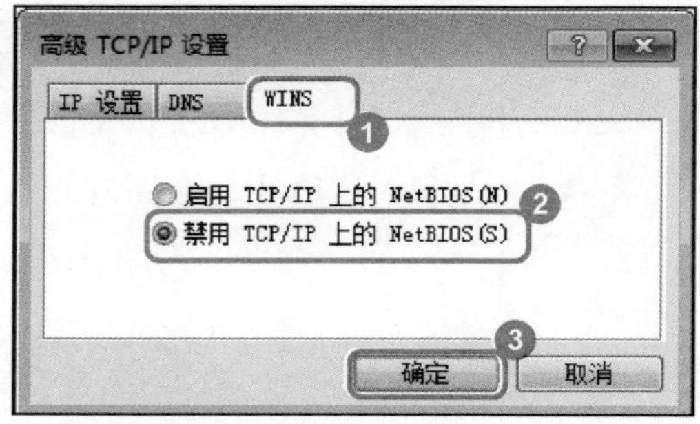

图 16-29

08 弹出对话框

No1 弹出【高级 TCP/IP 设置】对话框，选择 WINS 选项卡。

No2 选择【禁用 TCP/IP 上的 NetBIOS（S）】单选按钮。

No3 单击【确定】按钮即可完成设置，如图 16-29 所示。

16.6.5 关闭文件和打印共享

不要以为在内部网上共享的文件就是安全的，其实在共享文件的同时会有软件漏洞呈现在互联网不速之客的面前，公众可以自由地访问共享的文件，并很有可能被有恶意的人利用和攻击。因此共享文件应该设置密码，一旦不需要共享立即关闭。下面详细介绍关闭共享的操作方法。

在计算机桌面的【控制面板】的【Windows 防火墙】窗口中单击【启用 Windows 防火墙】单选按钮即可，如图 16-30 所示。

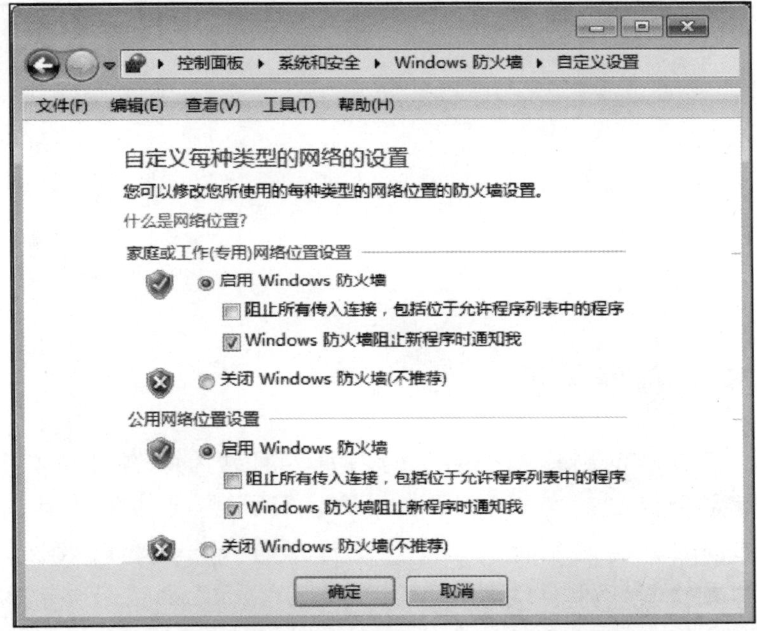

图 16-30

第11章

网页设计与制作综合案例

本章内容导读

本章以制作一个完整的门户类网站为案例对整本书的知识点进行整合梳理。与其他网站相比，门户类网站需要具有很强的时效性，门户类网站特别需要注意信息的专业性和时效性，以及便于浏览者的阅读性和便利性。门户类网站的色彩设计多用纯白色作为网站底色，运用不同的色块区别网站信息内容，以便浏览者能够快速地查找相关信息。

本章知识要点

- 网页基础框架的创建
- 插入表单与图像域
- 给网页添加文本与图像内容

Section

17.1 网页基础框架的创建

本节导读

本节主要讲解网页基础框架的创建，主要内容包括新建 HTML 文档、运用代码创建 CSS 规则、插入 Div 等。下面详细介绍制作网页基础框架的操作步骤。

17.1.1 新建 HTML 文档

首先启动 Dreamweaver CS6 程序，新建一个空白 HTML 文档，下面详细介绍操作步骤。

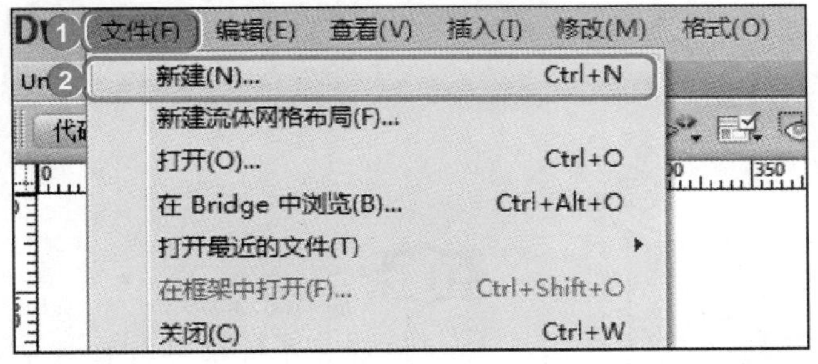

图 17-1

01 选择菜单项

No1 启动 Dreamweaver CS6 程序，在菜单栏中单击【文件】菜单。

No2 在弹出的下拉菜单中选择【新建】菜单项，如图 17-1 所示。

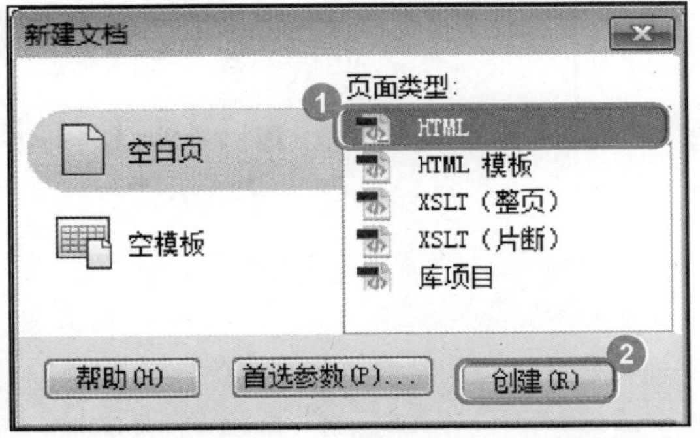

图 17-2

02 弹出【新建文档】对话框

No1 弹出【新建文档】对话框，在【页面类型】区域中选择 HTML 选项。

No2 单击【创建】按钮，如图 17-2 所示。

17.1.2 新建 CSS 文件

新建两个 CSS 文件并保存，然后将两个 CSS 文件链接到 HTML 页面中，分别创建两个 CSS 文件的标签 CSS 规则，下面详细介绍操作方法。

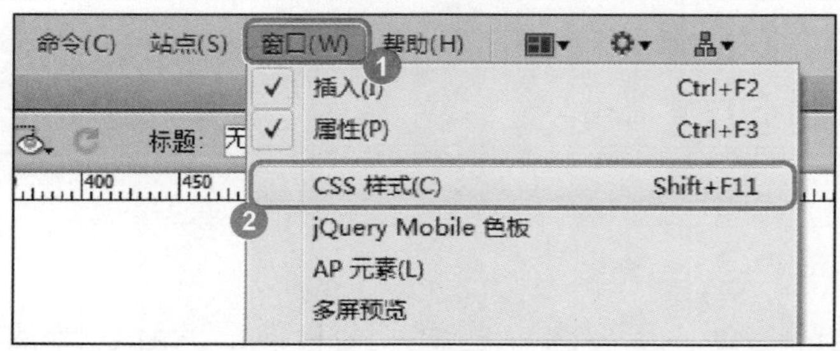

图 17-3

01 选择菜单项

No1 在菜单栏中单击【窗口】菜单。

No2 在弹出的下拉菜单中选择【CSS 样式】菜单项，打开【CSS 样式】面板，如图 17-3 所示。

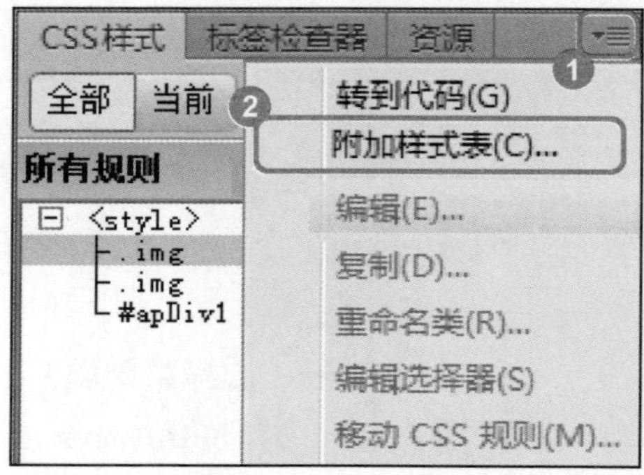

图 17-4

02 选择【附加样式表】菜单项

No1 在【CSS 样式】面板中单击右侧的下拉菜单按钮。

No2 在弹出的下拉菜单中选择【附加样式表】菜单项，如图 17-4 所示。

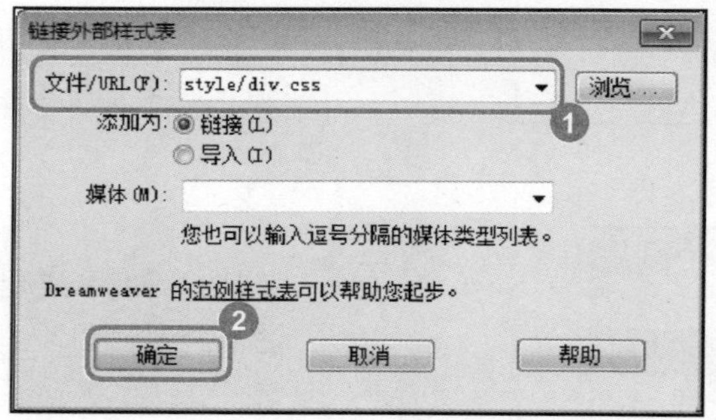

图 17-5

03 弹出对话框

No1 弹出【链接外部样式表】对话框，在【文件】文本框中输入要链接的 CSS 样式名称。

No2 单击【确定】按钮，如图 17-5 所示。

另一个 CSS 文件也用相同的方法链接，在此不再重复。

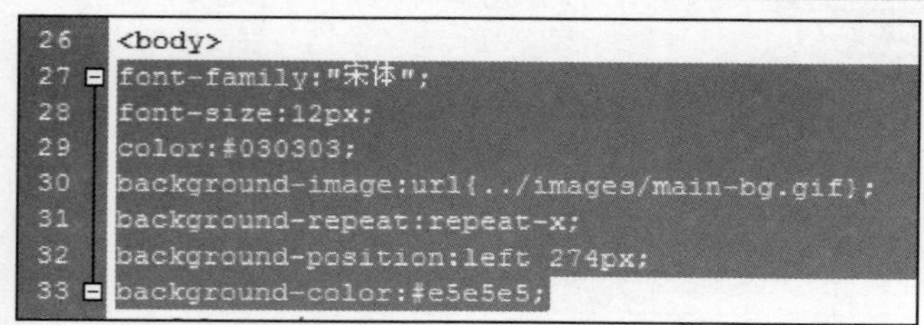

```
<body>
font-family:"宋体";
font-size:12px;
color:#030303;
background-image:url(../images/main-bg.gif);
background-repeat:repeat-x;
background-position:left 274px;
background-color:#e5e5e5;
```

图 17-6

04 创建 CSS 规则

切换到 CSS 文件，创建一个名为 body 的标签规则，规则代码如图 17-6 所示。

17.1.3 插入 Div

在页面中插入名为 box 的 Div，将页面切换至 div. css 文件，创建 CSS 规则，下面详细介绍操作步骤。

```
<body>
#box{
width:100%;
height:1049px;
background-image:url(../images/bg.gif);
background-repeat:repaet-x;
<p> </p>
<p> </p>
```

图 17-7

01 插入 Div

在页面中插入名为 box 的 Div，将页面切换至 div. css 文件，创建一个名称为#box 的 CSS 规则，规则代码如图 17-7 所示。

```
<body>
#box{
width:1004px;;
height:274px;
background-image:url(../images/top_bg.gif);
background-repeat:no-repaet;
color:#FFF;
<p> </p>
<p> </p>
</body>
```

图 17-8

02 插入 Div

在名为 box 的 Div 中插入名为 top 的 Div，将页面切换到 div. css 文件，创建一个名称为#top 的 CSS 规则，规则代码如图 17-8 所示。

```
#top01{
width:770px;
height:33px;
float:right;
```

图 17-9

03 插入 Div

在名为 top 的 Div 中插入名为 top01 的 Div，切换至 div. css 文件，创建一个名称为#top01 的 CSS 规则，规则代码如图 17-9 所示。

```
<ul>
  <li>新闻资讯</li>
  <li>游艇世界</li>
  <li>游艇图片库</li>
</ul>
```

图 17-10

04 输入文字内容

在名为 top01 的 Div 中输入相应的文字内容，如图 17-10 所示。

图 17-11

05 预览效果

输入相应的文字后切换到设计视图中查看效果，如图 17-11 所示。

```
#top01 li {
width:84px;
height:13px;
float:left;
list-style-type:none;
text-align:center;
border-right:#688cae 1px aolid;
padding-top:20px;
```

图 17-12

06 创建 CSS 规则

切换至 div. css 文件，创建一个名称为#top01 li 的 CSS 规则，规则代码如图 17-12 所示。

```

#main {
width:970px;
height:717px;
margin:auto;
background -color:#fff;
background-image:url(../images/top_bg.gif);
background-repeat:repaet-x;
padding-top:14px;
```

图 17-13

07 插入 Div

切换至 div. css 文件，创建一个名称为#main 的 CSS 规则，规则代码如图 17-13 所示。

```

#left {
width:257px;
height:640px;
float:left;
margin-left:20px;
}

```

图 17-14

08 插入 Div

在名为 main 的 Div 中插入名为 left 的 Div，切换至 div. css 文件，创建一个名为#left 的 CSS 规则，规则代码如图 17-14 所示。

```
#login {
width:227px;
height:112px;
background-image:url(../images/login_bg.gif);
background-repeat:no-repaet;
padding:40px 0px 0px 30px;
color:#047c9f;
```

图 17-15

09 插入 Div

在 div. css 文件中创建一个名为#login 的 CSS 规则，规则代码如图 17-15 所示。

Section
17.2 插入表单与图像域

本节导读

表单是一个容器对象，用来存放各类表单对象，并负责将表单对象的值提交给服务器端的某个程序处理。在网页中插入表单可以丰富网页内容，实现与浏览者的交互，本节将详细介绍在网页中插入表单的操作方法。

17.2.1 插入表单

在 Div 中插入一个表单域，在表单域内再插入一个文本字段，下面详细介绍具体的操作方法。

图 17-16

01 插入表单

单击【插入】面板上的【表单】按钮，在 Div 中插入一个表单域，如图 17-16 所示。

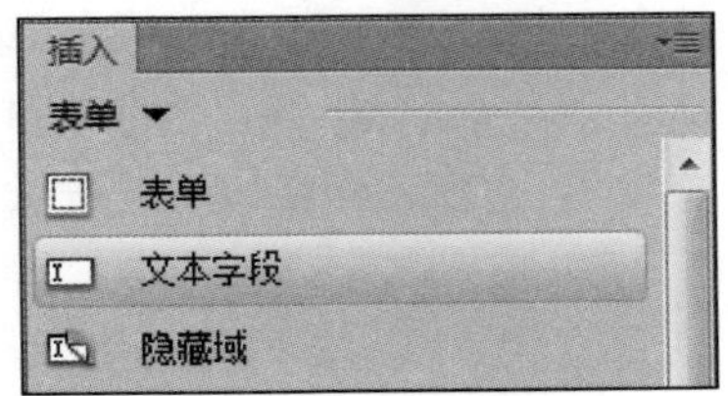

图 17-17

02 单击【文本字段】按钮

将光标移至表单域内，单击【插入】面板上的【表单】插入栏中的【文本字段】按钮，如图 17-17 所示。

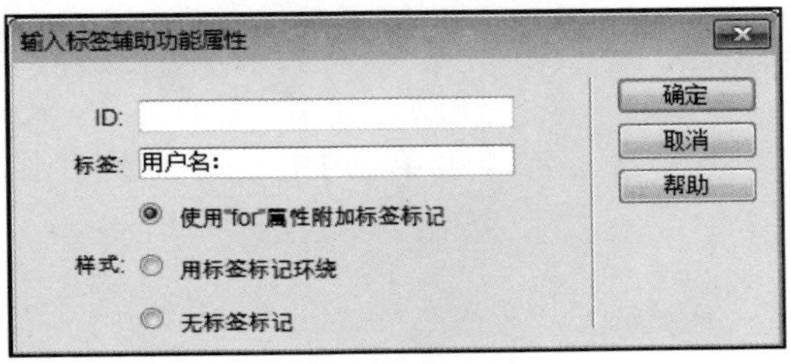

图 17-18

03 弹出对话框

弹出【输入标签辅助功能属性】对话框，在【标签】文本框中输入“用户名:”，单击【确定】按钮，如图 17-18 所示。

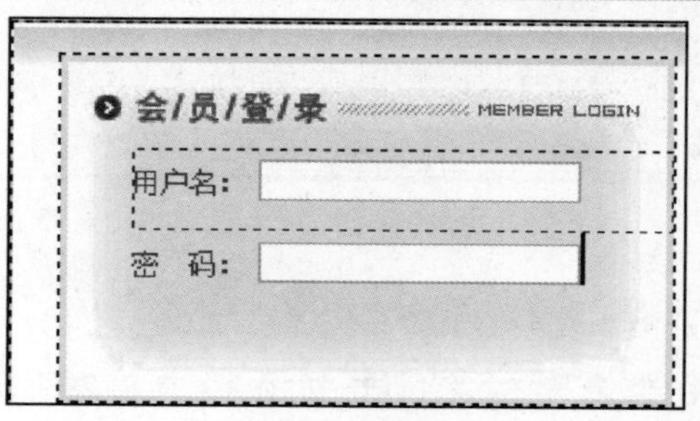

图 17-19

04 插入文本字段

按下【Enter】键，插入一个段落符，然后使用相同的方法插入另一个文本字段，设置 ID 为 pass，如图 17-19 所示。

17.2.2 插入图像域

在表单域中插入文本字段后继续在表单域中插入图像域，下面详细介绍具体操作步骤。

```
#name,#pass {
width:133px;
height:16px;
border:#cccccc solid 1px;
margin-top:5px;
flaot:left;
```

图 17-20

01 创建 CSS 规则

切换至 div. css 文件，创建一个名称为“# name，# pass”的 CSS 规则，规则代码如图 17-20 所示。

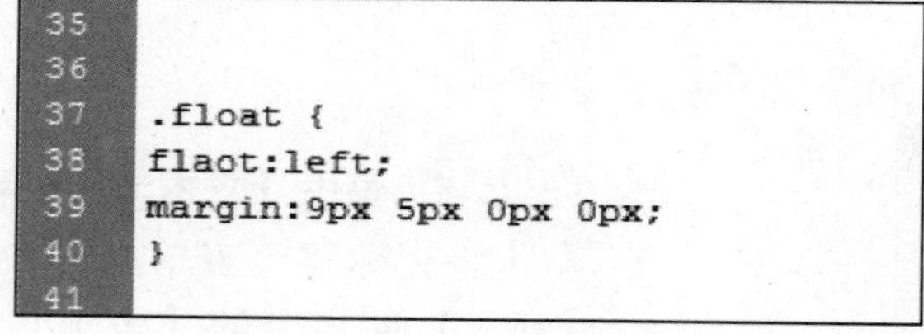

```
.float {
flaot:left;
margin:9px 5px 0px 0px;
}
```

图 17-21

02 创建 CSS 规则

切换至 css. css 文件，创建一个名为 . float 的 CSS 规则，规则代码如图 17-21 所示。

图 17-22

03 单击【图像域】按钮

将光标移至 pass 文本字段的右侧，单击【插入】面板上的【表单】插入栏中的【图像域】按钮，如图 17-22 所示。

图 17-23

04 弹出【选择图像源文件】对话框

No1 弹出【选择图像源文件】对话框，选择准备插入的图像。

No2 单击【确定】按钮，如图 17-23 所示。

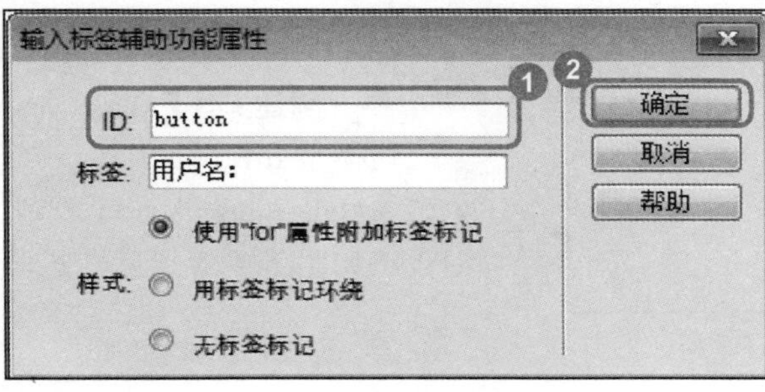

图 17-24

05 弹出对话框

No1 弹出【输入标签辅助功能属性】对话框，在 ID 文本框中输入“button”。

No2 单击【确定】按钮，如图 17-24 所示。

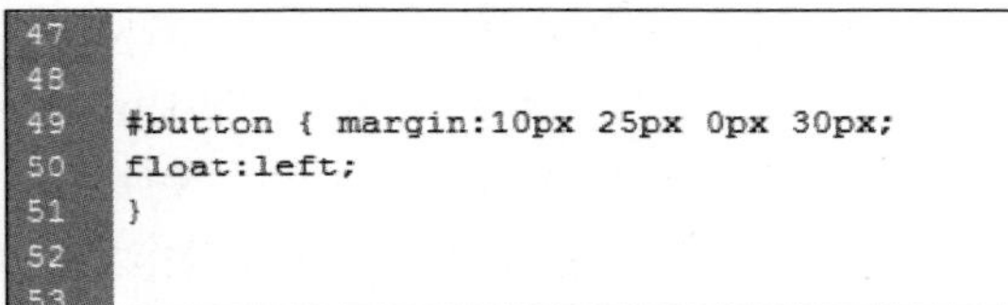

图 17-25

06 创建 CSS 规则

切换至 div. css 文件，创建一个名为#button 的 CSS 规则，规则代码如图 17-25 所示。

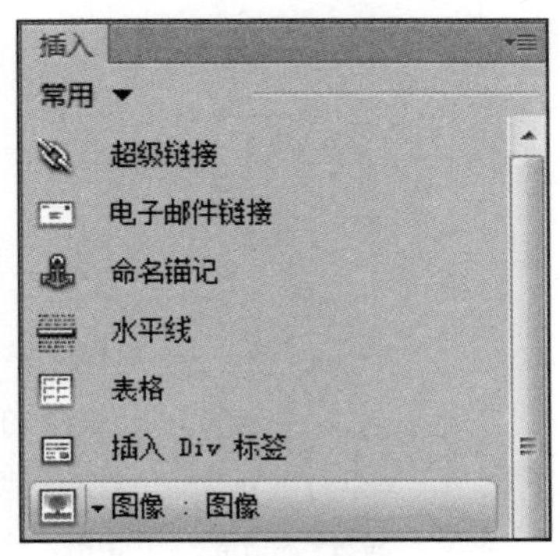

图 17-26

07 单击【图像】按钮

单击【插入】面板上的【常用】插入栏中的【图像】按钮，如图 17-26 所示。

举一反三

通过菜单栏中的【插入】菜单也可以插入图像。

图 17-27

08 弹出对话框

№1 弹出【选择图像源文件】对话框，选择准备插入的图像。

№2 单击【确定】按钮，如图 17-27 所示。

```
#login img {
float:left;
margin-top:10px;
}
```

图 17-28

09 创建 CSS 规则

切换至 div. css 文件，创建一个名为#login img 的 CSS 规则，规则代码如图 17-28 所示。

```
#search {
width:257px;
height:30px;
color:#575757;
padding-top:10px;
}
#Sc {
width:165px;
height:18px;
border:#cccccc solid 1px;
float:left;
margin-top:1px;
}
#Search_btn {
vertical-align:middle;
float:left;
margin-left:10px;
}
float:left;
margin:5px 10px 0px 0px;
}
```

图 17-29

10 创建 CSS 规则

在名为 login 的 Div 中插入名为 Search 的 Div，根据名为 login 的 Div 的制作方法制作出该 Div 中的内容，CSS 规则如图 17－29 所示。

```
#left01 {
width:257px;
height:159px;
}
#left01 img {
margin:7px 0px 7px 0px;
}
```

图 17-30

11 插入 Div

在名为 Search 的 Div 后插入名为 left01 的 Div，切换至 div. css 文件，创建#left01 的 CSS 规则，规则代码如图 17-30 所示。

```
#left02 {
width:257px;
height:289px;
color:#030303;
```

图 17-31

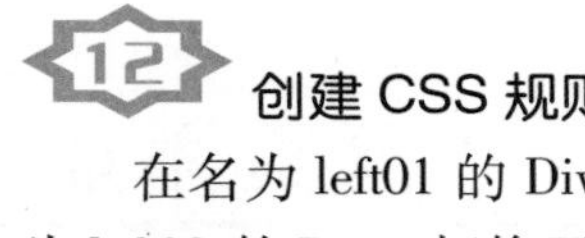

12 创建 CSS 规则

在名为 left01 的 Div 后插入名为 left02 的 Div，切换至 div. css 文件，创建名为#left02 的 CSS 规则，规则代码如图 17-31 所示。

图 17-32

13 预览效果

返回到设计视图查看效果，如图 17-32 所示。

举一反三

在换行时需要按【Enter】键插入段落符，这样输入完文字后才可以将其全部创建列表。

```
#left02_1 {
width:255px;
height:257px;
border:#cccccc solid 1px;
padding-top:3px;
}
#left02_1 li {
width:255px;
line-height:25px;
float:left;
list-style-type:none;
background-image:url(../images/login_bg.gif);
background-repeat:no-repaet;
background-position:15px 9px;
padding-left:30px;
text-decorationg:underline;
}
```

图 17-33

14 创建 Div

将光标移至刚刚插入的图像后面，插入名为 left02_1 的 Div，根据前面制作项目列表的方法制作出该 Div 中的内容，CSS 规则如图 17-33 所示。

Section

17.3 给网页添加文本与图像内容

本节导读

将网页的大体框架制作出来后就可以向框架中添加具体内容了，本节将详细介绍给网页添加主体文本的操作，对文本的操作包括输入文本，设置字体、字号、字体颜色和字体样式等。

17.3.1 输入文本

将光标移至刚刚插入的图像后面，再插入名为 left02_1 的 Div，下面详细介绍操作方法。

```
#center {
width:398px;
height:640px;
float:left;
margin-left:10px;
}
```

图 17-34

01 创建 CSS 规则

在名为 left 的 Div 中插入名为 center 的 Div，切换至 div. css 文件，创建一个名为#center 的 CSS 规则，代码如图 17-34 所示。

```
#news,#invest {
width:388px;
height:185px;
border:#cccccc solid 5px;        .img{
padding-top:7px;                      margin-top:3px;
}                                 }
```

图 17-35

02 创建 CSS 规则

切换至 div. css 文件，创建一个名为“#news，#invest”的 CSS 规则，代码如图 17-35 所示。

```
<dl>
<dt>厦门人未来可按揭买游?这是国内首尝游艇贷款模式</dt>
<dd>2010-05-20</dd>
<dt>世界顶级游艇上海汇聚一堂，只是为中国市场</dt>
<dd>2010-05-17</dd>
<dt>YACHT 奢华的游艇</dt><dd>2009-11-25</dd>
<dt>船舶构造-船舶基础知识</dt><dd>2009-11-23</dd>
<dt>韩政府注资银行164亿救船厂</dt>
<dd>2009-05-29</dd>
<dt>全球造船业两极化---大公报</dt>
```

图 17-36

03 输入文字

输入相应的文字内容，切换至代码视图，添加相应的定义列表，如图 17-36 所示。

```
#news dt,#invest dt {
width:270px;
line-height:25px;
padding-left:30px;
background-image:url(../images/dy_bg.gif);
background-repeat:no-repaet;
background-position:15px 10px;
padding-left:30px;
float:left;
}
```

图 17-37

04 创建 CSS 规则

将页面切换至 div. css 文件，创建名为“#news dt, #invest dt”的 CSS 规则，代码如图 17 - 37 所示。

17. 3. 2 插入图像

在表单域中可以插入准备好的图像，下面详细介绍插入图像的操作方法。

```
#center01 {
width:394px;
height:176px;
margin-top:6px;
border:#cccccc solid 1px;
padding:2px 0px 0px 2px;
}
```

图 17-38

01 创建 CSS 规则

在名为 invest 的 Div 后插入名为 center01 的 Div，切换至 div. css 文件，创建一个名为#center01 的 CSS 规则，代码如图 17-38 所示。

```
.img01 {
float:left;
margin:6px 10px 0px 10px;
}
.
#center01 img{
margin-bottom:10px;
}
```

图 17-39

02 插入图像

将图像 club. gif 和 club _ ing. gif 插入到页面中，代码如图 17-39 所示。

```
#center01 li {
float:left;
width:205px;
line-height:25px;
padding-left:25px;
background-image:url(../images/club_b.gif);
background-repeat:no-repaet;
background-position:10px 10px;
left-style-type:none;
```

图 17-40

03 输入文本内容

输入相应的文本内容，然后创建项目列表，CSS 规则如图 17-40 所示。

图 17-41

04 预览效果

切换至设计视图查看效果，如图 17-41 所示。

```
#right {
width:260px;
height:640px;
float:left;
margin-left:10px;
}
```

图 17-42

05 创建 CSS 规则

在名为 center 的 Div 中插入名为 right 的 Div，切换至 div. css 文件，创建一个名为#right 的 CSS 规则，代码如图 17-42 所示。

```
#yachts {
width:260px;
height:265px;
}
```

图 17-43

06 创建 CSS 规则

在名为 right 的 Div 中插入名为 yachts 的 Div，切换至 div. css 文件，创建一个名为#yachts 的 CSS 规则，代码如图 17-43 所示。

```
#ys01 {
width:110px;
height:120px;
flaot:left;
text-align:center;
margin:0px 10px 0px 10px;
}
#ys01 img {
margin:15px 0px 5px 0px;
border:#cccccc solid 1px;
```

图 17-44

07 创建 CSS 规则

分别插入名为 ys01 的 Div，切换至 div. css 文件，创建名为#ys01 的 CSS 规则，代码如图 17-44 所示。

```
#menu li {
width:205px;
height:13px;
float:left;
left-style-type:none;
text-align:center;
border-right:#688cae 1px solid;
color:#00268E;
text-decorationg:underline;
}
```

图 17-45

08 插入 Div

在名为 right 的 Div 中插入名为 menu 的 Div，代码如图 17-45 所示。

```
    <ul>
      <li>新闻资讯</li>
      <li>游艇世界</li>
      <li>游艇图片库</li>
      <li>游艇俱乐部</li>
      <li>投资信息</li>
      <li>奢侈品专栏</li>
    </ul>
```

图 17-46

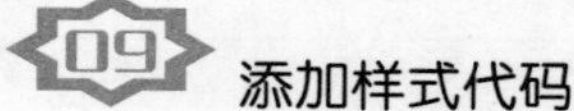

09 添加样式代码

切换至代码视图添加相应的样式代码，如图 17-46 所示。

```
#bottom {
width:970px;
height:29px;
background-color:#10a1d0;
line-height:20px;
margin:auto;
color:#fff;
padding-top:15px;
text-align:center;
}
```

图 17-47

10 插入 Div

在名为 main 的 Div 中插入名为 bottom 的 Div，CSS 规则如图 17-47 所示。

图 17-48

11 预览页面

按下键盘上的【Ctrl】+【S】组合键保存页面，再按下键盘上的【F12】键，即可在浏览器中预览页面效果，如图 17-48 所示。